U0889229

"十三五"职业教育国家规划教材

全国测绘地理信息职业教育教学指导委员会
"十二五"工学结合规划教材

计算机制图(CAD)

Computer Aided Design

(第二版)

刘剑锋 主编

测绘出版社
·北京·

内容简介

本书为全国测绘地理信息职业教育教学指导委员会“十二五”工学结合规划教材系列之一。全书共分12个项目,主要包括AutoCAD安装、打印及输出,二维图形的绘制,二维图形的编辑,文字输入和表格制作,尺寸标注,块、属性与外部参照,测绘符号绘制,数字地形地籍图的绘制,房产图的绘制,道路线路工程图的绘制,城市三维立体制图和AutoCAD二次开发。

本书不仅可以用于测绘地理信息专业的专业基础教材,还可作为土地管理、建筑工程、地质工程、采矿工程、交通工程、土木工程等诸多专业工作者的参考书和培训教材。

图书在版编目(CIP)数据

计算机制图:CAD/刘剑锋主编. —2版. —北京:测绘出版社,2018.8(2021.6重印)

全国测绘地理信息职业教育教学指导委员会“十二五”工学结合规划教材

ISBN 978-7-5030-4158-7

Ⅰ. ①计… Ⅱ. ①刘… Ⅲ. ①计算机制图—AutoCAD软件—高等职业教育—教材 Ⅳ. ①TP391.72

中国版本图书馆CIP数据核字(2018)第193350号

责任编辑　雷秀丽
执行编辑　杨思遥　**封面设计**　李　伟　**责任校对**　石书贤　**责任印制**　吴　芸

出版发行	测绘出版社	**电　话**	010－68580735(发行部)
地　址	北京市西城区三里河路50号		010－68531363(编辑部)
邮政编码	100045	**网　址**	www.chinasmp.com
电子信箱	smp@sinomaps.com	**经　销**	新华书店
成品规格	184mm×260mm	**印　刷**	北京建筑工业印刷厂
印　张	18	**字　数**	443千字
版　次	2018年8月第2版　2013年8月第1版	**印　次**	2021年6月第6次印刷
印　数	12501－15500	**定　价**	42.00元

书　号　ISBN 978-7-5030-4158-7
本书如有印装质量问题,请与我社发行部联系调换。

第二版前言

计算机辅助制图(CAD)技术以其鲜明的技术特点和应用前景,广泛地应用于测绘、建筑、交通、水利等领域。《计算机制图(CAD)》教材自 2013 年首次出版以来,深受广大读者的欢迎和厚爱。但随着现代测绘技术和计算机技术的飞速发展,第一版教材在很多地方已经不适应了。结合近年来计算机辅助制图技术的发展、在教学过程中不断积累的教学经验,以及广大读者在学习过程中对本教材提出的一些期望和建议,作者团队决定对第一版《计算机制图(CAD)》教材进行一次修编,使教材更加适应高职高专测绘地理信息类、建筑工程类和基础工程类专业学生和工作者的需要。

再版教材保持了原版特色、组织结构和内容体系,将新技术、新方法融入教材,在教学内容、教学案例等方面进行了充实。修订的内容主要有:

(1)按照 AutoCAD 2018 版本进行介绍,更新了第一版中全部的 AutoCAD 2010 软件内容,使教材内容能及时地紧跟计算机技术和软件的发展;

(2)对有关项目(项目一、项目六、项目七等)和任务(任务 2-1、任务 2-7、任务 4-3 等)的内容调整充实、改写甚至重写;

(3)对有关案例和技能训练进行修改和补充;

(4)对排版和内容等方面存在的纰漏和差错进行修订;

(5)作者团队参与了本课程国家级教学资源库核心课程的建设,与教材相关的多媒体教学课件、案例库、习题库等丰富的配套电子教学资源,读者可在资源库网站随时调用。

由于第一版教材主编丁莉东教授工作调整,无暇主持开展再版工作,为了保证全书内容的系统性和完整性,再版教材由黄河水利职业技术学院刘剑锋任主编。参编人员有张喜旺、丁莉东、施宁菊、王晓庆 、张雪、余冬和任惠霞。具体编写分工:项目二(任务 2-7)、项目四(任务 4-3)、项目八和项目十二由刘剑锋编写;项目二和项目十由王晓庆编写;项目三和项目四由施宁菊编写;项目五由余冬编写;项目一、项目六和项目七由张喜旺编写;项目九由任惠霞编写;项目十一由张雪编写。全书由刘剑锋统一修改定稿。

感谢丁莉东教授为本版教材修编奠定了良好的基础,并感谢其对再版工作给予的关心和指导。在教材修编过程中,参阅了大量文献资料,引用了同类书刊中的部分内容;黄河水利职业技术学院陈琳教授进行了认真细致的审阅,提出了许多宝贵的意见和建议;多位同行也对本书提出了宝贵建议。在此一并表示由衷感谢。

由于作者水平、经验和时间等原因,书中如有不足之处,敬请专家和广大读者批评指正!

扫码查看配套资源

第一版前言

为了更好地配合高等职业教育测绘类专业的教学改革，开展工学结合教学资源的开发，为高职高专测绘类专业高端技能型人才培养提供优质教材支持，提高测绘类专业人才培养质量，全国测绘地理信息职业教育教学指导委员会组织编写了“十二五”工学结合规划教材，本书是其中之一。

AutoCAD(Auto Computer Aided Design)是美国 Autodesk 公司于 1982 年首次发售的计算机自动辅助设计软件，用于二维绘图和基本三维设计，目前广泛应用于机械、建筑、电子、航天、服装、纺织、测绘等领域。AutoCAD 具有易于掌握、使用方便、体系结构开放等特点，深受广大工程技术人员的喜爱。使用 AutoCAD 技术可方便地绘制、编辑、修改图形，成图质量更是手工绘图无法比拟的，相比后者更能大大地提高实际绘图效率。在测绘领域，AutoCAD 图形文件格式已成为了标准的数字地图文件格式，这就要求测绘专业的学生必须掌握好 AutoCAD 的绘图方法及使用技巧。

本着面向测绘工程专业服务，充分反映 AutoCAD 在测绘行业应用的原则，本书突出实用性，强调理论与实践相结合。在教材编写过程中，充分结合职业教育的特点，以满足培养技术技能人才为目标，用简洁的语言介绍理论知识，并围绕知识点安排了相应的例题和练习题。教师在教学过程中，可边讲解边给学生布置习题进行练习，使学生迅速掌握理论知识及提高绘图技能。

本课程以 AutoCAD 软件和 CASS 软件为依托，主要讲述地形、地籍、房产和道路工程等各类地图的计算机绘制方法。

本书由丁莉东任主编，刘剑锋、孔令惠任副主编，其他参编人员有施宁菊、王晓庆、张雪、余冬、刘剑锋和任惠霞。具体编写分工是：项目一和项目十一由张雪编写，项目二和项目十由王晓庆编写，项目三和项目四由施宁菊编写，项目五和项目六由余冬编写，项目七由孔令惠编写，项目八和项目十二由刘剑锋编写，项目九由任惠霞编写。全书各项目由丁莉东和刘剑锋统一修改定稿。

本书在编写过程中，作者团队参阅了大量文献资料，引用了同类书刊中的部分内容。江苏省南京工程高等职业学校南亲江教授对本书进行了认真细致的审阅，提出了许多宝贵的意见和建议，在此表示衷心的感谢。

由于作者水平有限和时间仓促，书中难免存在错误和不足，广大读者在使用中有何建议和意见请随时与我们联系(e-mail：99805242@qq.com 或 26036912@qq.com)，我们将及时给予回复，并将意见反映在再版教材中。

目　录

项目一　AutoCAD 安装及基本操作

［项目概述］

AutoCAD 是一款功能强大的绘图软件，主要应用于计算机中的辅助设计领域，是目前使用最为广泛的计算机辅助绘图和设计软件之一。利用 AutoCAD 软件绘制、编辑、修改图形，成图质量更是手工绘图无法比拟的，实际效率更是大大提高。本项目主要介绍了 AutoCAD 的安装、图形文件的管理与视图操作、坐标系统与坐标表示、文件的打印输出，为今后图形制作奠定基础。

［学习目标］

(1)熟悉 AutoCAD 的安装。

(2)掌握图形文件的管理与视图操作。

(3)掌握 AutoCAD 工作界面。

(4)掌握 AutoCAD 坐标系统与坐标表示。

(5)了解绘图时模型空间、图纸空间的概念，能正确使用布局，掌握打印输出图形的操作方法。

任务 1-1　AutoCAD 安装

AutoCAD 软件由美国 Autodesk 公司于 1982 年首次推出，并经过了不断完善和更新。该软件集专业性、功能性、实用性为一体，是计算机辅助设计领域最受欢迎的绘图软件之一。为了给 AutoCAD 一个优越的工作环境，用户的计算机应用高档次的 CPU，如果处理器性能过低，AutoCAD 将运行缓慢，影响绘图速度，其优越性就无法体现。

将 AutoCAD 的安装光盘放入计算机的光驱中，双击桌面上“我的电脑”后，单击“光盘驱动图标”，单击“AutoCAD 安装程序”，打开如图 1-1 所示对话框，单击“安装”，出现如图 1-2 所示对话框。

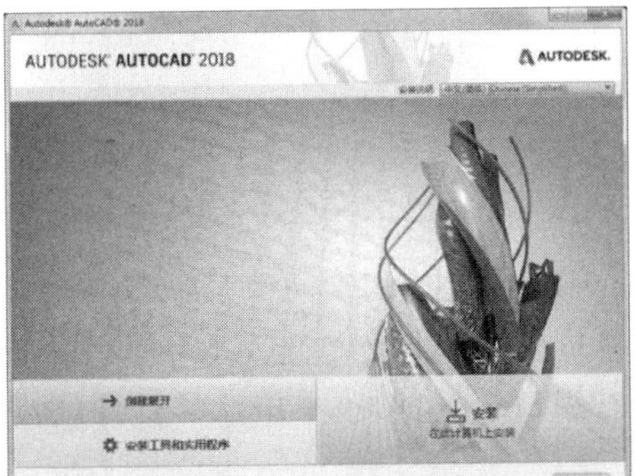

图 1-1　安装对话框

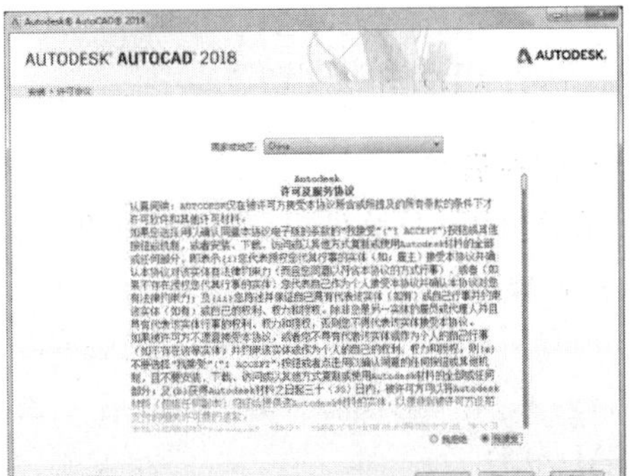

图 1-2　“接受许可协议”对话框

在“接受许可协议”中勾选“我接受”,单击“下一步”,出现图 1-3 对话框。在“选择要安装的产品”中勾选“AutoCAD”,单击“下一步”,出现图 1-4 和图 1-5 安装进程对话框。

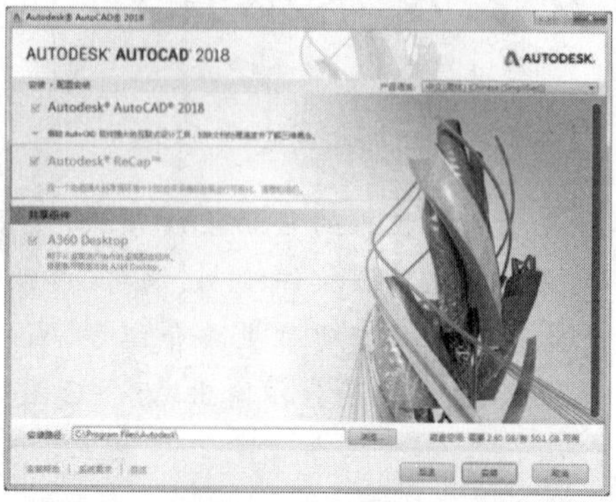

图 1-3 “选择要安装的产品”对话框

图 1-4 “AutoCAD 安装进程”对话框

软件安装完成后,显示图 1-6 对话框,完成 AutoCAD 的安装。单击“立即启动”,则软件打开运行。

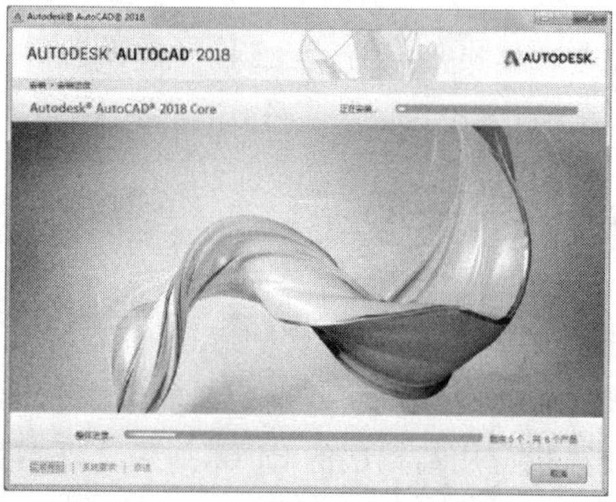

图 1-5 “AutoCAD 安装进程”对话框

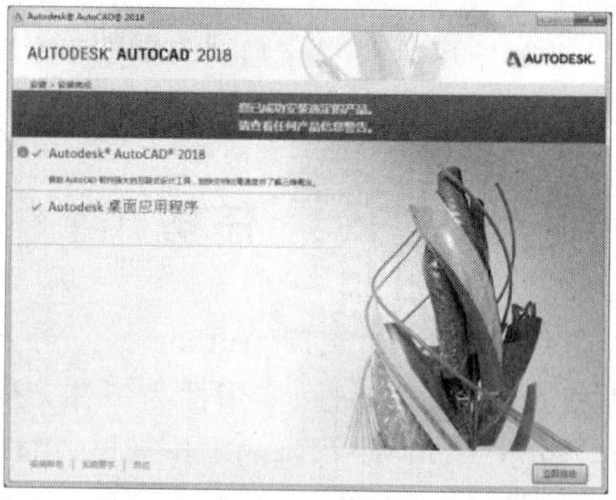

图 1-6 “安装完成”对话框

任务 1-2 AutoCAD 的工作界面

一、软件启动和退出

(一)软件启动

启动 AutoCAD 软件,可采用三种方法。

1.快捷图标

AutoCAD 软件成功安装后,系统会自动在计算机桌面上生成一个 AutoCAD 软件的快捷方式图标,双击该快捷方式图标,或者单击鼠标右键,在弹出的菜单中选择打开,即可启动 AutoCAD 软件。

2.程序菜单

AutoCAD 软件成功安装后,在“开始”菜单中依次选择“所有程序”“Autodesk”

“AutoCAD2018-简体中文(Simlified Chinese)”，单击鼠标左键，即可启动 AutoCAD 软件。

3. 打开 AutoCAD 文件

AutoCAD 软件成功安装后，直接双击鼠标，打开任意一个 AutoCAD 文件，即可启动 AutoCAD 软件。

(二)软件退出

退出 AutoCAD 软件，可采用三种方法。

(1)单击 AutoCAD 软件操作界面右上角的关闭按钮。

(2)选择“文件”菜单→“退出”子菜单，单击“退出”。

(3)通过命令输入方式，在命令行键入“quit”命令后按回车键。

如果有尚未保存的文件，则弹出“是否保存”对话框，提示保存文件。使用者可根据需要单击相应的按钮。

二、AutoCAD 工作空间

为满足不同用户的需要，AutoCAD 2018 提供了“草图与注释”“三维基础”“三维建模”三种工作空间模式，用户可以根据需要选择不同的工作空间模式。

(1)“草图与注释”空间。默认状态下，启动的工作空间即为“草图与注释”工作空间。该工作空间的功能区提供了大量的绘图、修改、图层、注释，以及块等工具。

(2)“三维基础”空间。在“三维基础”工作空间中可以方便地绘制基础三维图形，并且可以通过其中的“修改”面板对图形进行快速修改。

(3)“三维建模”空间。“三维建模”工作空间的功能区提供了大量的三维建模和编辑工具，可以方便地绘制出更多的复杂三维图形，也可以对三维图形进行修改、编辑等操作。

实例 1-1:启动 AutoCAD 软件，并进行工作空间的切换。

实例分析:启动 AutoCAD 软件的方法通常有“快捷图标”“程序菜单”“文件打开”三种。快速切换工作空间通常有两种方法，即在“快速访问”工具栏中切换工作空间和在“状态栏”中切换工作空间。

实例目标:掌握软件启动和工作空间切换的方法，能运用不同方法进行软件启动和工作空间切换。

操作步骤:

(1)软件启动。安装完成 AutoCAD 2018 应用程序后，双击桌面上的 AutoCAD 2018 快捷图标，或通过执行“开始”菜单中的相应命令启动 AutoCAD 2018 应用程序。启动 AutoCAD 应用程序，然后在“开始”选项卡右方单击“新图形”按钮，如图 1-7 所示。即可进入默认的“草图与注释”工作空间，并新建一个名为 Drawing1. dwg 的图形文件，效果如图 1-8 所示。

(2)在“快速访问”工具栏中切换工作空间。在工作界面左上方的“快速访问”工具栏中单击“自定义快速访问工具栏”下拉按钮，在弹出的菜单中选择“工作空间”命令，如图 1-9 所示。在工作界面左上方的“快速访问”工具栏中选择“工作空间”列表框后，单击“工作空间”下拉按钮，在弹出的“工作空间”列表中选择需要的工作空间即可进行切换，如图 1-10 所示。

(3)在“状态栏”中切换工作空间。在工作界面右下方的“状态栏”中单击“切换工作空间”按钮，如图 1-11 所示。在弹出的“工作空间”列表中选择需要的工作空间即可进行切换，如图 1-12 所示。

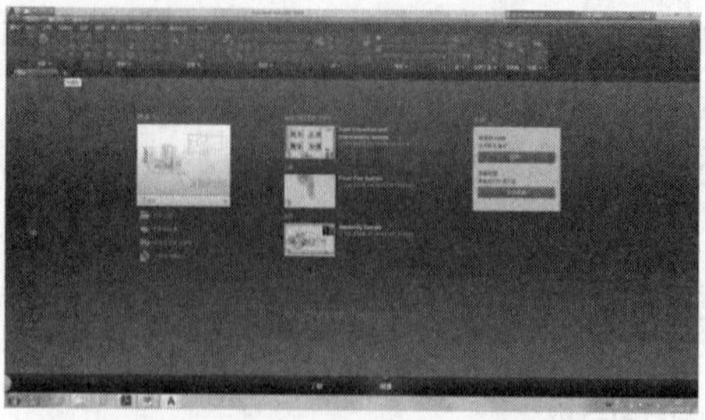

图 1-7 单击“新图形”按钮

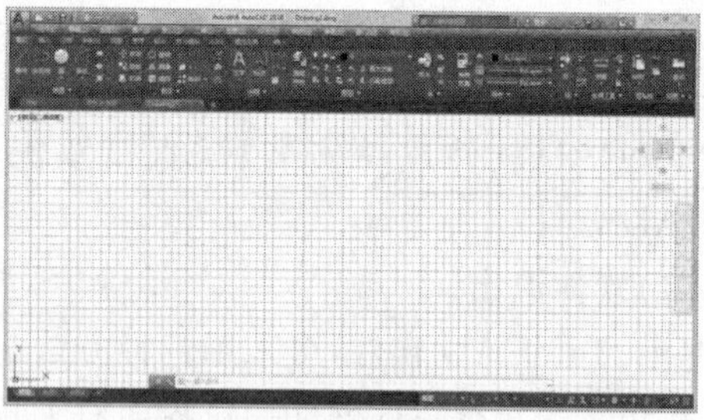

图 1-8 进入“草图与注释”工作空间

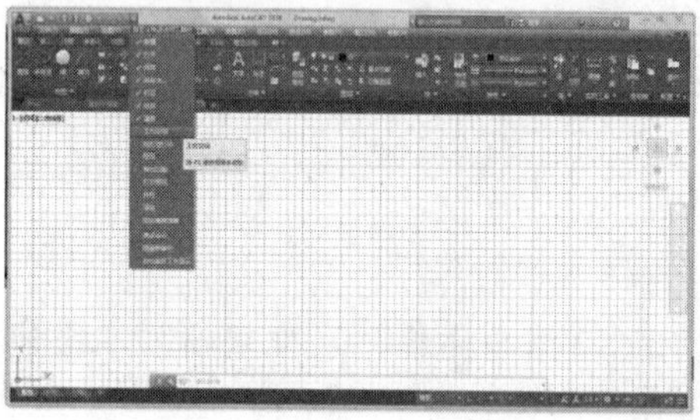

图 1-9 选择“工作空间”命令

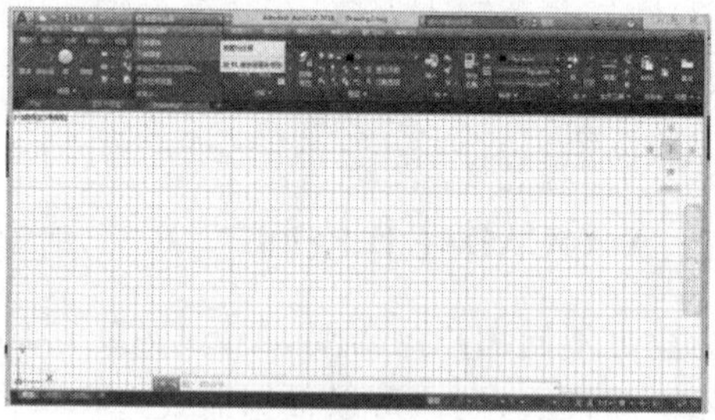

图 1-10 选择需要的工作空间

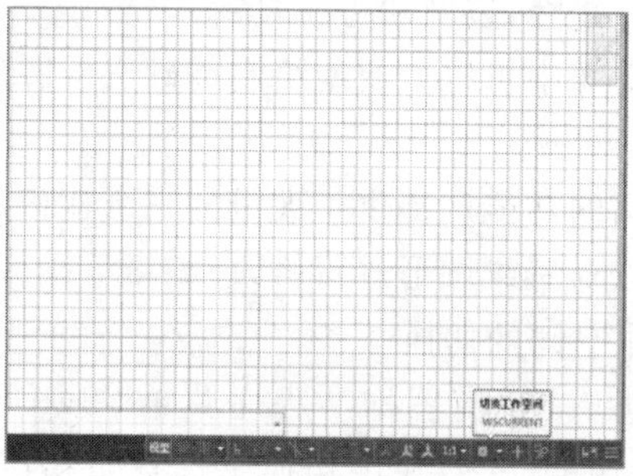

图 1-11 单击“切换工作空间”按钮

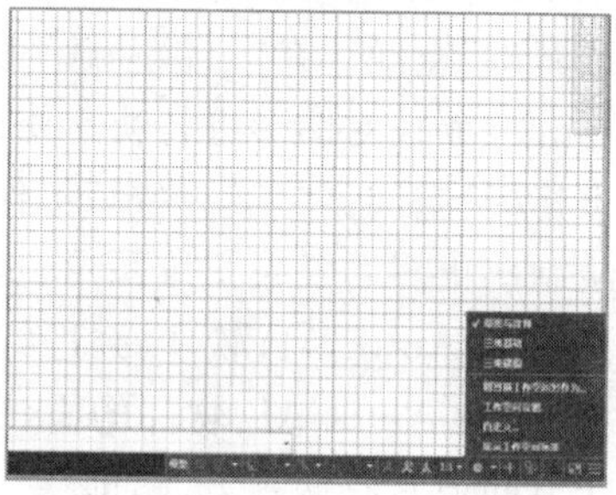

图 1-12 选择需要的工作空间

三、AutoCAD 工作界面

(一)默认工作界面

第一次启动 AutoCAD 2018 应用程序,将进入 AutoCAD 2018 默认的“草图与注释”工作空间界面,该界面主要由标题栏、功能区、绘图区、十字光标、命令行和状态栏等部分组成,如图 1-13 所示。

1.标题栏

标题栏位于整个程序窗口上方,主要用于说明当前程序和图形文件的状态,主要包括程序图标、“快速访问”工具栏、程序名称、图形文件的文件名称和窗口控制按钮等,如图 1-14 所示。

2.功能区

AutoCAD 2018 的功能区位于标题栏的下方,功能面板上的每一个图标都形象地代表一个命令,用户只需单击图标按钮,即可执行相应的命令。默认情况下,AutoCAD 2018 的功能区主要包括“默认”“插入”“注释”“视图”“参数化”“管理”“输出”等几个部分,如图 1-15 所示。

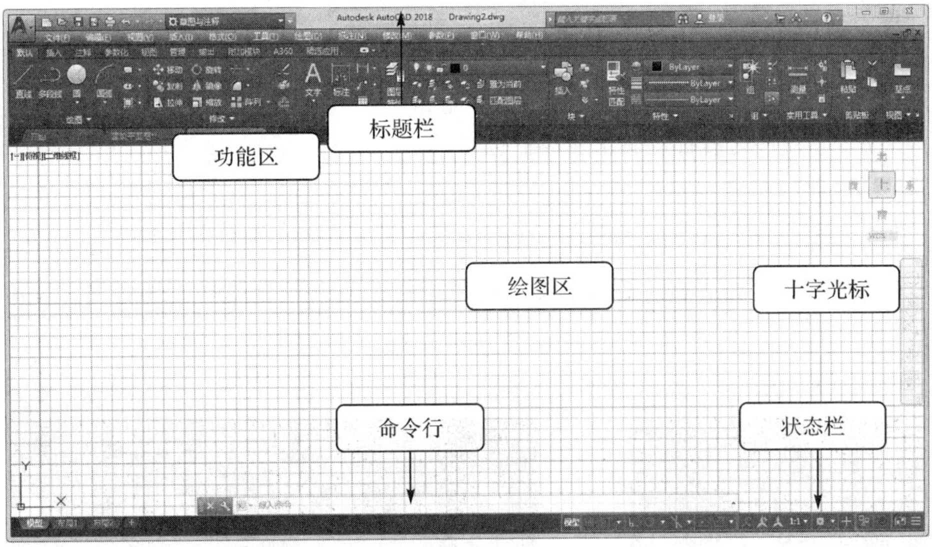

图 1-13　AutoCAD 2018 默认工作界面

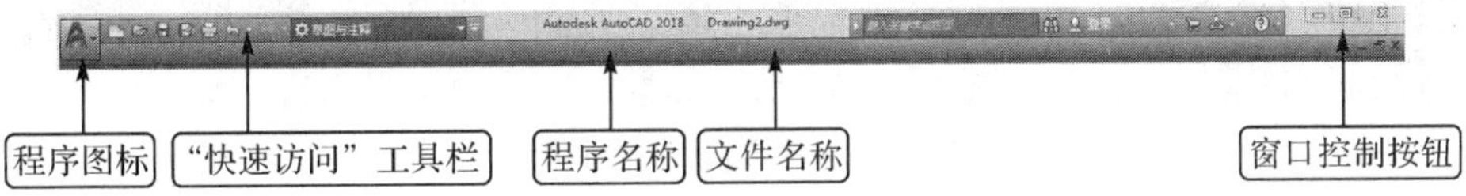

图 1-14　AutoCAD 2018 标题栏

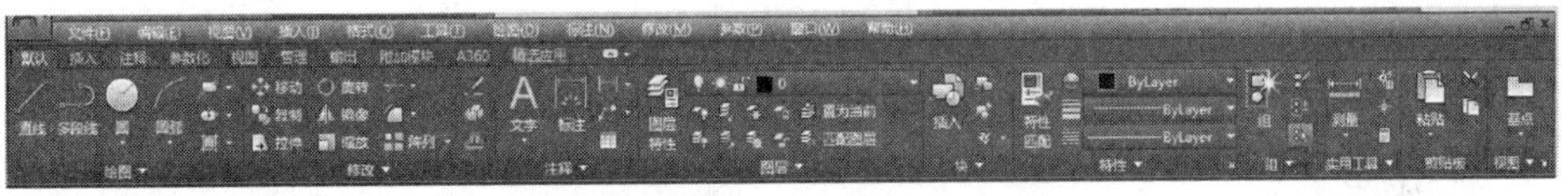

图 1-15　功能区

3. 绘图区

绘图区是用户绘制图形的区域，即屏幕中央空白区域，也被称为视图窗口，如图 1-13 所示。绘图区是一个无限延伸的空白区域，无论多大的图形，用户都可以在其中进行绘制。

4. 十字光标

十字光标是 AutoCAD 绘图时所使用的光标，可以用来定位点，选择和绘制对象。使用鼠标绘制图形时，可以根据十字光标的移动，直观地看到图形的上下左右关系。

5. 命令行

命令行位于屏幕下方，如图 1-13 所示。命令行主要用于输入命令，以及显示正在执行的命令和相关信息。执行命令时，在命令行中输入相应操作的命令，按回车键或空格键后系统将执行该命令；在命令的执行过程中，按“Esc”键可取消命令的执行，按回车键确定参数的输入。

6. 状态栏

状态栏位于 AutoCAD 2018 窗口下方，如图 1-13 所示。状态栏左边是“模型”和“布局”选项卡；右边包括多个经常使用的控制按钮，如“捕捉”“栅格”“正交”等，这些按钮均属于“开/关”型按钮，即单击该按钮一次则启用该功能，再单击一次则关闭该功能。

(二)设置经典工作界面

AutoCAD 自 2009 版采用 ribbon 功能区后，将经典模式保留到 2014 版，用户可以方便地切换 ribbon 界面和经典界面，从 2015 版开始彻底取消了经典模式。习惯了 AutoCAD 经典工作界面的用户，可以自己进行经典工作界面创建。

1.显示菜单栏

(1)单击快速启动栏的按钮“ ”，在下拉菜单中单击“显示菜单栏”，如图 1-16 所示。

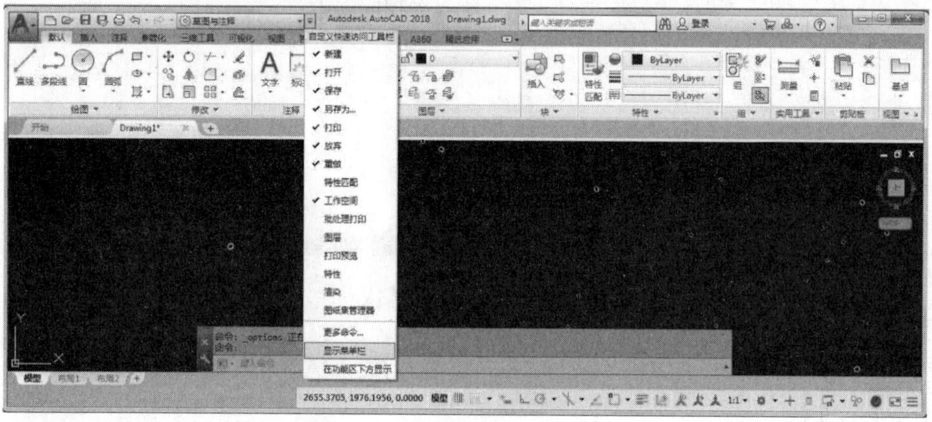

图 1-16 单击“显示菜单栏”

注意：单击快速启动栏的按钮“ ”，在下拉菜单中单击“隐藏菜单栏”，或者在菜单栏工具条上右击，再单击“显示菜单栏”，则系统在显示或隐藏经典菜单栏之间切换。

(2)经过上一步操作后，系统显示经典菜单栏，包含“文件”“编辑”“视图”“插入”“格式”“工具”“绘图”“标注”“修改”“参数”“窗口”“帮助”，如图 1-17 所示。

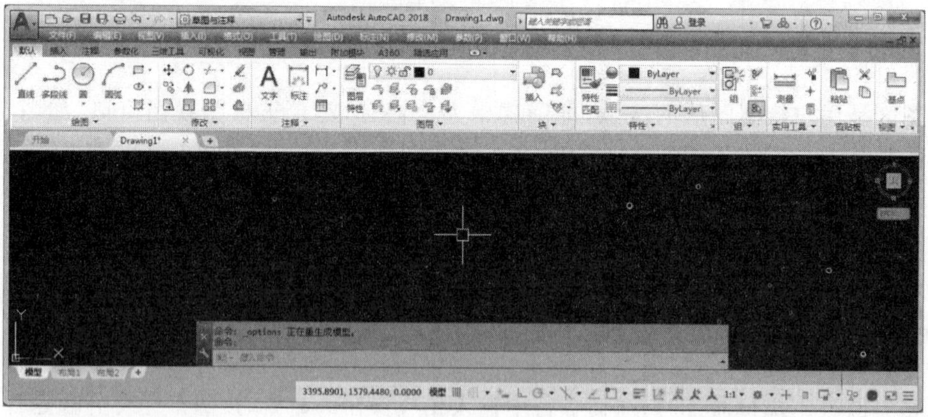

图 1-17 显示菜单栏后的界面

2.调出工具栏

(1)依次单击“工具”→“工具栏”→“AutoCAD”，展开级联菜单，单击“修改”，如图 1-18 所示。

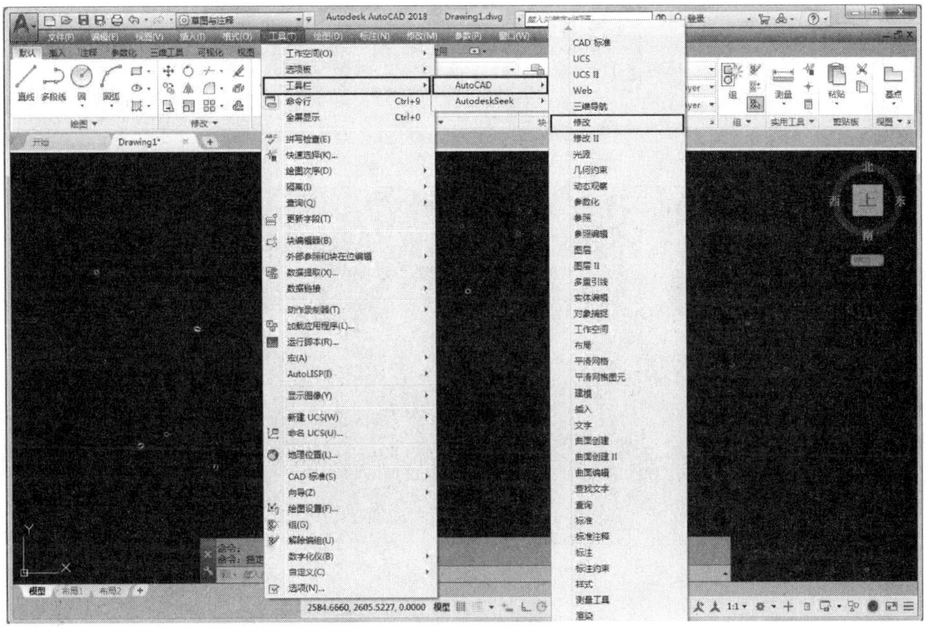

图 1-18 展开“修改”级联菜单

（2）经过上一步操作，传统的“修改”工具栏显示出来。将光标置于“修改”工具栏，单击鼠标右键，如图 1-19 所示。

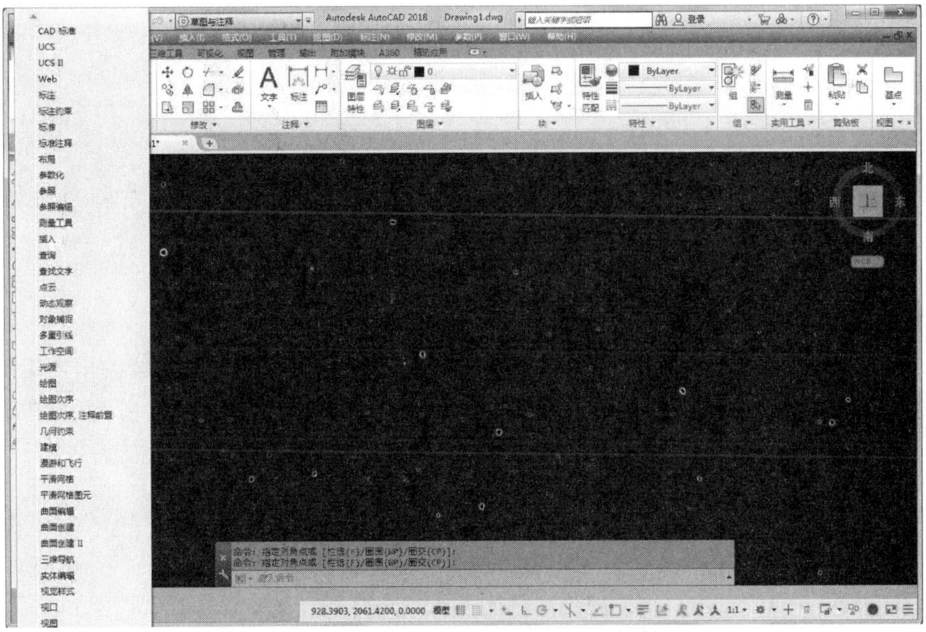

图 1-19 在工具栏上单击鼠标右键显示快捷菜单

（3）在弹出的快捷菜单中选择“标准”“特性”“图层”“绘图”“对象捕捉”“样式”“标注”“绘图次序”等选项，显示相应的工具栏，如图 1-20 所示。

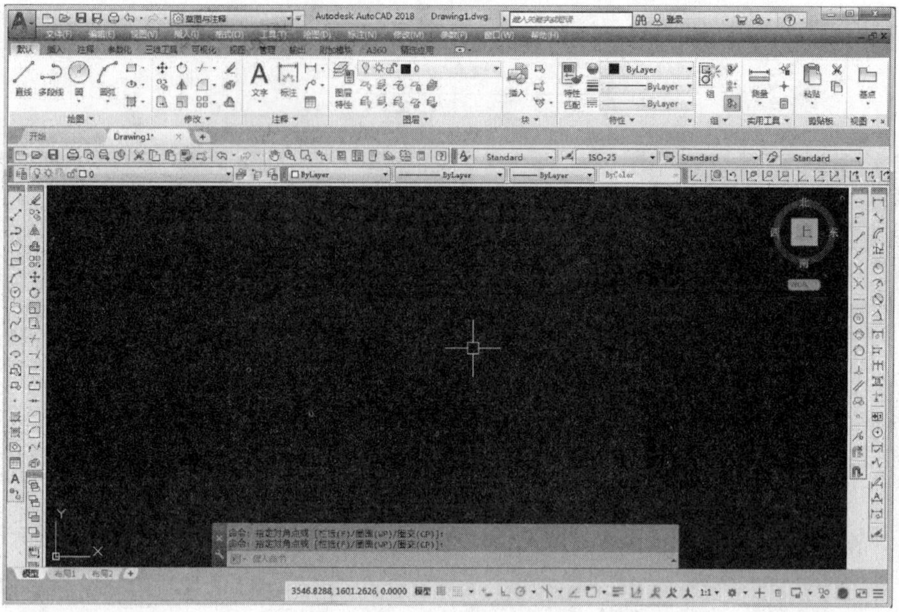

图 1-20　调出传统的二维绘图与编辑等工具栏

3.切换选项卡、面板标题、面板按钮

单击选项卡右边的“▲”按钮,可以选择切换“最小化为选项卡”“最小化为面板标题”“最小化为面板按钮”,系统并未关闭丝带式菜单,如图 1-21 所示。

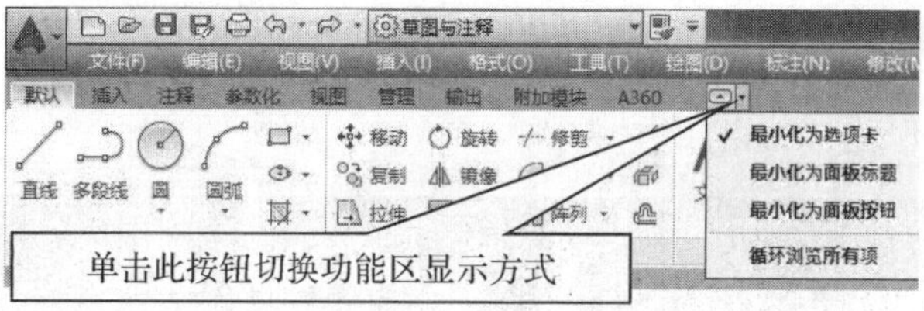

图 1-21　切换选项卡、面板标题、面板按钮

4.关闭功能区

如果“功能区”选项卡中的“默认”“插入”“注释”“参数化”“视图”“管理”“输出”“附加模块”“A360”工具条没必要显示,则在该行任意位置右击,弹出快捷菜单,单击“关闭”即可,如图 1-22 所示。或在命令行输入“r”,选择“ribbonclose”,回车即可。

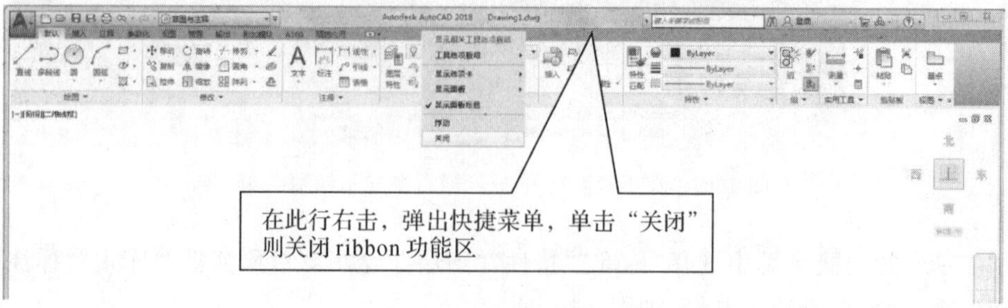

图 1-22　关闭 ribbon 功能区

注意：如果要恢复功能区，在命令行输入“r”，选择“ribbon”，回车即可。

5. 建立经典工作界面

(1)经过上述操作，经典界面出现了，如图 1-23 所示。可以通过展开“工具”“选项”“显示”，去掉“显示文件选项卡”的勾选，则不显示菜单栏下方的“开始”“Drawing1”等文件选项卡。

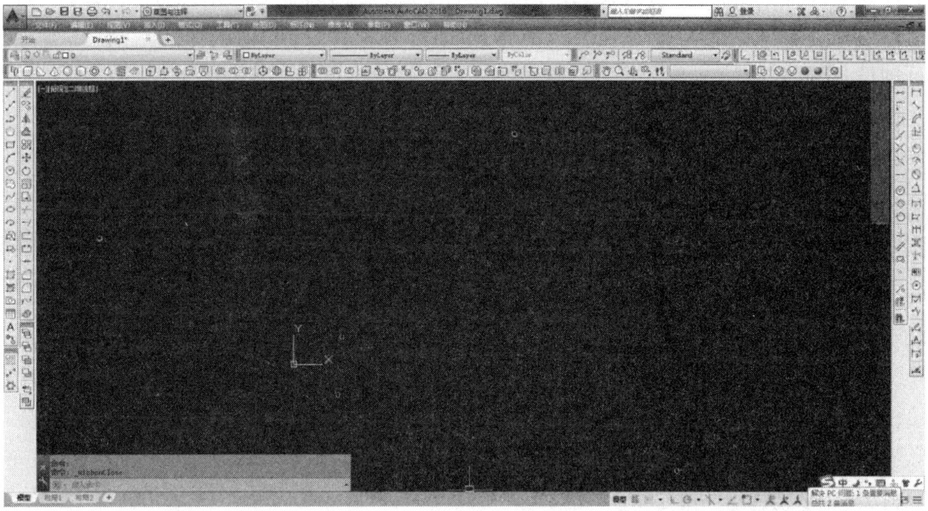

图 1-23 经典工作界面

(2)单击“草图与注释”，在下拉列表中选择“将当前工作空间另存为…”，如图 1-24 所示。

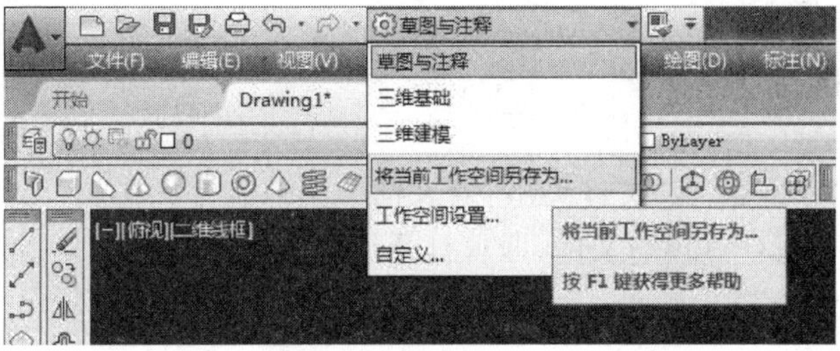

图 1-24 选择“将工作空间另存为”命令

(3)在弹出的对话框中输入“AutoCAD 2018 经典”或其他容易识别的名字，单击“保存”，如图 1-25 所示，可以针对二维绘图和三维绘图分别建立自己的工作空间。当然，也可以在已有的工作空间“草图与注释”“三维基础”“三维建模”上进行修改。

图 1-25 保存工作空间对话框

任务 1-3 图形文件管理与视图操作

一、图形文件的管理

对文件进行管理，是使用 AutoCAD 进行绘图的重要内容。建立新的图形文件、打开已有的图形文件、保存文件等操作是 AutoCAD 常用的图形文件管理方法。

(一)创建图形文件

1.命令

命令行:NEW

菜单栏:“文件”→“新建”

工具栏:“标准”→

选项卡:“开始”→

2.说明

打开“选择样板”窗口，可选用默认样板“acadiso.dwt”创建新图形，系统默认图名为“drawing1.dwg”，进行新图形文件的创建。在新建图形文件的过程中，默认图形名会随着打开新图形的数目而变化。

(二)打开图形文件

1.命令

命令行:OPEN

菜单栏:“文件”→“打开”

工具栏:“标准”→

程序按钮:单击→“打开”

2.说明

打开“选择文件”对话框，在“文件类型”列表框中用户选择图形(*.dwg)、标准(*.dws)、DXF(*.dxf)或图形样板(*.dwt)文件，即可打开指定类型的文件。

(三)保存图形文件

1.命令

命令行:QSAVE

菜单栏:“文件”→“保存”

工具栏:“标准”→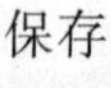

2.说明

进行图形文件的保存时，若文件已命名，则 AutoCAD 自动保存；若文件未命名(即为缺省名 drawing1.dwg)则系统调用“图形另存为”对话框，用户可以命名保存。在“存为类型”下拉列表框中可以指定保存文件的类型。

AutoCAD 还提供一个 SAVE 命令，功能与 QSAVE 类似，只能在命令行中调用。

(四)另存图形文件

1.命令

命令行:SAVEAS

菜单栏："文件"→"另存为"

2.说明

该命令用于换名保存文件，调用"图形另存为"对话框，AutoCAD 即保存原图形文件，又把当前图形文件更名保存。

（五）同时打开多个图形文件

在同一个 AutoCAD 任务下可以同时打开多个图形文件。方法是在"选择文件"对话框中，按下 Shift 或 Ctrl 键，同时选中几个要打开的文件，然后单击"打开"按钮即可。同样，也可以通过 Windows 浏览框把多个图形文件导入 AutoCAD 任务中。

若欲将某一打开的文件设置为当前文件，只需单击该文件的图形区域即可，也可以通过组合键 Ctrl＋F6 或 Ctrl＋Tab 在已打开的不同图形文件之间切换。

注意：同时打开多个图形文件的功能为重复使用过去的设计及在不同图形文件间移动、复制图形对象提供了方便。但不是打开的越多越好，因受内存的限制会影响运行速度。保存文件一定要确定文件名和路径，切记保存在什么位置，以免存而找不到。

（六）关闭图形文件

1.命令

命令行：CLOSE

菜单栏："文件"→"关闭"

图标：在窗口单击关闭按钮

程序按钮：单击→关闭

2.说明

用户结束 AutoCAD 作业后应正常地退出 AutoCAD，可以使用菜单、窗口关闭，也可在命令行中输入 QUIT 命令。若用户对图形所做的修改尚未保存，则会出现系统警告对话框提示保存。操作任务完成后，千万不要匆忙退出，确定保存完好，然后再退出，否则将功亏一篑。

（七）文件名说明

AutoCAD 软件是由一组程序和文件组成的，其主要的文件类型有：

ACAD.exe——主执行文件。

ACAD.mnu——菜单文件，编译后为 ACAD.mnx。

ACAD.hlp——帮助文件。

ACAD.lin——线库文件，定义如点划线、虚线等线型数据。

ACAD.pat——图案文件，定义如剖面线、草地等图案。

*.dwt——样板文件，一般作为原图的初始化电子图纸用。

*.dws——标准文件，该文件是一个存放符合工程设计惯例的图形文件，用于确保工程中的所有图形使用统一的标注样式。与样板文件的区别在于，该文件在其图形的生命周期内始终与设定的标准相一致。

*.dwg——图形文件，记录 AutoCAD 所绘制图形的文件。

*.drv——各种设备的驱动文件。

*.dxf——图形交换文件，记录 AutoCAD 图形信息的数据文件，它可以实现图形与数据文件的相互转换，该格式已成为 CAD 软件间数据转换的通用格式。

*.lsp——用 AutoLISP 语言编写的程序文件。

＊.shx——编译后的各种字体文件或形文件(形是一种用矢量绘制并用专门格式定义和存储的命名子图形或字符,用户可对其进行调用),其源文件对应为＊.shp。

＊.las——图层状态。

＊.scr——脚本文件,它是每行包含一个命令的文本文件。

＊.arg——配置文件,例如,用户将设置的绘图环境保存到配置文件中,以便其他用户可以共享该文件。

＊.wmf——图元文件。

二、视图操作

按照一定的比例、观察位置和角度显示图形称为视图。视图操作主要有视图的缩放、平移、重画和重生成等。

(一)视图缩放

1.命令

命令行:ZOOM

菜单栏:“视图”→“缩放”

工具栏:“缩放”工具栏

2.说明

为了在绘图时能看到所有的图形,用户可以使用视图缩放功能。所谓视图就是按一定比例、观察位置和角度显示图形。该功能如同照相机中的变焦镜头,它可以改变图形实体在视窗中显示的大小,不改变图形的绝对尺寸和位置。从而方便地观察当前视窗中尺寸比例不合适的图形,或准确的进行实体的绘制、目标的捕捉。常用的视图缩放工具有“实时缩放”“窗口缩放”“动态缩放”“比例缩放”“中心缩放”“对象缩放”“放大”“缩小”“全部缩放”“范围缩放”。

(二)视图平移

1.命令

命令行:PAN

菜单栏:“视图”→“平移”

工具栏:“平移”工具栏

2.说明

用户可以使用平移视图命令重新确定其在绘图区域中的位置,以便看清图形的其他部分。此时不会改变图形中对象的位置或比例,只改变视图。平移包括实时平移、定点平移和方向平移。

(三)重画图形

1.命令

命令行:REDRAW

菜单栏:“视图”→“重画”

2.说明

在 AutoCAD 中,使用“重画”命令,系统将在显示内存中更新屏幕,消除临时标记。使用重画命令,可以更新用户使用的当前视区。

(四)重生成图形

1.命令

命令行:REGEN

菜单栏:"视图"→"重生成"

2.说明

"重生成"与"重画"在本质上是不同的,利用"重生成"命令可重生成屏幕,此时系统从磁盘中调用当前图形的数据,比"重画"命令执行速度慢,更新屏幕花费时间较长。在 AutoCAD 中,某些操作效果只有在使用"重生成"命令后才生效,如改变点的格式。如果一直使用某个命令修改编辑图形,但该图形似乎看不出变化,此时可使用"重生成"命令更新屏幕显示。

任务 1-4　坐标系统与坐标表示

AutoCAD 图形中各点的位置都是由坐标系来确定的。在绘图过程中,如果要精确定位某个对象的位置,则应以某个坐标系作为参照。这里主要介绍 AutoCAD 软件中的坐标系统及点的坐标表示。

一、坐标系统

坐标系由 X、Y、Z 和原点构成。AutoCAD 中包括笛卡儿坐标系、世界坐标系(world coordinate system,WCS)和用户坐标系(user coordinate system,UCS)这三种坐标系。

(一)笛卡儿坐标系

AutoCAD 默认采用笛卡儿坐标系来确定位置,该坐标系也被称为绝对坐标系。在进入 AutoCAD 绘图区时,系统将自动进入笛卡儿坐标系第一象限,其坐标原点在绘图区内的左下角。二维笛卡儿坐标(X,Y)由一个原点(坐标为(0,0))和两个通过原点的、相互垂直的坐标轴构成。其中,水平方向的坐标轴为 X 轴,以向右为其正方向;垂直方向的坐标轴为 Y 轴,以垂直向上为其正方向,如图 1-26 所示。平面上任何一点 P 都可以由 X 轴和 Y 轴的坐标所定义,即用一对坐标值(x,y)来定义一个点。

(二)世界坐标系

世界坐标系 AutoCAD 的基础坐标系统,它由三个相互垂直相交的坐标轴 X 轴、Y 轴和 Z 轴组成。在绘制和编辑图形的过程中,WCS 是预设的坐标系统,其坐标原点和坐标轴都不会改变。默认情况下,X 轴以水平向右为正方向,Y 轴以垂直向上为正方向,Z 轴以垂直屏幕向外为正方向,坐标原点位于绘图区内的左下角,如图 1-27 所示。二维绘图模式下,水平向右为 X 轴正方向,竖直向上为 Y 轴正方向。X 轴和 Y 轴的交汇处为坐标原点,有一个方框形标记"□"。坐标原点位于屏幕绘图窗口的左下角,固定不变。

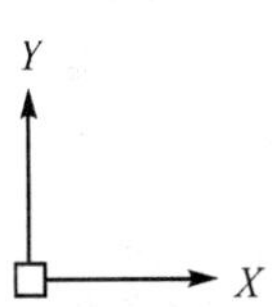

图 1-26　笛卡儿坐标系

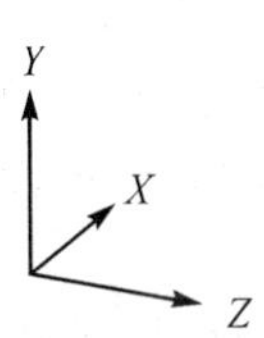

图 1-27　世界坐标系

(三)用户坐标系

如果绘图过程中用户一直使用世界坐标系,则需要每次都以原点为标准来确定对象的坐标位置,这样会降低绘图效率。为了更高效并精确地绘图,用户可以根据需求创建自己的用户坐标系,在用户坐标系中,原点和 X、Y、Z 轴的方向都可以移动或旋转,甚至可以依赖于图形中某个特定的对象,在绘图过程中使用起来有很大的灵活性。

二、坐标格式

(一)直角坐标

在 AutoCAD 软件中,直角坐标就是输入点的 X、Y、Z 坐标值,坐标之间要用逗号隔开。输入点的绝对直角坐标值方式为(X,Y,Z)。例如,要输入一个点,其 X 坐标为 8,Y 坐标为 6,Z 坐标为 5,则可在输入坐标点的提示后输入(8,6,5)。对于二维绘图来说,坐标只有 X 和 Y 轴位移,Z 坐标缺省为 0。所以,仅输入 X、Y 坐标即可。例如:(105,230),(6.0,2.3)。

(二)极坐标

1.极坐标

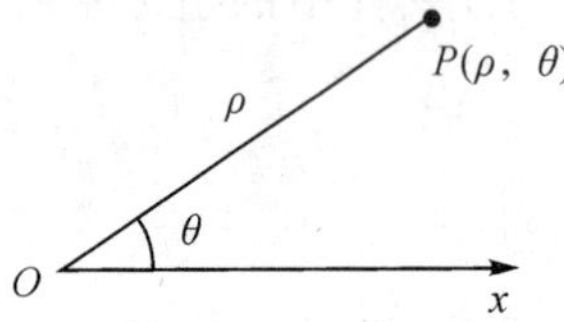

图 1-28 极坐标系

如图 1-28 所示,在平面内取一个定点 O,叫作极点,引一条射线 Ox,叫作极轴,再选定一个长度单位和角度的正方向(通常取逆时针方向)。对于平面内任何一点 P,用 ρ 表示线段 OP 的长度,θ 表示从 Ox 到 OP 的角度,ρ 叫作点 P 的极径,θ 叫作点 P 的极角,有序数对(ρ,θ)就是点 P 的极坐标。

2.球面坐标

球面坐标是极坐标格式在三维空间的推广,此格式采用三个参数描述点的位置:距当前坐标系原点的距离、该点在 XOY 平面的投影同坐标系原点连线与 X 轴正方向的夹角,以及该点与坐标系原点的连线同 XOY 坐标平面的夹角。三个参数之间用"<"号隔开,例如,某点与用户坐标原点的距离为 10,在 XOY 平面上与 X 轴正方向的夹角为 45°,与 XOY 平面的夹角 30°,则该点的球面坐标输入格式为"10<45<30"。

3.柱面坐标

柱面坐标是极坐标在三维空间的另一种推广形式,它通过以下三个参数来描述点的位置:距当前坐标系原点的距离、在 XOY 平面上与 X 轴正方向的夹角,以及该点的 Z 坐标值。距离和角度间用"<"隔开,角度值和 Z 坐标值间以逗号隔开。例如,某点距坐标系原点的距离为 10,在 XOY 平面上与 X 轴正方向的夹角为 45°,该点的 Z 坐标值为 15,则该点的柱面坐标的输入格式为"10<45,15"。

三、坐标输入

在 AutoCAD 中使用各种命令时,通常需要提供与该命令相应的指示与参数,以便指引该命令所要完成的工作或动作执行的方式和位置等。直接使用鼠标虽然便于制图,但不能进行精确的定位,进行精确的定位则需要通过输入坐标值的方式来实现。

(一)直角坐标

在 AutoCAD 软件中,直角坐标就是输入点的 X、Y、Z 坐标值,坐标之间要用逗号隔开。

1. 绝对直角坐标

绝对直角坐标以笛卡儿坐标系的坐标原点(0,0,0)为基点定位,用户可以以分数、小数或科学计数表示点的 X、Y、Z 坐标值,其间用逗号隔开,即通过输入(X,Y,Z)坐标的方式来定义一个点的位置。例如:(−30,50,0)。对于二维绘图来说,可仅输入 X、Y 坐标,即输入(X,Y)。例如,图 1-29 中用绝对直角坐标输入 A 点为(10,10),B 点为(30,10),C 点为(30,30)。

2.相对直角坐标

相对直角坐标是以上一点为坐标原点确定下一点的位置。输入相对于上一点坐标(X,Y,Z)增量为(ΔX,ΔY,ΔZ)的坐标时,格式为(@ΔX,ΔY,ΔZ)。其中@字符是指定与上一个点的偏移量(即相对偏移量)。相对于前一点(可以不是坐标原点)的直角坐标值,表示方法为在坐标值前加符号“@”,如(@−30,50,0)。图 1-29 中用相对直角坐标输入 A 点为(@0,0),B 点为(20,0),C 点为(20,20)。

(二)极坐标

1.绝对极坐标

绝对极坐标是以坐标原点(0,0,0)为基点定位所有的点,通过输入距离和角度的方式来定义一个点的位置,其输入格式为“距离<角度”。如图 1-30 所示,C 点距离 O 点的长度为 25 mm,角度为 30°,则 C 点的绝对极坐标输入为“25<30”。

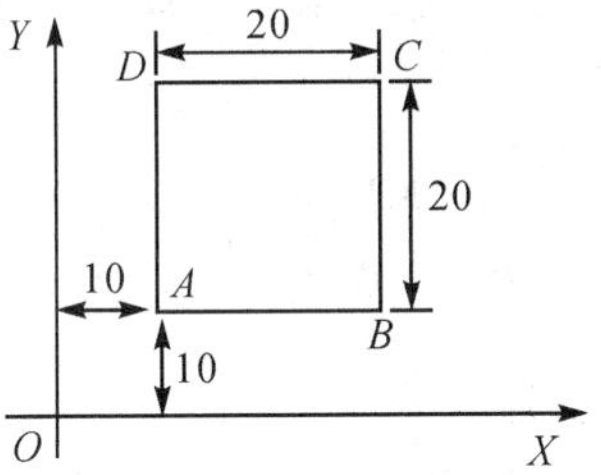

图 1-29　直角坐标示意

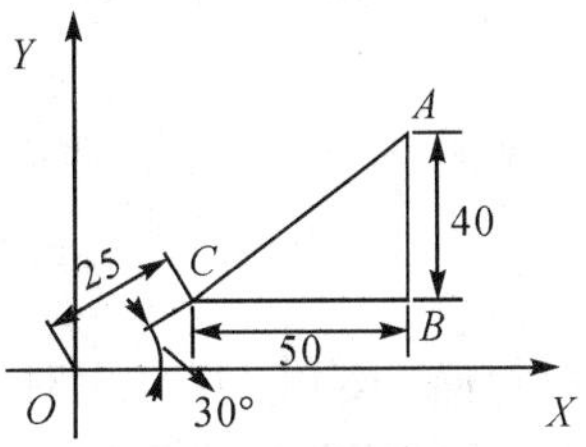

图 1-30　极坐标示意

2.相对极坐标

相对极坐标是以上一点为参考基点,通过输入极距增量和角度值,来定义下一个点的位置。其输入格式为“@距离<角度”。如图 1-30 所示,B 点相对于 C 点的极坐标输入为“@50<0”。

实例 1-2:根据 CAD 工程图要求,带有装订边的 A3 图纸的外边框为一 420 mm×297 mm 的矩形框,其一条边向内有 25 mm 的装订边,其他三条非装订边向内 5 mm 构成 A3 图纸的内边框,如图 1-31 所示。

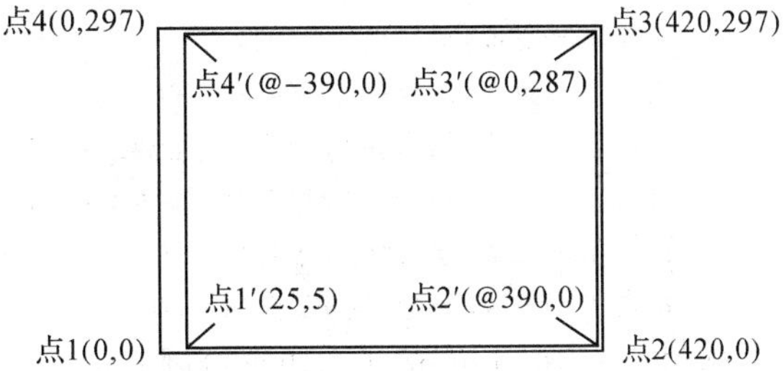

图 1-31　带有装订边的 A3 图纸

实例目标:掌握绝对直角坐标和相对直角坐标的输入,绘制带有装订边的 A3 图纸。

实例分析:本例主要使用绝对直角坐标和相对直角坐标输入的方法来绘制图形。

操作步骤:

(1)打开 AutoCAD,进入 AutoCAD 的工作界面。

(2)在命令行发出“L”绘制直线命令，执行如下操作，绘制 A3 图纸。

命令:L
LINE 指定第一点:0,0 (输入点 1 坐标值)
指定下一点或[放弃(U)]:420,0 (输入点 2 坐标值)
指定下一点或[放弃(U)]:420,297 (输入点 3 坐标值)
指定下一点或[闭合(C)/放弃(U)]:0,297 (输入点 4 坐标值)
指定下一点或[闭合(C)/放弃(U)]:C (闭合图形)

(3)在命令行发出“L”绘制直线命令，执行如下操作，绘制 A3 图纸装订边。

命令:L
LINE 指定第一点:25,5 (输入点 1′坐标值)
指定下一点或[放弃(U)]:@390,0 (输入点 2′相对于点 1′的坐标值)
指定下一点或[放弃(U)]:@0,287 (输入点 3′相对于点 2′的坐标值)
指定下一点或[闭合(C)/放弃(U)]:@−390,0 (输入点 4′相对于点 3′的坐标值)
指定下一点或[闭合(C)/放弃(U)]:C (闭合图形)

实例 1-3:利用直线命令，绘制一个边长为 100 mm 的正六边形，如图 1-32 所示。

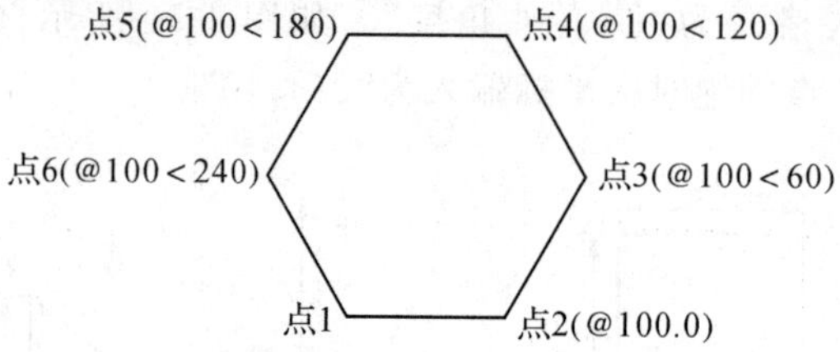

图 1-32 边长为 100 的正六边形

实例目标:掌握鼠标输入第一点和相对极坐标输入。

实例分析:本例主要使用相对极坐标输入来绘制图形。

操作步骤:

(1)打开 AutoCAD，进入 AutoCAD 的工作界面。

(2)在命令行发出“L”绘制直线命令，执行如下操作，绘制图形。

命令:L
LINE 指定第一点: (在绘图区任意位置点一下确定点 1 坐标)
指定下一点或[放弃(U)]:@100,0 (输入点 2 相对于点 1 的直角坐标值)
指定下一点或[放弃(U)]:@100<60 (输入点 3 相对于点 2 的极坐标值)
指定下一点或[闭合(C)/放弃(U)]:@100<120 (输入点 4 相对于点 3 的极坐标值)
指定下一点或[闭合(C)/放弃(U)]:@100<180 (输入点 5 相对于点 4 的极坐标值)
指定下一点或[闭合(C)/放弃(U)]:@100<240 (输入点 6 相对于点 5 的极坐标值)
指定下一点或[闭合(C)/放弃(U)]:C (闭合图形)

则边长为 100 mm 的正六边形绘制完毕。

任务 1-5 绘图环境设置

绘图环境是指影响绘图的诸多设置和选项，一般需要在绘制新图之前配置好，对绘图环境的参数进行正确的设置，是保证准确、快速绘制图形的基本条件。

一、配置绘图系统

1.命令

命令行:OPTIONS

菜单栏:“工具”→“修改”

右键快捷菜单:“选项”

执行命令后,弹出“选项”对话框,如图1-33所示。该对话框由“文件”“显示”“打开和保存”“打印和发布”“系统”“用户系统配置”“绘图”“三维建模”“选择集”“配置”选项卡组成,用户可以根据需要进行各参数设置。

2.主要功能

利用“选项”对话框可以进行合理的、适合用户绘图习惯的参数配置。

3.操作方法

实例1-4:更改绘图区的背景颜色。

实例目标:将AutoCAD绘图区默认背景颜色更改为白色

实例分析:在默认情况下,AutoCAD绘图区的背景颜色为黑色,用户一般习惯在白纸上绘制工程图,可在“选项”对话框中改变绘图区的背景颜色。

操作步骤:

(1)从菜单中执行“工具”→“选项”命令,打开“选项”对话框,在对话框中切换到“显示”选项卡,如图1-33所示。

(2)单击“颜色”按钮,弹出“图形窗口颜色”对话框,如图1-34所示。

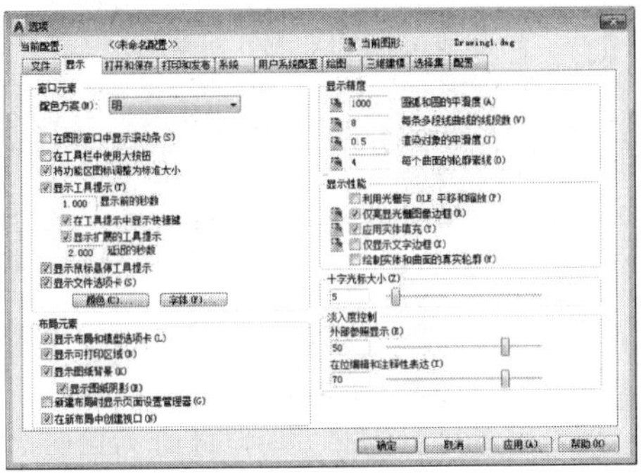

图1-33　“选项”对话框

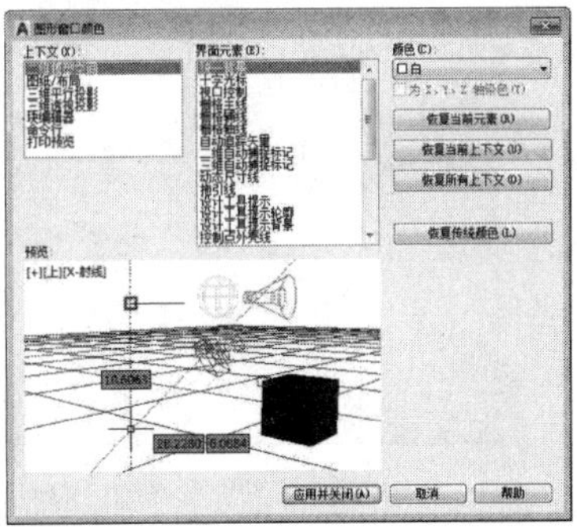

图1-34　“图形窗口颜色”对话框

(3)选择“上下文”列表框中“二维模型空间”,“界面元素”选择“同一背景”,从“颜色”列表中选择要使用的颜色,这里选择“白”。

(4)单击“应用并关闭”按钮,完成绘图区背景颜色的设置。

(5)单击“确定”按钮,关闭“选项”对话框。

二、设置图形单位

1.命令

命令行:UNITS

菜单栏:“格式”→“单位”

2.主要功能

图形的单位和格式是工程图的标准,所以在模型空间中进行绘制之前,首先要设置正确的单位和格式。

3.操作方法

执行命令后,弹出“图形单位”对话框,如图 1-35 所示。用户可以根据需要进行各参数设置。

(1)长度。设置绘图的长度单位和精度。

“类型”:设置测量单位的当前格式。

“精度”:线型测量值显示的小数位数或分数大小。

(2)角度。设置绘图的角度格式和精度。

“类型”:设置当前角度格式。

“精度”:设置当前角度显示的精度。

“顺时针”:选中该复选框,表示以顺时针方向计算正的角度值,默认的正角度方向为逆时针方向。

设置零角度的位置:要控制角度的方向,单击对话框中的“方向”按钮,弹出“方向控制”子对话框。默认时 0°角的方向为正东方向,即为 X 轴正方向,如图 1-36 所示。

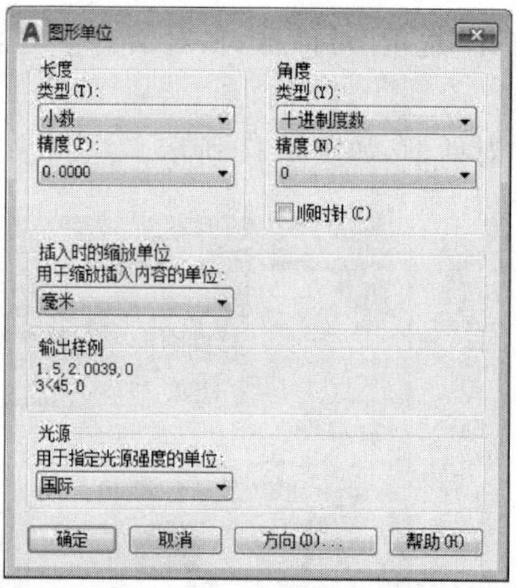

图 1-35 “图形单位”对话框

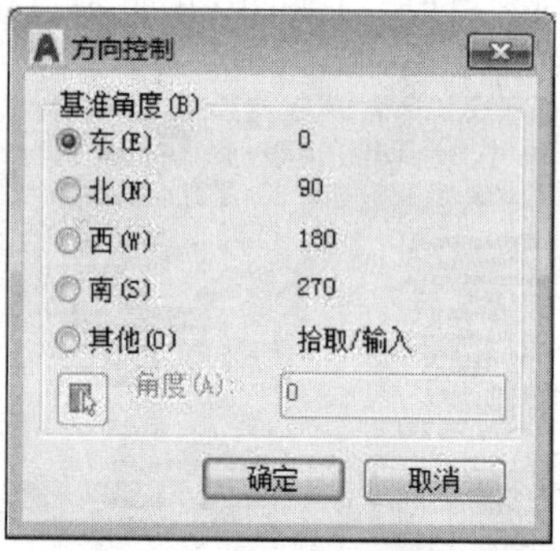

图 1-36 弹出“方向控制”子对话框

(3)光源选项区。选择光源单位的类型。AutoCAD 2018 提供了三种光源单位:标准(常规)、国际(国际标准)和美制。

三、设置绘图界限

1.命令

命令行:LIMITS

菜单栏:“格式”→“图形界限”

执行命令后,用户可以根据需要进行图形界限的设置。

2.主要功能

绘图界限,即模型空间界限,指用户自己设定的绘图工作区的大小。它以坐标形式表示,并以绘图单位来度量，它是用户可以使用的绘图区域。界限通过指定左下角与右上角两点的坐标来定义，一般要大于或等于实体（即用1∶1绘出的整图）的绝对尺寸。目的是避免所绘制的图形超出边界。

用户根据所绘图形的大小、比例等因素来确定绘图幅面，如A4（210，297）、A3（420，297）等。

3.操作方法

实例1-5：设置A3图纸大小的绘图界限。

实例目标：将AutoCAD绘图界限设置为A3〈420.0000，297.0000〉图纸大小

实例分析：为了控制绘图的区域和范围，在AutoCAD绘图区域中可以设置不可见的矩形边界，该边界可以限制栅格显示并限制单击或输入点位置。

操作步骤：

命令：limits　（重新设置模型空间界限）

指定左下角点或[开(ON)/关(OFF)]：〈0.0000，0.0000〉　（一般默认，也可以输入新坐标值）

指定右上角点：〈420.0000，297.0000〉　（默认A3图纸大小，也可以输入新的坐标值改变绘图界限）

其中各选项功能如下。

“ON”：表示打开图形边界的检查功能，对于任何超出边界的图形对象不予接受。

“OFF”：表示关闭图形边界的检查功能，对所绘图形的范围没有限制，默认状态为OFF。

注意：实际操作中，一旦改变了图纸界限，绘图区的对象显示大小会改变，一般limits命令常与ZOOM命令配合使用。实际绘图中也可以先不设定绘图边界，尽管按1∶1绘图，等到布局打印时再作相应的设置。

四、图层设置

（一）图层特性管理器

图层是图形绘制中使用的重要组织工具，AutoCAD把线型、线宽、颜色等作为对象的基本特性，用图层来管理这些特性。图层就像工程绘图中层层重叠的透明图纸，一个完整的AutoCAD图形通常由一个或多个图层组成。对于尺寸、文字、辅助线等，都可以放置在不同的图层上，不同的图层叠加在一起，最终形成复杂的图形。在AutoCAD中绘图，利用图层可以控制各图层对象的颜色、线型、线宽、可见性等特性，并对整个图形进行综合组织和控制。

利用“图层特性管理器”对图层进行操作。

1.命令

命令行：LAYER

菜单栏：“格式”→“图层”

工具栏：

2.主要功能

创建新图层、重命名或删除选定的图层、设置或更改选定图层的特性和状态等对图层进行的操作。

3.操作方法

执行命令后，弹出“图层特性管理器”对话框，如图1-37所示。用户可以根据需要进行图层的操作和管理。

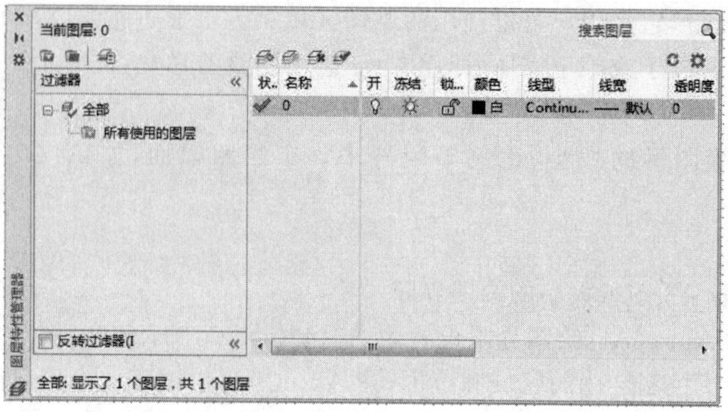

图 1-37 图层特性管理器

(二)创建和命名图层

1.主要功能

在图形绘制过程中,用户可以为类型相近的一组对象创建和命名图层,并为这些图层指定通用特性。

2.操作方法

(1)在图层特性管理器中,单击“新建图层”按钮,在图层列表框中将自动添加名为“图层1”的图层,所添加的图层呈被选中(即高亮显示)状态,如图 1-37 所示。

(2)在图层的“名称”列直接输入新建的图层名称,如“中心线”,按回车键,即可确定新图层的名称,如图 1-38 所示。图层名最多可包含 255 个字符,其中包括字母、数字和特殊字符。

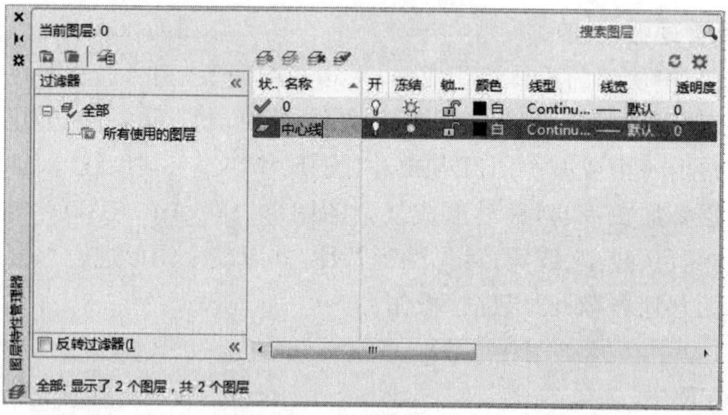

图 1-38 创建和命名图层

(3)通过多次单击按钮,创建其余图层,并以同样的方法为每个新建图层命名。每个新图层的特性都被指定为默认设置。用户可以使用默认设置,也可以根据需要给每个图层指定新的颜色、线型、线宽和打印样式。如果在创建新图层之前选中了一个现有的图层,新建的图层将继承所选定图层的特性。

(三)设置图层颜色

通过图层为图形对象指定颜色,可以帮助用户方便、直观地将对象编组。用户可以随图层

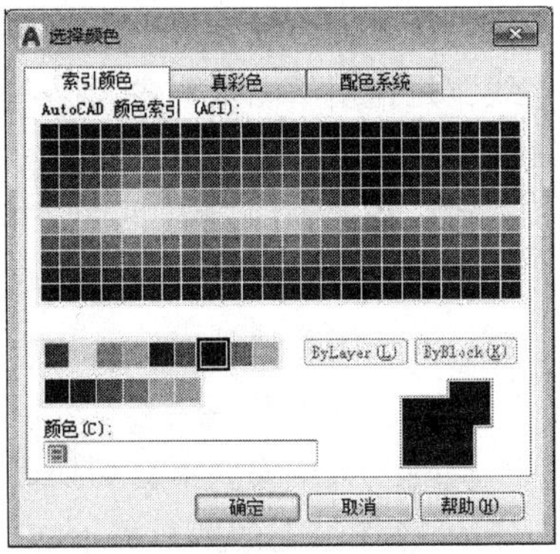

图 1-39　“选择颜色”对话框

将颜色指定给对象，也可以单独指定颜色。通过图层为图形对象指定颜色可以使用户轻松识别图形中的每个图层。不建议单独为图形对象指定颜色，那样会使同一图层的对象之间产生色彩差别，不便于管理图层和控制图形对象。

如图 1-39 所示。在“选择颜色”对话框中，用户可以通过“索引颜色”“真彩色”“配色系统”选项卡，选择相应类型的色彩系统。

(四)设置图层线型

用户可以通过图层将线型指定给对象。除选择线型外，还需要将线型比例设置为控制虚线和空格的大小，也可以根据需要创建自定义线型。在绘图过程中要用到不同类型和样式的线型，每种线型在图形中所代表的含义也各不相同。

在图层特性管理器中单击“线型”列中的“Continuous”按钮，系统将会弹出“选择线型”对话框，如图 1-40 所示。在“选择线型”对话框中，单击“加载”按钮，将会弹出“加载或重载线型”对话框，如图 1-41 所示。

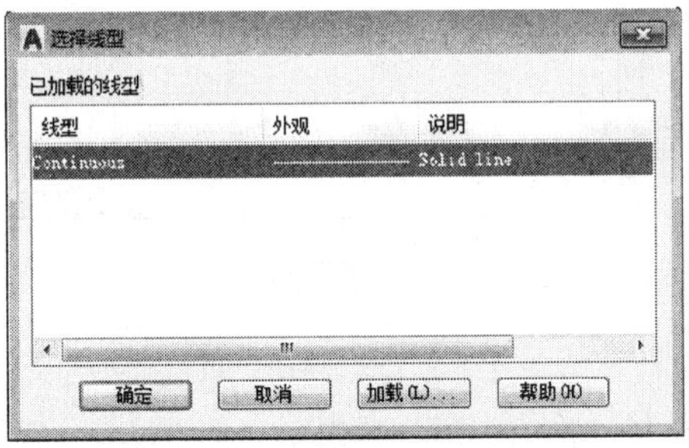

图 1-40　“选择线型”对话框

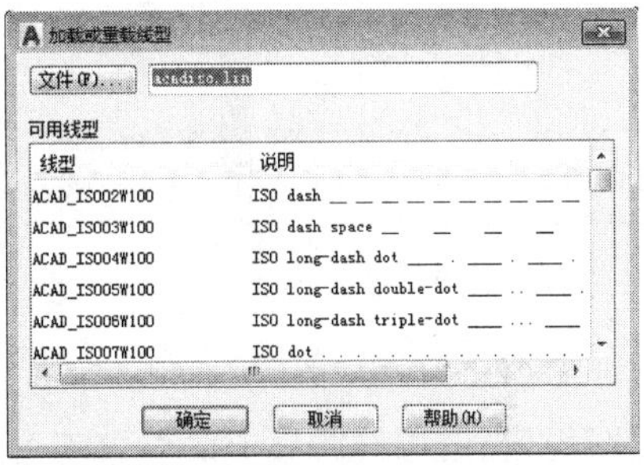

图 1-41　“加载或重载线型”对话框

如果从菜单栏中选择“格式”→“线型”命令，系统将弹出如图 1-42 所示的“线型管理器”对话框。单击“显示细节”按钮，在其右下角的“全局比例因子”框中，用户可设置线型的比例值，用于调整虚线和点画线的横线与空格的比例。

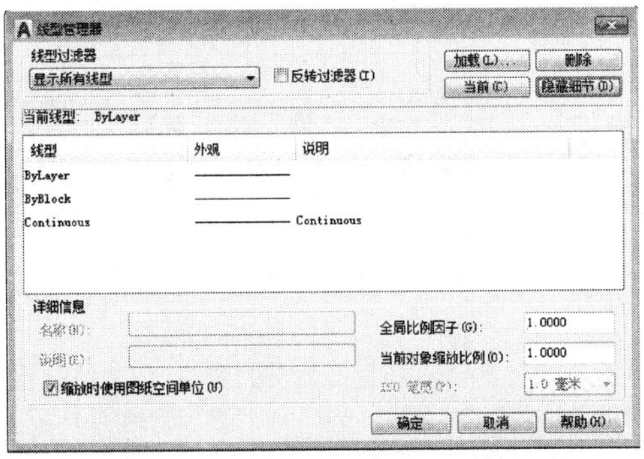

图 1-42　“线型管理器”对话框

(五)设置图层线宽

线宽是指定给图形对象及某些类型的文字的宽度值。使用线宽,可以用粗线和细线清楚地表现出截面的剖切方式、标高的深度、尺寸线和刻度线,以及细节上的不同。

在图层特性管理器中单击"线宽"列中的"默认"按钮,弹出"线宽"对话框,如图 1-43 所示。另外,用户需要在状态栏中单击"显示/隐藏线宽"按钮,来切换线宽的显示状态。

(六)管理图层特性

1. 打开或关闭图层

当某些图层需要频繁地切换其可见性时,选择关闭该图层,可以隐藏该图层上的对象。关闭图层后,该图层上的图形将不能被显示或打印。当再次打开已关闭的图层时,图层上的对象会自动重新显示。关闭图层可以使图层上的对象不可见,如图 1-44 所示。

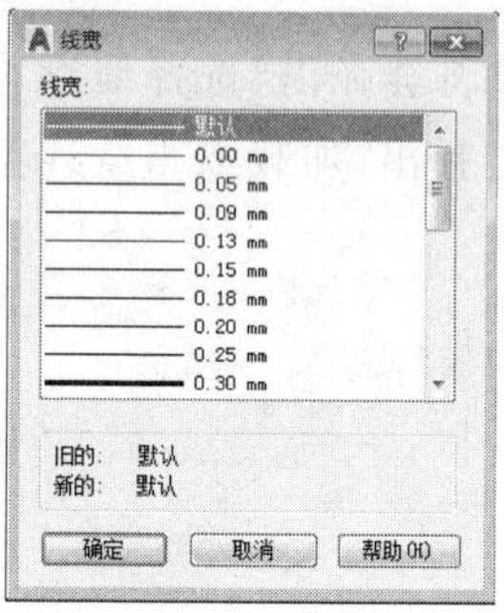

图 1-43 "线宽"对话框

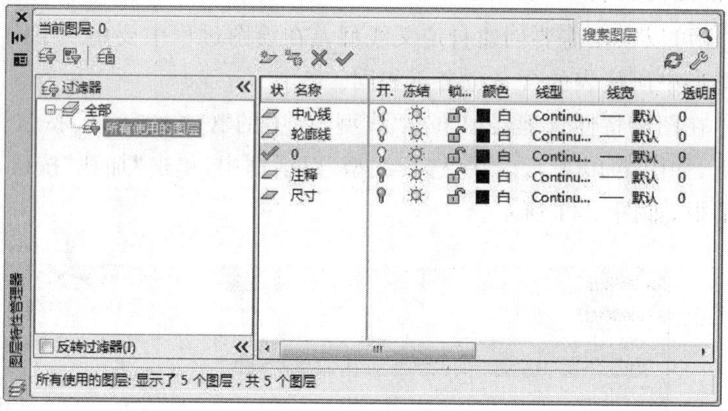

图 1-44 打开或关闭图层

2. 冻结和解冻图层

冻结图层后,已冻结图层上的对象不可见,并且不会遮盖其他对象,AutoCAD 不能在被冻结图层上显示、打印或重生成对象。在复杂的图形中,冻结不需要的图层可以加快显示和重新生成的操作速度。解冻一个或多个图层可能会导致重新生成图形,冻结和解冻图层比打开和关闭图层需要更多的时间。如图 1-45 所示,"注释"和"尺寸"两个图层处于冻结状态。

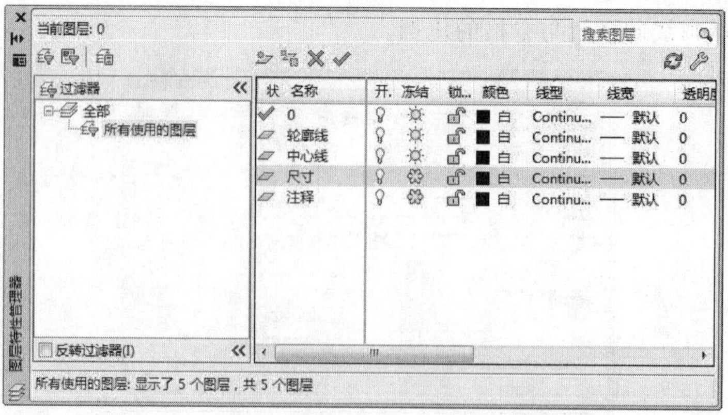

图 1-45 冻结和解冻图层

3.锁定和解锁图层

锁定某个图层后，用户无法修改该图层上的所有对象。锁定图层可以降低意外修改对象的可能性。此时，用户仍然可以将对象捕捉应用于锁定图层上的对象，且可以执行不会修改这些对象的其他操作。当锁定图标显示为打开状态时，表示该图层未被锁定。当锁定图标显示为锁定状态时，表示该图层处于锁定状态。

如图 1-46 所示，“注释”和“尺寸”两个图层处于锁定状态。

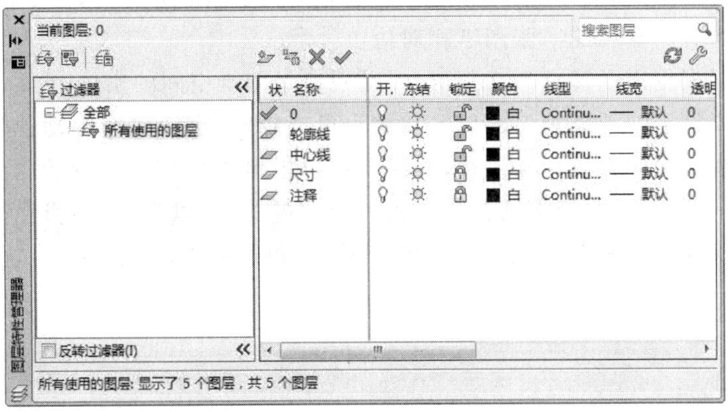

图 1-46　锁定图层

(七)指定当前图层

在绘图时，所有对象都是在当前图层上创建的。当前图层可能是默认的图层 0 或用户自己创建并命名的图层。通过将不同图层指定为当前图层，绘图即可从一个图层切换到另一图层。

在 AutoCAD 中，可通过多种方法将某一个图层指定为当前图层。

(1)在“图层”工具栏上的图层控件下拉列表中指定一个图层，该图层即为当前图层。

(2)在“图层特性管理器”的图层列表中选某一个图层，然后单击按钮。或在图层名上双击，或在图层名上右击，从弹出的快捷菜单中执行“置为当前”命令。

(3)如果将某个对象所在图层指定为当前图层，先在绘图区域选中该对象，然后在“图层”工具栏上单击“把对象的图层置为当前”按钮即可。也可以先单击“把对象的图层置为当前”按钮，然后再选择一个对象来改变当前图层。

注意：并不是所有图层都可被指定为当前图层，被冻结的图层或依赖外部参照的图层不可以设定为当前图层。用户总是在当前图层上进行绘图，当前图层只能有一个。

任务 1-6　布局设置

一、模型空间与图纸空间

模型空间就是创建工程模型的空间。它为用户提供了一个广阔的绘图区域，用户在模型空间中只需考虑图形是否正确绘出，而不必担心绘图空间是否足够大。而图纸空间侧重于图纸的布局工作，在这个空间里，用户几乎不需要再对任何图形进行修改编辑，所要考虑的是图形在整张图纸中如何布局。因此建议学习者在绘图时，先在模型空间内进行绘制和编辑，再进入图纸空间内进行布局调整，最后打印输出。

模型空间和图纸空间的区别主要在于：前者是针对图形实体的空间，后者则是针对图纸布局而言的。

二、布局设置

在图纸空间可以建立一个或多个布局。所谓布局，就是模仿的一张图纸，是图纸空间的作图环境。每一个布局与输出的一张图纸相对应。

在布局上可以根据需要建立浮动视口，浮动视口是图纸空间的实体，它的形状、数量、大小及位置可根据需要设定。浮动视口的位置和大小可以随时调整，每个浮动视口可以有自己的显示比例。浮动视口之间可以相互重叠，在浮动视口中可以分别控制层的可见性。打印输出时，所有打开的视口的可见内容都被打印。通过浮动视口，可以观察、编辑在模型空间建立的模型。在一个浮动视口中所做的修改，将影响各个浮动视口的显示内容。

下面将在模型空间中创建的图 1-47 进行布局设置。

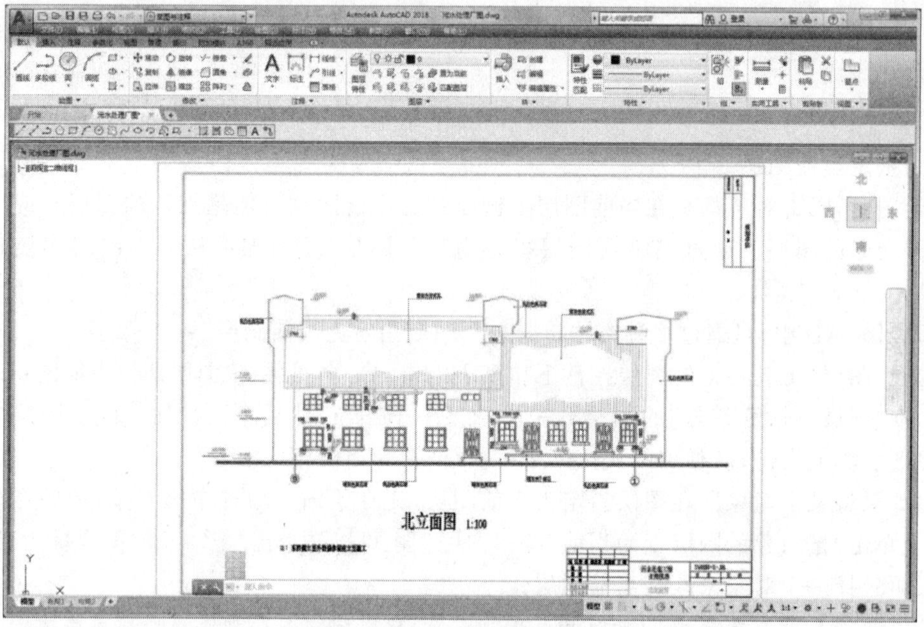

图 1-47　模型空间中创建的建筑平面图

(一)进入图纸空间

单击“Layout1”选项卡，进入图纸空间，如图 1-48 所示。

图纸上的灰色虚线表示打印的可视范围，灰黑色实线框表示视口，打印不可见。

(二)设置各项打印参数

单击菜单栏中的“文件”，在下拉菜单中打开“页面设置管理器”，单击“修改”，弹出“页面设置”对话框，设置各项打印参数，如图 1-49 所示。

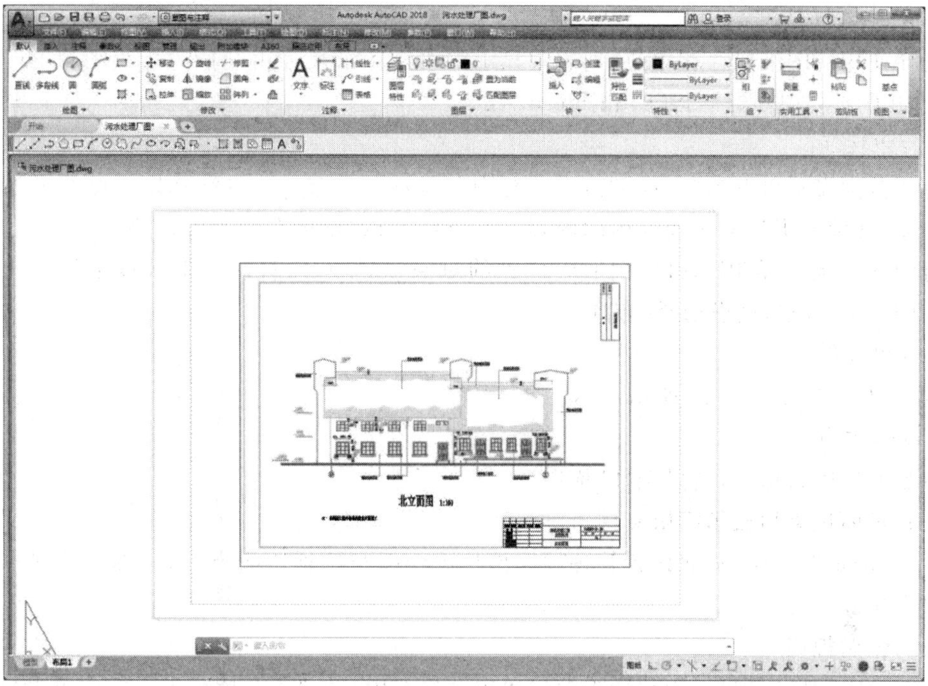

图 1-48　图纸空间显示的建筑平面图

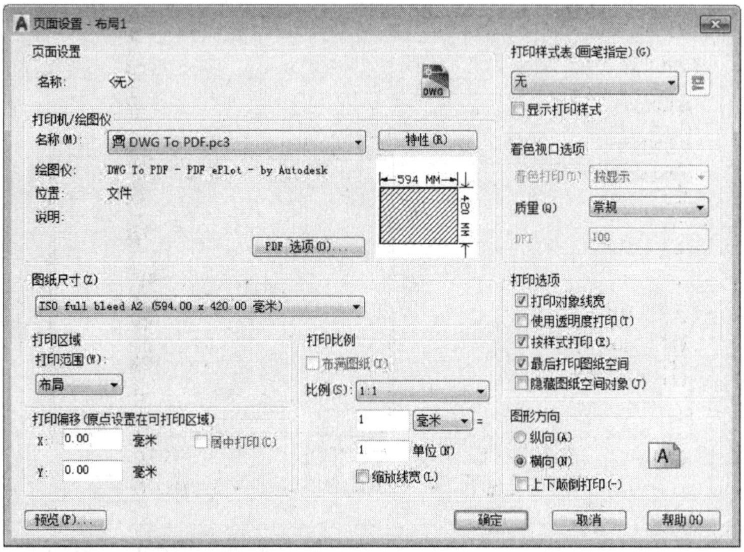

图 1-49　“页面设置”对话框参数设置

(三)“页面设置”对话框参数设置

1.打印机/绘图仪

可选择当前配置的打印设备,也可选择输出保存其他格式的文件,如图 1-49 所示,这里选择“DWG To PDF.pc3”。

2.图纸尺寸(Z)

选择使用的图纸尺寸和单位,列表中显示的可用图纸尺寸由“打印机/绘图仪”配置决定,如图 1-49 所示,这里选择“ISO full bleed A2”。

3.打印区域

打印范围设置可选择“布局”“窗口”“范围”“显示”。“布局”,打印指定图纸尺寸边界内的所有对象,即前面提到的虚线框内的内容。“窗口”,通过鼠标在图纸空间指定矩形范围,定义为要打印的区域。“范围”,打印图形中可见的对象。“显示”,打印图形区域中显示的所有对象。如图 1-49 所示,这里选择“布局”。

4.打印比例

选择“1∶1”,如图 1-49 所示。

5.图形方向

根据所给图纸形式,这里选择“横向”。

(四)页面设置后显示图纸空间

单击“确定”,关闭“页面设置管理器”,黑色虚线框与图纸边缘重合,原视口与图形缩小至图纸左下角。

(五)创建视口

删除左下角原有视口,创建新视口。单击菜单栏中的“视图”,再单击下拉菜单中“视口”后的“▶”,出现子菜单,单击子菜单中的“新建视口”,打开“视口”对话框,如图 1-50 所示。

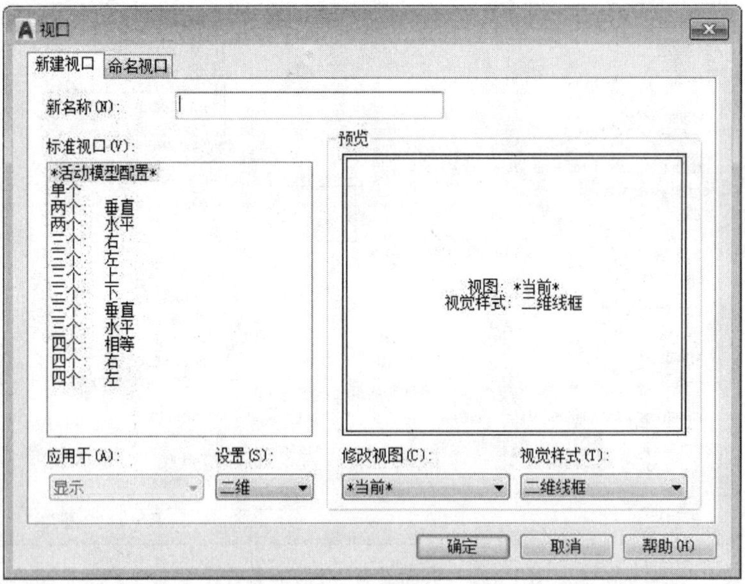

图 1-50 “视口”对话框

在标准视口中,选择“单个”,单击“确定”,通过拖动鼠标创建新视口,使新视口框与图纸边界重合。这时图形充满图纸,如图 1-51 所示。

此时图纸中的图形不可编辑,图纸可放大或缩小,视口框可选择,可调整大小。

双击图纸,此时图形可编辑,绘制或插入标题栏,设置视口比例,调整图形到合适大小,再锁定视口,此时图形不可调整大小,但可编辑。双击图纸后,在状态栏中出现“视口比例”按钮,若没有适合比例，可选“自定义”。“锁定/解锁视口”在“视口比例”左侧，如图 1-52 所示。

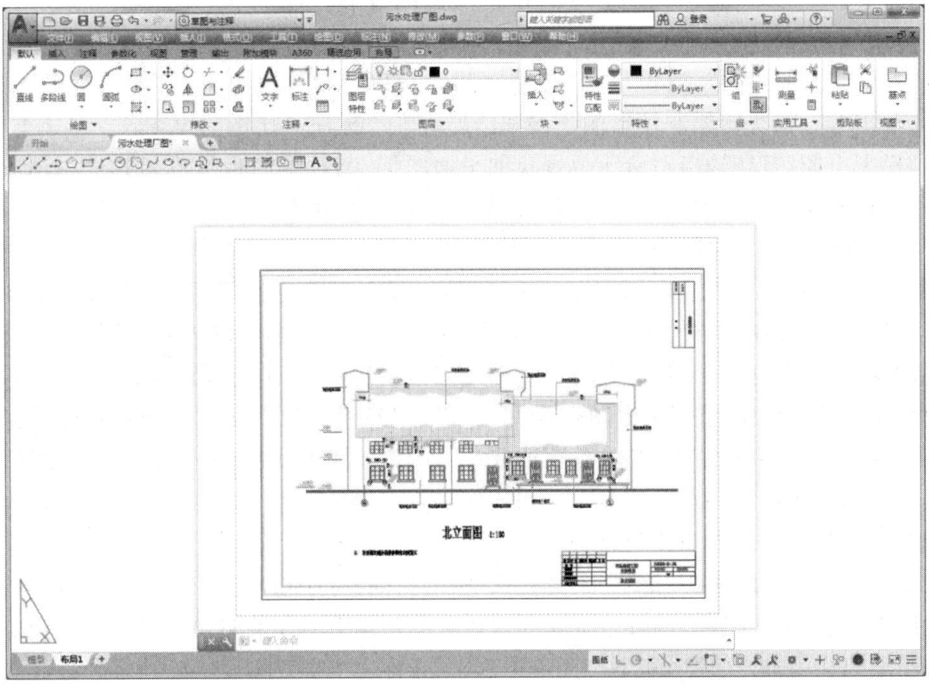

图 1-51　创建新视口

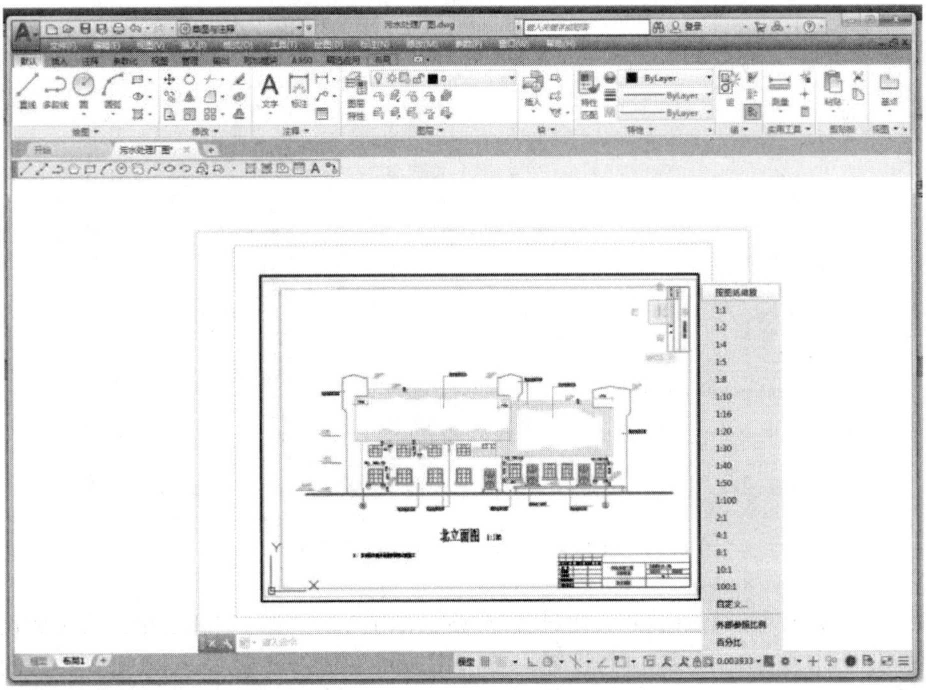

图 1-52　视口比例的设置

任务 1-7 打印输出

针对不同的图形对象,既可以在"模型空间"中打印输出,也可以在"图纸空间"中打印输出,打印输出的方式决定绘制图形的步骤和图形、文字、标注等比例的设置。

从"模型空间"打印输出适合于单视口的平面图形,其基本的指导思想就是利用所见即所得的特性,将所要打印在图纸上的内容也都显示在模型空间中,如将图形、标注、文字、图框、标题栏等全部创建在模型空间中,再打印出图。

从"图纸空间"利用布局内创建视口的打印输出方法适用于三维视图及复杂平面图形的处理。一般做法是,在模型空间完成图形的创建,在图纸空间下插入图框和标题栏,之后创建适当数量的视口,排布好图形,然后进行尺寸标注和文字注释,再进行页面设置,最后打印出图。

对于复杂的平面图,在"图纸空间"利用"布局"创建视口的方法比在"模型空间"打印出图要方便。例如,需要表现节点详图,就需要在一张图纸上表现很多不同层次不同比例的图,这样在"图纸空间"使用"布局"创建多个不同比例的视口,就会比"模型空间"下多次缩放图形再排好位置之后打印出图更加便利、快速。

不论从"模型空间"打印输出图形,还是从"图纸空间"打印输出图形,其设置方法是一样的。下面将设置好布局的图 1-47 进行打印输出。为了方便学习,这里将输出的图形设为 PDF 格式。

单击菜单栏中的"文件",在下拉菜单中单击"打印",打开"打印"对话框,该对话框展开后如图 1-53 所示。

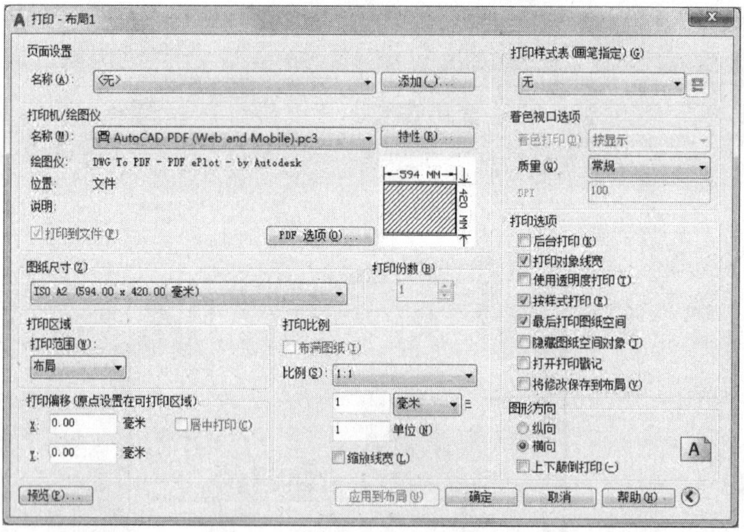

图 1-53 展开后的"打印"对话框

我们会发现"打印"对话框和"页面设置"对话框基本相似,也可以在这里完成页面设置。进行打印输出时,对"打印样式表"进行设置,在其下拉菜单里选择一种样式表,也可打开"文件"下拉菜单里的"打印样式管理器",用"添加打印样式表向导"添加打印样式,如图 1-54 所示。

选择所要用的"打印样式",下拉箭头后的"编辑"图标亮显,单击可打开"打印样式表编辑器"对话框,打开"表格视图"标签,根据需要对图层特性进行编辑,如图 1-55 所示。

图 1-54　“打印样式管理器”

图 1-55　“打印样式表编辑器”对话框

最后进行打印输出，生成 PDF 格式的文件，实际打印效果与该文件显示的效果一致，如图 1-56 所示。

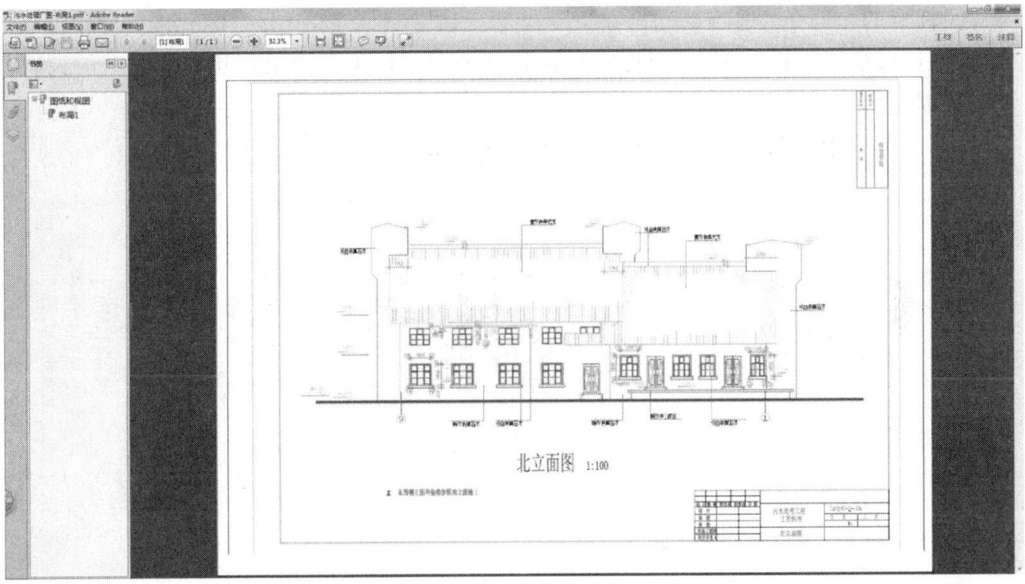

图 1-56　打印输出的图形

职业能力训练

训练 1-1　坐标输入

一、实训目的

掌握 AutoCAD 中坐标输入的方法。

二、实训内容

用坐标输入方法，绘制图 1-57 和图 1-58 所示图形。

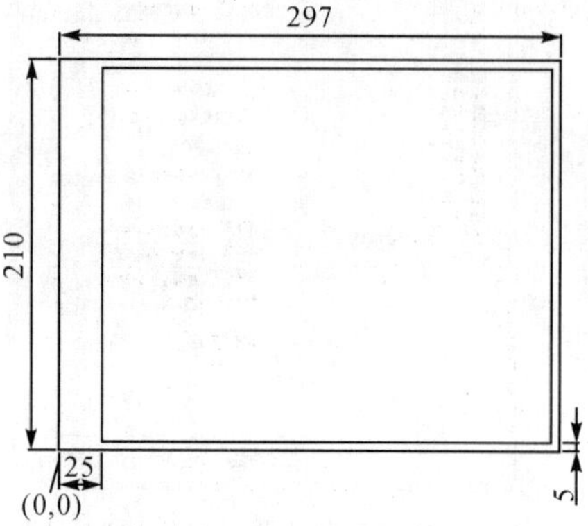

图 1-57 绝对坐标输入

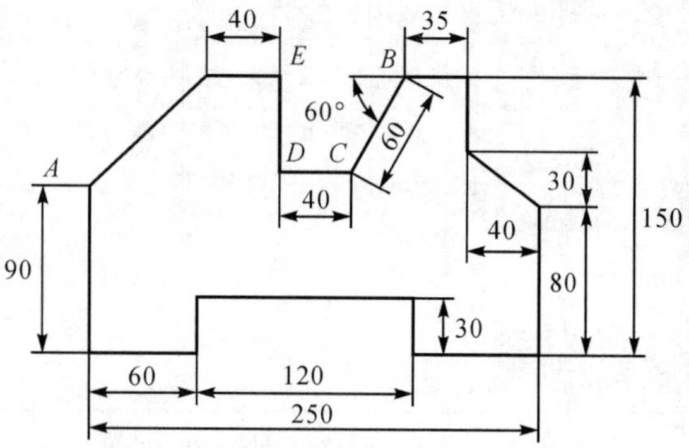

图 1-58 相对坐标输入图形(起点任意)

训练 1-2 绘图环境设置

一、实训目的

能正确进行绘图环境设置，通过图层特性管理器对话框进行图层创建和各参数的设置。

二、实训内容

进行页面图层创建和各参数的设置，如图 1-59 所示。

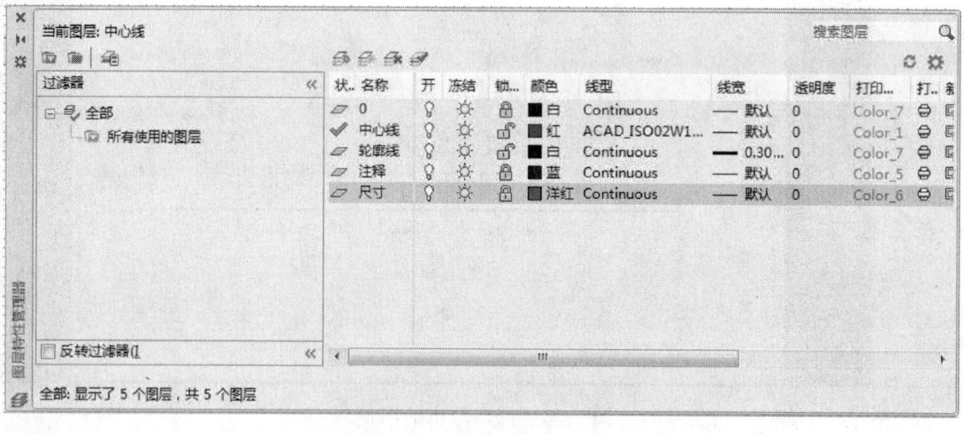

图 1-59 绘图环境设置

训练 1-3 布局设置

一、实训目的

能正确使用布局，掌握通过页面设置对话框进行布局设置。

二、实训内容

对图 1-60 进行页面设置和布局设置。要求图纸为 A4 横向，该图形布满图纸。

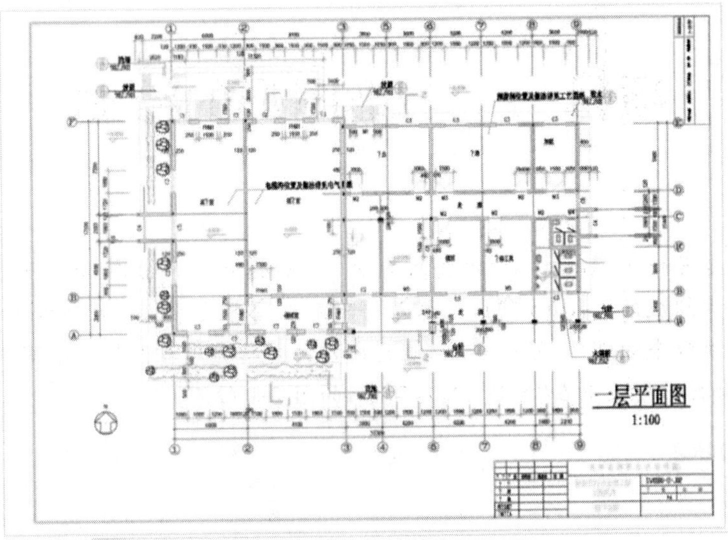

图 1-60　页面布局和设置

训练 1-4　打印输出

一、实训目的

掌握 AutoCAD 图形的输出方法。

二、实训内容

将图 1-60 打印输出为 PDF 格式图形。

项目小结

本项目要求学生掌握 AutoCAD 的安装方法，掌握图形文件的管理与视图操作、坐标系统与坐标表示；掌握 AutoCAD 工作界面的组成，能进行经典工作界面的设置；掌握绘图环境的设置；了解模型空间和图纸空间的概念和区别，模型空间与图纸空间的概念较为抽象，初学者只需简单了解即可，对于概念的深入掌握可在以后的使用中逐步体会；掌握在图形空间中利用布局进行打印设置，并输出图形。

思考与练习题

1.在 AutoCAD 中如何进行坐标表示？

2.简述 AutoCAD 工作界面的组成。

3.如何进行 AutoCAD 图层特性管理？

4.简述模型空间与图纸空间的概念和区别。

5.熟练掌握对图纸布局进行打印设置并输出。

项目二　二维图形的绘制

[项目概述]

二维绘图命令是使用 AutoCAD 绘图的基础。无论图形如何复杂,都是由点、线、圆、弧等最基本的图形要素组成的。AutoCAD 提供了绘制基本图形要素的一系列命令,通过这些命令的组合使用及编辑命令的调整、修改,可以绘制出各种复杂的工程图样。绘图命令集中在下拉菜单“绘图”中,有关图标集中在“绘图”工具栏中,如图 2-1 所示。

图 2-1　“绘图”菜单和“绘图”工具栏

[学习目标]

(1)掌握基本二维绘图命令的含义和使用方法。

(2)能灵活使用基本的二维绘图命令。

(3)能利用绘图命令进行简单图形绘制。

任务 2-1　直线和点的绘制

在 AutoCAD 中,直线类图形可以使用直线、多段线、射线、参照线、多线等命令绘制。

一、直线

1.命令

命令行:LINE

菜单栏："绘图"→"直线"

工具栏："绘图"→

2.主要功能

根据指定的端点绘制一系列直线段。绘制出的一系列直线段中的每一条线段均是独立的对象。

3.操作方法

实例 2-1：绘制直线并组成图形，如图 2-2 所示。

实例目标：会使用"直线"命令绘制图形。

实例分析：本例采用坐标输入的方法，使用"直线"命令绘制线状图形。

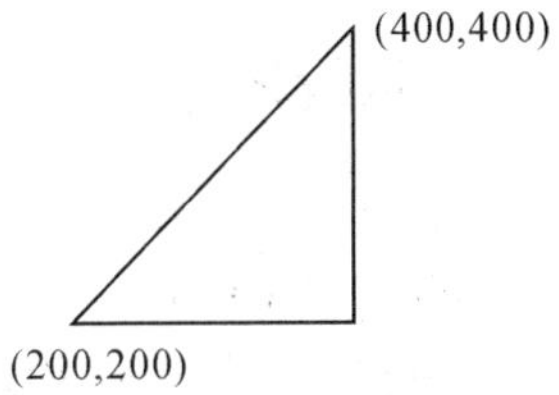

图 2-2　三角形

方法一：使用命令行提示作图。

命令：_line　　（输入命令后回车）

指定第一点：200,200　　（启动命令后指定起点）

指定下一点或[放弃(U)]：@400,0　　（指定第二点）

指定下一点或[放弃(U)]：@0,400　　（指定第三点）

指定下一点或[闭合(C)/放弃(U)]：C　　（输入选项"C"封闭图形）

其中各选项功能如下。

"闭合(C)"：若输入选项"C"，则可形成一个封闭的图形，即最后一个端点与第一条线段的起点重合。

"放弃(U)"：撤销刚才绘制的线段。在命令行中输入"U"并回车，则最后绘制的线段将被删除。

方法二：使用动态输入功能作图。

单击状态栏上的"DYN"按钮，使其压下，或按 F12 键，启动动态输入功能。

命令：_line　　（在动态输入工具栏的提示中输入坐标值）

启动动态输入并执行 LINE 命令后，AutoCAD 一方面在命令窗口提示"指定第一点："，同时在光标附近显示出一个提示框（称之为"工具栏提示"），工具栏提示中显示出对应的 AutoCAD 提示"指定第一点："和光标的当前坐标值，在此状态下，用户可以在工具栏提示中输入点的坐标值，而不必切换到命令行进行输入。

二、射线

1.命令

命令行：RAY

菜单栏："绘图"→"射线"

工具栏："绘图"→

2.主要功能

创建向一个方向无限延伸的直线。射线一般用作辅助线，可用作创建其他对象的参照。

3.操作方法

实例 2-2："射线"工具的使用。

实例目标：通过平面上一点画出一条射线。

实例分析：本例使用"射线"命令来画出通过一点的线。

操作步骤：

命令：ray

指定起点：（确定射线的起始点位置）

指定通过点：（确定射线通过的任一点，确定后 AutoCAD 绘制出过起始点与该点的射线）

指定通过点：（回车结束命令，也可以继续指定通过点，绘制过同一起始点的一系列射线）

三、构造线

1.命令

命令行：XLINE

菜单栏："绘图"→"构造线"

工具栏："绘图"→

2.主要功能

创建沿两个方向无限延伸的直线。构造线一般用作辅助线，可用作其他对象的参照，如图 2-3 所示。

(a) (b)

图 2-3 射线与构造线

3.操作方法

实例 2-3："构造线"工具的使用。

实例目标：画出如图 2-3 所示三角形的角平分线。

实例分析：本例使用"构造线"命令来画出图形。

操作步骤：

命令：xline

指定点或[水平(H)/垂直(V)/角度(A)/二等分(B)/偏移(O)]：B （输入选项 B）

指定角的顶点：（指定角的顶点 *P*1）

指定角的起点：（指定角的起点 *P*2）

指定角的端点：（指定角的端点 *P*3）

各选项功能如下。

"指定点"：指定构造线要经过的点，将创建通过指定点的构造线。

"水平(H)"：创建一条通过指定点的平行于 *Y* 轴的构造线。

"垂直(V)"：创建一条通过指定点的平行于 *X* 轴的构造线。

"角度(A)"：以指定的角度创建一条参照线。

"输入构造线的角度(0)或[参照(R)]"：指定角度或输入"R"，将使用指定角度创建通过指定点的构造线。

"参照(R)"：指定与选定参照线之间的夹角。

"选择直线对象"：选择直线、多段线、射线或构造线。

"指定通过点"：指定构造线要经过的点或按回车键。

“二等分(B)”:创建一条参照线,它经过选定的角顶点,并且将选定的两条线之间的夹角平分。

“偏移(O)”:创建平行于另一个对象的参照线。

“指定偏移距离或[通过(T)]〈当前值〉”:指定一段偏移距离,输入“T”或按回车键。

“偏移距离”:指定构造线偏离选定对象的距离。

“选择直线对象”:选择直线、多段线、射线或构造线,或按回车键。

“指定向哪侧偏移”:指定点然后按回车键。

“通过(T)”:创建从一条直线偏移并通过指定点的构造线。

“选择直线对象”:选择直线、多段线、射线或构造线,或按回车键。

“指定通过点”:指定构造线要经过的点并按回车键。

四、点

(一)绘制点

1.命令

命令行:POINT

菜单栏:“绘图”→“点”→“单点/多点”

工具栏:“绘图”→

2.主要功能

绘制单点或多点,这些点可用作标记点、标注点等。

(二)点样式/点大小

1.命令

命令行:PDMODE/PDSIZE

菜单栏:“格式”→“点样式”

2.主要功能

设置系统变量控制点对象的外观。

(1)点样式。AutoCAD 提供了多种点的样式,数值 0～4、32～36、64～68、96～100 分别与点样式对话框(图 2-4)中第一行至第四行点图形一一对应,数值 1 指定不显示任何图形。

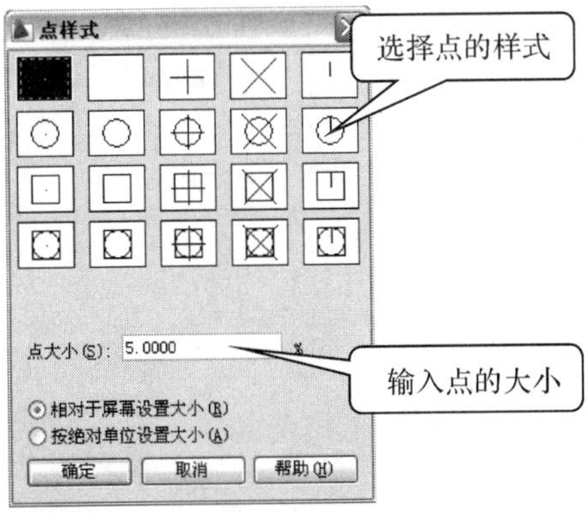

图 2-4　点样式

(2)点大小。PDSIZE控制点图形的大小(PDMODE系统变量为0和1时除外)。如果设置为0,将按绘图区域高度的5%生成点对象。正的PDSIZE值指定点图形的绝对尺寸,负值将解释为视口大小的百分比。重生成图形时将重新计算所有点的尺寸。“相对于屏幕设置大小”指按屏幕尺寸的百分比设置点的显示大小。缩放视图时,点的显示大小并不改变。“按绝对单位设置大小”指按“点大小”下指定的实际单位设置点显示的大小。缩放视图时,点的显示大小随之改变。

3.操作方法

实例2-4:绘制如图2-5所示的带有样式的点。

实例目标:会进行点样式和点大小的设置,能进行点的绘制。

实例分析:本例首先通过“点样式”命令进行点样式和大小的设置,之后调用“点”命令中的“多点”,绘制出多个相同的点实体。

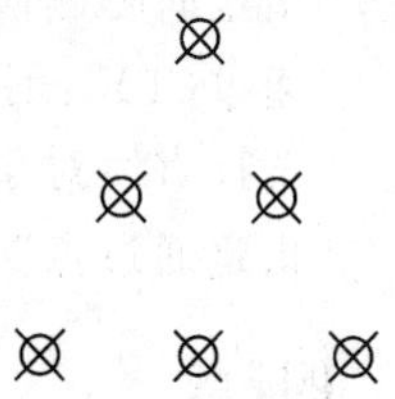

图2-5 点绘制

操作步骤:

使用菜单和命令行提示作图。

单击“格式”→“点样式”,弹出如图2-4所示的点样式对话框。通过该对话框选择需要的点样式,利用对话框中的“点大小”编辑框确定点的大小。

命令:_point

指定点:输入点的位置坐标

在该提示下确定点的位置,AutoCAD就会在该位置绘制出相应的点。

(三)定数等分

1.命令

命令行:DIVIDE

菜单栏:“绘图”→“点”→“定数等分”

2.主要功能

将点对象或块沿对象的长度或周长等间隔排列。

3.操作方法

实例2-5:“定数等分”的使用。

实例目标:绘制直线并将其五等分,如图2-6(a)所示。

实例分析:本例使用“点”→“定数等分”命令画出特殊位置点。

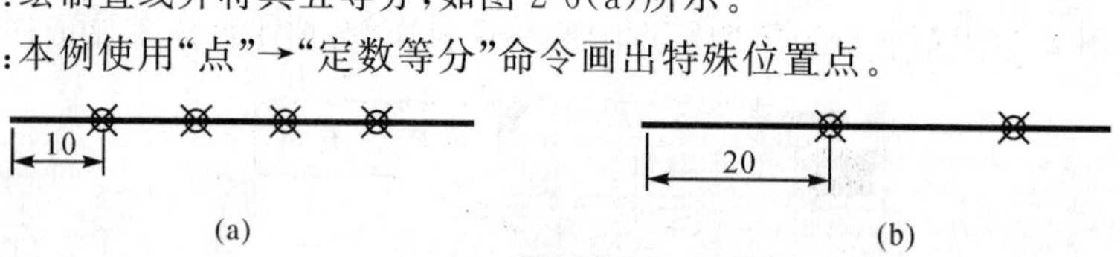

图2-6 定数等分和定距等分

操作步骤:

使用命令行提示作图。

命令:_divide

选择要定数等分的对象:选择直线

输入线段数目或[块(B)]:5 (输入从2到32767之间的值或输入“b”)

其中各选项功能如下。

“线段数目”:输入线段数目。

“块(B)”:在等分点处插入块。

(四)定距等分

1.命令

命令行:MEASURE

菜单栏:“绘图”→“点”→“定距等分”

2.主要功能

将点对象或块放置在对象上指定间隔处。

3.操作方法

实例 2-6:“定距等分”的使用。

实例目标:绘制直线并以指定点形定距插点,间距为 20,如图 2-6(b)所示。

实例分析:本例使用“点”→“定距等分”命令画出特殊位置点。

操作步骤:

使用命令行提示作图。

命令:measure

选择要定距等分的对象:选择直线

指定线段长度或[块(B)]:20 (指定距离或输入“B”)

其中各选项功能如下。

“线段长度”:输入每一段的长度。

“块(B)”:沿选定对象等间距放置块。

任务 2-2 圆和圆弧的绘制

一、圆

1.命令

命令行:CIRCLE

菜单栏:“绘图”→“圆”

工具栏:“绘图”→

2.主要功能

可以使用多种方法创建圆。

3.操作方法

实例 2-7:“圆”工具的使用。

实例目标:使用圆命令绘制如图 2-7 所示任意三角形的内切圆。

实例分析:本例使用“圆”命令画出符合具体要求圆。

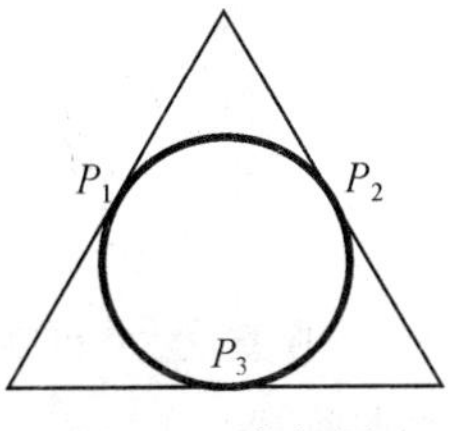

图 2-7 内切圆

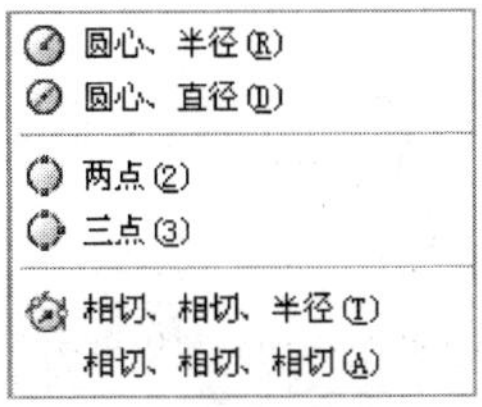

图 2-8 画圆菜单

操作步骤：

(1)使用命令行提示作图。

命令：_circle

指定圆的圆心或[三点(3P)/两点(2P)/相切、相切、半径(T)]：3P (三切点)

指定圆上的第一个点： (选择三角形的第一条边 $P1$)

指定圆上的第二个点： (选择三角形的第二条边 $P2$)

指定圆上的第三个点： (选择三角形的第三条边 $P3$)

其中各选项功能如下。

“圆心”：基于圆心和直径(或半径)绘制圆。

“指定圆的半径或[直径(D)]”：指定点、输入值、输入“D”或按回车键。

“半径”：定义圆的半径，输入值，或指定第二点，此点与圆心的距离决定圆的半径。

“直径”：使用中心点和指定的直径长度绘制圆。

“三点(3P)”：基于圆周上的三点绘制圆。

“两点(2P)”：基于圆直径上的两个端点绘制圆。

“相切、相切、半径(TTR)”：基于指定半径和两个相切对象绘制圆。

(2)在下拉菜单中单击“绘图”→“圆”，出现子菜单，如图 2-8 所示。

“圆心、半径(R)”：用圆心和半径方式绘圆，如图 2-9(a)所示。

“圆心、直径(D)”：用圆心和直径方式绘圆，如图 2-9(b)所示。

“两点(2)”：基于圆直径上的两个端点绘制圆，如图 2-9(c)所示。

“三点(3)”：基于圆周上的三点绘制圆，如图 2-9(d)所示。

“相切、相切、半径(T)”：基于指定半径和两个相切对象绘制圆，如图 2-9(e)所示。

“相切、相切、相切(A)”：基于指定三个相切对象绘制圆，如图 2-9(f)所示。

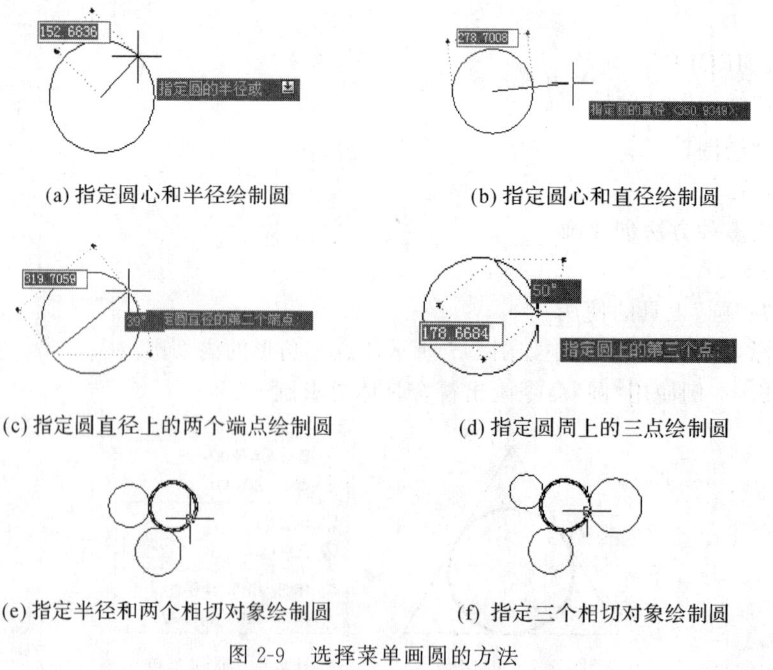

(a) 指定圆心和半径绘制圆　(b) 指定圆心和直径绘制圆

(c) 指定圆直径上的两个端点绘制圆　(d) 指定圆周上的三点绘制圆

(e) 指定半径和两个相切对象绘制圆　(f) 指定三个相切对象绘制圆

图 2-9　选择菜单画圆的方法

二、圆弧

1.命令

命令行：ARC

菜单栏："绘图"→"圆弧"

工具栏："绘图"→

2.主要功能

使用多种方法创建圆弧。

3.操作方法

实例 2-8："圆弧"工具的使用。

实例目标：使用圆弧命令绘制如图 2-10 所示的圆弧。

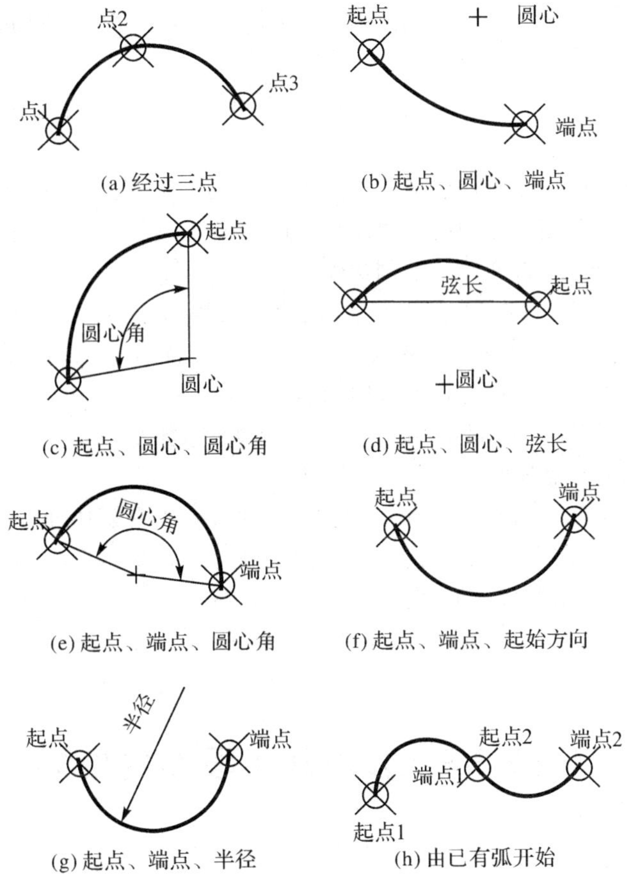

图 2-10　各种画圆弧的方法

实例分析：本例使用"圆弧"命令绘制符合具体要求圆弧。

操作步骤：

(1)使用命令行提示作图。

命令：_arc　　（输入命令）

指定圆弧的起点或[圆心(C)]：　　（指定圆弧的起点）

指定圆弧的第二个点或[圆心(C)/端点(E)]: (圆弧线上的任意一点)

指定圆弧的端点: (指定圆弧的终点)

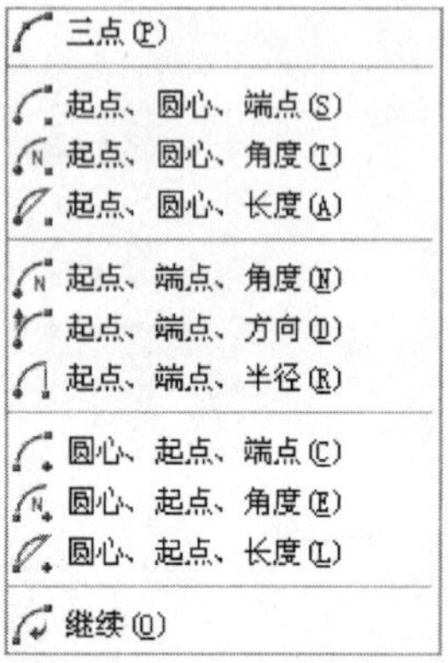

图 2-11 画圆弧菜单

其中各选项功能如下。

“起点”:指定圆弧的起点。

“圆心(C)”:指定圆弧所在圆的圆心。

“端点(E)”:指定圆弧端点。

(2)在下拉菜单中单击“绘图”→“圆弧”,出现子菜单,如图 2-11 所示。

“三点(P)”:通过三个指定点可以顺时针或逆时针指定圆弧,如图 2-10(a)所示。

“起点、圆心、端点(S)”:以起点、圆心、端点绘制圆弧,如图 2-10(b)所示。

“起点、圆心、角度(T)”:以起点、圆心、角度绘制圆弧,如图 2-10(c)所示。

“角度”:指定圆心,从起点按指定包含角逆时针绘制圆弧。如果角度为负,将顺时针绘制圆弧。

“起点、圆心、长度(A)”:以起点、圆心、长度绘制圆弧,如图 2-10(d)所示。

“长度”:基于起点和端点之间的直线距离绘制圆弧。如果弦长为正值,将从起点逆时针绘制劣弧。如果弦长为负值,将逆时针绘制优弧。

“起点、端点、角度(N)”:以起点、端点、角度绘制圆弧,如图 2-10(e)所示。

“起点、端点、方向(D)”:以起点、端点、方向绘制圆弧,如图 2-10(f)所示。

“方向”:绘制圆弧在起点处与指定方向相切。

“起点、端点、半径(R)”:以起点、端点、半径绘制圆弧,如图 2-10(g)所示。

“半径”:从起点向端点逆时针绘制一条圆弧。

“圆心、起点、端点(C)”:以圆心、起点、端点绘制圆弧,如图 2-10(b)所示。

“圆心、起点、角度(E)”:以圆心、起点、角度绘制圆弧,如图 2-10(c)所示。

“圆心、起点、长度(L)”:以圆心、起点、长度绘制圆弧,如图 2-10(d)所示。

“继续(O)”:从一段已有的弧开始绘弧。绘制的圆弧与已有圆弧沿切线方向相接,如图 2-10(h)所示。

任务 2-3 多线和多段线的绘制

一、多线

(一)绘制多线

1.命令

命令行:MLINE

菜单栏:“绘图”→“多线”

2.主要功能

创建由 1 至 16 条平行线组成的多线。

3.操作方法

实例 2-9:“多线”工具的使用。

实例目标:使用多线命令绘制如图 2-12 所示的三角板。

实例分析:本例使用“多线”命令画出具体要求的图形。

操作步骤:

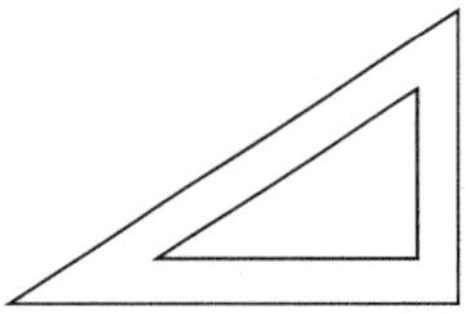

图 2-12　三角板

使用命令行提示作图。

命令:_mline

当前设置:对正=上,比例=20.00,样式=STANDARD

指定起点或[对正(J)/比例(S)/样式(ST)]:　(指定点或输入选项)

指定下一点:　(指定多线的下一个顶点)

指定下一点或[放弃(U)]:　(指定点或输入“U”)

指定下一点或[闭合(C)/放弃(U)]:C　(起点和终点连接起来)

其中各选项功能如下。

“对正(J)”:确定如何在指定的点之间绘制多线,如图 2-13 所示。

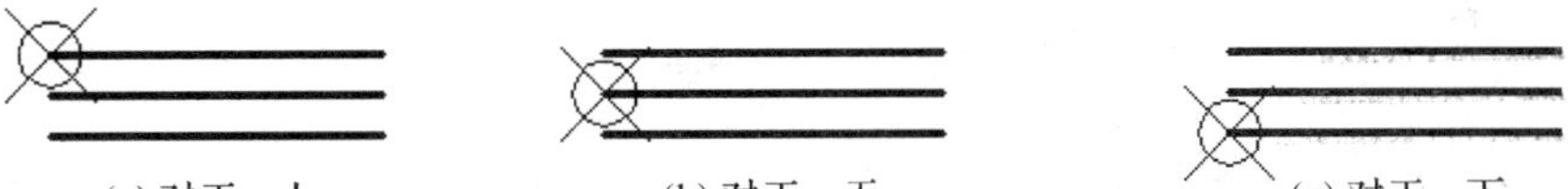

图 2-13　多线的对正

“输入对正类型[上(T)/无(Z)/下(B)]〈当前类型〉”:输入选项或按回车键

“上(T)”:在光标下方绘制多线,因此在指定点处将会出现具有最大正偏移值的直线。

“无(Z)”:将光标作为原点绘制多线。

“下(B)”:在光标上方绘制多线,因此在指定点处将出现具有最大负偏移值的直线。

“比例(S)”:控制多线的全局宽度。该比例基于在多线样式定义中建立的宽度,不影响线型比例。比例因子为 2 绘制多线时,其宽度是样式定义宽度的两倍。负比例因子将翻转偏移线的次序。输入“S”选择比例选项。

“样式(ST)”:选择绘制多线时使用的样式,默认线性样式为“STANDARD”,若选择该选项,可在“输入多线样式名或[?]”提示后输入已定义的样式名,输入“?”则列出当前图中已加载的多线样式“名称”。

(二)多线样式设置

1.命令

命令行:MLSTYLE

菜单栏:“格式”→“多线样式”

2.主要功能

创建、修改、保存和加载多线样式。多线样式控制元素的数目和每个元素的特性。MLSTYLE 命令还控制背景颜色和每条多线的端点封口。

3.操作内容

1)多线样式

执行多线样式设置功能之后,弹出“多线样式”对话框,如图 2-14 所示,各项参数含义具体如下。

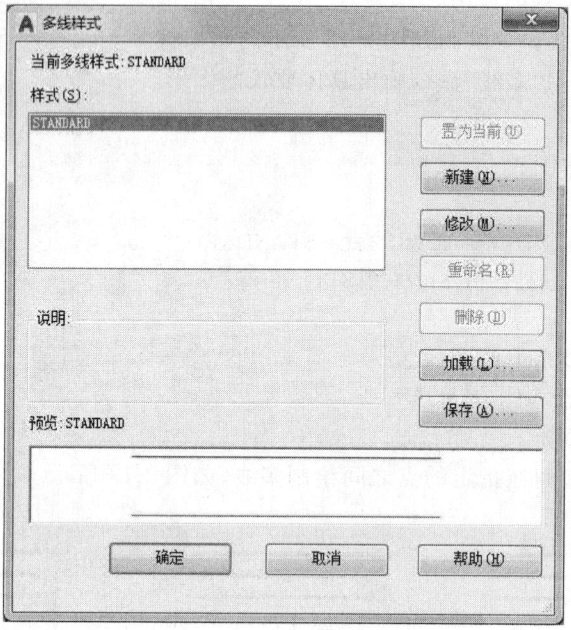

图 2-14 “多线样式”对话框

(1)当前多线样式:显示当前多线样式的名称,该样式将在后续创建多线中用到。

(2)样式:显示已加载到图形中的多线样式列表。

(3)说明:显示选定多线样式的说明。

(4)预览:显示选定多线样式的名称和图像。

(5)置为当前:设置用于后续创建的多线的当前多线样式。从“样式”列表中选择一个名称,然后选择“置为当前”。

(6)新建:显示“创建新的多线样式”对话框,从中可以创建新的多线样式。

(7)修改:显示“修改多线样式”对话框,从中可以修改选定的多线样式。不能修改默认的 STANDARD 多线样式。“修改多线样式”对话框中各项特性与“新建多线样式”对话框相同。

(8)重命名:重命名当前选定的多线样式。不能重命名 STANDARD 多线样式。

(9)删除:从“样式”列表中删除当前选定的多线样式。此操作并不会删除多线库(MLN)文件中的样式。不能删除 STANDARD 多线样式、当前多线样式或正在使用的多线样式。

(10)加载:显示“加载多线样式”对话框,可以从指定的 MLN 文件加载多线样式。

(11)保存:将多线样式保存或复制到 MLN 文件中。如果指定了一个已存在的 MLN 文件,新样式定义将添加到此文件中,并且不会删除其中已有的定义。默认文件名是“acad.mln”。

2)创建新的多线样式

单击新建按钮,显示“创建新的多线样式”对话框,如图 2-15 所示。

(1)新样式名:命名新的多线样式。如新样式名为 C,只有输入新名称并单击“继续”后,元素和多线特征才可用。

(2)基础样式:确定要用于创建新多线样式的多线样式。要节省时间,请选择与要创建的多线样式相似的多线样式。

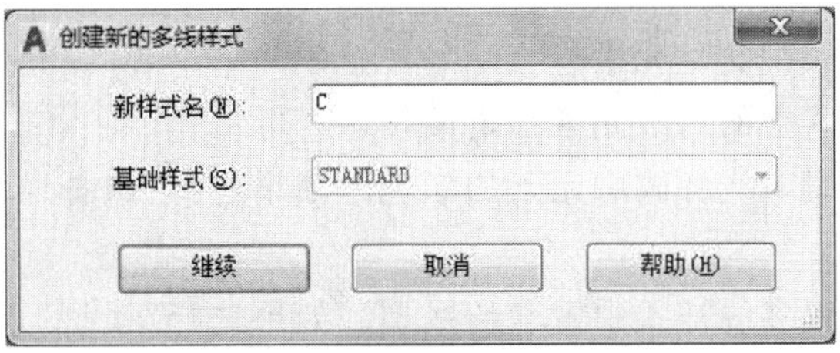

图 2-15　创建新的多线样式

(3)继续：显示"新建多线样式"对话框(图 2-16)，可创建新的多线样式。

图 2-16　打开"新建窗户多线样式"对话框

3)新建多线样式

(1)封口：控制多线起点和端点封口。

"直线"：显示穿过多线每一端的直线段。

"外弧"：显示多线的最外端元素之间的圆弧。

"内弧"：显示成对的内部元素之间的圆弧。

"角度"：指定端点封口的角度。

(2)填充：控制多线的背景填充。

"填充颜色"：设置多线的背景填充色。如果选择"选择颜色"，将显示"选择颜色"对话框，选择颜色后所绘制的多线将填充相应的颜色。

(3)显示连接：控制每条多线的线段顶点处连接的显示。接头也称为斜接。

(4)图元：设置新的和现有的多线元素的元素特性，如偏移、颜色和线型。

"偏移""颜色""线型"：显示当前多线样式中的所有元素。样式中的每个元素由其相对于多线的中心、颜色及其线型定义。元素始终按它们的偏移值降序显示。

(5)添加:将新元素添加到多线样式。只有 STANDARD 之外的多线样式选择了颜色或线型后,此选项才可用。

(6)删除:从多线样式中删除元素。

(7)偏移:为多线样式中的每个元素指定偏移值。

(8)颜色:显示并设置多线样式中元素的颜色。如果选择“选择颜色”,将显示“选择颜色”对话框。

(9)线型:显示并设置多线样式中元素的线型。如果选择“线型”,将显示“选择线型特性”对话框,该对话框列出了已加载的线型。要加载新线型,请单击“加载”,将显示“加载或重载线型”对话框。

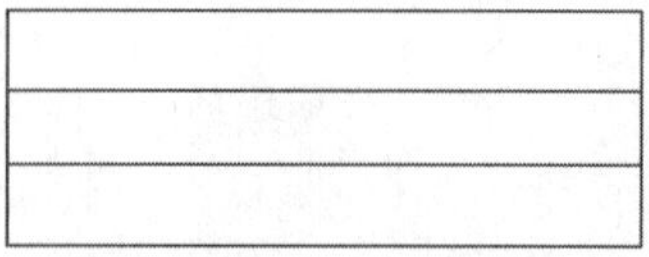

图 2-17 窗户多线样式

4.操作方法

实例 2-10:设置图 2-17 的窗户多线样式。

实例目标:利用“多样样式”工具,进行多样样式的设置。

实例分析:本例使用“多样样式”命令设置符合要求的多线形状。

操作步骤:

使用命令行提示设置。

命令:_MLSTYLE

弹出“多线样式”对话框,如图 2-14 所示。

单击右侧的“新建”按钮,弹出“创建新的多线样式”对话框,如图 2-15 所示。

在新样式名中输入“C”,单击“继续”按钮,弹出“创建新的多线样式:C”对话框。

在该对话框中,按照图 2-17 窗户多线样式的要求,进行各项的设置,如图 2-18 所示。

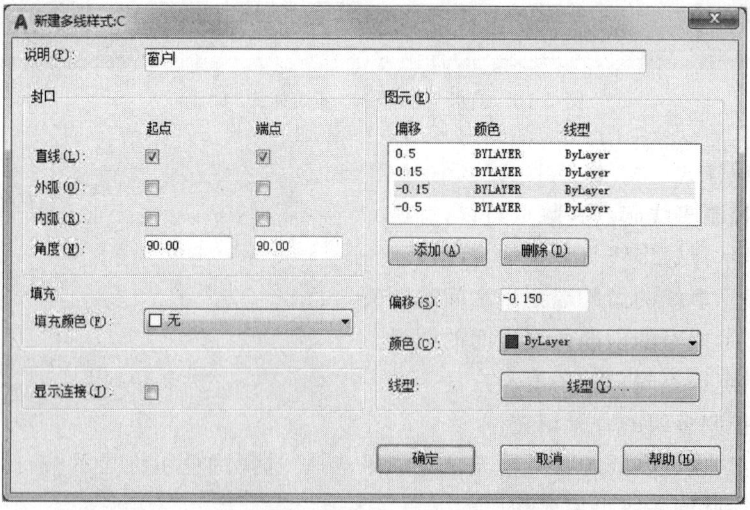

图 2-18 “新建窗户多线样式”对话框

单击“确定”,出现“多线样式”对话框(图 2-19),在该对话框中可进行多线线型的预览。

单击“确定”,完成窗户多线样式的设置。

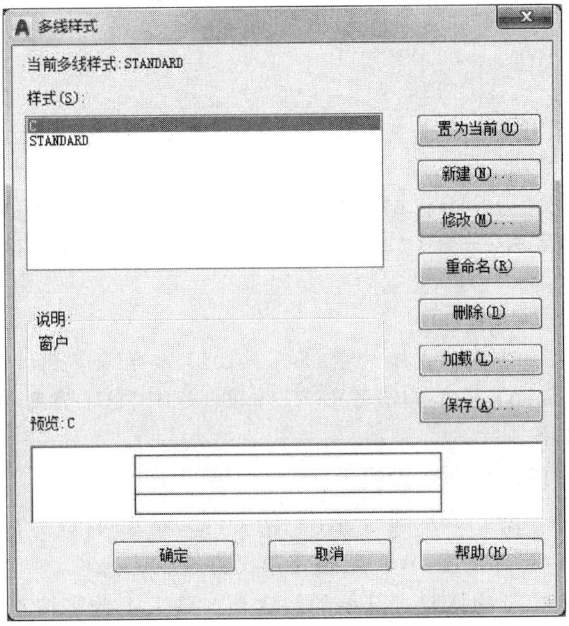

图 2-19　“新建窗户多线样式”预览

二、多段线

1.命令

命令行:PLINE

菜单栏:“绘图”→“多段线”

工具栏:“绘图”→

2.主要功能

创建二维多段线。

3.操作方法

实例 2-11:“多段线”工具的使用。

实例目标:画出如图 2-20 所示的图形。

实例分析:本例使用“多段线”命令画特殊线。

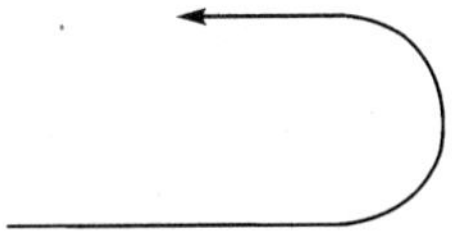

图 2-20　多段线

操作步骤:

使用命令行提示作图。

命令:_pline

指定起点:　（指定多段线的起点）

当前线宽为 0.0000　（系统提示信息）

指定下一个点或[圆弧(A)/半宽(H)/长度(L)/放弃(U)/宽度(W)]:W　（改变线宽）

指定起点宽度〈0.0000〉:20　（指定起点的宽度）

指定端点宽度〈20.0000〉:　（指定端点的宽度）

指定下一个点或[圆弧(A)/半宽(H)/长度(L)/放弃(U)/宽度(W)]:@400,0　（指定第二点）

指定下一点或[圆弧(A)/闭合(CL)/半宽(H)/长度(L)/放弃(U)/宽度(W)]:A　（绘制圆弧）

指定圆弧的端点或[角度(A)/圆心(CE)/闭合(CL)/方向(D)/半宽(H)/直线(L)/半径(R)/第二

个点(S)/放弃(U)/宽度(W)]:A (选择绘制圆弧的方法)

指定包含角:180 (指定圆弧的角度)

指定圆弧的端点或[圆心(CE)/半径(R)]:@0,200 (指定圆弧的端点)

指定圆弧的端点或[角度(A)/圆心(CE)/闭合(CL)/方向(D)/半宽(H)/直线(L)/半径(R)/第二个点(S)/放弃(U)/宽度(W)]:L (绘制直线)

指定下一点或[圆弧(A)/闭合(CL)/半宽(H)/长度(L)/放弃(U)/宽度(W)]:@－100,0

指定下一点或[圆弧(A)/闭合(CL)/半宽(H)/长度(L)/放弃(U)/宽度(W)]:W (改变线宽)

指定起点宽度〈20.0000〉:30 (指定起点的宽度)

指定端点宽度〈30.0000〉:0 (指定端点的宽度)

指定下一点或[圆弧(A)/闭合(CL)/半宽(H)/长度(L)/放弃(U)/宽度(W)]:@－100,0

指定下一点或[圆弧(A)/闭合(CL)/半宽(H)/长度(L)/放弃(U)/宽度(W)]: (回车结束命令)

其中各选项功能如下。

"圆弧(A)":将弧线段添加到多段线中。

"指定圆弧的端点或[角度(A)/圆心(CE)/闭合(CL)/方向(D)/半宽(H)/直线(L)/半径(R)/第二个点(S)/放弃(U)/宽度(W)]":指定第二点或输入选项。

"角度(A)":指定弧线段的从起点开始的包含角。输入正数将按逆时针方向创建弧线段。输入负数将按顺时针方向创建弧线段。

"指定圆弧的端点或[圆心(CE)/半径(R)]":指定点或输入选项。

"圆心(CE)":指定弧线段的圆心。

"指定圆弧的圆心":指定圆心。

"指定圆弧的端点或[角度(A)/长度(L)]":指定圆弧端点或输入选项。

"闭合(CL)":用弧线段将多段线闭合。

"方向(D)":指定弧线段的起始方向。

"指定圆弧的起点切向":指定点确定圆弧的方向。

"指定圆弧的端点":指定点确定圆弧的端点。

"半宽(H)":指定从多段线线段的中心到其一边的宽度。

"指定起点半宽〈当前值〉":输入值或按回车键。

"定端点半宽〈起点宽度〉":输入值或按回车键。

"直线(L)":退出"圆弧"选项并返回 PLINE 命令的初始提示。

"半径(R)":指定弧线段的半径。

"第二个点(S)":指定三点圆弧的第二点和端点。

"指定圆弧上的第二点":指定第二点。

"指定圆弧的端点":指定第三点。

"放弃(U)":删除最近一次添加到多段线上的弧线段。

"宽度(W)":指定下一弧线段的起点和端点宽度。

"半宽(H)":指定从多段线线段的中心到其一边的宽度。

"长度(L)":在与前一线段相同的角度方向上绘制指定长度的直线段。如果前一线段是圆弧,程序将绘制与该弧线段相切的新直线段。

"放弃(U)":删除最近一次添加到多段线上的直线段。

"宽度(W)":指定下一条直线段的起点和端点宽度。

任务 2-4　矩形和正多边形的绘制

一、矩形

1.命令

命令行:RECTANG

菜单栏:“绘图”→“矩形”

工具栏:“绘图”→

2.主要功能

以指定两个对角点的方式绘制矩形,当边长相同时则生成的是正多边形。

3.操作方法

实例 2-12:“矩形”工具的使用。

实例目标:画出如图 2-21 所示的有宽度的圆角矩形。

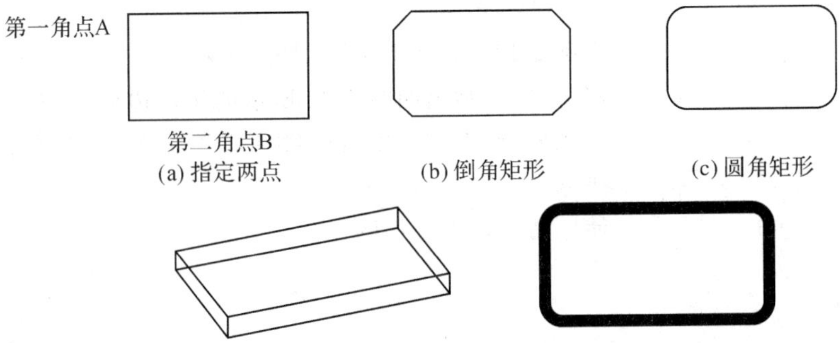

(a) 指定两点　(b) 倒角矩形　(c) 圆角矩形　(d) 有厚度矩形　(e) 有宽度的圆角矩形

图 2-21　矩形

实例分析:本例使用“矩形”命令画出有宽度的圆角矩形。

操作步骤:

使用命令行提示作图。

命令:_rectang

指定第一个角点或[倒角(C)/标高(E)/圆角(F)/厚度(T)/宽度(W)]:F　(改变圆角半径)

指定矩形的圆角半径〈0.0000〉:5

指定第一个角点或[倒角(C)/标高(E)/圆角(F)/厚度(T)/宽度(W)]:W　(改变线宽)

指定矩形的线宽〈6.0000〉:3

指定第一个角点或[倒角(C)/标高(E)/圆角(F)/厚度(T)/宽度(W)]:　(指定第一个角点)

指定另一个角点或[面积(A)/尺寸(D)/旋转(R)]:　(指定第二个角点)

其中各选项功能如下。

“倒角(C)”:设置矩形的倒角距离。

“指定矩形的第一个倒角距离〈当前距离〉”:指定距离或按回车键。

“指定矩形的第二个倒角距离〈当前距离〉”:指定距离或按回车键。以后执行 RECTANG 命令时此值将成为当前倒角距离。

“标高(E)”:设定矩形在三维空间中的基面高度。

“圆角(F)”:指定矩形的圆角半径。

“指定矩形的圆角半径〈当前半径〉”:指定距离或按回车键。

“厚度(T)”:指定矩形的厚度,即三维空间 Z 轴方向的高度。

“宽度(W)”:指定多段线的宽度。

二、正多边形

1.命令

命令行:POLYGON

菜单栏:“绘图”→“多边形”

工具栏:“绘图”→

2.主要功能

绘制边数为 3 至 1024 的正多边形。绘图时可以指定多边形的边数,还可以指定它是内接还是外切。

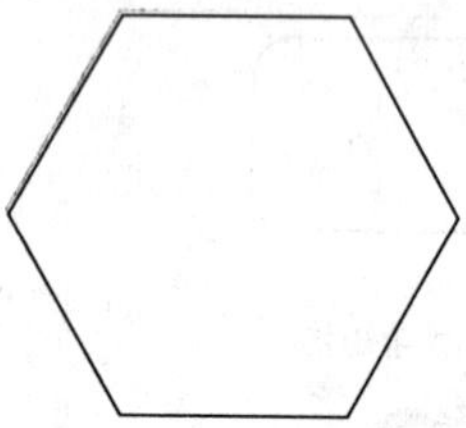
图 2-22 正多边形

3.操作方法

实例 2-13:“正多边形”工具的使用。

实例目标:画出如图 2-22 所示的正六边形。

实例分析:本例使用“正多边形”命令画正六边形。

操作步骤:

使用命令行提示作图。

命令_polygon

输入边的数目〈4〉:6 (指定多边形的边数)

指定正多边形的中心点或[边(E)]: (指定多边形的中心)

输入选项[内接于圆(I)/外切于圆(C)]〈I〉: (选择绘制多边形的方法)

指定圆的半径: (指定内接或外切圆的半径)

其中各选项功能如下。

“边(E)”:通过指定第一条边的端点来定义正多边形,由边数和边长确定。输入“E”后,出现提示,“指定边的第一个端点”,确定多边形的第一条边的起始点,“指定边的第二个端点”,确定多边形的第一条边的终点。

“中心点”:确定多边形的中心。

“内接于圆(I)”:指定外接圆的半径,正多边形的所有顶点都在此圆周上。

“外切于圆(C)”:指定从正多边形中心点到各边中点的距离。

任务 2-5 圆环和椭圆的绘制

一、圆环

1.命令

命令行:DONUT

菜单栏:“绘图”→“圆环”

工具栏:“绘图”→

2.主要功能

绘制指定内外直径的圆环或填充圆。圆环的宽度由指定的内直径和外直径决定。如果将内径指定为0(零),则圆环将填充为圆。

3.操作方法

实例2-14:“圆环”工具的使用。

实例目标:画出如图2-23所示内径为5,外径为10的圆环。

图2-23　圆环

实例分析:本例使用“圆环”命令画出不同圆形。

操作步骤:

使用命令行提示作图。

命令:_donut
指定圆环的内径〈10.0000〉:5　(圆环内径为5)
指定圆环的外径〈20.0000〉:10　(圆环外径为10)
指定圆环的中心点或〈退出〉:　(指定圆环的圆心)
指定圆环的中心点或〈退出〉:　(结束命令)

二、椭圆或椭圆弧

1.命令

命令行:ELLIPSE

菜单栏:“绘图”→“椭圆”

工具栏:“绘图”→/

2.主要功能

创建椭圆或椭圆弧。

3.操作方法

实例2-15:“椭圆”工具的使用。

实例目标:画出如图2-24所示的椭圆。

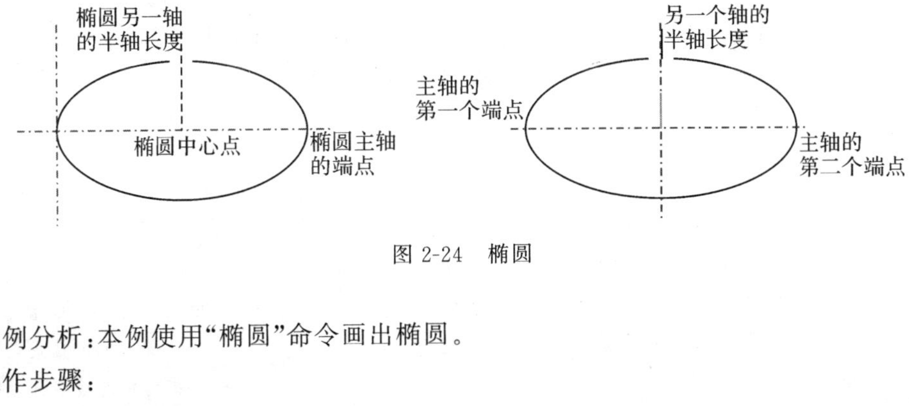

图2-24　椭圆

实例分析:本例使用“椭圆”命令画出椭圆。

操作步骤:

使用命令行提示作图。

命令:_ellipse

指定椭圆的轴端点或[圆弧(A)/中心点(C)]:

指定轴的另一个端点:

指定另一条半轴长度或[旋转(R)]:

各选项功能如下。

"轴端点":根据两个端点定义椭圆的第一条轴。第一条轴的角度确定了整个椭圆的角度,第二条轴既可定义椭圆的长轴也可定义短轴。

"圆弧(A)":创建一段椭圆弧。第一条轴的角度确定了椭圆弧的角度,第二条轴既可定义椭圆弧长轴也可定义椭圆弧短轴。

"中心点(C)":通过指定的中心点来创建椭圆。

"旋转(R)":通过绕第一条轴旋转圆来创建椭圆。

"起始角度":定义椭圆弧的第一端点。模式用于控制计算椭圆的方法,"起始角度"选项用于从"参数"模式切换到"角度"模式。

"参数(P)":同样需要输入"起始角度",AutoCAD 通过矢量参数方程式创建椭圆弧。

"包含角度(I)":指定椭圆弧包角的大小。

任务 2-6 样条曲线的绘制

一、样条曲线

1.命令

命令行:SPLINE

菜单栏:"绘图"→"样条曲线"

工具栏:"绘图"→

2.主要功能

绘制经过或接近一系列给定点的光滑曲线。

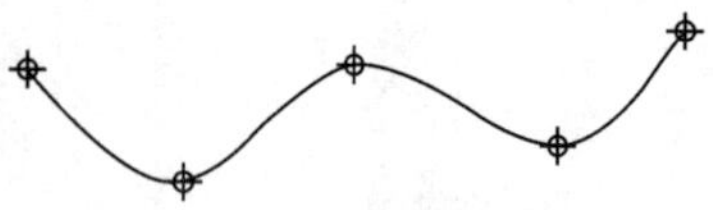

图 2-25 样条曲线

3.操作方法

实例 2-16:"样条曲线"工具的使用。

实例目标:画出如图 2-25 所示的样条曲线。

实例分析:本例使用"样条曲线"命令画出图形。使用命令行提示作图。

指定第一个点或[对象(O)]: (指定第一点)

指定下一点: (指定第二点)

指定下一点或[闭合(C)/拟合公差(F)]〈起点切向〉: (指定第三点)

指定下一点或[闭合(C)/拟合公差(F)]〈起点切向〉: (指定第四点)

指定下一点或[闭合(C)/拟合公差(F)]〈起点切向〉: (指定第五点)

指定下一点或[闭合(C)/拟合公差(F)]〈起点切向〉: (按回车键指定起点切向)

指定起点切向: (指定一点和起点连接即为起点切向)

指定端点切向: (指定一点和端点连接即为端点切向)

其中各选项功能如下。

“闭合(C)”:将最后一点定义为与第一点一致,并使它在连接处相切,这样可以闭合样条曲线。

“拟合公差(F)”:修改拟合当前样条曲线的公差,根据新公差以现有点重新定义样条曲线。

二、修订云线

1.命令

命令行:REVCLOUD

菜单栏:“绘图”→“修订云线”

工具栏:“绘图”→

2.主要功能

图纸更新时会用云线在做出修改的地方做标记,提醒接收图纸的人员或部门注意这些修改。即用云线可以圈图做标记。

3.操作方法

实例 2-17:“修订云线”工具的使用。

实例目标:画出如图 2-26 所示的图形。

实例分析:本例使用“修订云线”命令画出图形。

操作步骤:

使用命令行提示作图。

命令:_revcloud

最小弧长:15

最大弧长:15

样式:普通

指定起点或[弧长(A)/对象(O)/样式(S)]〈对象〉:

图 2-26　修订云线

沿云线路径引导十字光标。指定起点后通过移动光标自动绘制云线路径,最大和最小弧长已设定,最后光标移动到开始位置形成封闭图形,系统会自动终止命令,命令行提示:“修订云线完成”。

任务 2-7　图案填充

一、图案填充

要重复绘制某些图案以填充图形中的一个区域,以表达该区域的特征,这种填充操作称为图案填充。图案填充的应用非常广泛,例如:在机械工程图中,可以用图案填充表达一个剖切的区域,也可以使用不同的图案填充来表达不同的零部件或者材料。

1.命令

命令行:BHATCH/HATCH

菜单栏:“绘图”→“图案填充”

工具栏:“绘图”→

2. 主要功能

使用填充图案、实体填充或渐变填充来填充封闭区域或选定对象,也可以创建新的图案填充对象。

二、图案填充设置

如果功能区处于活动状态,将显示"图案填充创建"选项卡,如图 2-27 所示。如果功能区处于关闭状态,将显示"图案填充和渐变色"对话框,如图 2-28 所示。可以设置图案填充的类型、图案、角度和比例等特性。

图 2-27 "图案填充创建"选项卡

图 2-28 "图案填充和渐变色"对话框

(一)边界

用不同的方法选定对象、确定边界。

1. 添加:拾取点

根据围绕指定点构成封闭区域的现有对象确定边界,对话框将暂时关闭,系统将会提示拾取一个点。如图 2-29 所示。

"拾取内部点或[选择对象(S)/删除边界(B)]":在要进行图案填充或填充的区域内单击,或者指定选项、输入"U"或"Uudo"放弃上一个选择,或按回车键返回对话框。

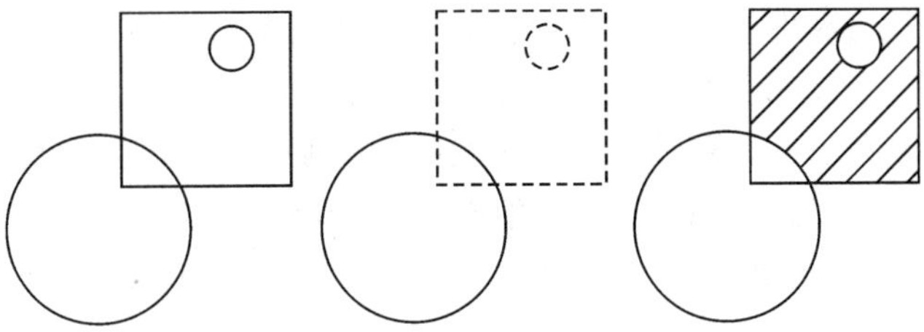

(a) 选择内部点　(b) 图案填充边界　(c) 结果

图 2-29　“拾取点”方式填充图案

如果拾取点不能被一封闭的边界包围，AutoCAD 给出“未找到有效的图案填充边界”的提示。拾取完成后，填充边界以高亮显示，此时 AutoCAD 仍然提示“选择内部点：”用户可按回车键返回或输入“U”或“Uudo”撤销上次的拾取。

2.添加：选择对象

根据构成封闭区域的选定对象确定边界，如图 2-30 所示，对话框将暂时关闭，系统将会提示选择对象。

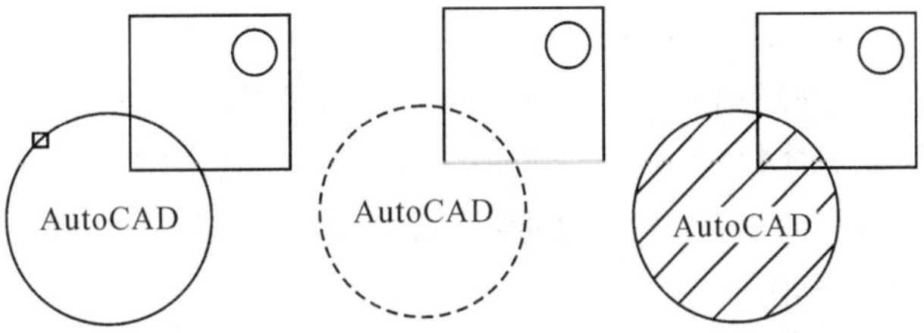

(a) 选择对象　(b) 选择文字　(c) 结果

图 2-30　“选择对象”方式填充图案

“选择对象或[拾取内部点(K)/删除边界(B)]”：选择定义图案填充或填充区域的对象，或者指定选项、输入“U”或“Uudo”放弃上一个选择，或按回车键返回对话框。每次单击“选择对象”选项时，HATCH 都会清除上一个选择集。

3.删除边界( )

从边界定义中删除以前添加的任何对象，如图 2-31 所示，单击“删除边界”时，对话框将暂时关闭，命令行将显示提示。

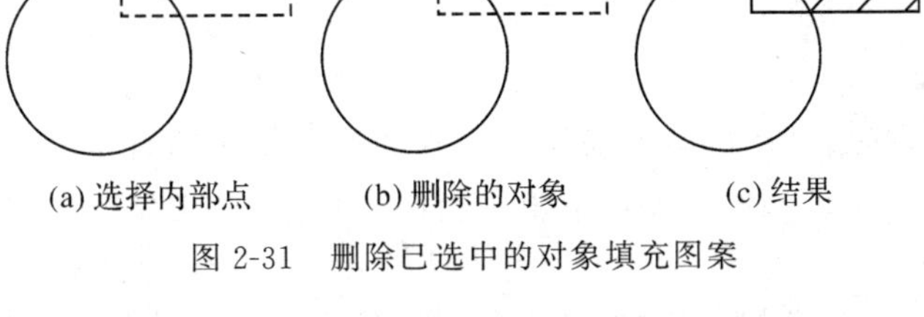

(a) 选择内部点　(b) 删除的对象　(c) 结果

图 2-31　删除已选中的对象填充图案

“选择对象或[添加边界(A)]”：选择要从边界定义中删除的对象、指定选项或按回车键返回对话框。选择对象、选择图案填充或填充的临时边界对象将它们删除。

4.重新创建边界

围绕选定的图案填充或填充对象创建多段线或面域，并使其与图案填充对象相关联(可选)。单击“重新创建边界”时，对话框暂时关闭，命令行将显示提示。

“输入边界对象类型[面域(R)/多段线(P)]〈当前〉”：输入“R”创建面域或输入“P”创建多段线。

“要重新关联图案填充与新边界吗？[是(Y)/否(N)]〈当前〉”：输入“Y”或“N”。

5.查看选择集( )

暂时关闭对话框，并使用当前的图案填充或填充设置显示当前定义的边界。如果未定义边界，则此选项不可用。

(二)“图案填充”选项卡

1.类型和图案

指定图案填充的类型、图案、颜色和背景色。

(1)类型：设置图案类型。用户基于图形中的当前线型定义图案。AutoCAD 提供了三种类型。

“预定义”：使用 AutoCAD 标准图案文件(“ACAD.pat”文件和“ACADISO.pat”文件)中的图案填充。从提供的 70 多种符合 ANSI、ISO 和其他行业标准的填充图案中选择预定义的填充图案，或添加由其他公司提供的填充图案库。AutoCAD 默认“类型”为“预定义”。

“用户定义”：基于当前的线型及指定的间距、角度、颜色和其他特性来定义的填充图案。用户可以临时定义简单填充图案。

“自定义”：表示使用用户定制图案文件中的图案。默认填充图案在 acad.pat 和 acadiso.pat(对于 AutoCAD LT，则为 acadlt.pat 和 acadltiso.pat)文件中定义。可以将自定义填充图案添加到这些文件中。

(2)图案：图案选项板中列出可用的预定义图案，显示选择的 ANSI、ISO 和其他行业标准填充图案。选择“实体”可创建实体填充。只有将“类型”设定为“预定义”，“图案”选项才可用(HPNAME 系统变量)。

“…”按钮：用于显示“填充图案选项板”对话框，如图 2-32 所示。在该对话框中可以预览所有预定义的图案的图像。

(3)颜色：使用填充图案和实体填充的指定颜色替代当前颜色(HPCOLOR 系统变量)。

背景色：为新图案填充对象指定背景色，选择“无”可关闭背景色(HPBACKGROUNDCOLOR 系统变量)。

(4)样例：显示选定图案的预览图像。可以单击“样例”以显示“填充图案选项板”对话框，选择 SOLID 图案后，可以单击右箭头显示颜色列表或在颜色列表中继续单击“选择颜色”，弹出“选择颜色”对话框。

(5)自定义图案：列出可用的自定义图案。六个最近使用的自定义图案将出现在列表顶部，选定图案的名称存储在 HPNAME 系统变量中。只有在“类型”中选择了“自定义”，此选项才可用。

“…”按钮：用于显示“填充图案选项板”对话框，从中可以同时查看所有自定义图案的预览图像，这将有助于用户做出选择。

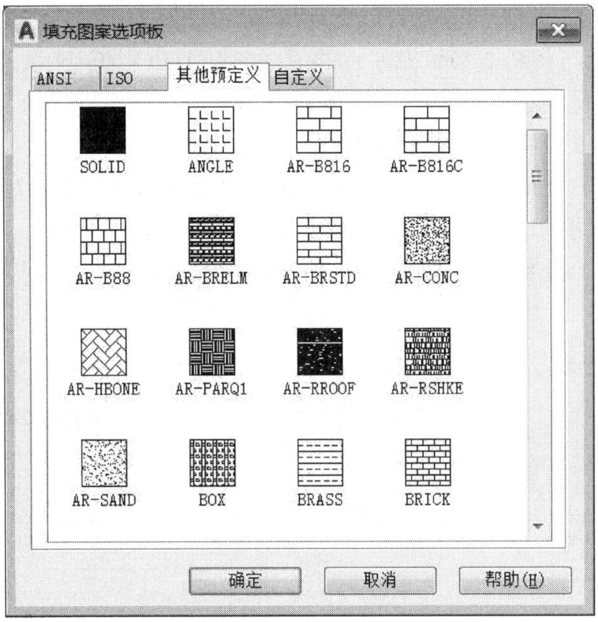

图 2-32　“填充图案选项板”对话框

2.角度和比例

指定选定填充图案的角度和比例。

(1)角度:指定填充图案的角度(相对当前 UCS 坐标系的 X 轴)。HATCH 将角度存储在 HPANG 系统变量中。

(2)比例:放大或缩小预定义或自定义图案。HATCH 将比例存储在 HPSCALE 系统变量中,只有将“类型”设置为“预定义”或“自定义”,此选项才可用。

(3)双向:对于用户定义的图案,将绘制第二组直线,这些直线与原来的直线呈 90°角,从而构成交叉线。只有在“图案填充”选项卡上将“类型”设置为“用户定义”时,此选项才可用。

(4)相对图纸空间:相对于图纸空间单位缩放填充图案。使用此选项,可很容易地做到以适合于布局的比例显示填充图案。该选项仅适用于布局。

(5)间距:指定用户定义图案中的直线间距。HATCH 将间距存储在 HPSPACE 系统变量中。只有将“类型”设置为“用户定义”,此选项才可用。

(6)ISO 笔宽:基于选定笔宽缩放 ISO 预定义图案。只有将“类型”设置为“预定义”,并将“图案”设置为可用的 ISO 图案的一种,此选项才可用。

3.图案填充原点

控制填充图案生成的起始位置。某些图案填充(如砖块图案)需要与图案填充边界上的一点对齐。默认情况下,所有图案填充原点都对应于当前的 UCS 原点。

(1)使用当前原点:使用存储在 HPORIGINMODE 系统变量中的设置。默认情况下,原点设置为“0,0”。

(2)指定的原点:指定新的图案填充原点,单击此选项,以下选项可用。

“单击以设置新原点”:直接指定新的图案填充原点。

“默认为边界范围”:基于图案填充的矩形范围计算出新原点。可以选择该范围的四个角点及其中心。

“存储为默认原点”:将新图案填充原点的值存储在 HPORIGIN 系统变量中。

4.选项

控制几个常用的图案填充或填充选项。

(1)关联:控制图案填充的关联性。关联的图案填充在用户修改其边界时将会更新。默认情况下,有边界的图案填充是关联的,即图案填充对象与图案填充边界对象相关联:对边界对象的更改将自动应用于图案填充,如图 2-33 所示。反之,若边界不关联,更改原边界时,并不更新非关联图案填充。

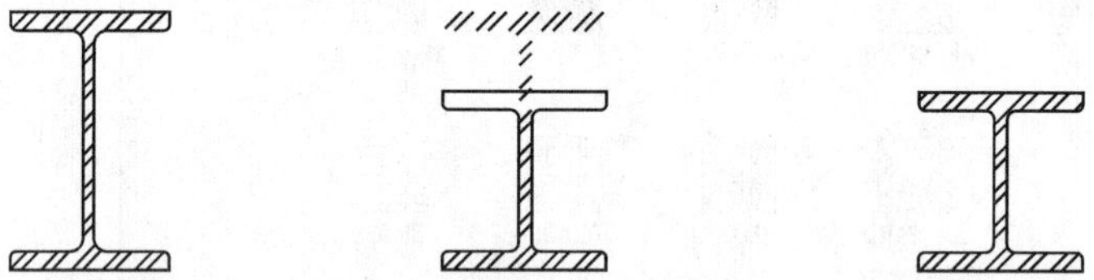

(a) 填充对象　(b) 非关联填充边界编辑结果　(c) 关联填充边界编辑结果

图 2-33 “关联”说明

(2)创建独立的图案填充:控制当指定了几个独立的闭合边界时,是创建单个图案填充对象,还是创建多个图案填充对象。

(3)绘图次序:为图案填充或填充指定绘图次序。图案填充可以放在所有其他对象前后、图案填充边界前后。

5.继承特性

单击“继承特性”时,对话框将暂时关闭,命令行将显示提示,选择图案填充对象。

使用选定图案填充对象的图案填充或填充特性对指定的边界进行填充。

在选定想要图案填充继承其特性的图案填充对象之后,在绘图区域中单击鼠标右键,并使用快捷菜单中的选项在“选择对象”和“拾取内部点”选项之间切换。

HPINHERIT 系统变量控制是由 HPORIGIN 还是由源对象确定结果图案填充的图案填充原点。

实例 2-18:绘制图 2-34 图形并进行图案填充。

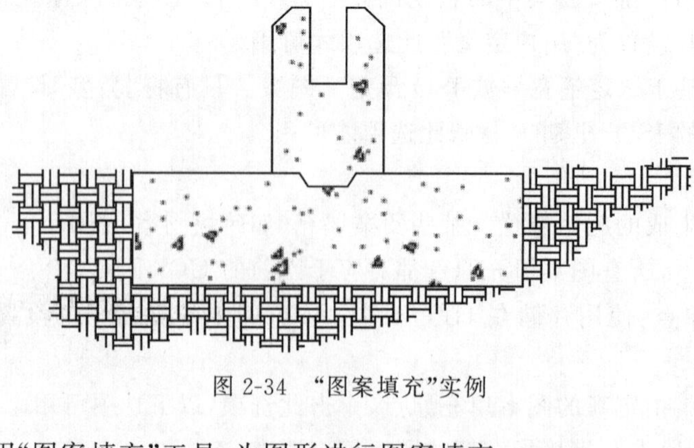

图 2-34 “图案填充”实例

实例目标:利用“图案填充”工具,为图形进行图案填充。

实例分析:本例使用“图案填充”命令填充图形。主要用到混凝土图案和泥土填充图案,并且使混凝土图案填充有边界，而泥土图案填充无边界。

操作步骤：

（1）利用“直线”工具绘制图形。

（2）利用“图案填充”工具，设置相应的图案并进行图案的填充设置。

命令：_Hatch

选择对象或[拾取内部点(K)放弃(U)设置(T)]：T

弹出“图案填充和渐变色”对话框，在该对话框中进行混凝土图案的选择和比例的设置，在图形的填充区域内单击选择填充对象，进行图案的填充。

重复弹出“图案填充和渐变色”对话框，在该对话框中进行泥土图案的选择和比例的设置。

（3）在图形的填充区域内单击选择填充对象进行图案的填充。

三、创建渐变色填充

1.命令

命令行：BHATCH/HATCH

菜单栏：“绘图”→“图案填充”

2.主要功能

用渐变色填充封闭区域或选定对象。

渐变色是从一种颜色到另一种颜色的平滑过渡图案。用于给指定对象填充颜色。打开图 2-28 所示对话框中的“渐变色”选项卡，如图 2-35 所示。

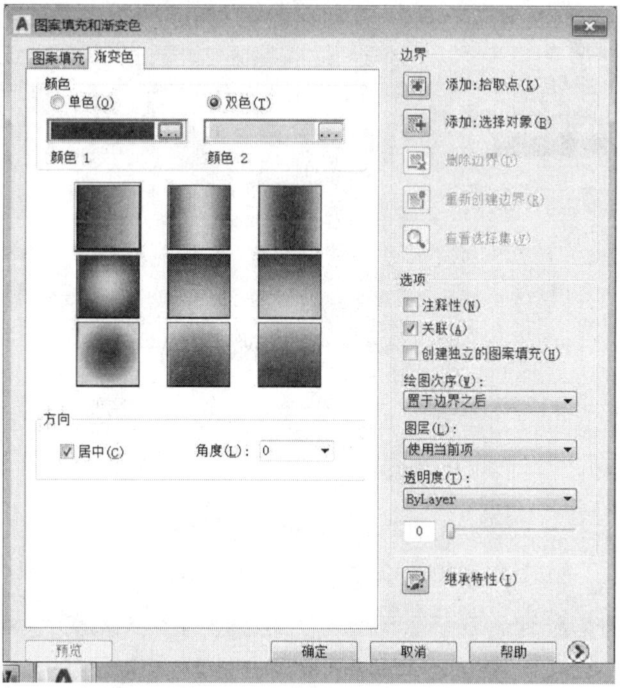

图 2-35　“渐变色”选项卡

（1）颜色：指定渐变填充的颜色。单击浏览按钮“...”以显示“选择颜色”对话框，从中可以选择 AutoCAD 颜色索引(ACI)颜色、真彩色或配色系统颜色。显示的默认颜色为图形的当前颜色。

“单色”:指定使用从较深着色到较浅色调平滑过渡的单色填充。选择“单色”时,HATCH将显示带有浏览按钮和“着色”与“渐浅”滑块的颜色样本。

“双色”:指定在两种颜色之间平滑过渡的双色渐变填充。选择“双色”时,HATCH将分别为“颜色1”和“颜色2”显示带有浏览按钮的颜色样本。

(2)渐变图案:显示渐变填充的九种固定图案。这些图案包括线性扫掠状、球状和抛物面状图案。

(3)方向:指定渐变色的角度及是否对称。

“居中”:指定对称的渐变配置。如果没有选定此选项,渐变填充将朝左上方变化,创建光源在对象左边的图案。

“角度”:指定渐变填充的角度。相对当前UCS指定角度,此选项与指定给图案填充的角度互不影响。

(4)预览:关闭对话框,并使用当前图案填充设置显示当前定义的边界。单击“图形”或按“ESC”键返回对话框。单击鼠标右键或按回车键接受该图案填充。如果没有指定用于定义边界的点,或没有选择用于定义边界的对象,则此选项不可用。

四、填充高级设置

展开对话框以显示其他选项,如图2-36所示,控制孤岛和边界的操作。

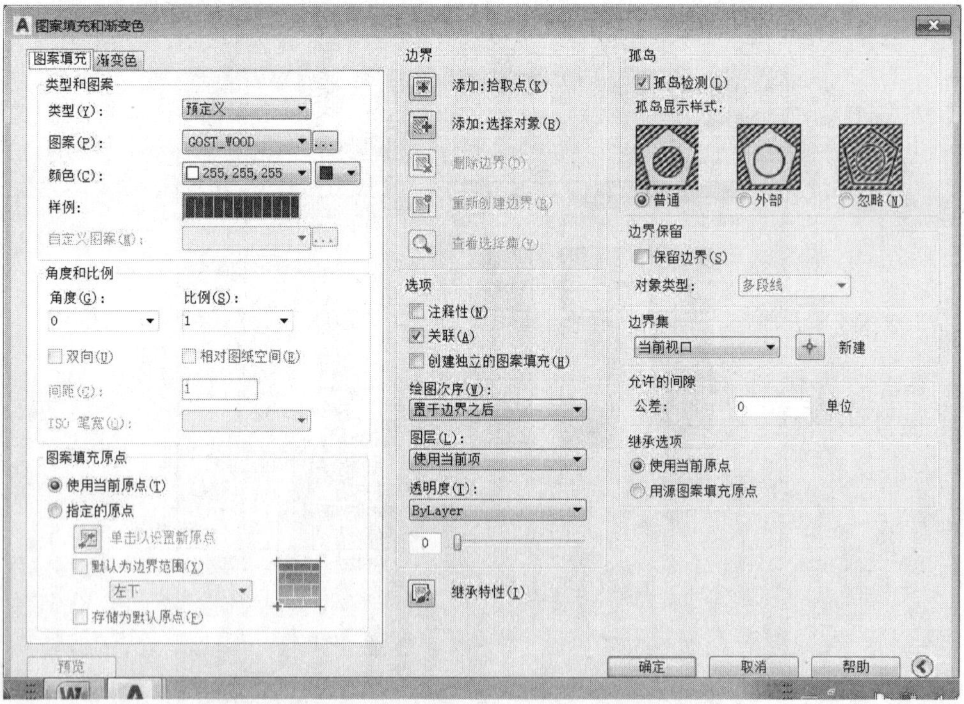

图2-36 “其他选项”展开显示选项卡

1.孤岛

孤岛是指定在最外层边界内填充对象的方法。如果不存在内部边界,则指定孤岛检测样式没有意义。因为可以定义精确的边界集,所以一般情况下最好使用“普通”样式。

"孤岛检测"：控制是否检测内部闭合边界(称为孤岛)。

(1)普通：从外部边界向内填充。如果 HATCH 遇到一个内部孤岛，它将停止填充，直到遇到该孤岛内的另一个孤岛。也可以通过在 HPNAME 系统变量的图案名称里添加"N"，将填充方式设置为"普通"样式。

(2)外部：从外部边界向内填充。如果 HATCH 遇到内部孤岛，它将停止填充。此选项只对结构的最外层进行填充，而结构内部保留空白。也可以通过在 HPNAME 系统变量的图案名称里添加"O"，将填充方式设置为"外部"样式。

(3)忽略：忽略所有内部的对象，填充图案时将压盖这些对象。也可以通过在 HPNAME 系统变量的图案名称中添加"I"，将填充方式设置为"忽略"样式。

2.边界保留

指定是否将边界保留为对象，并确定应用于这些对象的对象类型。

(1)保留边界：根据临时图案填充边界创建边界对象，并将它们添加到图形中。

(2)对象类型：控制新边界对象的类型。结果边界对象可以是面域或多段线对象。仅当选中"保留边界"时，此选项才可用。

3.边界集

定义当从指定点定义边界时要分析的对象集。当使用"选择对象"定义边界时，选定的边界集无效。

(1)当前视口：根据当前视口范围内的所有对象定义边界集。选择此选项将放弃当前的任何边界集。

(2)现有集合：使用"新建"选定的对象定义边界集。如果还没有用"新建"创建边界集，则"现有集合"选项不可用。

(3)新建( )：提示用户选择用来定义边界集的对象。

4.允许的间隙

设置将对象用作图案填充边界时可以忽略的最大间隙。默认值为 0，此值指定对象必须是封闭区域而没有间隙。

5.继承特性

使用"继承特性"创建图案填充时，这些设置将控制图案填充原点的位置。

(1)使用当前原点：使用当前的图案填充原点设置。

(2)使用源图案填充原点：使用源图案填充的图案填充原点。

实例 2-19：绘制图 2-37 图形并进行渐变色填充。

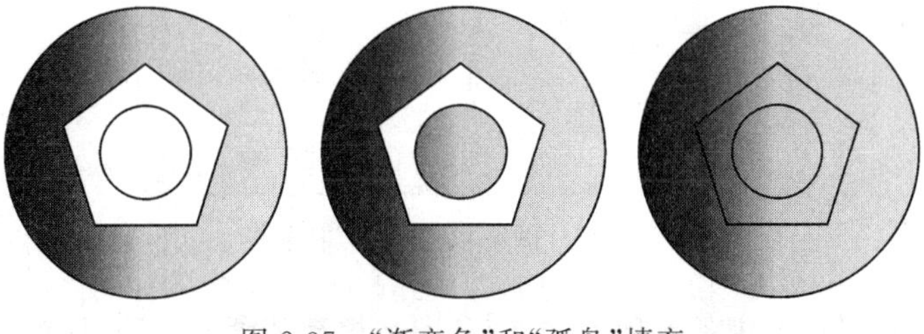

图 2-37　"渐变色"和"孤岛"填充

实例目标：利用"渐变色"工具和高级填充的设置，控制孤岛和边界的操作，为所做的图形进行渐变色填充。

实例分析:本例主要使用“渐变色”命令和孤岛检测等来填充图形,填充时注意控制孤岛和边界操作。

操作步骤:

(1)利用“圆”和“多边形”工具绘制第一个图形;拷贝两个线框放到右边。

(2)调用“图案填充”命令(HATCH),弹出“图案填充和渐变色”对话框命令。

(3)对左边第一个图采用“普通”方式填充,选“渐变色”选项卡,颜色“单色”,方向“居中”,角度为“0”,“直线形”填充类型。

(4)在“边界”选项卡中,单击“添加”,选择对象用鼠标拉出一个矩形,把左边第一个图全部选中。

(5)选择“预览”,单击“确定”,得到左边第一个图的填充效果。

(6)依此类似方法做中间和最右边的图,中间选为“外部”方式,右边图选“忽略”方式,其余步骤相同,最后得到的效果如图 2-37 所示。

五、编辑填充图案

图案填充创建后,如果需要修改填充图案或修改图案区域的边界,则需要进行图案填充编辑。

1.利用对话框编辑图案填充

单击“修改Ⅱ”工具栏上的按钮或依次选择“修改”→“对象”→“图案填充”命令或执行 HATCHEDIT 命令,然后在绘图窗口中单击需要编辑的图案填充,将打开“图案填充编辑”对话框,如图 2-38 所示。

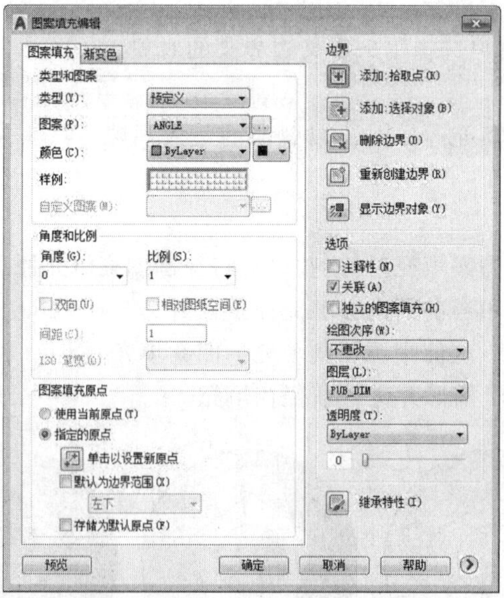

图 2-38 “图案填充编辑”对话框

“图案填充编辑”对话框中各选项的含义与“图案填充和渐变色”对话框中各对应项的含义相同。利用此对话框,用户就可以对已填充的图案进行诸如更改填充图案、填充比例、旋转角度等操作。

2.利用其他方法编辑图案填充

(1)使用“图案填充编辑器”功能区中的控件，编辑图案填充。

(2)利用夹点功能也可以编辑填充的图案，将光标悬停在图案填充控制夹点上以显示动态菜单，用户可使用该动态菜单快速更改图案原点、角度和比例，如图 2-39 所示。

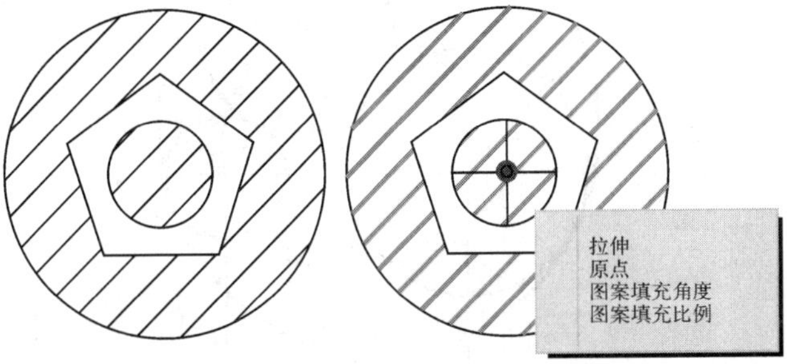

图 2-39　夹点功能编辑图案填充

(3)使用“特性”选项板，编辑图案填充。

(4)单击鼠标右键以访问“图案填充编辑”和其他命令，编辑图案填充。

职业能力训练

训练 2-1　点和直线的绘制

一、实训目的

掌握点与直线的绘制方法。

二、实训内容

绘制图如 2-40 所示带有装订边的 A3 图纸。

图 2-40　带有装订边的 A3 图纸

训练 2-2　圆和圆弧的绘制

一、实训目的

掌握圆与圆弧的绘制方法。

二、实训内容

按尺寸绘制图如 2-41 所示的圆。

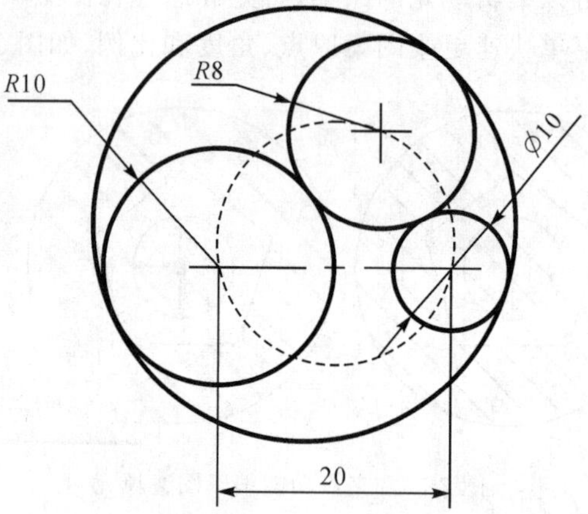

图 2-41 绘制圆

训练 2-3 多线和多段线的绘制

一、实训目的

掌握多线与多段线的绘制方法。

二、实训内容

用多段线命令绘制如图 2-42 所示图形。

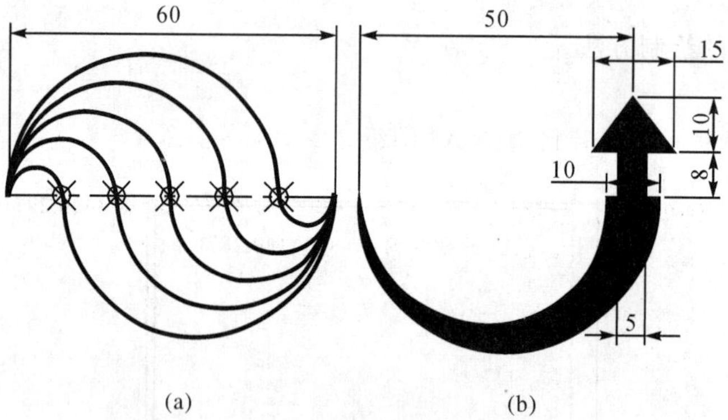

图 2-42 多段线应用

训练 2-4 正多边形和圆弧的绘制

一、实训目的

掌握矩形、正多边形和圆弧的绘制方法。

二、实训内容

绘制如图 2-43 所示正多边形和圆弧图形组合。

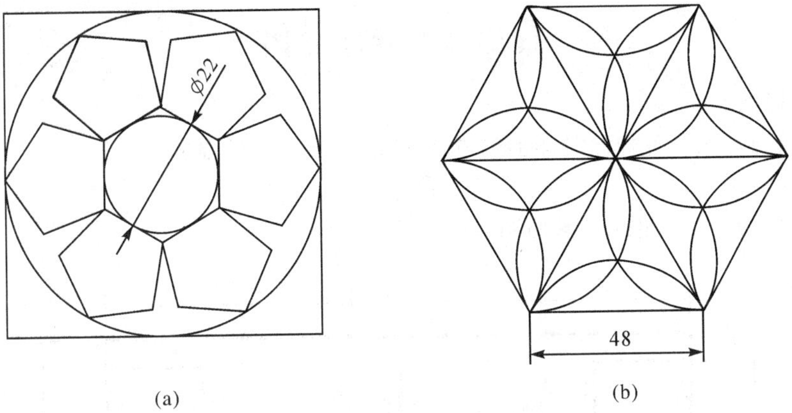

图 2-43　正多边形和圆弧图形组合

训练 2-5　圆环和椭圆的绘制

一、实训目的

掌握圆环与椭圆的绘制方法。

二、实训内容

按尺寸绘制如图 2-44 所示的椭圆。

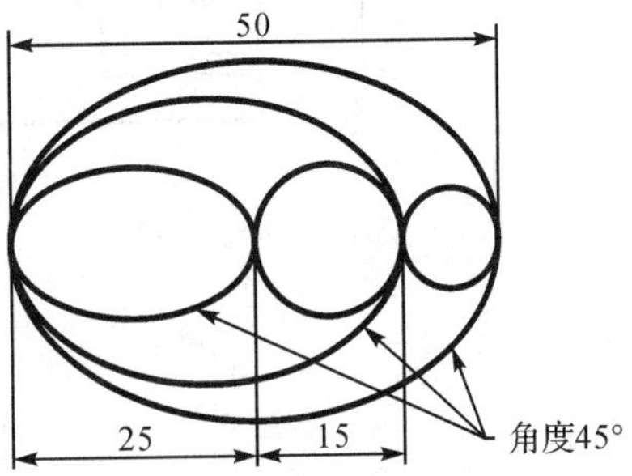

图 2-44　绘制椭圆

训练 2-6　图案填充

一、实训目的

掌握图案填充的方法。

二、实训内容

绘制如图 2-45 所示图形,并进行图案填充。

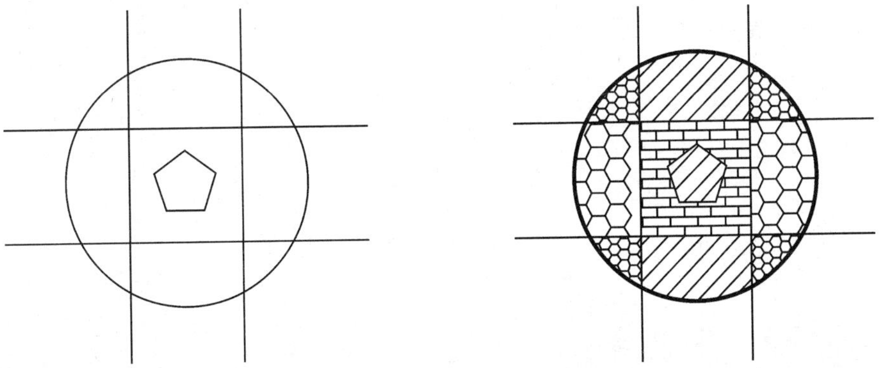

(a) 图案填充前的图形

(b) 图案填充后的图形

图 2-45　图案填充

训练 2-7　综合绘图

一、实训目的

掌握直线、圆、弧等各种绘制图形的方法,进行综合图形绘制。

二、实训内容

绘制如图 2-46 所示足球场平面图。

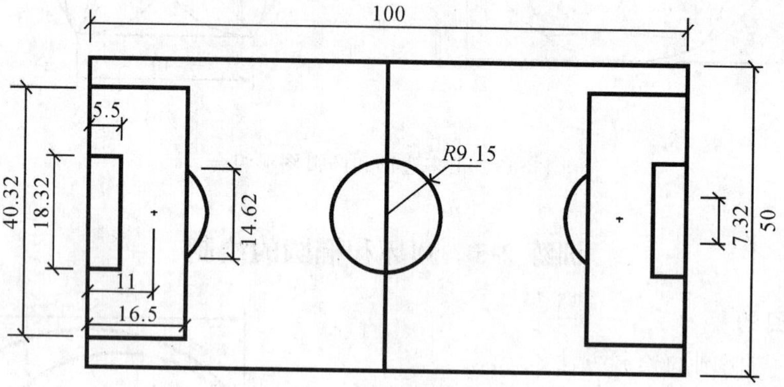

图 2-46　足球场平面图

项目小结

本项目主要介绍了点、线、圆、弧等基本图形的绘制方法;介绍了图案填充和渐变色填充和编辑的方法。熟练掌握并能灵活运用各种绘图命令进行操作,为画好工程图样奠定基础。

思考与练习题

1.常用的绘图命令有哪些?

2.如何利用三个切点画圆的方法绘制图形?

3.怎样设置点的样式?如何设置多线的样式?

4.如何进行图案填充?

项目三　二维图形的编辑

［项目概述］

前面已经学习了 AutoCAD 的二维图形绘制命令，我们在画图时都会遇到这样或那样的问题，一个复杂的图形往往需要经过多次修改才能完成，那么如何进行修改呢？本项目将介绍二维图形的编辑命令。二维图形的编辑命令包括选择对象、复制对象、改变对象位置、改变对象尺寸、打断与合并、倒角与圆角、分解对象、多段线与多线的编辑、夹点编辑等。通过这些编辑命令的使用，再配合适当的技巧，我们可以迅速完成一幅图的绘制。

［学习目标］

(1)熟悉各种编辑命令的图例，明确各图例所在的位置。

(2)掌握各种编辑命令的使用方法。

(3)掌握多段线与多线的编辑命令。

(4)能熟练运用各种编辑命令对图形进行编辑。

任务 3-1　选择与复制

一、选择对象

选择对象是进行编辑的前提，对已有的图形进行编辑，AutoCAD 提供了两种不同的编辑顺序。

(1)先下达编辑命令，再选择对象。

(2)先选择对象，再下达编辑命令。

不论采用何种顺序，都必须选择对象，选择对象时，被选中的对象呈虚线或亮线，呈现的状态如图 3-1 所示。

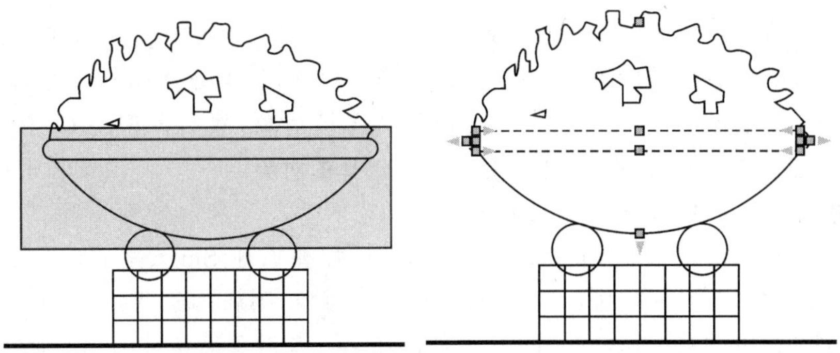

(a) 拉框选取　　(b) 已被选中

图 3-1　选取对象示意图

在 AutoCAD 2018 中,选择对象的方法很多。例如,可以通过鼠标单击对象逐个拾取,也可利用矩形窗口或交叉窗口选择;还可以选择最近创建的对象、前面的选择集或图形中的所有对象,也可以向选择集中添加对象或从中删除对象。

(一)设置对象选择模式

要设置对象选择模式,可以执行"工具"→"选项"命令,打开"选项"对话框。选择"选择集"选项卡,设置选择集模式、拾取框的大小及夹点功能,如图 3-2 所示。

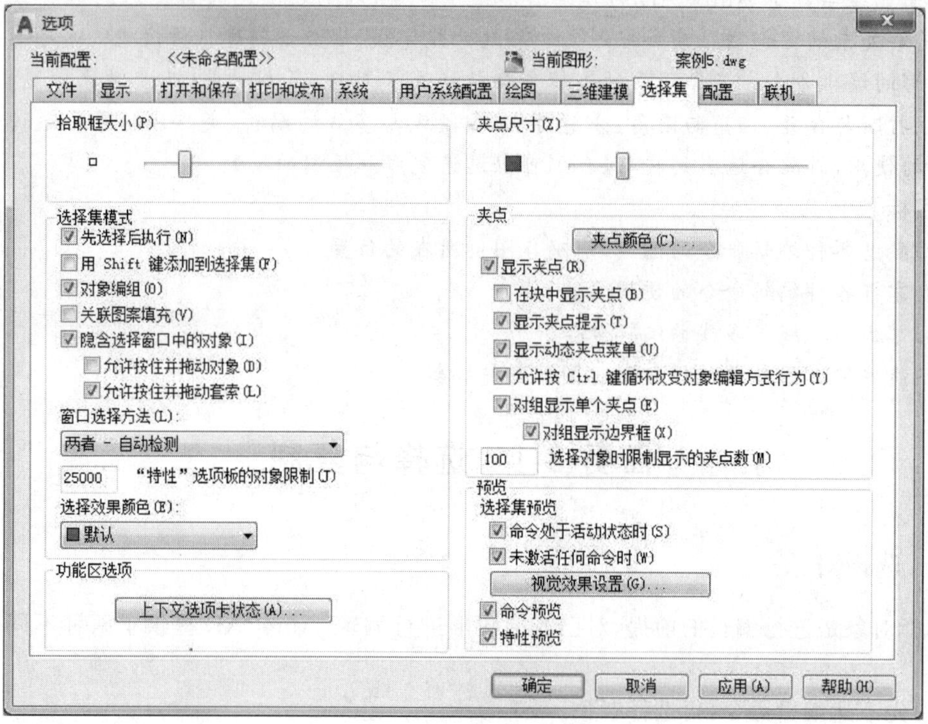

图 3-2 "选择集"选项卡

在"选择集模式"选项组中各选项的功能如下所示。

1."先选择后执行"复选框

该选项用于在执行大多数修改命令时调换传统的次序。该选项设置为打开时,可以在命令行"命令:"提示下,先选择对象,再执行修改命令。例如,如果要使用 COPY 命令复制一个对象,当"先选择后执行"复选框选中时,可以先选择该对象,然后再调用 COPY 命令,此时 AutoCAD 将跳过"选择对象"提示,直接复制先前选择的对象。

2."用 Shift 键添加到选择集"复选框

当选中该复选框时,激活一个附加选择方式,即需要按住 Shift 键才能添加新对象。例如:先选择一个对象,该对象亮显,此时若再选择一个对象,则新对象亮显,而前一个对象不呈亮显状态。若要两者均被选择,唯一的方法是选择第一个对象后按住 Shift 键选择第二个对象。与之类似,取消已选择的对象也需用同样的方法。

当不选该复选框时,若选择新对象,只需直接选择对象或使用其他选项选择,AutoCAD 将直接向选择集中添加新的对象。

3."按住并拖动"复选框

当选中该复选框时,可以按住定点设备的拾取按钮,拖动光标确定选择窗口。当不选该复选框时,需要用定点设备(如单击)指定两个点,来确定选择窗口,即需用定点设备选择两个点作为选择窗口的对角点来定义选择窗口。

4."隐含选择窗口中的对象"复选框

当选中该复选框时,用户在图形窗口用鼠标拖动或者用定义对角点的方式定义出一个矩形,即可进行对象的选择。当不选该复选框时,建立选择窗口需要调用"窗口"或"窗交"选项。

5."对象编组"复选框

当选中该复选框时,如果选择组中的任意一个对象,则该对象所在的组都会被选择。

6."关联填充"复选框

当选中该复选框时。如果选择关联填充的对象,则填充的边界对象也被选中。

(二)选择对象的方法

在没有选择编辑命令时,可以通过点选、框选来选择对象。

点选:即直接点取方式,将光标直接移放到对象上,单击鼠标左键即可选择对象。

框选:将光标移动到图中空白处单击鼠标左键,AutoCAD会接着提示"指定对角点:",此时松开鼠标,将光标移动到另一位置后再单击鼠标左键,AutoCAD会自动以这两个点作为矩形的对角顶点,确定一矩形窗口。若定义矩形窗口时是从左向右移动光标的,则矩形窗口为实线,被矩形窗口完全包围的对象均被选中,如图3-3(a)所示;若定义矩形窗口时是从右向左移动光标的,则矩形窗口为虚线(此窗口称交叉窗口),不仅在窗口内部的对象被选中,与窗口边界相交的对象也被选中,如图3-3(b)所示。

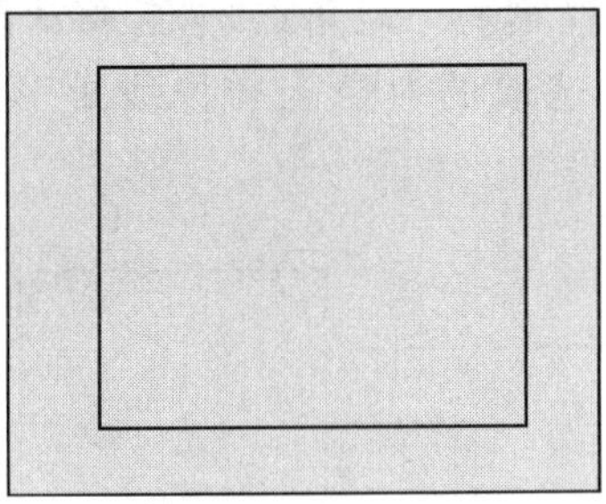
(a)从左向右选

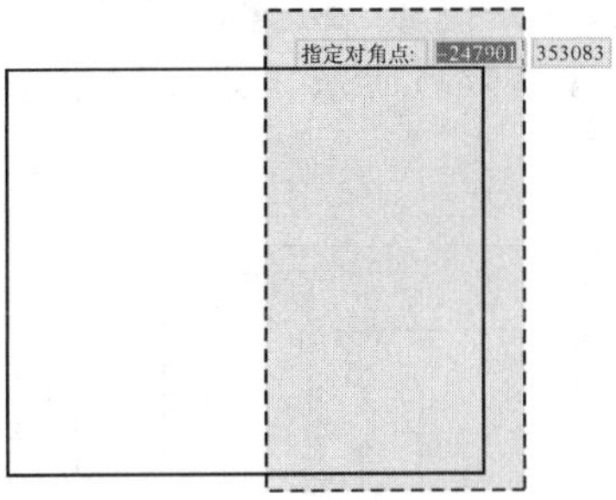

(b)从右向左选

图3-3　框选示意图

当输入一条编辑命令或进行其他某些操作时,AutoCAD一般会提示"选择对象:",表示要求用户从屏幕上选择操作的实体,此时十字光标框变成了一个小方框(称为选择框),我们可以通过点选、框选来选取对象,也可以在命令行输入相应的参数,选用不同的实体选择方式。

下面结合SELECT命令说明选择对象的方法。

SELECT命令可以单独使用,即在命令行键入"SELECT"后回车,也可以在选择了编辑命令后在命令行键入"SELECT"后回车。此时,屏幕出现如下提示。

选择对象:

这时可以键入"?"查看这些选择方式。选择该选项后,出现如下提示。

需要点或窗口(W)/上一个(L)/窗交(C)/框(BOX)/全部(ALL)/栏选(F)/圈围(WP)/圈交(CP)/编组(G)/添加(A)/删除(R)/多个(M)/前一个(P)/放弃(U)/自动(AU)/单个(SI)/子对象(SU)/对象(O)

其中各选项功能如下。

“需要点或窗口(W)”:在“工具栏”→“选项”→“选择集”→“选择集模式”中选中“隐含选择窗口中的对象”复选框,清除“按住并拖动”复选框。选择对象时从左向右选,显示一实线矩形,需要将对象全部框进去才能选中,从右向左选择对象时,只要与矩形窗口边界相交的对象都会被选中。如图 3-4 所示。

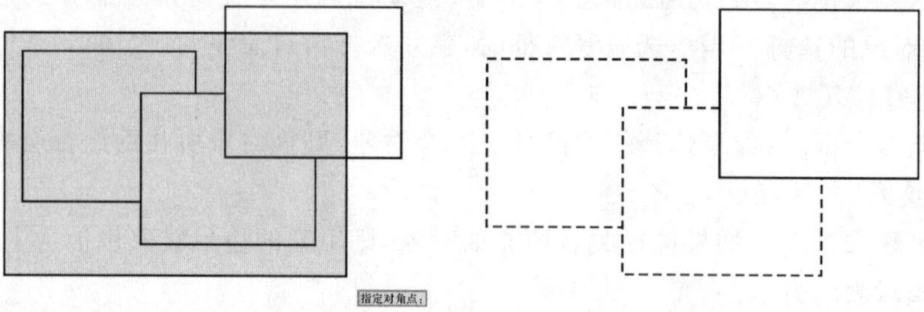

(a) 选取对象的矩形框为实线框　　(b) 选取对象

图 3-4 “窗口”模式

“上一个(L)”:在“选择对象:”提示下键入“L”后回车,系统自动选取最后绘出的一个对象。

“窗交(C)”:该方式与上述“窗口”方式相似,区别在于,它不但选中矩形窗口内部的对象,也选中与矩形窗口边界相交的对象。

在“工具栏”→“选项”→“选择集”→“选择集模式”中选中“隐含选择窗口中的对象”复选框,清除“按住并拖动”复选框。在图形窗口中选择第一个对角点,然后移动鼠标,显示一虚线矩形,如图 3-5(a)所示。选择第二个对角点,选取的对象为与虚线矩形相交的全部对象。

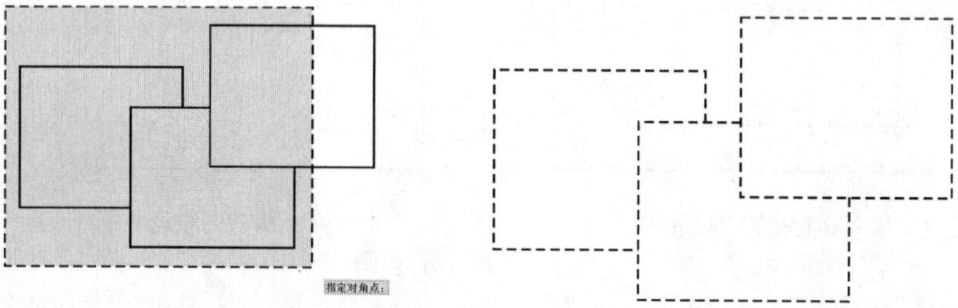

(a) 选取对象的矩形框为虚线框　　(b) 选取对象

图 3-5 “窗交”模式

在“窗交”模式下选取复杂对象十分方便,用户无须将需要选择的对象全部包含在虚线矩形中即可选取该对象。“窗交模式”被简称为交叉选择。

“框(BOX)”:该方式没有命令缩写字。使用时,系统根据用户在屏幕上给出的两个对角点的位置而自动引用“窗口”或“窗交”选择方式。若从左向右指定对角点,为“窗口”方式;反之,为“窗交”方式。

“全部(ALL)”:选取绘图窗口中的所有对象。在“选择对象:”提示下键入“ALL”后回车。此时,绘图区域内的所有对象均被选中。

“栏选(F)”:根据上面的介绍,输入“SELECT”命令再输入“?”打开选择集模式后,按下“F”键即可进入“栏选择”模式:使用选择栏可以很容易地选择复杂图形中的对象。选择栏看起来像多段线,仅选择它经过的对象;并非通过封闭对象来选择它们。下面的图例显示在地形图上使用选择栏选择多个部件的结果,如图 3-6 所示。

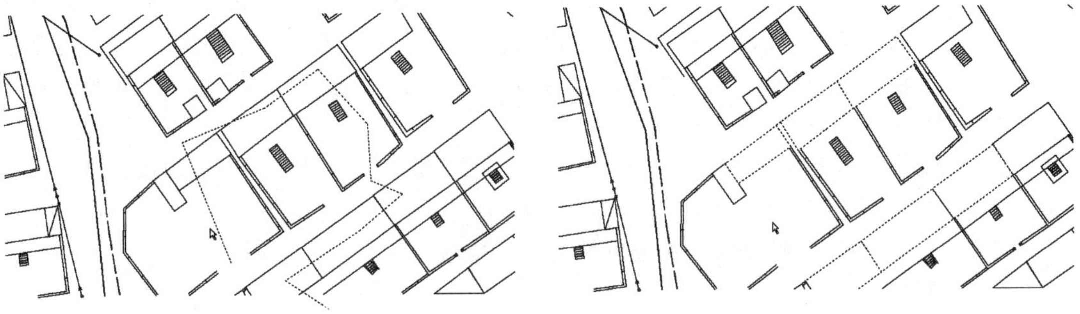

(a) 栏选　　(b) 亮显选定的对象

图 3-6　选择栏

“圈围(WP)”:使用一个不规则的多边形来选择对象。在“选择对象:”提示下键入“WP”后回车,系统提示:

第一圈围点:　(输入不规则多边形的第一个顶点坐标)

指定直线的端点或[放弃(U)]:　(输入第二个顶点坐标)

指定直线的端点或[放弃(U)]:　(输入下一个顶点坐标)

……

指定直线的端点或[放弃(U)]:　(回车结束操作)

根据提示,用户依次输入构成多边形所有顶点的坐标,直到最后用回车键结束操作,系统将自动连接第一个顶点与最后一个顶点形成封闭的多边形。多边形的边不能接触或穿过本身。若键入“U”,取消才定义的坐标点并且重新指定。凡是被多边形围住的对象均被选中(不包括边界)。

“圈交(CP)”:类似“圈围”方式,在提示后键入“CP”,后续操作与 WP 方式相同。区别在于,与多边形边界相交的对象也被选中。

“编组(G)”:使用预先定义的对象组作为选择集。事先将若干个对象组成组(具体方法见(五)使用编组选择),用组名引用。

“添加(A)”:添加下一个对象到选择集,也可以用于从移走模式(Remove)到选择模式的切换。在提示符后键入“A”,回车即可执行。

“删除(R)”:在“选择对象:”提示符后键入“R”,回车,该行提示“删除对象”:选择对象后,可以从当前选择集中移走该对象。对象由高亮显示状态变为正常状态。

“多个(M)”:指定多个点,不高亮显示对象。这种方法可以加快在复杂图形上的对象选择过程。若两个对象交叉,指定交叉点两次就可以选择这两个对象。

“前一个(P)”:用关键字“P”回答“选择对象:”的提示,则把上次编辑命令最后一次构造的选择集或最后一次使用 SELECT(DDSELECT)命令预置的选择集作为当前选择集。这种方法适用于对同一选择集进行多种编辑操作。

“放弃(U)”:用于取消加入到选择集的对象。它可以将用户在选择集中所做的操作一步一步地回退,每退一步都把最近加入的对象移出,键入“U”后回车即可执行。

“自动(AU)”:这是 AutoCAD 的默认选择方式,其选择结果视用户在屏幕上的选择操作而定。如果选中单个对象,则该对象即为自动选择的结果;如果选择点落在对象内部或外部的空白处,系统会提示“指定对角点”:此时,系统会采取一种窗口的选择方式,即把用户点取在空白处的点作为矩形框的一个对角点,移动拾取框到另一个位置选点,系统将把该点作为矩形框的另一个对角点,此时便确定出一个矩形框,被该矩形框框住的对象会被选中。对象被选中后,变为虚线形式,并高亮显示。

“单个(SI)”:选择指定的第一个对象或对象集,而不继续提示进行进一步的选择。

“子对象(SU)”:子对象选择,可以选择多段线中的某一段线。

“对象(O)”:对象选择,可以根据编辑的需要直接选择对象。

(三)过滤选择

选择对象时,通过对所创建的选择集使用一个过滤器可以限制哪些对象将被选择。一个选择集过滤器可以根据一些特性,如颜色、线型、对象类型或这些特性的组合去选择对象。例如,可以创建一个选择集过滤器,以便在指定的图层上仅选择蓝色的圆或选择蓝色的圆之外的对象。实际上,“快速选择”就是一个很好的选择集过滤器,用户可以通过“快速选择”十分方便地制定选择的特性。

AutoCAD 2018 还提供了另一种选择集过滤器。在命令行中输入“filter”后,按回车键即可打开“对象选择过滤器”对话框,如图 3-7 所示。

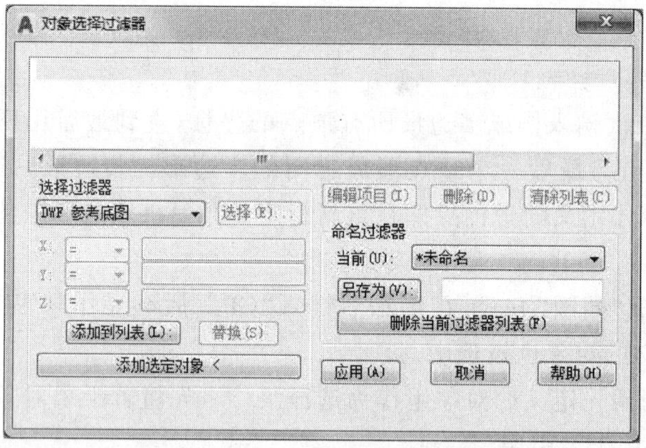

图 3-7 “对象选择过滤器”对话框

“对象选择过滤器”对话框上部的列表中,显示了当前用于限定选择集的过滤器。要将一个过滤器添加到列表中,在“选择过滤器”选项组的下拉列表中,选择所要添加的过滤器,然后单击“添加到列表"按钮。根据所选过滤器的类型,还可以指定其他参数,例如,一条直线的起点或填充图案的名称。

过滤器列表一直保留在对话框中,直到清除列表或关闭 AutoCAD。如果需要,还可以为当前的选择集过滤器标记一个名称,并保存该过滤器,以便以后重新使用该过滤器。AutoCAD 将命名的过滤器保存在 Filter.nfl 文件中。

既可以在执行一个命令前应用选择集过滤器,也可以在一个命令正在激活状态时应用选择集过滤器。如果在没有命令处于激活状态时应用选择集过滤器，通过指定前一个选择集可以编辑对象。

(四)快速选择

有时用户需要选择具有某些共同属性的对象来构造选择集，如选择具有相同颜色、线型或线宽的对象，用户当然可以使用前面介绍的方法选择这些对象，但如果要选择的对象数量较多且分布在较复杂的图形中，工作量会很大。AutoCAD 2018 提供了 QSELECT 命令来解决这个问题，当需要选择具有某些共同特性的对象时，可利用“快速选择”对话框，根据对象的图层、线型、颜色、图案填充等特性和类型，创建选择集。

1.命令

命令行：QSELECT

菜单栏：“工具”→“快速选择”

右键快捷菜单：“快速选择”(图 3-8)

工具选项板：“特性”→“快速选择”(图 3-9)

图 3-8　“快速选择”右键快捷菜单

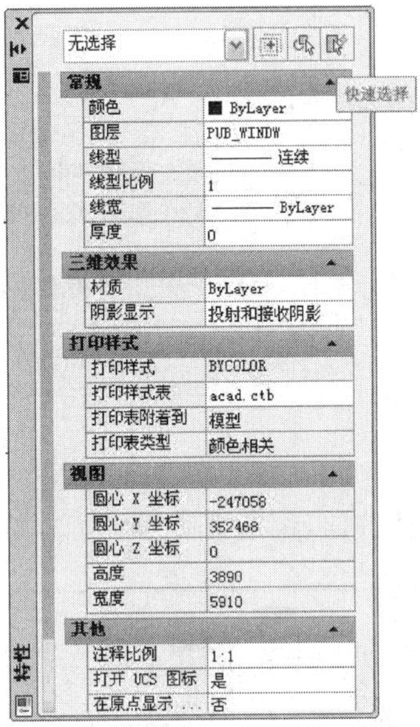

图 3-9　“特性”选项板

2.“快速选择”的使用

打开“快速选择”对话框，如图 3-10 所示，在此对话框中，可以设置用户自定义的选择条件，然后快速选择需要的一个或一组对象。

实例 3-1：“快速选择”的使用。

实例目标：选择图 3-11 中所有尺寸标注。

实例分析：本例使用“快速选择”对话框选择所需要的一组对象。

操作步骤：

(1)启动 AutoCAD，打开如图 3-11 所示的花钵施工图。

(2)单击右键，选择“快速选择”选项，打开“快速选择”对话框。在“应用到”下拉列表框中，选择“整个图形”选项；在“对象类型”下拉列表框中，选择“所有图元”选项。

(3)在“特性”列表框中选择“图层”选项,在“运算符”下拉列表框中选择“＝等于”选项,然后在“值”文本框中选择 PUB_WINDW(表示选择图形中所有尺寸标注)。

(4)在“如何应用”选项组中,选择“包括在新选择集中”单选按钮,按设定条件创建新的选择集,如图 3-10 所示。

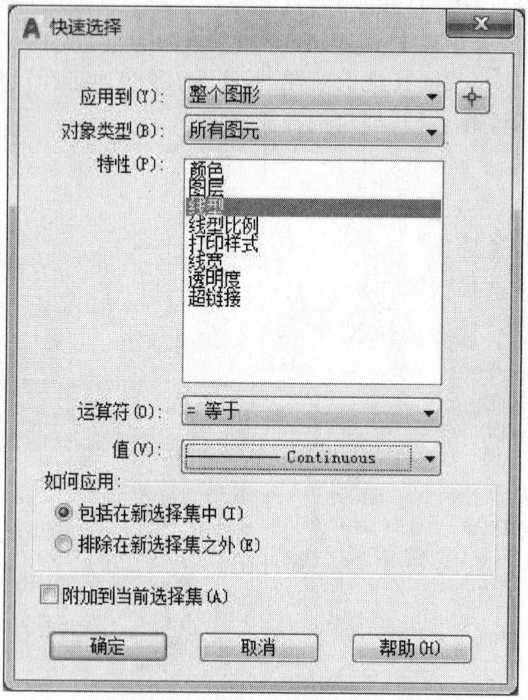

图 3-10 “快速选择”对话框

(5)单击“确定”按钮,将选中图形中所有符合要求的图形对象,如图 3-11 所示。

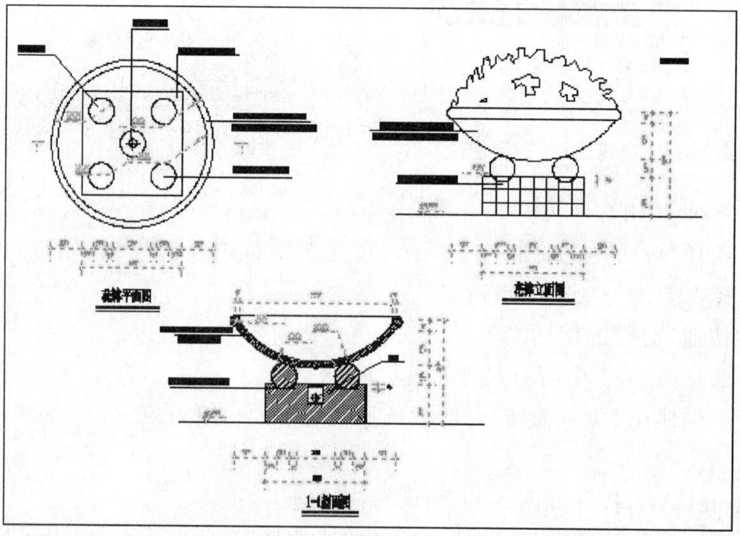

图 3-11 显示选择的结果

(五)使用编组选择

在 AutoCAD 中,可以将图形对象进行编组以创建一种选择集,使编辑对象更为灵活。编组是保存的对象集,可以根据需要一起选择和编辑,也可以分别进行。编组提供了以组为单位操作图形元素的简单方法。

1.创建对象编组

在命令行提示下输入“GROUP”,并按回车键,使用打开的“对象编组”对话框就可以创建编组,如图 3-12 所示。

图 3-12　“对象编组”对话框

实例 3-2:创建对象编组。

实例目标:将图 3-13 中所有的文字创建一个编组“WZ”。

实例分析:本例使用“对象编组”对话框创建编组“WZ”。

操作步骤:

(1)启动 AutoCAD,打开如图 3-13 所示的图形文件。

(2)在命令提示下输入“GROUP”命令,按回车键,打开“对象编组”对话框。

(3)在“编组标识”选项组的“编组名”文本框中输入编组名“WZ”,如图 3-12 所示。

(4)单击“新建”按钮,切换到绘图窗口,选择图 3-13 图形中的所有文字。

(5)按回车键,结束对象选择,返回到“对象编组”对话框,单击“确定”按钮,完成对象编组。此时,如果单击编组中的任一对象,所有其他对象也同时被选中。

2.修改编组

在“对象编组”对话框中,使用“修改编组”选项组中的选项可以修改对象编组中的单个成员或对象编组本身。只有在“编组名”列表框中选择了一个对象编组后,该选项组中的按钮才可用。

二、复制对象

AutoCAD 复制图形对象的功能是非常强的,根据不同的需要,可以利用复制(COPY)、镜像(MIRROR)、阵列(ARRAY)、偏移(OFFSET)四个命令进行对象复制,创建与原对象相同或相似的图形。

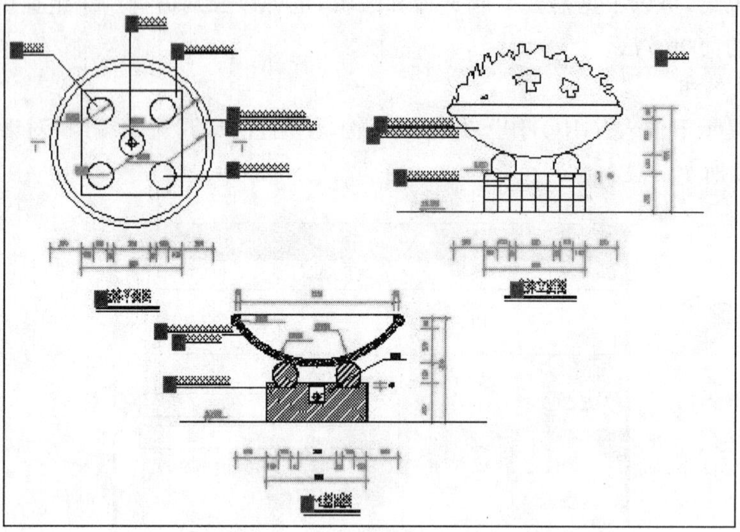

图 3-13 创建对象编组

(一)复制

1.命令

命令行:COPY

菜单栏:“修改”→“复制”

工具栏:“修改工具栏”→

2.主要功能

将实体对象的一个或多个副本拷贝到新的位置上。

3.操作方法

实例 3-3:“复制”工具的使用。

实例目标:画出如图 3-14(d)所示的树木种植设计图。

实例分析:本例主要使用“复制”命令来画出相同的实体。

操作步骤:

(1)启动 AutoCAD,绘制一个如图 3-14 中所示的树木平面图。

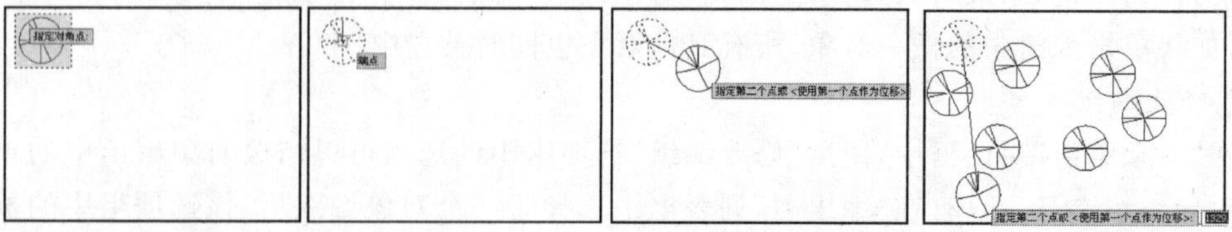

(a) 选择对象　(b) 指定基点　(c) 指定第二个点　(d) 指定点后按回车键

图 3-14 复制命令的使用

(2)执行“复制”命令,命令行会出现如下提示。

命令:COPY
选择对象:指定对角点:　　(找到 9 个,如图 3-14(a)所示)
选择对象:
指定基点或[位移(D)]〈位移〉:　　(在选定图形中指定一点,如图 3-14(b)所示)
指定第二个点或〈使用第一个点作为位移〉:　　(复制第一个对象,如图 3-14(c)所示)
指定第二个点或[退出(E)/放弃(U)]〈退出〉:　　(复制第二个对象)
指定第二个点或[退出(E)/放弃(U)]〈退出〉:　　(复制第三个对象)
指定第二个点或[退出(E)/放弃(U)]〈退出〉:　　(复制第四个对象)
指定第二个点或[退出(E)/放弃(U)]〈退出〉:　　(复制第五个对象)
指定第二个点或[退出(E)/放弃(U)]〈退出〉:　　(复制第六个对象)
指定第二个点或[退出(E)/放弃(U)]〈退出〉:　　(复制第七个对象,如图 3-14(d)所示)
指定第二个点或[退出(E)/放弃(U)]〈退出〉:　　(指定点后按回车键退出命令)

注意:

(1)复制对象应充分利用各种选择对象的方法。

(2)在确定位移时充分利用诸如对象捕捉等精确绘图的辅助工具。

(3)如果在指定位移的第二点时,按回车键,则以坐标原点(0,0)为第一点,基点为第二点,决定复制对象的方向和距离。

(4)利用 Windows 剪贴板,可以在图形文件之间或内部进行对象复制。

(二)镜像

1.命令

命令行:MIRROR

菜单栏:“修改”→“镜像”

工具栏:“修改工具栏”→ 

2.主要功能

可以绕指定轴翻转对象创建对称的镜像图像。对注记镜像时一种为文本完全镜像,另一种为文本可读镜像,即文本的外框作镜像,框中文本的格式仍然可读。

3.操作方法

实例 3-4:“镜像”工具的使用。

实例目标:画出如图 3-15 所示的花坛设计图。

实例分析:本例使用“镜像”命令画出相同的实体。

操作步骤:

(1)启动 AutoCAD,分别绘制花坛中间的矩形、一条边的坐凳和一个矩形,如图 3-15(a)所示。

(2)执行“镜像”命令,命令行会出现如下提示。

命令:MIRROR
选择对象:指定对角点:　　(找到 40 个,如图 3-15(b)所示)
选择对象:
指定镜像线的第一点:　　(如图 3-15(c)所示)
指定镜像线的第二点:　　(如图 3-15(d)所示)
要删除源对象吗?[是(Y)/否(N)]〈N〉:
(按回车键确认,表示不删除源对象,退出命令,结果如图 3-15(e)所示)

命令:MIRROR

选择对象:指定对角点: (找到 12 个,如图 3-15(f)中虚线图形所示)

选择对象:

指定镜像线的第一点:

指定镜像线的第二点: (如图 3-15(f)所示)

要删除源对象吗?[是(Y)/否(N)]〈N〉: (按回车键确认,表示不删除源对象,退出命令)

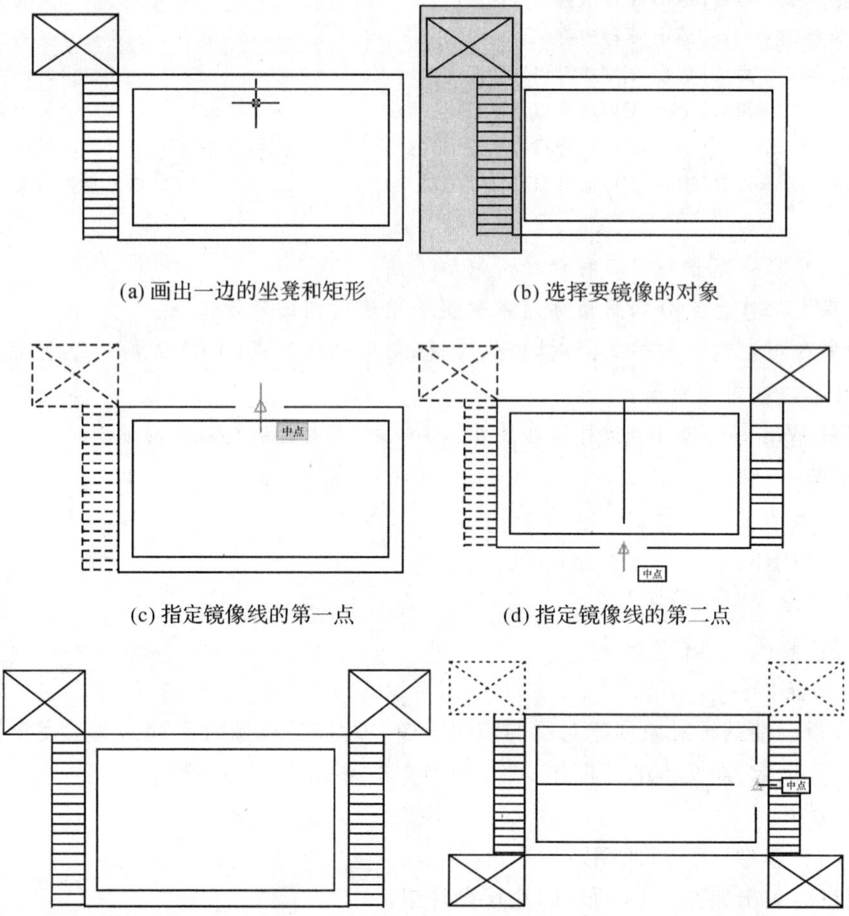

(a) 画出一边的坐凳和矩形　(b) 选择要镜像的对象

(c) 指定镜像线的第一点　(d) 指定镜像线的第二点

(e) 完成第一次镜像　(f) 完成第二次镜像

图 3-15　镜像命令的使用

注意:该命令一般用于对称图形,可以只绘制其中的一半甚至 1/4,然后采用镜像命令来产生其他对称的部分。对于文字的镜像,通过 MIRRTEXT 变量可以控制是否使文字与其他的对象一样被镜像。如果 MIRRTEXT 为 0,则文字不做镜像处理;如果 MIRRTEXT 为 1(缺省设置),文字与其他的对象一样被镜像。

(三)阵列

1.命令

命令行:ARRAY

菜单栏:“修改”→“阵列”

工具栏:“修改工具栏”→阵列

2.主要功能

按矩形、路径或环形方式重复复制对象。

1)矩形阵列

将选定的对象以矩形方式进行多重复制,图形呈矩形分布,是按任意行、列和层级组合分布对象副本。当选择阵列对象之后,则出现矩形阵列参数设置,如图3-16所示。

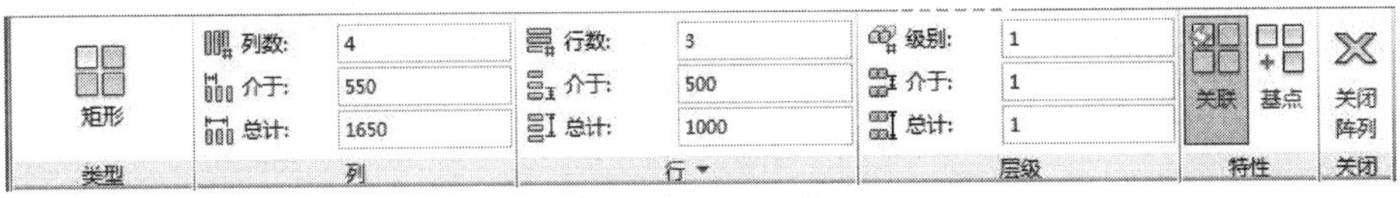

图3-16　矩形阵列参数设置

(1)列:指定阵列中的列数、它们之间的距离及列之间的增量距离。

“列数”:设置阵列中的列数。

“介于”:列间距,指定从每个对象的相同位置测量的每列之间的距离。

“总计”:全部,指定从开始和结束对象上的相同位置测量的起点与终点列之间的总距离。

(2)行:指定阵列中的行数、它们之间的距离及行之间的增量标高。

“行数”:设置阵列中的行数。

“介于”:行间距,指定从每个对象的相同位置测量的每行之间的距离。

“总计”:全部,指定从开始和结束对象上的相同位置测量的起点与终点行之间的总距离。

(3)层级:指定三维阵列的层数和层间距。

“级别”:指定阵列中的层数。

“介于”:层间距,在Z坐标值中指定每个对象等效位置之间的差值。

“总计”:全部,在Z坐标值中指定第一个和最后一个层中对象等效位置之间的总差值。

(4)特性。

“关联”:指定阵列中的对象是关联的还是独立的(默认为关联)。

“基点”:定义阵列基点和基点夹点的位置(默认为质心)。

实例3-5:“矩形阵列”工具的使用。

实例目标:画出如图3-17(b)所示的树池设计平面图。

实例分析:本例主要使用“矩形阵列”命令来画出相同的实体。

操作步骤:

(1)启动AutoCAD,绘制一个如图3-17(a)中所示的单个树池平面图。

(2)执行“阵列”→“矩形阵列”命令。

(3)选择图3-17(a)中的图形,选择出现如图3-16所示的对话框,进行各参数设置。

命令:_arrayrect

选择对象:找到1个

选择对象:

类型=矩形　关联=是

选择夹点以编辑阵列或[关联(AS)/基点(B)/计数(COU)/间距(S)/列数(COL)/行数(R)/层数

(L)/退出(X)]〈退出〉:

指定基点或[关键点(K)]〈质心〉:

选择夹点以编辑阵列或[关联(AS)/基点(B)/计数(COU)/间距(S)/列数(COL)/行数(R)/层数(L)/退出(X)]〈退出〉:COU

输入列数数或[表达式(E)]〈4〉:4

输入行数数或[表达式(E)]〈3〉:3

选择夹点以编辑阵列或[关联(AS)/基点(B)/计数(COU)/间距(S)/列数(COL)/行数(R)/层数(L)/退出(X)]〈退出〉:S

指定列之间的距离或[单位单元(U)]〈550〉:550

指定行之间的距离〈477.2436〉:500

预览: (如图 3-17(b)所示)

修改: (如果不需要修改则直接单击"接受",退出命令)

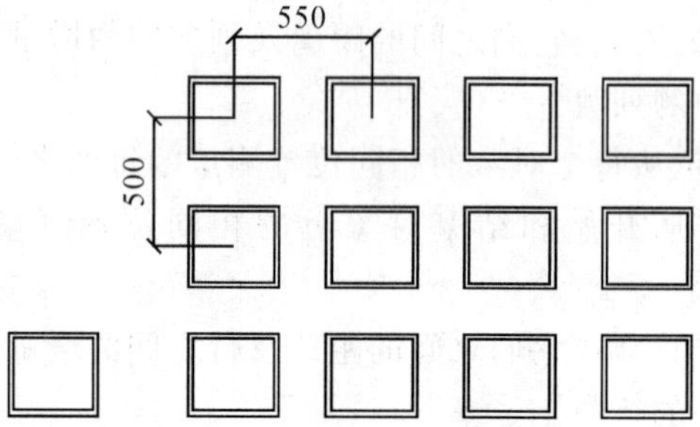

(a) 单个树池平面图　　(b) 树池总平面图

图 3-17　矩形阵列结果

2)路径阵列

沿路径或部分路径均匀分布对象副本。

如果选择了路径阵列,还需要直线、多段线、三维多段线、样条曲线、螺旋、圆弧、圆或椭圆以用作路径。

当选择阵列对象和指定阵列路径之后,则出现路径阵列参数设置,如图 3-18 所示。

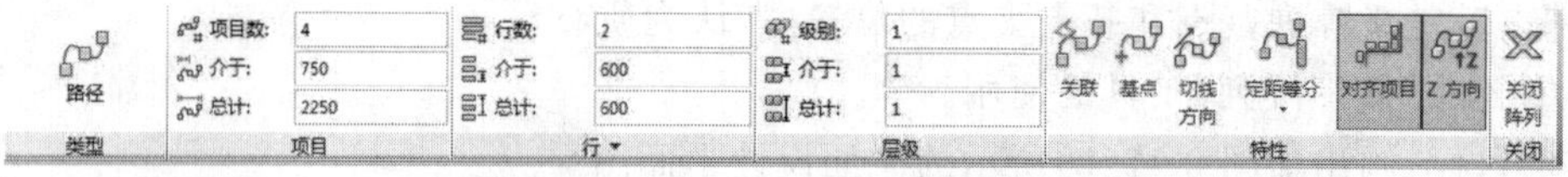

图 3-18　路径阵列参数设置

(1)项目:根据"方法"设置,指定项目数或项目之间的距离。

"项目数":路径复制中的复制对象的数目。

"介于":指定沿路径的项目之间的距离。

"总计":全部,使用值或表达式指定阵列中第一个和最后一个项目之间的距离。

(2)行:指定阵列中的行数、它们之间的距离及行之间的增量标高。

"行数":设定行数。

"介于":行间距,指定从每个对象的相同位置测量的每行之间的距离。

"总计":全部,指定从开始和结束对象上的相同位置测量的起点与终点行之间的总距离。

(3)层:阵列中的标高指示沿 Z 轴方向拉伸阵列的行样式和列样式。

"层数":指定阵列中的三维标高。

"介于":层间距,指定三维标高之间的距离。

"总计":全部,指定第一层和最后一层之间的总距离。

(4)特性。

"关联":指定是否创建阵列对象,或者是否创建选定对象的非关联副本。

"基点":指定用于在相对于路径曲线起点的阵列中放置项目的基点。

"切线"方向:指定阵列中的项目如何相对于路径的起始方向对齐。

"定数等分":沿路径的项目数,使用值或表达式指定阵列中的项目数(当"方法"为"定数等分"时可用)。

"定距等分",沿路径的项目之间的距离,使用值或表达式指定阵列中的项目的距离(当"方法"为"定距等分"时可用)。

注意:默认情况下,使用最大项目数填充阵列,这些项目使用输入的距离填充路径。可以指定一个更小的项目数(如果需要),也可以启用"填充整个路径",以便在路径长度更改时调整项目数。

"对齐项目":指定是否对齐每个项目以与路径的方向相切。对齐相对于第一个项目的方向。

"*Z* 方向":控制是否保持项目的原始 Z 方向或沿三维路径自然倾斜项目。

实例 3-6:"路径阵列"工具的使用。

实例目标:画出如图 3-19(b)所示的路边树池分布平面图。

实例分析:本例主要使用"路径阵列"命令来画出相同的实体。

操作步骤:

(1)启动 AutoCAD,绘制一个如图 3-19(a)所示的单个树池和道路的平面图。

(2)执行"阵列"→"路径阵列"命令。

(3)选择图 3-19(a)中的树池图形,选择曲线路径;出现如图 3-18 所示的对话框,进行各参数设置。

命令:_arraypath

选择对象:指定对角点:找到 2 个

选择对象:

类型=路径　关联=否

选择路径曲线:选择夹点以编辑阵列或[关联(AS)/方法(M)/基点(B)/切向(T)/项目(I)/行(R)/层(L)/对齐项目(A)/z 方向(Z)/退出(X)]〈退出〉:I

指定沿路径的项目之间的距离或[表达式(E)]〈703.2795〉:750

最大项目数=4

指定项目数或[填写完整路径(F)/表达式(E)]〈4〉:4

选择夹点以编辑阵列或[关联(AS)/方法(M)/基点(B)/切向(T)/项目(I)/行(R)/层(L)/对齐项目(A)/z 方向(Z)/退出(X)]〈退出〉:R

输入行数数或[表达式(E)]〈1〉:2

指定行数之间的距离或[总计(T)/表达式(E)]〈718.4133〉:600

指定行数之间的标高增量或[表达式(E)]〈0〉:

选择夹点以编辑阵列或[关联(AS)/方法(M)/基点(B)/切向(T)/项目(I)/行(R)/层(L)/对齐项目(A)/z方向(Z)/退出(X)]〈退出〉: * 取消 *

预览: (如图 3-17(b)所示)

修改: (如果不需要修改则直接单击“接受”,退出命令)

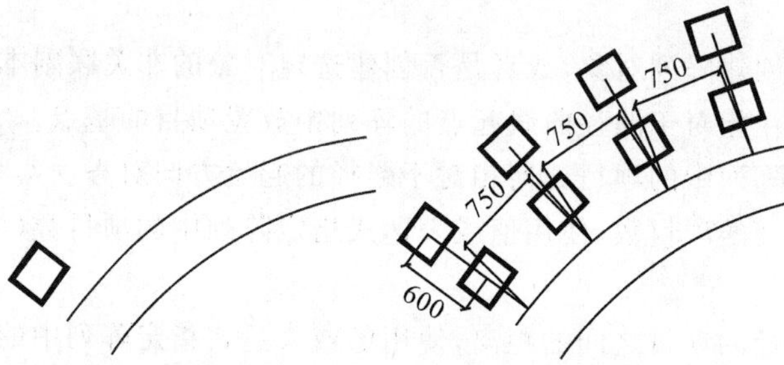

(a)单个树池平面图 (b)路侧树池总平面图

图 3-19 路径阵列结果

3)环形阵列

围绕中心点或旋转轴在环形阵列中均匀分布对象副本。当选择阵列对象和指定阵列中心之后,则出现环形阵列参数设置,如图 3-20 所示。

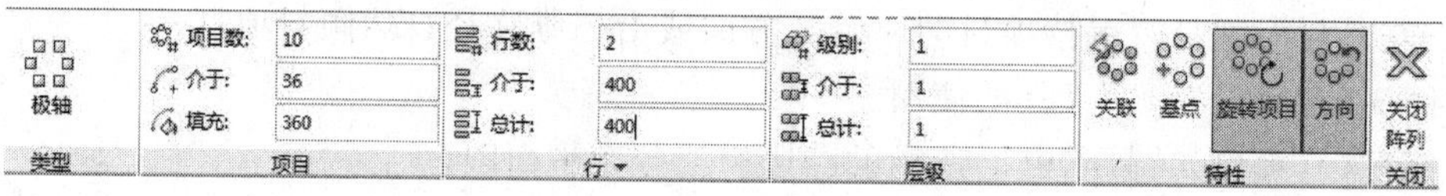

图 3-20 环形阵列参数设置

(1)项目:使用值或表达式指定阵列中的项目数。

注意:当在表达式中定义填充角度时,结果值中的(+或−)数学符号不会影响阵列的方向。

“项目数”:环形阵列中的复制对象的数目。

“介于”:项目间角度,使用值或表达式指定项目之间的角度。

“填充”:使用值或表达式指定阵列中第一个与最后一个项目之间的角度。

(2)行:指定阵列中的行数、它们之间的距离及行之间的增量标高。

“行数”:设定行数。

“介于”:行间距,指定从每个对象的相同位置测量的每行之间的距离。

“总计”:全部,指定从开始和结束对象上的相同位置测量的起点与终点行之间的总距离。

(3)层级:指定(三维阵列的)层数和层间距。

“级别”:层数,指定阵列中的层数。

“介于”:层间距,指定层级之间的距离。

“总计”:全部,指定第一层与最后一层之间的总距离。

(4)特性。

“关联”:指定阵列中的对象是关联的还是独立的。

“基点”:指定用于在阵列中放置对象的基点。

“旋转项目”:控制在排列项目时是否旋转项目。

“方向”:指定阵列中放置对象的方向。

实例 3-7:“环形阵列”工具的使用。

实例目标:画出如图 3-21(b)所示的树池平面图。

实例分析:本例主要使用“环形阵列”命令来画出相同的实体。

操作步骤:

(1)启动 AutoCAD,绘制一个如图 3-21(a)所示的平面图。

(2)执行“阵列”命令,选择“环形阵列”,出现如图 3-18 所示的对话框,进行各参数设置。

命令:_arraypolar

选择对象:指定对角点:找到 2 个

选择对象:

类型=极轴　关联=否

指定阵列的中心点或[基点(B)/旋转轴(A)]:

选择夹点以编辑阵列或[关联(AS)/基点(B)/项目(I)/项目间角度(A)/填充角度(F)/行(ROW)/层(L)/旋转项目(ROT)/退出(X)]〈退出〉:I

输入阵列中的项目数或[表达式(E)]〈6〉:10

选择夹点以编辑阵列或[关联(AS)/基点(B)/项目(I)/项目间角度(A)/填充角度(F)/行(ROW)/层(L)/旋转项目(ROT)/退出(X)]〈退出〉:ROW

输入行数数或[表达式(E)]〈1〉:2

指定行数之间的距离或[总计(T)/表达式(E)]〈718.4133〉:400

指定行数之间的标高增量或[表达式(E)]〈0〉:

选择夹点以编辑阵列或[关联(AS)/基点(B)/项目(I)/项目间角度(A)/填充角度(F)/行(ROW)/层(L)/旋转项目(ROT)/退出(X)]〈退出〉:*取消*

预览:　(如图 3-19(c)所示)

修改:　(如果不需要修改则直接单击“接受”,退出命令)

复制时旋转项目:　(默认设置复选框选中)

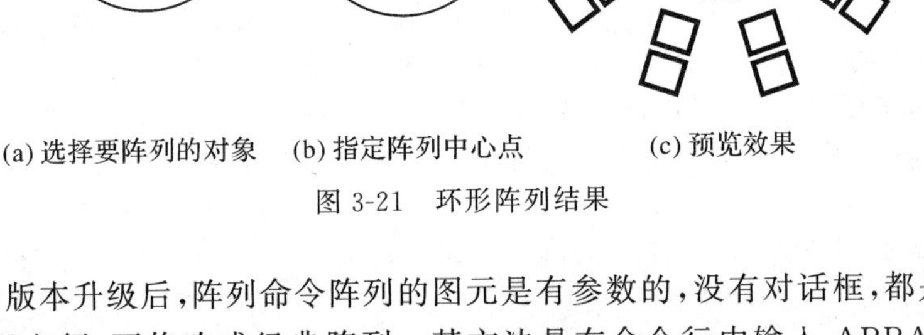

(a) 选择要阵列的对象　(b) 指定阵列中心点　(c) 预览效果

图 3-21　环形阵列结果

AutoCAD 版本升级后,阵列命令阵列的图元是有参数的,没有对话框,都是命令行操作,如果发现不是很方便,可修改成经典阵列。其方法是在命令行中输入 ARRAYCLASSIC 命令,则可调出经典阵列对话框如图 3-22 所示,可选择“矩形阵列”和“环形阵列”。

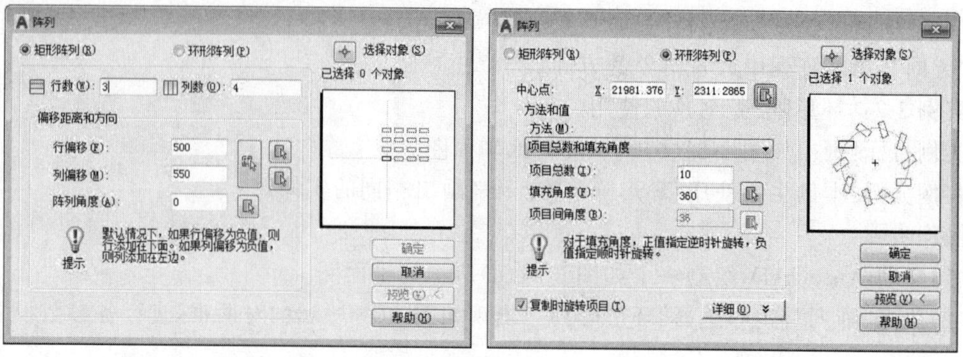

(a)矩形阵列对话框　　(b)环形阵列对话框

图 3-22　经典阵列对话框

(四)偏移

1.命令

命令行:OFFSET

菜单栏:"修改"→"偏移"

工具栏:"修改工具栏"→

2.主要功能

对指定对象的线(对直线平行复制)、圆弧和圆等做同心偏移复制。

3.操作方法

实例 3-8:"偏移"工具的使用一。

实例目标:画出如图 3-23 所示的台阶。

实例分析:本例已知偏移距离,使用"偏移"命令来画出相同的实体。

操作步骤:

(1)画出如图 3-23(a)所示的图形。

(2)选择偏移命令后,命令行会出现如下提示。

命令:OFFSET

当前设置:删除源=否　图层=源　OFFSETGAPTYPE=0

指定偏移距离或[通过(T)/删除(E)/图层(L)]〈通过〉:300　(台阶的平面宽度为 300)

选择要偏移的对象,或[退出(E)/放弃(U)]〈退出〉:　(选择要偏移的直线,如图 3-23(b)所示)

指定要偏移的那一侧上的点,或[退出(E)/多个(M)/放弃(U)]〈退出〉:

(往下指定一点,如图 3-23(c)所示)

选择要偏移的对象,或[退出(E)/放弃(U)]〈退出〉:　(选择要偏移的直线,如图 3-23(e)所示)

指定要偏移的那一侧上的点,或[退出(E)/多个(M)/放弃(U)]〈退出〉:　(往下指定一点)

选择要偏移的对象,或[退出(E)/放弃(U)]〈退出〉:　(选择要偏移的直线)

指定要偏移的那一侧上的点,或[退出(E)/多个(M)/放弃(U)]〈退出〉:

(往下指定一点,结果如图 3-23(f)所示)

选择要偏移的对象,或[退出(E)/放弃(U)]〈退出〉:　(按回车键退出命令)

实例 3-9:"偏移"工具的使用二。

实例目标:画出如图 3-24 所示的图形。

实例分析:本例未提供偏移距离,但是已知对象偏移后须经过某个点,使用"偏移"命令来画出相同的实体。

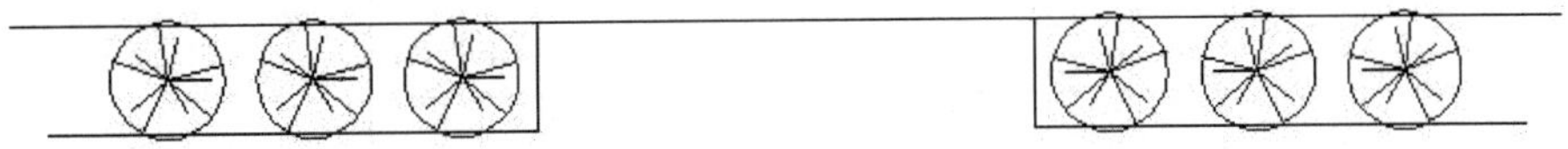

(a) 画出台阶的一条边

(b) 选择要偏移的对象

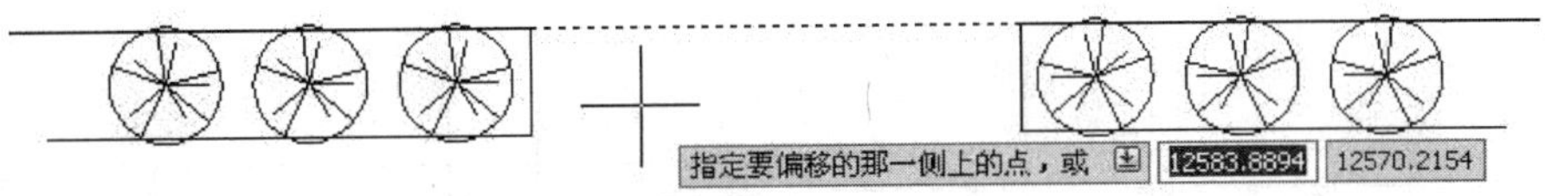

(c) 指定要偏移的那一侧上的点

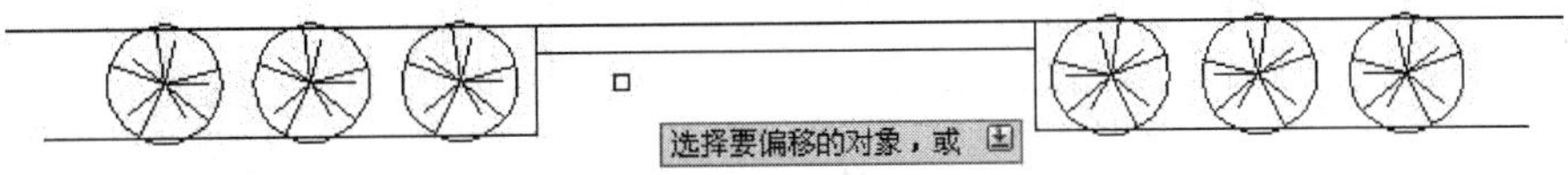

(d) 第一个对象偏移成功

(e) 选择第二个要偏移的对象

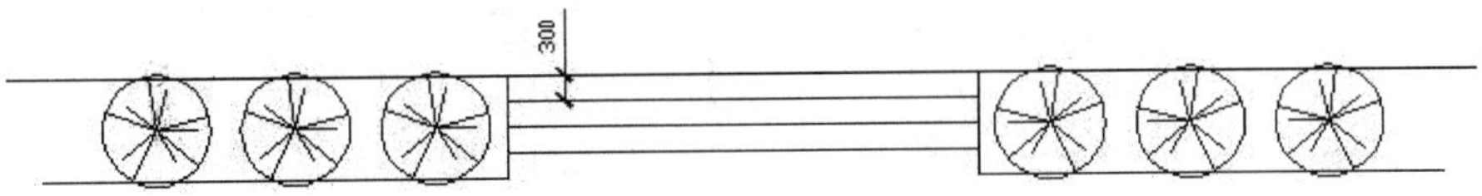

(f) 如上述操作，偏移三次，得到台阶的平面图

图 3-23　已知距离的偏移的使用

操作步骤：

(1)画出如图 3-24(a)所示的图形。

(2)选择偏移命令后，命令行会出现如下提示。

命令：OFFSET

当前设置：删除源＝否　图层＝源　OFFSETGAPTYPE＝0

指定偏移距离或[通过(T)/删除(E)/图层(L)]〈通过〉：

（按回车键，选择“通过”偏移，如图 3-24(b)所示）

选择要偏移的对象，或[退出(E)/放弃(U)]〈退出〉：　（选择要偏移的弧线，如图 3-24(c)所示）

指定通过点或[退出(E)/多个(M)/放弃(U)]〈退出〉：　（指定通过点，如图 3-24(d)所示）

选择要偏移的对象，或[退出(E)/放弃(U)]〈退出〉：　（选择要偏移的弧线，如图 3-24(f)所示）

指定通过点或[退出(E)/多个(M)/放弃(U)]〈退出〉：　（指定通过点，如图 3-24(g)所示）

选择要偏移的对象，或[退出(E)/放弃(U)]〈退出〉：　（按回车键退出命令）

其中各选项功能如下。

“当前设置”：指定当前偏移状态。

“指定偏移距离”：输入偏移距离，该距离可以通过键盘键入，也可以通过点取两个点来确定。

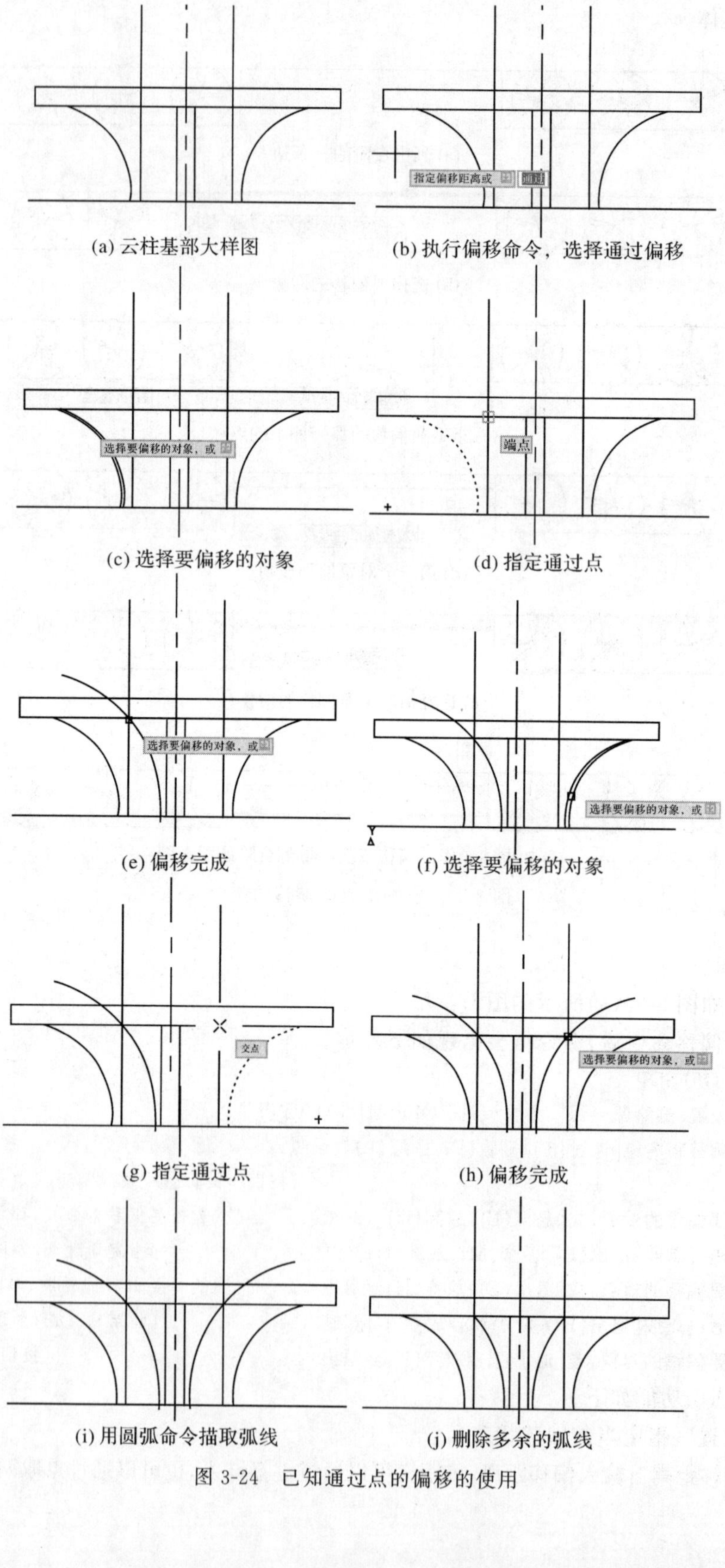

(a) 云柱基部大样图
(b) 执行偏移命令，选择通过偏移
(c) 选择要偏移的对象
(d) 指定通过点
(e) 偏移完成
(f) 选择要偏移的对象
(g) 指定通过点
(h) 偏移完成
(i) 用圆弧命令描取弧线
(j) 删除多余的弧线

图 3-24　已知通过点的偏移的使用

“通过(T)”：指定偏移的对象将通过随后选取的点。

“删除(E)”：偏移源对象后将其删除。

“图层(L)”：确定将偏移对象创建在当前图层上还是源对象所在的图层上。

“选择要偏移的对象，或[退出(E)/放弃(U)]”：选择要偏移的对象，回车则退出偏移命令。

“指定要偏移的那一侧上的点”：指定点来确定偏移方向。

“多个(M)”：选择一个对象偏移出多个相似对象。

注意：偏移命令只能用点取方式选择一个对象。如果用距离作偏移线，距离必须大于0。对于多段线距离按中心线计算。不同图形偏移效果不同，圆为同心圆，圆弧为相同中心角，直线为平行线，多段线为同心拷贝。

任务3-2　改变对象位置

在AutoCAD中，改变对象位置的编辑命令有移动(MOVE)、旋转(ROTATE)。

一、移动对象

移动命令是对对象的重新定位，可以将一个或一组对象以指定的角度和方向从一个位置移动到另一个位置。选择此命令中的“位移”命令选项可以设置移动对象的相对距离和方向，最后输入的位移值会被保留。

1.命令

命令行：MOVE

菜单栏：“修改”→“移动”

工具栏：“修改工具栏”→ 

2.主要功能

移动图形或文本实体的位置。

3.操作方法

实例3-10：“移动”工具的使用一。

实例目标：将图3-25(a)中的小旗分别移至如图3-25(e)所示的位置。

实例分析：本例使用“移动”命令来改变对象的位置。

操作步骤：

(1)启动AutoCAD，绘制如图3-25(a)所示的图形。

(2)执行“移动”命令，命令行会出现如下提示。

命令：MOVE

选择对象：　(找到1个，如图3-25(b)所示)

选择对象：　(按回车键)

指定基点或[位移(D)]〈位移〉：　(指定旗杆下面的点，如图3-25(c)所示)

指定第二个点或〈使用第一个点作为位移〉：　(指定三角形最上面的一个顶点，如图3-25(d)所示)

实例3-11：“移动”工具的使用二。

实例目标：将图3-26(a)中的小旗分别移至如图3-26(e)所示的位置。

实例分析：本例使用“移动”命令来改变对象的位置。

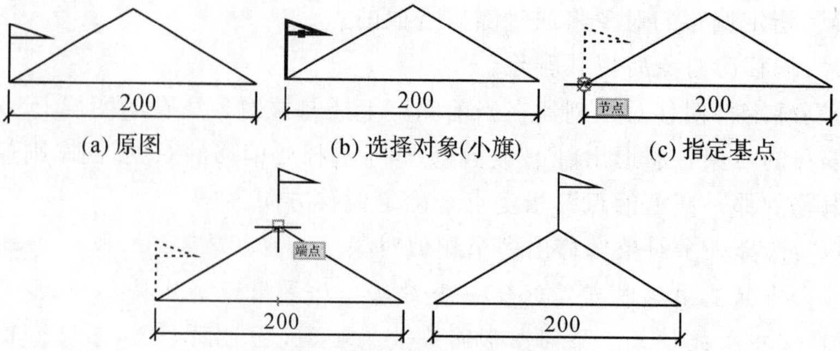

(a) 原图 (b) 选择对象(小旗) (c) 指定基点
(d) 指定第二个点 (e) 完成移动

图 3-25 移动对象示例一

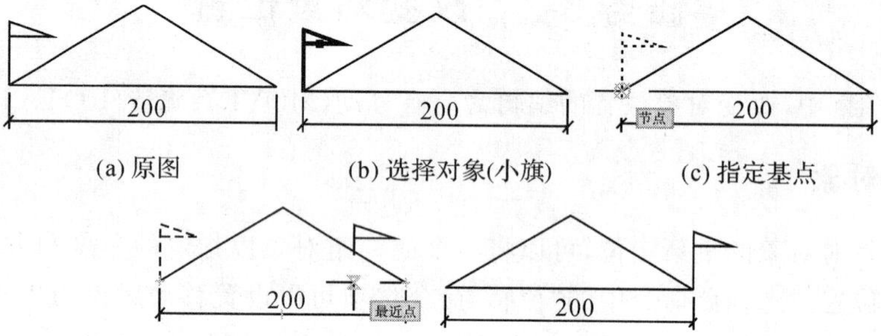

(a) 原图 (b) 选择对象(小旗) (c) 指定基点
(d) 光标控制方向输入“200” (e) 完成移动

图 3-26 移动对象示例二

操作步骤：

(1)启动 AutoCAD,绘制如图 3-26(a)所示的图形。

(2)执行“移动”命令,命令行会出现如下提示。

命令:MOVE

选择对象: (找到 1 个,如图 3-26(b)所示)

选择对象: (按回车键)

指定基点或[位移(D)]〈位移〉: (指定旗杆下面的点,如图 3-26(c)所示)

指定第二个点或〈使用第一个点作为位移〉:200

(光标控制方向,输入“200”,即表示输入坐标“200,0”,如图 3-26(d)所示)

二、旋转对象

旋转命令可以将某一个对象旋转指定角度或参照一对象进行旋转。当 AutoCAD 2018 执行选择命令时,只要选择“复制”命令选项,就可以在旋转对象的同时复制源对象。

1.命令

命令行:ROTATE

菜单栏:“修改”→“旋转”

工具栏:“修改工具栏”→

2.主要功能

可以绕指定基点旋转图形中的对象。

3.操作方法

实例 3-12:“旋转”工具的使用。

实例目标:画出如图 3-27 所示的网格及坐标数据。

实例分析:本例使用“旋转”命令来改变对象的位置。

操作步骤:

(1)启动 AutoCAD,绘制如图 3-27(a)所示的图形。

(2)执行“旋转”命令,命令行会出现如下提示。

命令:ROTATE

UCS 当前的正角方向:　(ANGDIR=逆时针　ANGBASE=0)

选择对象:指定对角点:　(找到 11 个,如图 3-27(b)所示)

指定基点:　(选择数字 0 左下角一点作为基点,如图 3-27(c)所示)

指定旋转角度,或[复制(C)/参照(R)]〈90〉:C　(旋转一组选定对象)

指定旋转角度,或[复制(C)/参照(R)]〈90〉:　(按回车键结束命令,结果如图 3-27(d)所示)

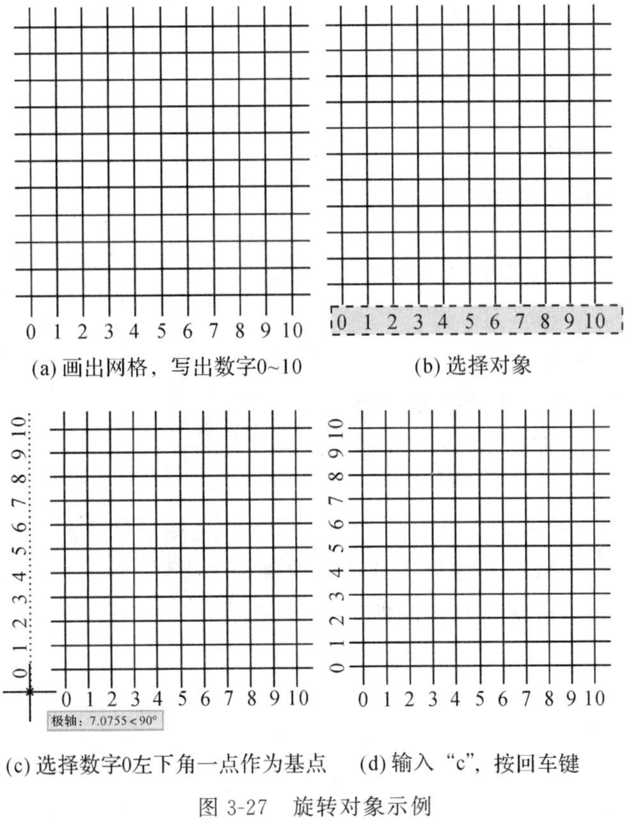

(a) 画出网格,写出数字0~10　(b) 选择对象

(c) 选择数字0左下角一点作为基点　(d) 输入“c”,按回车键

图 3-27　旋转对象示例

其中各选项功能如下。

“选择对象”:选择欲旋转的对象。

“指定基点”:指定旋转的基点。

“指定旋转角度,或[复制(C)/参照(R)]”:输入旋转的角度。

“复制(C)”:创建要旋转的选定对象的副本。

“参照(R)”:采用参照的方式旋转对象。

“指定参考角〈0〉”:如果采用参照方式,可指定旋转的起始角度,通过输入值或指定两点来指定角度。

“指定新角度”:指定旋转的目标角度。输入的新角度值是绝对角度,而不是相对值。

任务 3-3 改变对象尺寸

在 AutoCAD 中,改变对象尺寸的命令有比例缩放(SCALE)、对齐(ALIGN)、拉伸(STRETCH)、拉长(LENGTHEN)、延伸(EXTEND)、修剪(TRIM)。

一、比例缩放

在绘图过程中经常发现绘制的图形过大或过小,通过比例缩放可以快速实现图形的大小转换,并且只要在缩放的同时选择“复制”命令选项,就可在缩放对象的同时复制源对象。缩放时可以指定一定的比例,也可以参照其他对象进行缩放。

1.命令

命令行:SCALE

菜单栏:“修改”→“缩放”

工具栏:“修改工具栏”→

2.主要功能

将对象按统一比例放大或缩小。

3.操作方法

实例 3-13:“缩放”工具的使用。

实例目标:绘制如图 3-28 所示的植物种植设计图。

实例分析:本例使用“缩放”命令改变对象的尺寸。

操作步骤:

(1)启动 AutoCAD,绘制如图 3-28(a)所示的图形,将图形创建成一个图块。

(2)将图形复制四个,按照五株植物群植的种植方法排列。

(3)执行“缩放”命令,命令行会出现如下提示。

命令:SCALE

选择对象: (找到 1 个,如图 3-28(c)所示)

选择对象:

指定基点: (在选定的图上指定一点,如图 3-28(d)所示)

指定比例因子或[复制(C)/参照(R)]〈0.8000〉:0.8

(按回车键命令自动结束,图形缩小,如图 3-28(e)所示)

命令:SCALE

选择对象: (找到 1 个,如图 3-28(f)所示)

选择对象:

指定基点: (在选定的图上指定一点,如图 3-28(g)所示)

指定比例因子或[复制(C)/参照(R)]〈0.8000〉:1.2

(按回车键命令自动结束,图形放大,如图 3-28(h)所示)

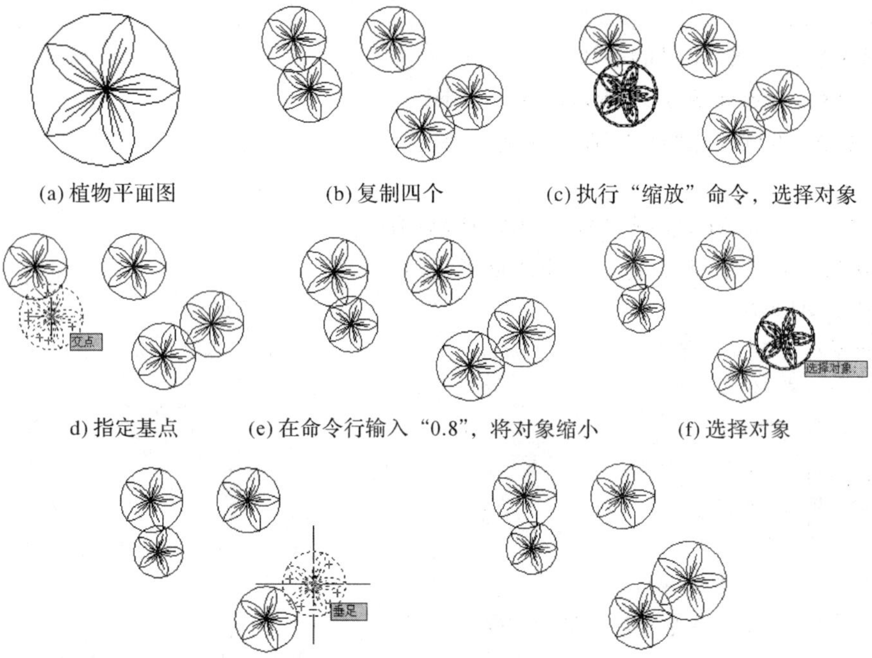

(a) 植物平面图　(b) 复制四个　(c) 执行“缩放”命令，选择对象

d) 指定基点　(e) 在命令行输入“0.8”，将对象缩小　(f) 选择对象

(g) 指定基点　(h) 在命令行输入“1.2”，将对象放大

图 3-28　比例缩放示例

其中各选项功能如下。

“选择对象”：选择要缩放的对象。

“指定基点”：指定比例缩放的基点。

“指定比例因子”：比例因子>1，则放大对象；1>比例因子>0，则缩小对象。

“复制(C)”：创建要缩放的选定对象的副本。

“参照(R)”：按指定的新长度和参考长度的比值缩放所选对象。

注意：

(1) 比例缩放真正改变了图形的大小，与视图显示中的 ZOOM 命令缩放有本质的区别。ZOOM 命令仅仅改变屏幕上的显示大小，图形本身尺寸无任何大小变化。

(2) 旋转复制、缩放复制命令同样可以创建相似图形，旋转复制对象、缩放复制对象与源对象的位置取决于基点位置的选择，而偏移命令是等距离复制。

二、对齐

将选定对象用移动和旋转的操作与指定位置对齐，并且可以在对齐过程中调整对象缩放比例到对齐点。

1. 命令

命令行：ALIGN

菜单栏：“修改”→“三维操作”→“对齐”

2. 主要功能

可以通过移动、旋转或倾斜对象使该对象与另一个对象对齐。

3.操作方法

实例 3-14:“对齐”工具的使用。

实例目标:对齐如图 3-29 所示的两个图形。

实例分析:本例使用“对齐”命令改变对象的尺寸。

操作步骤:

(1)启动 AutoCAD,绘制如图 3-29(a)所示的图形。

(2)执行“对齐”命令,命令行会出现如下提示。

命令:ALIGN

选择对象:指定对角点: (找到 2 个,如图 3-29(b)所示)

选择对象:

指定第一个源点: (如图 3-29(c)所示)

指定第一个目标点: (如图 3-29(d)所示)

指定第二个源点: (如图 3-29(e)所示)

指定第二个目标点: (如图 3-29(f)所示)

指定第三个源点或〈继续〉: (按回车键)

是否基于对齐点缩放对象?[是(Y)/否(N)]〈否〉:

(按回车键,如图 3-29(g)所示;选择 Y 按回车键,如图 3-29(h)所示)

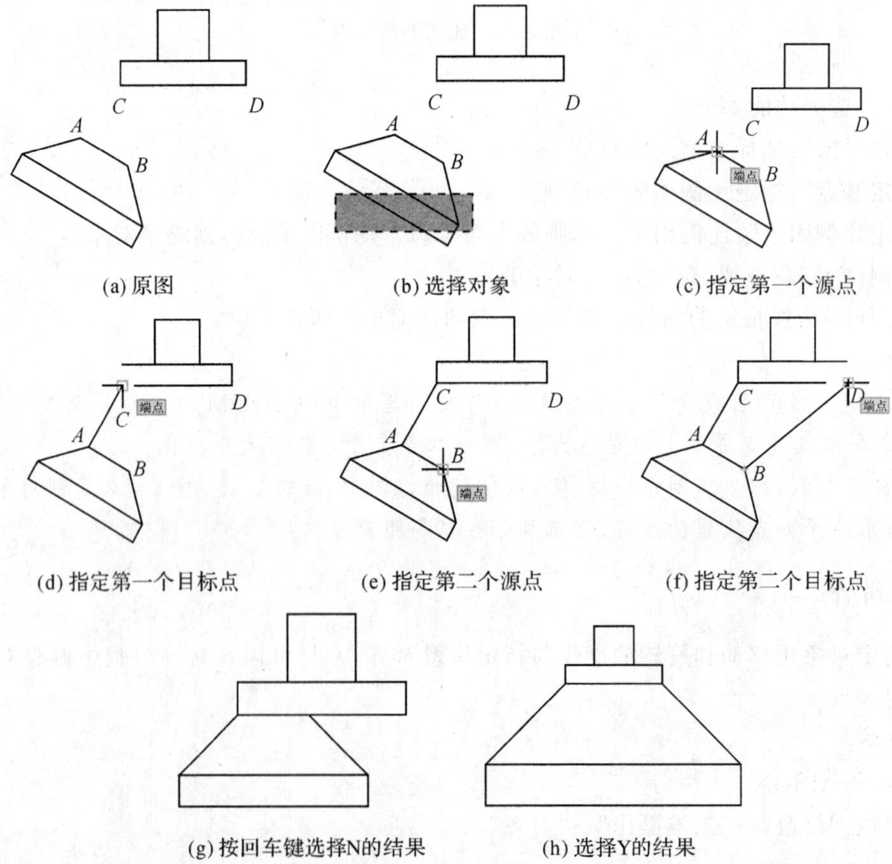

(a) 原图 (b) 选择对象 (c) 指定第一个源点

(d) 指定第一个目标点 (e) 指定第二个源点 (f) 指定第二个目标点

(g) 按回车键选择N的结果 (h) 选择Y的结果

图 3-29 对齐示例

注意：

(1)如仅输入第一对源点与目标点，只进行移动对象操作。

(2)如输入两对源点与目标点，则可进行移动、旋转、变化。

三、拉伸

拉伸是调整图形大小、位置的一种十分灵活的工具，选择此命令中的“位移”命令选项可以设置拉伸对象的相对距离和方向，最后输入的位移值会被保留。

1.命令

命令行：STRETCH

菜单栏：“修改”→“拉伸”

工具栏：“修改工具栏”→

2.主要功能

调整对象的大小，在一个方向上按用户确定的尺寸拉伸图形。

3.操作方法

实例 3-15：“拉伸”工具的使用。

实例目标：将图 3-30(a)中的长方形图形拉伸为正方形，再拉伸为梯形。

实例分析：本例使用“拉伸”命令改变对象的尺寸。

操作步骤：

(1)启动 AutoCAD，绘制一个如图 3-30(a)所示的图形。

(2)执行“拉伸”命令，命令行会出现如下提示。

命令：STRETCH

(以交叉窗口或交叉多边形选择要拉伸的对象)

选择对象：指定对角点：　(找到 2 个，如图 3-30(b)所示)

选择对象：

指定基点或[位移(D)]〈位移〉：　(如图 3-30(c)所示)

指定第二个点或〈使用第一个点作为位移〉：100　(如图 3-30(d)所示)

命令：STRETCH

(以交叉窗口或交叉多边形选择要拉伸的对象)

选择对象：指定对角点：　(找到 1 个，如图 3-30(f)所示)

选择对象：

指定基点或[位移(D)]〈位移〉：　(任意指定一点，如图 3-30(g)所示)

指定第二个点或〈使用第一个点作为位移〉：50　(如图 3-30(h)所示)

命令：STRETCH

(以交叉窗口或交叉多边形选择要拉伸的对象)

选择对象：指定对角点：　(找到 1 个，如图 3-30(i)所示)

选择对象：

指定基点或[位移(D)]〈位移〉：　(任意指定一点，如图 3-30(j)所示)

指定第二个点或〈使用第一个点作为位移〉：50　(如图 3-30(k)所示)

注意：

(1)拉伸一般只能采用自右向左的交叉窗口或交叉多边形的方式来选择对象。

(2)拉伸对象往往是图形的端点或整个图形,对样条曲线也可拉伸其节点。

(3)圆弧被拉伸时,弧高不变;圆不能被拉伸,只能移动。

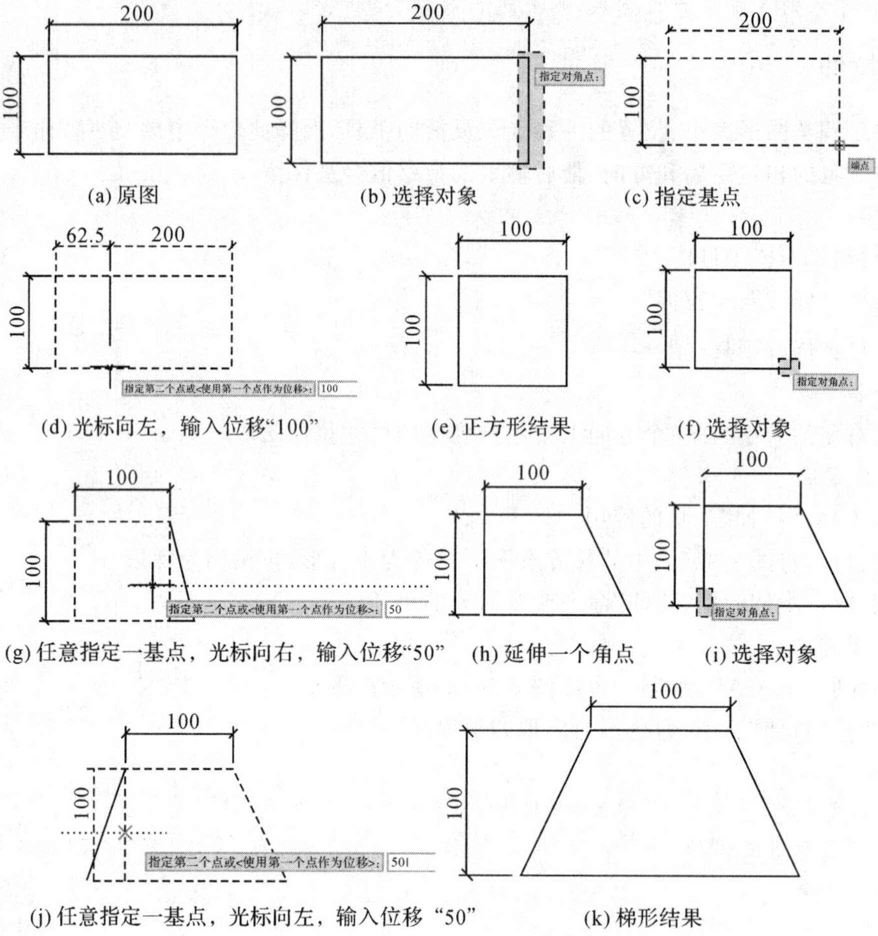

图 3-30 拉伸示例

四、拉长

拉长命令可以修改某直线、样条曲线或圆弧、椭圆弧的长度或角度。可以指定绝对大小、相对大小、相对百分比大小,甚至可以动态修改其大小。

1.命令

命令行:LENGTHEN

菜单栏:"修改"→"拉长"

工具栏:"修改工具栏"→

2.主要功能

调整对象大小使其在一个方向上或是按比例增大或缩小。

3.操作方法

实例 3-16:"拉长"工具的使用。

实例目标:将图 3-31(a)所示的原图的直线右边长度减短 100 个单位。

实例分析：本例使用“拉长”命令来改变对象的尺寸。

操作步骤：

(1)启动 AutoCAD，绘制如图 3-31(a)所示的图形。

(2)执行“拉长”命令，命令行会出现如下提示。

命令：LENGTHEN

选择对象或[增量(DE)/百分数(P)/全部(T)/动态(DY)]：DE

输入长度增量或[角度(A)]〈100.0000〉：－100

选择要修改的对象或[放弃(U)]：　(点取直线右半段，如图 3-31(b)所示)

选择要修改的对象或[放弃(U)]：　(按回车键结束命令，如图 3-31(d)所示)

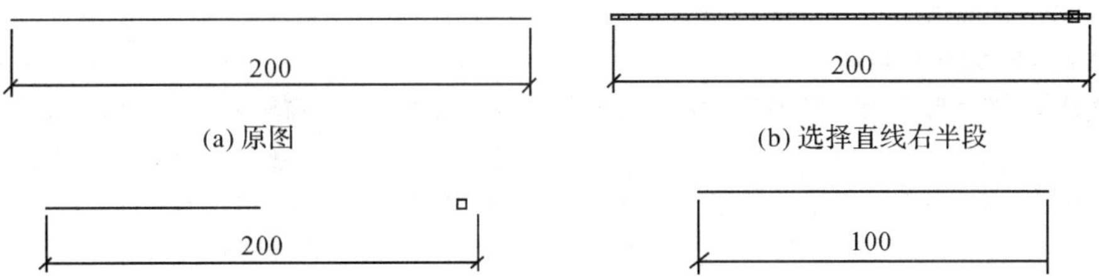

(a) 原图　(b) 选择直线右半段

(c) 选择右半段直线结果　(d) 结果

图 3-31　拉长示例

其中各选项功能如下。

“选择对象”：选择欲拉长的直线或圆弧对象，此时显示该对象的长度或角度。

“增量(DE)”：定义增量大小，正值为增，负值为减。

“百分数(P)”：定义百分数来拉长对象，类似于缩放的比例。

“全部(T)”：定义最后的长度或圆弧的角度。

“动态(DY)”：动态拉长对象。

“输入长度增量或[角度(A)]”：输入长度增量或角度增量。

“选择要修改的对象或[放弃(U)]”：点取欲修改的对象，输入“U”则放弃刚完成的操作。

注意：

(1)点取直线或圆弧时的拾取点直接控制了拉长或截短的方向，修改发生在拾取点的一侧。

(2)拉长功能不能拉长封闭对象。

(3)源对象的加长或缩短取决于输入增量值的正负，增量值为正，源对象加长，否则缩短。

五、延伸

延伸是以指定的对象为边界，延伸某对象与之精确相交。

1.命令

命令行：EXTEND

菜单栏：“修改”→“延伸”

工具栏：“修改工具栏”→

2.主要功能

拉长或延伸对象至其他对象，使它与其他实体相接。

3.操作方法

实例 3-17:“延伸”工具的使用。

实例目标:将图 3-32(a)所示的原图的直线向右延伸到矩形的右边一条边。

实例分析:本例使用“延伸”命令改变对象的尺寸。

操作步骤:

(1)启动 AutoCAD,绘制如图 3-32(a)所示的图形。

(2)执行“延伸”命令,命令行会出现如下提示。

命令:EXTEND

当前设置:投影=UCS,边=无

(选择边界的边)

选择对象或〈全部选择〉: (找到 1 个,如图 3-32(b)所示)

选择要延伸的对象,或按住 Shift 键选择要修剪的对象,或[栏选(F)/窗交(C)/投影(P)/边(E)/放弃(U)]:

(选择直线的右端,如图 3-32(c)所示)

选择要延伸的对象,或按住 Shift 键选择要修剪的对象,或[栏选(F)/窗交(C)/投影(P)/边(E)/放弃(U)]:

(选择直线的右端,如图 3-32(e)所示)

选择要延伸的对象,或按住 Shift 键选择要修剪的对象,或[栏选(F)/窗交(C)/投影(P)/边(E)/放弃(U)]:

(按回车键结束命令,结果如图 3-32(f)所示)

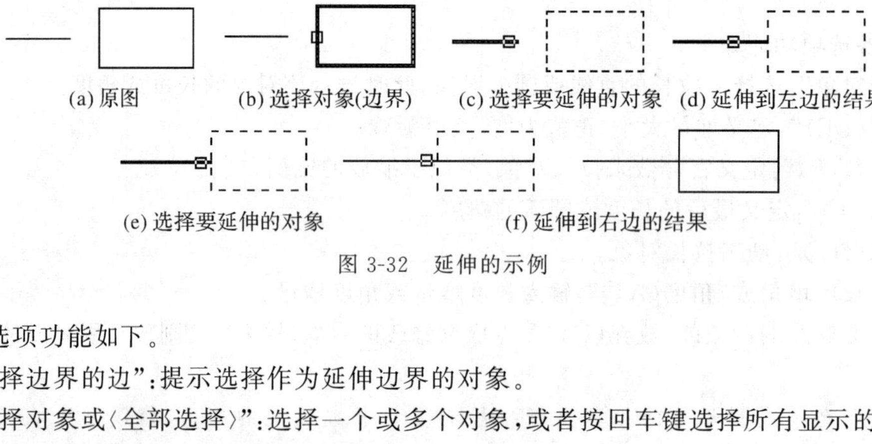
(a) 原图 (b) 选择对象(边界) (c) 选择要延伸的对象 (d) 延伸到左边的结果

(e) 选择要延伸的对象 (f) 延伸到右边的结果

图 3-32 延伸的示例

各选项功能如下。

“选择边界的边”:提示选择作为延伸边界的对象。

“选择对象或〈全部选择〉”:选择一个或多个对象,或者按回车键选择所有显示的对象。

“选择要延伸的对象”:选择欲延伸的对象。

“栏选(F)”:选择与选择栏相交的所有对象。

“窗交(C)”:选择矩形区域内部或与之相交的对象。

“按住 Shift 键选择要修剪的对象”:将选定对象修剪到最近的边界。

“投影(P)”:在三维对象(非 *XY* 平面对象)延伸时,指定边界对象的投影方式。在 *XY* 平面对象延伸时可不设定此选项。

“边(E)”:确定对象是延伸到边界的延长交点还是只延伸到边界的实际交点。

“延伸(E)”:指定对象延伸到边界的延长交点。

“不延伸(N)”:指定对象延伸到边界的实际交点。

“放弃(U)”:放弃最后一次延伸操作。

注意:

(1)选择要延伸的对象时的拾取点决定了延伸的方向,延伸发生在拾取点的一侧。

(2)对有宽度的直线或圆弧,若延伸后末端宽度为负值,则该端宽度为0。

(3)在延伸不相交对象时,按住 Shift 键可以切换为修剪方式。

(4)选择对象可以使用点选、栏选、窗选等工具对多个对象进行延伸或修剪。

(5)延伸可以隐含延伸边,在提示"选择对象:"时按回车键,自动确定符合条件的对象为延伸边。

六、修剪

修剪命令是比较常用的编辑命令,绘图中经常需要修剪图形,将超出的部分去掉,以便使图形精确相交,修剪命令是以指定的对象为边界,将要修剪的对象剪去超出部分,也可同时对多条线段进行修剪。

1.命令

命令行:TRIM

菜单栏:"修改"→"修剪"

工具栏:"修改工具栏"→

2.主要功能

以剪切为界,将被剪切对象(即被剪边)上位于剪切边某一侧的部分剪掉。

3.操作方法

实例 3-18:"修剪"工具的使用一。

实例目标:将图 3-33(a)中超出座椅的弧线剪掉。

实例分析:本例使用"修剪"命令改变对象的尺寸。

操作步骤:

(1)启动 AutoCAD,绘制如图 3-33(a)所示的图形。

(2)执行"修剪"命令,命令行会出现如下提示。

命令:TRIM

当前设置:投影=UCS,边=无

(选择剪切边)

选择对象或〈全部选择〉:　(找到1个,选择第一条边界,如图 3-33(b)所示)

选择对象:　(找到1个,总计2个,选择第二条边界,如图 3-33(c)所示)

选择对象:

选择要修剪的对象,或按住 Shift 键选择要延伸的对象,或[栏选(F)/窗交(C)/投影(P)/边(E)/删除(R)/放弃(U)]:　(选择第一条要修剪的对象,如图 3-33(d)所示)

选择要修剪的对象,或按住 Shift 键选择要延伸的对象,或[栏选(F)/窗交(C)/投影(P)/边(E)/删除(R)/放弃(U)]:　(选择第二条要修剪的对象,如图 3-33(d)所示)

选择要修剪的对象,或按住 Shift 键选择要延伸的对象,或[栏选(F)/窗交(C)/投影(P)/边(E)/删除(R)/放弃(U)]:　(按回车键结束命令,结果如图 3-33(f)所示)

实例 3-19:"修剪"工具的使用二。

实例目标:将图 3-34(a)中超出水平直线的矩形部分剪掉。

实例分析:本例使用"修剪"命令改变对象的尺寸。

操作步骤:

(1)启动 AutoCAD,绘制如图 3-34(a)所示的图形。

(2)执行"修剪"命令,命令行会出现如下提示。

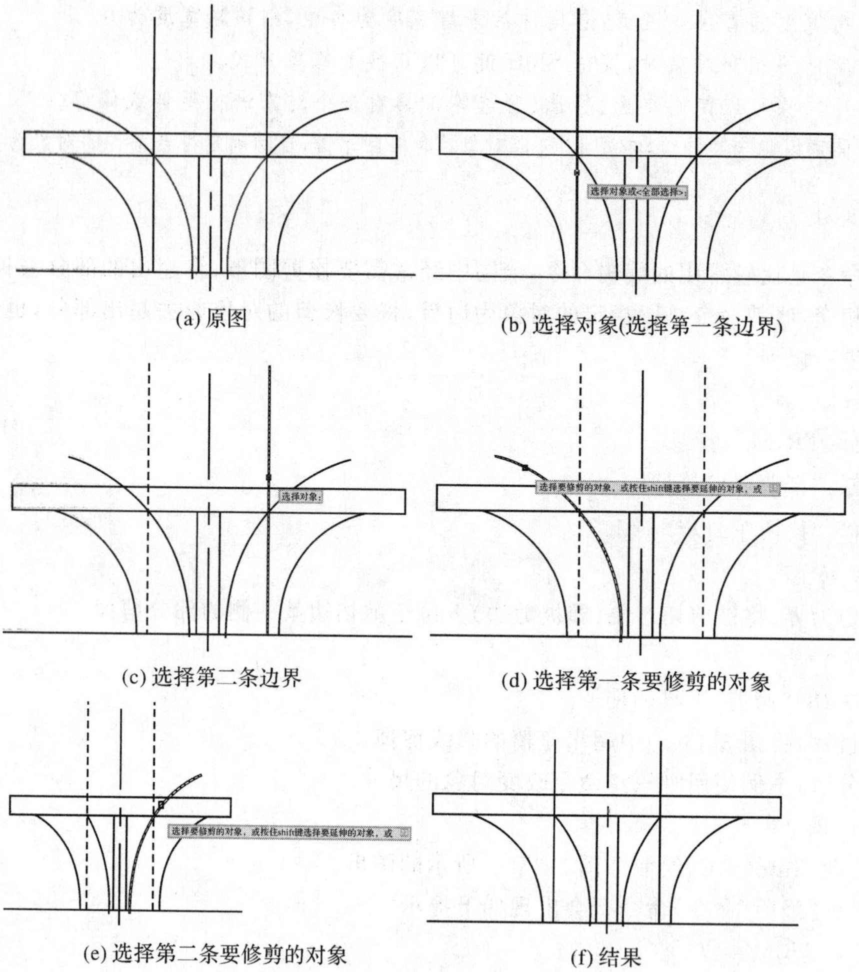

(a) 原图　(b) 选择对象(选择第一条边界)

(c) 选择第二条边界　(d) 选择第一条要修剪的对象

(e) 选择第二条要修剪的对象　(f) 结果

图 3-33　修剪示例

命令:TRIM

当前设置:投影=UCS,边=无

(选择剪切边)

选择对象或〈全部选择〉:　(找到 1 个,如图 3-34(b)所示)

选择对象:

选择要修剪的对象,或按住 Shift 键选择要延伸的对象,或[栏选(F)/窗交(C)/投影(P)/边(E)/删除(R)/放弃(U)]:E　(如图 3-34(c)所示)

输入隐含边延伸模式[延伸(E)/不延伸(N)]〈不延伸〉:E　(如图 3-34(d)所示)

选择要修剪的对象,或按住 Shift 键选择要延伸的对象,或[栏选(F)/窗交(C)/投影(P)/边(E)/删除(R)/放弃(U)]:　(选择要修剪的矩形部分,如图 3-34(e)所示)

选择要修剪的对象,或按住 Shift 键选择要延伸的对象,或[栏选(F)/窗交(C)/投影(P)/边(E)/删除(R)/放弃(U)]:　(按回车键结束命令,结果如图 3-34(f)所示)

实例 3-20:“修剪”工具的使用三。

实例目标:将图 3-35(a)中超出矩形部分的直线剪掉。

实例分析:本例使用“修剪”命令改变对象的尺寸。

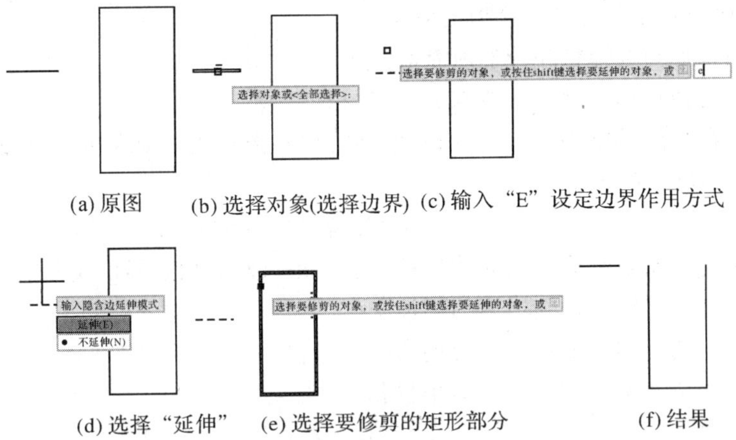

(a) 原图　(b) 选择对象(选择边界)　(c) 输入“E”设定边界作用方式

(d) 选择“延伸”　(e) 选择要修剪的矩形部分　(f) 结果

图 3-34　延伸修剪示例

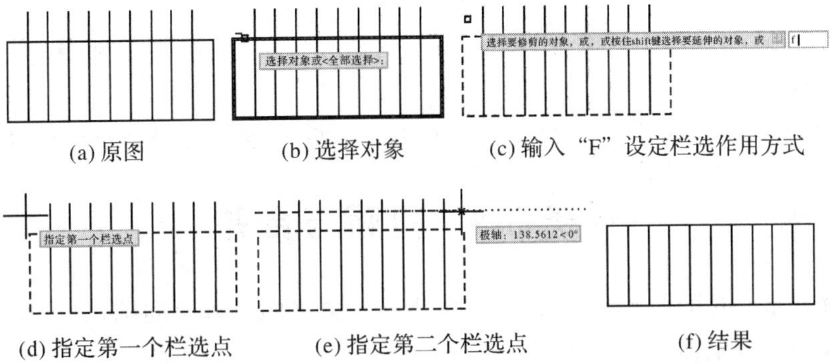

(a) 原图　(b) 选择对象　(c) 输入“F”设定栏选作用方式

(d) 指定第一个栏选点　(e) 指定第二个栏选点　(f) 结果

图 3-35　栏选方式修剪示例

操作步骤：

(1)启动 AutoCAD，绘制如图 3-35(a)所示的图形。

(2)执行“修剪”命令，命令行会出现如下提示。

命令：TRIM

当前设置：投影＝UCS，边＝延伸

(选择剪切边)

选择对象或〈全部选择〉：　　(找到 1 个，如图 3-35(b)所示)

选择对象：

选择要修剪的对象，或按住 Shift 键选择要延伸的对象，或[栏选(F)/窗交(C)/投影(P)/边(E)/删除(R)/放弃(U)]：F　　(如图 3-35(c)所示)

指定第一个栏选点：　　(如图 3-35(d)所示)

指定下一个栏选点或[放弃(U)]：　　(如图 3-35(e)所示)

指定下一个栏选点或[放弃(U)]：　　(按回车键结束指定栏选点)

选择要修剪的对象，或按住 Shift 键选择要延伸的对象，或[栏选(F)/窗交(C)/投影(P)/边(E)/删除(R)/放弃(U)]：　　(按回车键结束命令，结果如图 3-35(f)所示)

其中各选项功能如下。

“选择对象或〈全部选择〉”：提示选择对象作为剪切边界，按回车键选择所有显示的对象。

“选择要修剪的对象”：选择欲修剪的对象。

“栏选(F)”：选择与选择栏相交的所有对象。

“窗交(C)”：选择矩形区域内部或与之相交的对象。

“投影(P)”：在三维对象(非 *XY* 平面对象)修剪时，指定边界对象的投影方式。在 *XY* 平面对象修剪时可不设定此选项。

“删除(R)”：不需要退出 TRIM 命令，即可删除不需要的对象。

“边(E)”：确定对象是修剪到边界的延长交点还是只修剪到边界的实际交点。

“延伸(E)”：确定对象修剪到边界的延长交点。

“不延伸(N)”：指定对象修剪到边界的实际交点。

“放弃(U)”：放弃最后进行的一次修剪操作。

注意：

(1)修剪可以隐含修剪边，在提示“选择对象：”时按回车键，自动确定符合条件的对象为修剪边。

(2)“修剪”命令编辑图形对象时，按住 Shift 键选择对象，系统执行“延伸”命令，将选择的对象延伸到其他对象上。

(3)带宽对象按中心线计算，并保留多段线宽度信息，修剪边界与多段线中心垂直。

任务 3-4　打断与合并

打断与合并是相对的两个编辑过程，打断之后对象之间可以有间隙，也可以没有间隙；合并后的对象成为一个整体。

一、打断

打断命令可以将某对象一分为二或去掉其中一段减少其长度。圆可以被打断成圆弧。

1.命令

命令行：BREAK

菜单栏：“修改”→“打断”

工具栏：“修改工具栏”→

2.主要功能

删除图形上的某一部分或将图形分成两部分。

3.操作方法

实例 3-21：“打断”工具的使用。

实例目标：将图 3-36(a)所示的原图中从 A、B 处打断。

实例分析：本例练习“打断”命令的操作。

操作步骤：

(1)启动 AutoCAD，绘制如图 3-36(a)所示的圆。

(2)执行“打断”命令，命令行会出现如下提示。

命令：BREAK

选择对象：

指定第二个打断点或[第一点(F)]:F

指定第一个打断点:　　(指定 A 点,如图 3-36(c)所示)

指定第二个打断点:　　(指定 B 点,如图 3-36(d)所示,结果如图 3-36(e)所示)

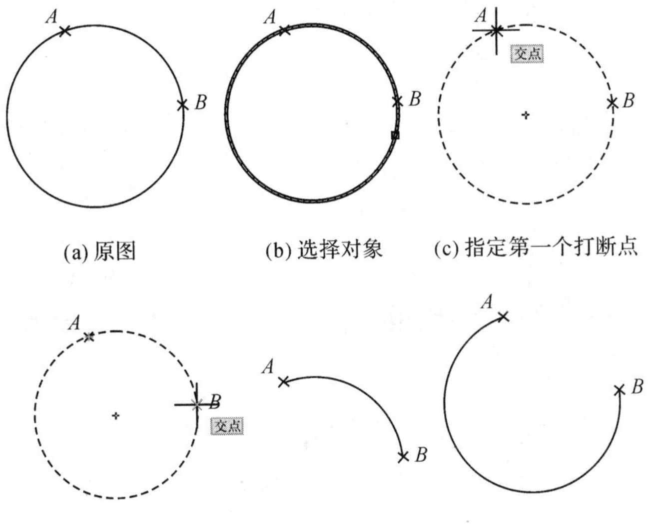

(a) 原图　(b) 选择对象　(c) 指定第一个打断点

(d) 指定第二个打断点　(e) 结果1　(f) 结果2

图 3-36　打断示例

如果指定 B 点为第一点,A 点为第二点,结果如图 3-36(f)所示。

其中各选项功能如下。

“选择对象”:选择欲打断的对象,将拾取图形对象的点定为第一断点。

“第一点(F)”:输入 F 重新定义打断的第一断点。

“指定第二个打断点”:拾取打断的第二断点。如果输入“@”指第二断点与第一断点相同,即将选择对象分成两段,相当于执行“打断于点”命令,即修改工具栏的按钮。

注意:如果指定的第二断点不在对象上,系统会自动从图形中选取与之距离最近的点作为新的第二断点,即第二断点可以指定在要删除部分的端点之外。

二、合并

合并命令可以将相似对象合并形成一个完整的对象。

1.命令

命令行:JOIN

菜单栏:“修改”→“合并”

工具栏:“修改工具栏”→

2.主要功能

将多个对象合并为一个对象。

3.操作方法

实例 3-22:“合并”工具的使用。

实例目标:将图 3-37(a)所示的原图中两段圆弧合并成一个整体或闭合成一个圆。

实例分析:本例练习"合并"命令的操作。

操作步骤:

(1)启动 AutoCAD,绘制如图 3-37(a)所示的两段圆弧。

(2)执行"合并"命令,命令行会出现如下提示。

命令:JOIN

选择源对象: (选择 *AB* 弧线,如图 3-37(b)所示)

选择圆弧,以合并到源或进行[闭合(L)]: (选择 *CD* 弧线,如图 3-37(c)所示)

选择要合并到源的圆弧: (找到 1 个,按回车键)

(已将 1 个圆弧合并到源,如图 3-37(d)所示)

命令:JOIN

选择源对象: (选择 *BADC* 弧线,如图 3-37(e)所示)

选择圆弧,以合并到源或进行[闭合(L)]:L (按回车键结束命令,如图 3-37(f)所示)

(已将圆弧转换为圆)

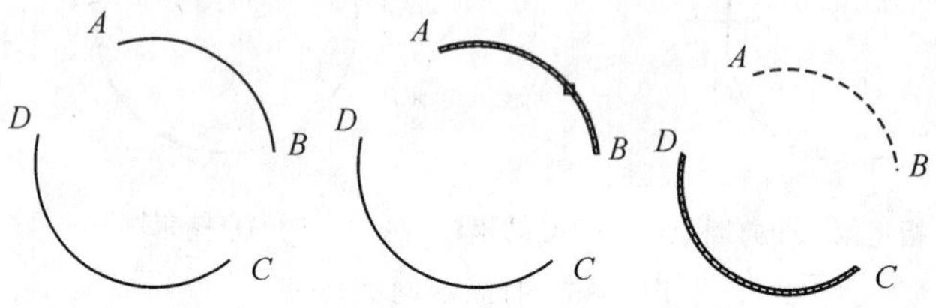

(a) 原图　(b) 选择源对象　(c) 选择圆弧,以合并到源

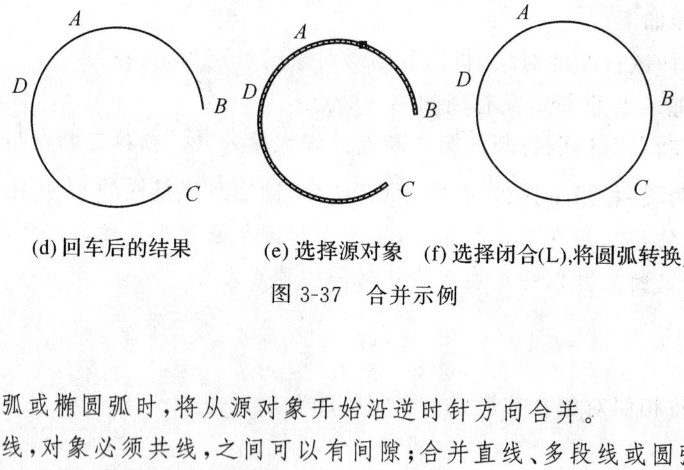

(d) 回车后的结果　(e) 选择源对象　(f) 选择闭合(L),将圆弧转换为圆

图 3-37　合并示例

注意:

(1)合并圆弧或椭圆弧时,将从源对象开始沿逆时针方向合并。

(2)合并直线,对象必须共线,之间可以有间隙;合并直线、多段线或圆弧,对象之间不能有间隙;合并样条曲线,对象必须首尾相邻。

任务 3-5　倒角与圆角

当使用倒角和圆角这两个工具时,不仅可以同时为多个对象进行倒角和圆角,而且在"多个"模式下还可以使用"放弃"选项,如果按住 Shift 键选择两条直线,可以快速创建零距离倒角或零半径圆角。

一、倒角

倒角又称切角，是园林图上常见的图形，可以通过倒角命令直接产生。

1.命令

命令行：CHAMFER

菜单栏："修改"→"倒角"

工具栏："修改工具栏"→

2.主要功能

使用成角的直线连接两个对象。

3.操作方法

实例 3-23："倒角"工具的使用一。

实例目标：如图 3-38(a)所示，用距离为 10、角度 40°的倒角将直线 *A* 和 *B* 连接起来。

实例分析：本例练习"倒角"命令的使用。

操作步骤：

(1)启动 AutoCAD，绘制如图 3-38(a)所示的直线 *A* 和 *B*。

(2)执行"倒角"命令，命令行会出现如下提示。

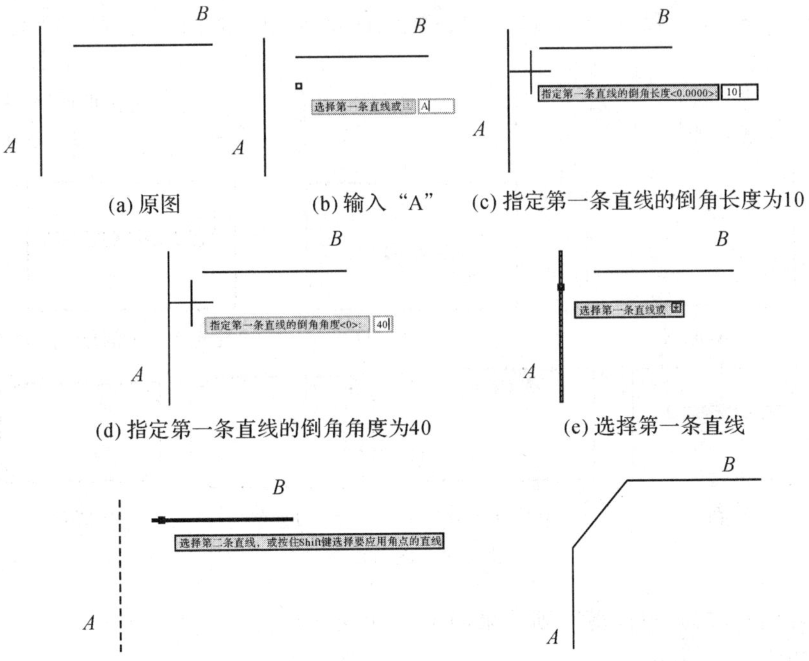

(a) 原图　(b) 输入"A"　(c) 指定第一条直线的倒角长度为10

(d) 指定第一条直线的倒角角度为40　(e) 选择第一条直线

(f) 选择第二条直线　(g) 结果

图 3-38　倒角示例一

命令：CHAMFER

("修剪"模式，当前倒角距离 1=0.0000，距离 2=0.0000)

选择第一条直线或[放弃(U)/多段线(P)/距离(D)/角度(A)/修剪(T)/方式(E)/多个(M)]：A

(如图 3-38(b)所示)

指定第一条直线的倒角长度〈0.0000〉:10 (如图 3-38(c)所示)

指定第一条直线的倒角角度〈0〉:40 (如图 3-38(d)所示)

选择第一条直线或[放弃(U)/多段线(P)/距离(D)/角度(A)/修剪(T)/方式(E)/多个(M)]:

(选择 *A* 直线,如图 3-38(e)所示)

选择第二条直线,或按住 Shift 键选择要应用角点的直线:

(选择 *B* 直线,如图 3-38(f)所示,按回车键结束命令)

实例 3-24:“倒角”工具的使用三。

实例目标:如图 3-39(a)所示,将图中的矩形倒角。

实例分析:本例练习“倒角”命令的使用。

操作步骤:

(1)启动 AutoCAD,绘制如图 3-39(a)所示的矩形。

(2)执行“倒角”命令,命令行会出现如下提示。

命令:CHAMFER

(“修剪”模式,当前倒角长度=10.0000,角度=40)

选择第一条直线或[放弃(U)/多段线(P)/距离(D)/角度(A)/修剪(T)/方式(E)/多个(M)]:D

(如图 3-39(b)所示)

指定第一个倒角距离〈0.0000〉:30 (如图 3-39(c)所示)

指定第二个倒角距离〈30.0000〉: (缺省,按回车键,确认)

选择第一条直线或[放弃(U)/多段线(P)/距离(D)/角度(A)/修剪(T)/方式(E)/多个(M)]:P

(如图 3-39(d)所示)

选择二维多段线: (选择矩形,如图 3-39(e)所示)

4 条直线已被倒角 (结果如图 3-39(f)所示)

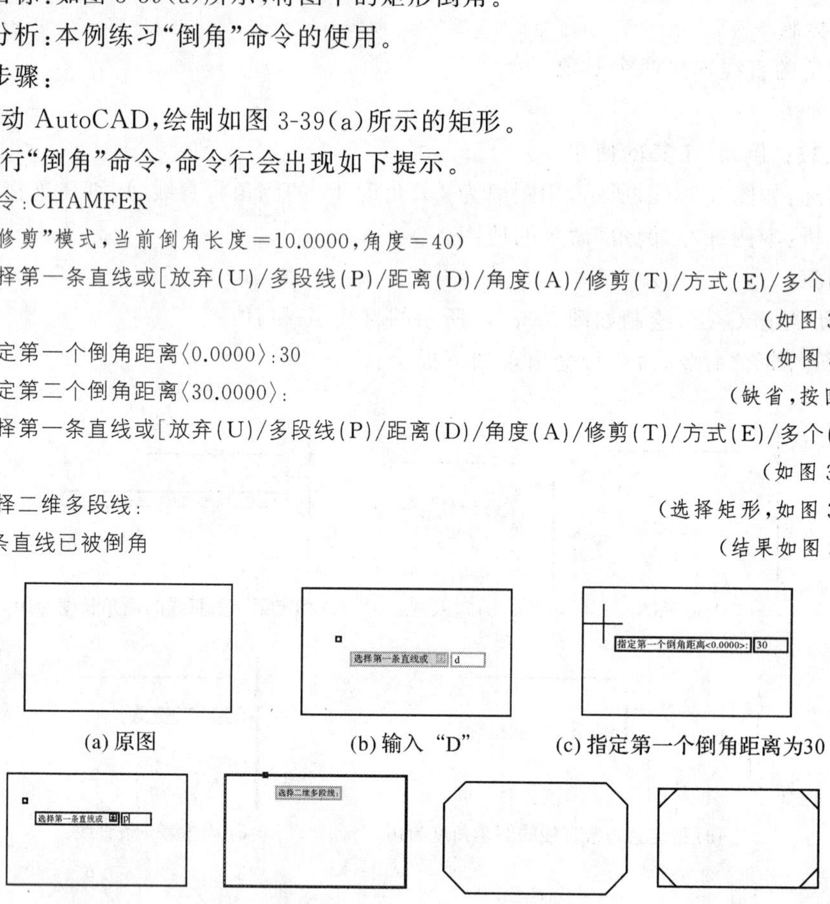

(a) 原图 (b) 输入“D” (c) 指定第一个倒角距离为30

(d) 输入“P” (e) 选择矩形 (f) 结果1 (g) 结果2

图 3-39 倒角示例二

如果修剪模式改为“不修剪”,则结果如图 3-39(g)所示。

各选项功能如下。

“选择第一条直线”:选择倒角的第一条直线。

“选择第二条直线”:选择倒角的第二条直线。

“放弃(U)”:恢复执行上一个操作命令。

“多段线(P)”:对多段线每个顶点处的相交直线段做倒角处理。

“距离(D)”:设置选定边的倒角距离,两个倒角距离可以相等也可以不等,如果将两个距离都设置为 0,两条线将相交于一点,如图 3-40 所示。

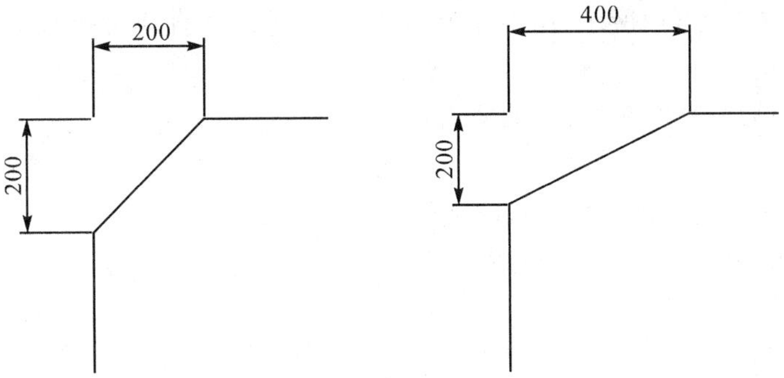

距离相等　　　　距离不等

图 3-40　倒角距离设定

“角度(A)”:通过第一条线的倒角距离和第一条线的倒角角度来形成倒角。

“修剪(T)”:设定修剪模式,控制是否将选定边修剪到倒角线端点。

“修剪(T)”:选择修剪方式,则倒角时自动将不足的补齐,超出的剪掉。

“不修剪(N)”:如果为不修剪方式,则仅仅增加一倒角,原有边线不变。

“方式(E)”:设定使用距离方式还是角度方式来形成倒角。

“多个(M)”:可以为多组对象的边倒角。

注意:

(1)如果在“修剪”模式设定两距离为0,可以通过倒角命令修齐两直线,而不论这两条不平行直线是否相交或需要延伸才能相交,能得到修剪或者延伸命令所能实现的效果。

(2)当倒角距离不等于0,在“多个”选项模式下选择“放弃”,同样可以对多组对象进行零距离倒角。

(3)对多段线进行倒角时,如果该多段线最后一条线不是闭合的,则最后一条线和第一条线之间不会自动形成倒角。

(4)选择直线时的拾取点对修剪的位置有影响,一般保留拾取点的线段,而超过倒角的线段自动被修剪。

(5)如果倒角的距离大于短边较远的顶点到交点的距离,则会出现“距离太大”的错误提示,而无法形成倒角。

(6)倒角采用当前图层的颜色和线型。

二、圆角

圆角是指用光滑圆弧将两对象连接,它和倒角一样,可以直接通过圆角命令产生。

1.命令

命令行:FILLET

菜单栏:“修改”→“圆角”

工具栏:“修改工具栏”→

2.主要功能

用一段指定半径的圆弧光滑地连接两个对象。

3.操作方法

实例 3-25:“圆角”工具的使用一。

实例目标：如图 3-41(a)所示，用半径为 50 的圆角将三条直线连接起来；并设定零距离圆角，将三条直线连接。

实例分析：本例练习“圆角”命令的使用。

操作步骤：

(1)启动 AutoCAD 绘制如图 3-41(a)所示的三条直线。

(2)执行“圆角”命令，命令行会出现如下提示。

命令：FILLET

当前设置：模式＝修剪，半径＝0.0000

选择第一个对象或[放弃(U)/多段线(P)/半径(R)/修剪(T)/多个(M)]：R　　(如图 3-41(b)所示)

指定圆角半径〈0.0000〉：50　　(如图 3-41(c)所示)

选择第一个对象或[放弃(U)/多段线(P)/半径(R)/修剪(T)/多个(M)]：　　(如图 3-41(d)所示)

选择第二个对象，或按住 Shift 键选择要应用角点的对象：　　(如图 3-41(e)所示)

命令：FILLET

当前设置：模式＝修剪，半径＝50.0000

选择第一个对象或[放弃(U)/多段线(P)/半径(R)/修剪(T)/多个(M)]：M　　(如图 3-41(g)所示)

选择第一个对象或[放弃(U)/多段线(P)/半径(R)/修剪(T)/多个(M)]：　　(如图 3-41(h)所示)

选择第二个对象，或按住 Shift 键选择要应用角点的对象：　　(如图 3-41(i)所示)

选择第一个对象或[放弃(U)/多段线(P)/半径(R)/修剪(T)/多个(M)]：　　(如图 3-41(k)所示)

选择第二个对象，或按住 Shift 键选择要应用角点的对象：　　(如图 3-41(l)所示)

选择第一个对象或[放弃(U)/多段线(P)/半径(R)/修剪(T)/多个(M)]：

(按回车键结束命令，如图 3-41(m)所示)

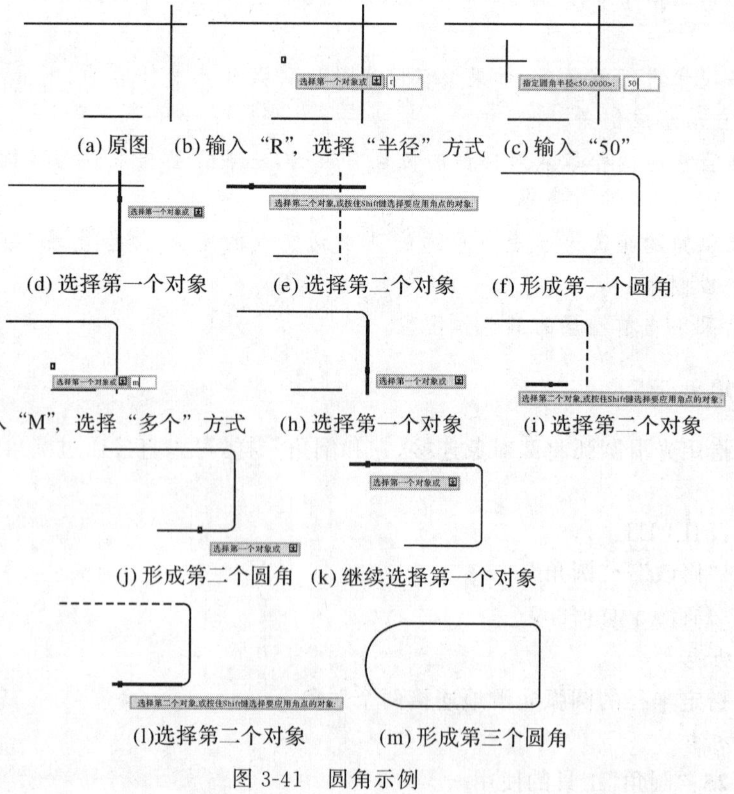

(a) 原图　(b) 输入“R”，选择“半径”方式　(c) 输入“50”

(d) 选择第一个对象　(e) 选择第二个对象　(f) 形成第一个圆角

(g) 输入“M”，选择“多个”方式　(h) 选择第一个对象　(i) 选择第二个对象

(j) 形成第二个圆角　(k) 继续选择第一个对象

(l)选择第二个对象　(m) 形成第三个圆角

图 3-41　圆角示例

其中各选项功能如下。

“选择第一个对象”：选择圆角的第一个对象。

“选择第二个对象”：选择圆角的第二个对象。

“放弃(U)”：恢复执行上一个操作命令。

“多段线(P)”：在多段线每个顶点处插入圆角弧。

“半径(R)”：设定圆角半径。

“修剪(T)”：设定修剪模式，控制是否修剪选定的边使其延伸到圆角端点。

“多个(M)”：对多组对象的边圆角。

注意：

(1)如果将圆角半径设定为0，则在修剪模式下，不论不平行的两条直线情况如何，都将会自动准确相交。

(2)当圆角半径不等于0，在“多个”选项下选择“放弃”，可以对多组对象进行零距离圆角。

(3)对多段线圆角，如果该多段线最后一段与开始点仅仅相连而不闭合，则该多段线第一个顶点不会被圆角。

(4)如果是修剪模式，则拾取点的位置对结果有影响，一般会保留拾取点所在的部分而将另一段修剪。

(5)平行线之间的圆角，并不受半径设定的影响。

(6)不仅在直线间可以进行圆角，在圆、圆弧和直线之间也可以进行圆角。

任务 3-6　分解对象

多段线、多线、块、尺寸、填充图案等是一个整体。如果要对其中单一的对象进行编辑，普通的编辑命令无法完成，通过专用的编辑命令有时也难以满足要求。但如果将这些整体的对象分解，使之变成单独的对象，就可以采用普通的编辑命令进行编辑修改了。

1.命令

命令行：EXPLODE

菜单栏：“修改”→“分解”

工具栏：“修改工具栏”→ 

2.主要功能

分解多段线、标注、图案填充或块参照等合成对象，将其转换为单个的元素。

3.操作方法

实例 3-26：“分解”工具的使用。

实例目标：如图 3-42(a)所示，将多线分解，然后用距离为“50,50”的切角连接。

实例分析：本例练习“分解”命令的使用。

操作步骤：

(1)启动 AutoCAD，绘制如图 3-42(a)所示的多线。

(2)执行“分解”命令，命令行会出现如下提示。

命令：EXPLODE

选择对象：指定对角点：　　(找到两个，如图 3-42(b)所示)

选择对象: (按回车键结束命令,多线被分解,如图 3-42(c)所示)

命令:CHAMFER

("修剪"模式,当前倒角距离 1=0.0000,距离 2=0.0000)

选择第一条直线或[放弃(U)/多段线(P)/距离(D)/角度(A)/修剪(T)/方式(E)/多个(M)]:D (如图 3-42(d)所示)

指定第一个倒角距离〈0.0000〉:50 (如图 3-42(e)所示)

指定第二个倒角距离〈50.0000〉: (如图 3-42(f)所示)

选择第一条直线或[放弃(U)/多段线(P)/距离(D)/角度(A)/修剪(T)/方式(E)/多个(M)]:M (如图 3-42(g)所示)

选择第一条直线或[放弃(U)/多段线(P)/距离(D)/角度(A)/修剪(T)/方式(E)/多个(M)]: (如图 3-42(h)所示)

选择第二条直线,或按住 Shift 键选择要应用角点的直线: (如图 3-42(i)所示)

选择第一条直线或[放弃(U)/多段线(P)/距离(D)/角度(A)/修剪(T)/方式(E)/多个(M)]: (如图 3-42(k)所示)

选择第二条直线,或按住 Shift 键选择要应用角点的直线: (如图 3-42(l)所示)

选择第一条直线或[放弃(U)/多段线(P)/距离(D)/角度(A)/修剪(T)/方式(E)/多个(M)]: (按回车键结束命令,结果如图 3-42(m)所示)

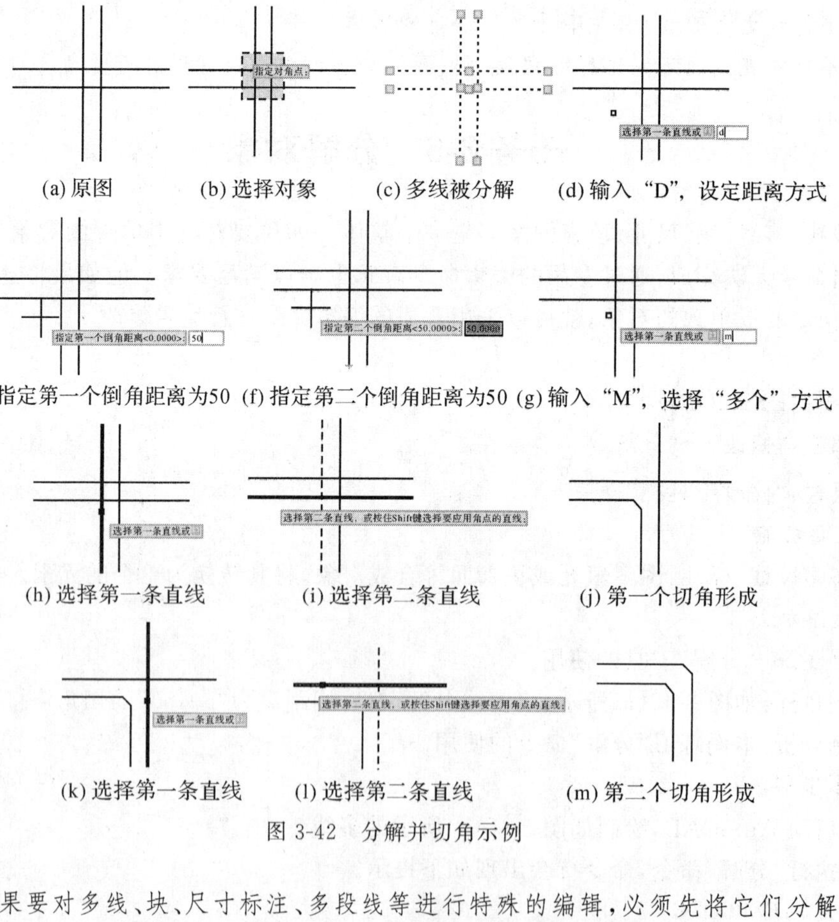

(a) 原图 (b) 选择对象 (c) 多线被分解 (d) 输入"D",设定距离方式

(e) 指定第一个倒角距离为50 (f) 指定第二个倒角距离为50 (g) 输入"M",选择"多个"方式

(h) 选择第一条直线 (i) 选择第二条直线 (j) 第一个切角形成

(k) 选择第一条直线 (l) 选择第二条直线 (m) 第二个切角形成

图 3-42 分解并切角示例

注意:如果要对多线、块、尺寸标注、多段线等进行特殊的编辑,必须先将它们分解,才能使用普通的编辑命令进行编辑,否则只能使用专用的编辑命令进行编辑。

任务 3-7　多段线与多线的编辑

一、多段线的编辑

多段线是一种复合对象，可以采用多段线专用编辑命令来编辑。编辑多段线，可以修改其宽度、开口或封闭、增减顶点数、样条化、直线化和拉直等。

1.命令

命令行：PEDIT

菜单栏："修改"→"对象"→"多段线"

工具栏："修改Ⅱ工具栏"→

2.主要功能

修改多段线对象的形状。

3.操作方法

实例 3-27："编辑多段线"工具的使用。

实例目标：如图 3-43(a)所示，将矩形的线宽改为 50。

实例分析：本例练习"编辑多段线"命令的使用。

操作步骤：

(1)启动 AutoCAD，绘制如图 3-43(a)所示的矩形。

(2)执行"编辑多段线"命令，命令行会出现如下提示。

命令：PEDIT

输入选项

[打开(O)/合并(J)/宽度(W)/编辑顶点(E)/拟合(F)/样条曲线(S)/非曲线化(D)/线型生成(L)/放弃(U)]：W　　(如图 3-43(c)所示)

指定所有线段的新宽度：50　　(如图 3-43(d)所示)

输入选项

[打开(O)/合并(J)/宽度(W)/编辑顶点(E)/拟合(F)/样条曲线(S)/非曲线化(D)/线型生成(L)/放弃(U)]：　　(按回车键结束命令，如图 3-43(e)所示)

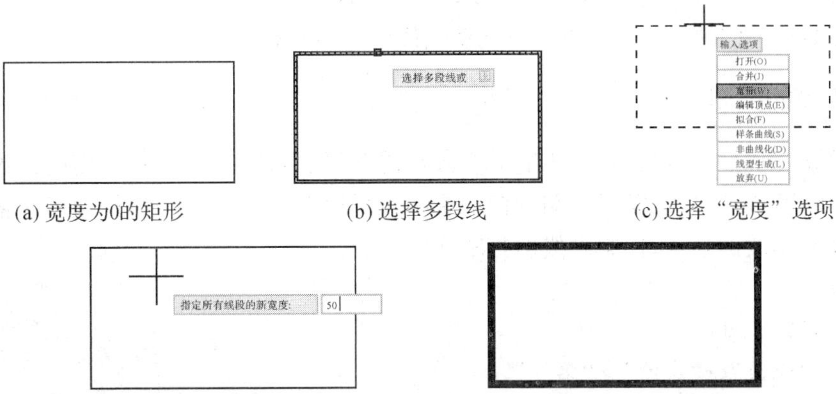

(a) 宽度为0的矩形　(b) 选择多段线　(c) 选择"宽度"选项

(d) 输入"50"，指定宽度　(e) 宽度为50的矩形

图 3-43　编辑多段线示例

其中各选项功能如下。

“选择多段线”:选择欲编辑的多段线。如果选择了非多段线,该线条可以转换成多段线。

“多条(M)”:多个对象选择。

“闭合(C)”:自动连接多段线的起点和终点,创建闭合的多段线。如果该多段线本身是闭合的,则提示为“打开(O)”。如选择“打开”,则将多段线的起点和终点间的线条删除,形成不封口的多段线。

“合并(J)”:将与多段线端点精确相连的其他直线、圆弧、多段线合并成一条多段线。

“宽度(W)”:设置该多段线的全程宽度。对于其中某一条线段的宽度,可以通过顶点编辑来修改。

“编辑顶点(E)”:进入“编辑顶点”模式。对多段线的各个顶点进行单独的调整。

“拟合(F)”:创建一条平滑曲线,它由连接各相邻顶点的弧线段组成。如图 3-44 所示。

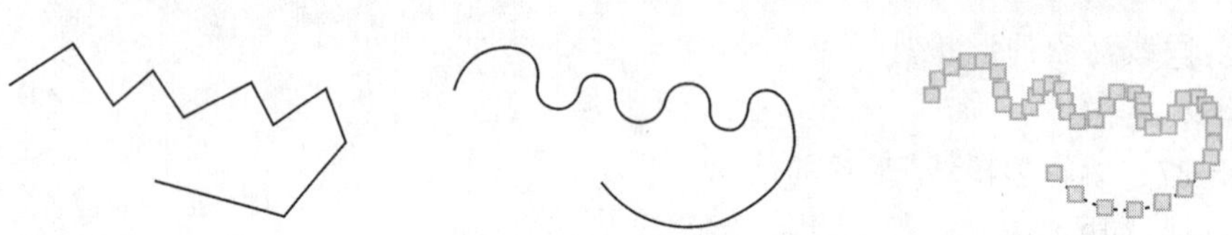

(a) 原多段线　(b) 曲线拟合　(c) 由弧线段组成

图 3-44　多段线的拟合

“样条曲线(S)”:产生通过多段线首末顶点,且形状和走向由多段线其余顶点控制的样条曲线,如图 3-45 所示。

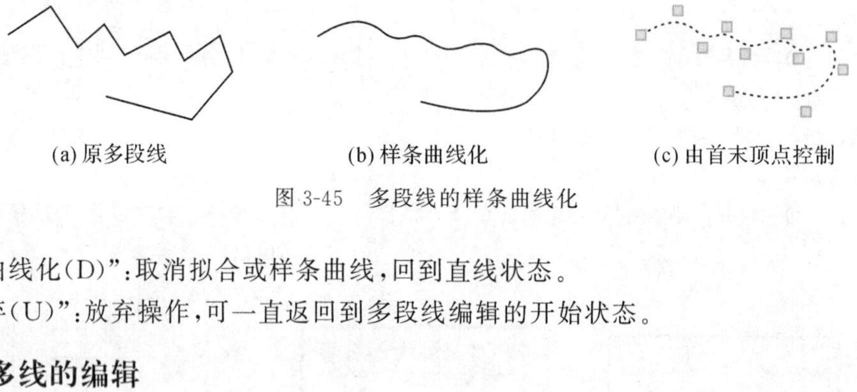

(a) 原多段线　(b) 样条曲线化　(c) 由首末顶点控制

图 3-45　多段线的样条曲线化

“非曲线化(D)”:取消拟合或样条曲线,回到直线状态。

“放弃(U)”:放弃操作,可一直返回到多段线编辑的开始状态。

二、多线的编辑

多线绘制完成后,其形状往往不能完全满足需要,但多线是一个整体,用普通编辑命令是不能对它进行修改的,这就需要使用专门的多线编辑命令。该命令可以控制多线间的相交形式,增加、删除多线的顶点,控制多线的打断或结合。

1.命令

命令行:MLEDIT

菜单栏:“修改”→“对象”→“多线”

双击多线也可进入“多线编辑工具”对话框,如图 3-46 所示。

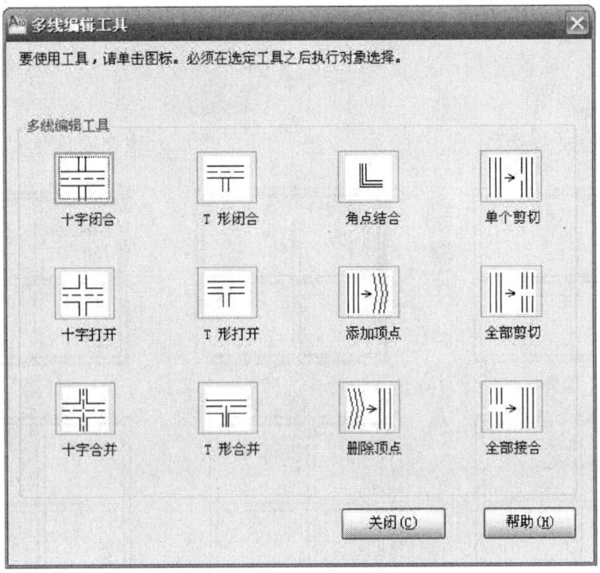

图 3-46　“多线编辑工具”对话框

2.主要功能

修改多线及其元素。

3.操作方法

实例 3-28:“多线编辑工具”的使用。

实例目标:如图 3-47(a)所示,对多线进行编辑。

实例分析:本例练习“多线编辑”命令的使用。

操作步骤:

(1)启动 AutoCAD,绘制如图 3-47(a)所示的图形。

(2)打开“多线编辑工具”对话框,选择“角点结合”,命令行出现如下提示。

命令:MLEDIT
选择第一条多线:　(如图 3-47(b)所示)
选择第二条多线:　(如图 3-47(c)所示)
选择第一条多线或[放弃(U)]:　(按回车键结束命令,如图 3-47(d)所示)

(3)打开“多线编辑工具”对话框,选择“T 形打开”,命令行出现如下提示。

命令:MLEDIT
选择第一条多线:　(如图 3-47(e)所示)
选择第二条多线:　(如图 3-47(f)所示)
选择第一条多线或[放弃(U)]:　(如图 3-47(g)所示)
选择第二条多线:　(如图 3-47(h)所示)
选择第一条多线或[放弃(U)]:　(如图 3-47(i)所示)
选择第二条多线:　(如图 3-47(j)所示)
选择第一条多线或[放弃(U)]:　(如图 3-47(k)所示)
选择第二条多线:　(如图 3-47(l)所示)
选择第一条多线或[放弃(U)]:　(按回车键结束命令,如图 3-47(m)所示)

(4)打开“多线编辑工具”对话框,选择“十字打开”,命令行出现如下提示。

命令:MLEDIT

选择第一条多线: (如图 3-47(n)所示)

选择第二条多线: (如图 3-47(o)所示)

选择第一条多线或[放弃(U)]: (按回车键结束命令,如图 3-47(p)所示)

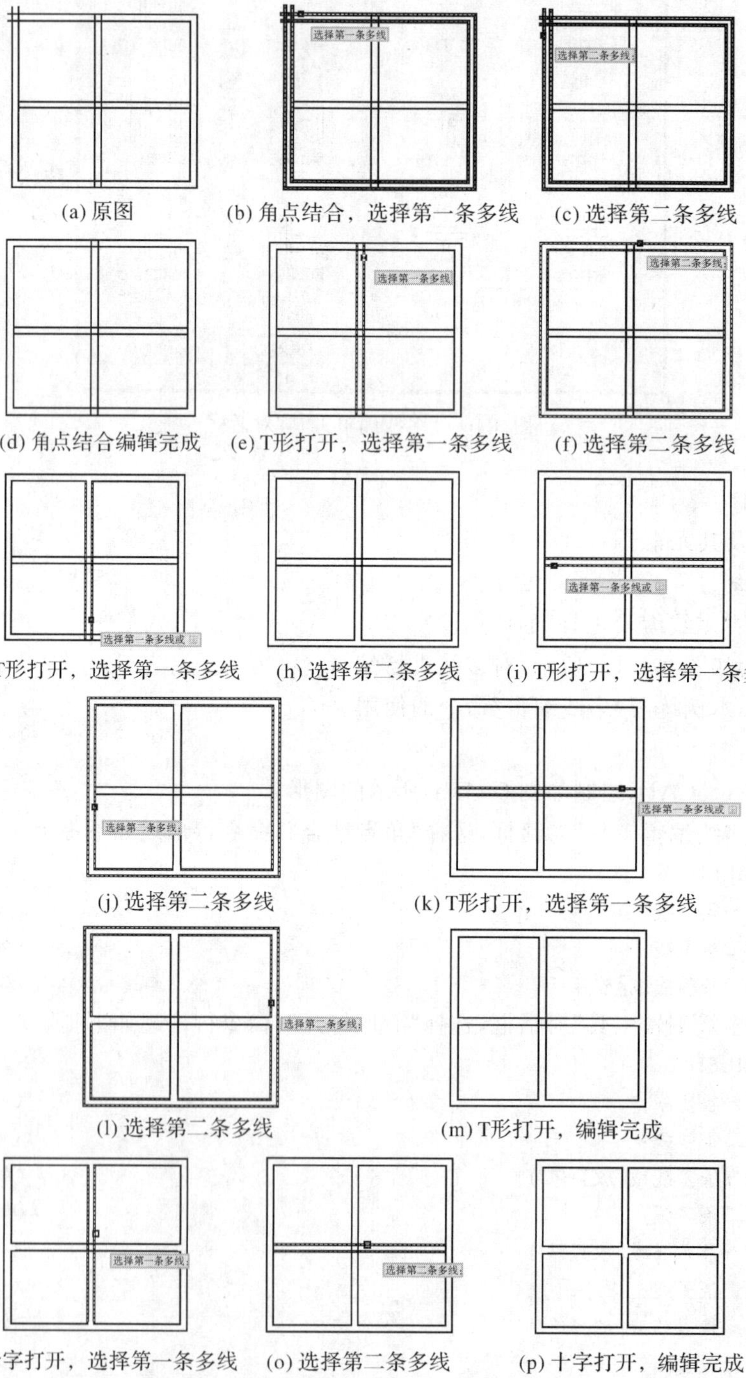

(a) 原图 (b) 角点结合,选择第一条多线 (c) 选择第二条多线

(d) 角点结合编辑完成 (e) T形打开,选择第一条多线 (f) 选择第二条多线

(g) T形打开,选择第一条多线 (h) 选择第二条多线 (i) T形打开,选择第一条多线

(j) 选择第二条多线 (k) T形打开,选择第一条多线

(l) 选择第二条多线 (m) T形打开,编辑完成

(n) 十字打开,选择第一条多线 (o) 选择第二条多线 (p) 十字打开,编辑完成

图 3-47 “多线编辑工具”示例

其中各选项功能如下。

选择第一条多线：选择欲修改的第一条多线。

选择第二条多线：选择欲修改的第二条多线。

放弃(U)：取消对多线的最后一次修改。

“多线编辑工具”对话框中各参数含义如下。

“十字”连接工具：包括十字闭合、十字打开、十字合并三种连接。使用“十字”连接工具需要两多线相交，选择了相应的工具后即可在绘图区对相交的多线进行连接编辑。

“T形”连接工具：包括T形闭合、T形打开、T形合并三种连接。选择了相应的工具后即可对绘图区相交的多线进行连接编辑。使用“T形”连接工具时，选择的第一条多线是“T形”的竖线段，选择的第二条多线是“T形”的横线段。

角点结合工具：可以将两条不平行的多线形成角连接。

添加顶点工具：可向多线上添加一个顶点。

删除顶点工具：可从多线上删除一个顶点。

单个剪切工具：可剪切多线上选定位置的单条平行线。

全部剪切工具：可剪切多线上选定位置的所有平行线。

全部结合工具：可将多线已被剪切的部分重新结合起来。

注意：如果多线编辑工具不能满足需要，可用“分解”命令对多线进行分解后再用一般编辑命令进行修改。

任务 3-8　用夹点进行快速编辑

对象的夹点是指选择对象时，在对象特征点上出现的实心的小方框，也称为基夹点。不用启动 AutoCAD 命令，通过使用夹点，可以对图形进行一系列的编辑操作，包括拉伸、移动、旋转、变比、镜像五种。常见对象的夹点如图 3-48 所示。

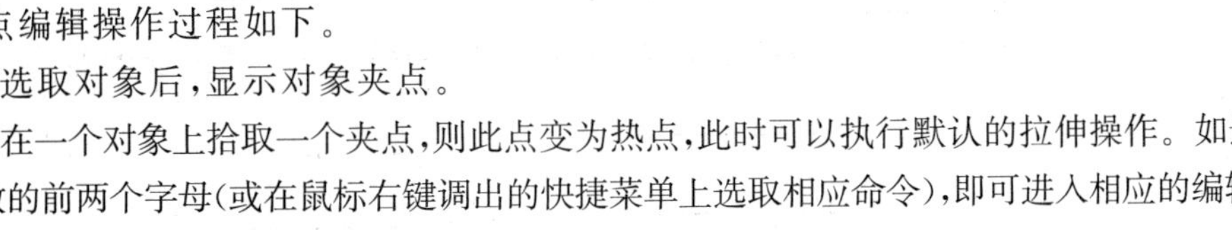

图 3-48　对象的夹点

夹点编辑操作过程如下。

(1)选取对象后，显示对象夹点。

(2)在一个对象上拾取一个夹点，则此点变为热点，此时可以执行默认的拉伸操作。如选择输入以下参数的前两个字母(或在鼠标右键调出的快捷菜单上选取相应命令)，即可进入相应的编辑状态。

MIRROR：镜像编辑模式。

MOVE：移动编辑模式。

SCALE：变比编辑模式。

ROTATE：旋转编辑模式。

STRETCH：拉伸编辑模式，此项为缺省模式。

(3)在命令行上出现相应的提示与选项,以拉伸编辑模式为例。

拉伸

指定拉伸点或[基点(B)/复制(C)/放弃(U)/退出(X)]:

此时,可以使用如下选项。

基点(B):忽略热点并重新选择基点。

复制(C):复制夹点编辑的对象。

放弃(U):取消上一步夹点编辑操作。

参照(R):以参照的方式进行编辑。

退出(X):退出夹点编辑。

实例 3-29:夹点编辑的使用一。

实例目标:如图 3-49(a)所示,利用拉伸模式来编辑多段线。

实例分析:本例练习夹点拉伸编辑的操作。

操作步骤:

(1)启动 AutoCAD,绘制如图 3-49(a)所示的图形。

(2)拾取多段线,出现夹点。

(3)选取 *A* 点的夹点,用对象捕捉追踪功能捕捉两边线的交点,如图 3-49(b)所示。

(4)拾取交点,拉伸结果如图 3-49(c)所示。

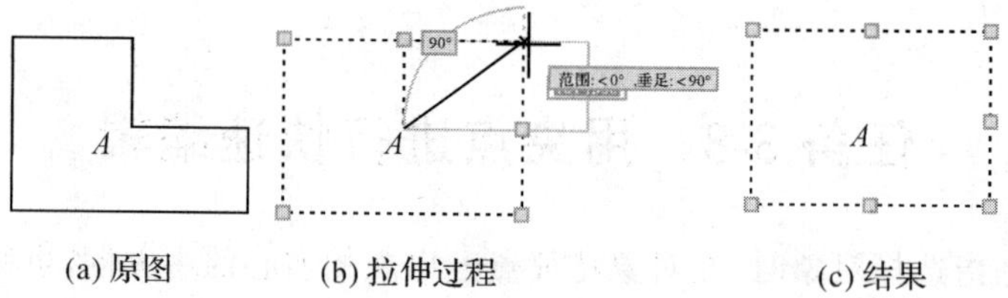

图 3-49 夹点拉伸示例

实例 3-30:夹点编辑的使用二。

实例目标:如图 3-50 所示,用夹点编辑将图 3-50(a)修改为图 3-50(c)。

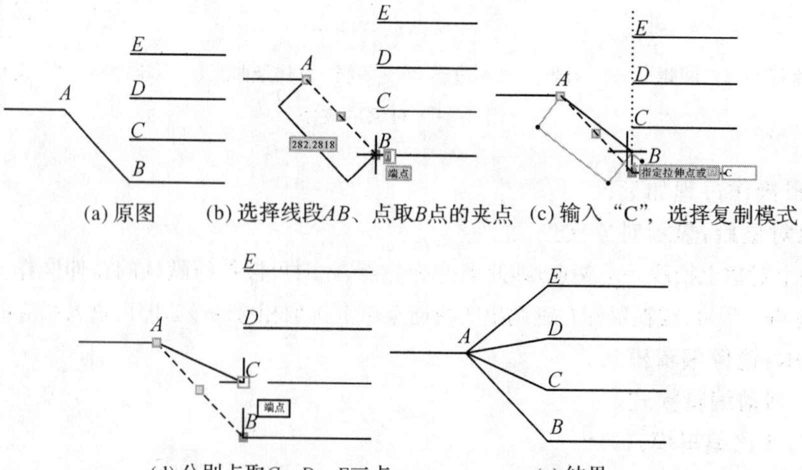

图 3-50 夹点编辑示例

实例分析:本例练习夹点编辑的操作。

操作步骤:

(1)拾取线段 AB,出现夹点,如图 3-50(b)所示。

(2)点取 B 点的夹点,进入夹点编辑模式,输入“C”,按回车键,进入拉伸并复制模式,如图 3-50(c)所示。

(3)利用对象捕捉功能,拉伸直线热点与其余直线端点连接,如图 3-50(d)、(e)所示。

实例 3-31:夹点编辑的使用三。

实例目标:如图 3-51 所示,利用夹点动态编辑工具将图 3-51(a)中圆的半径增加为 200。修改成如图 3-51(c)所示的图。

实例分析:本例练习夹点动态编辑的操作。

操作步骤:

(1)拾取图中圆及关联尺寸标注,出现夹点。

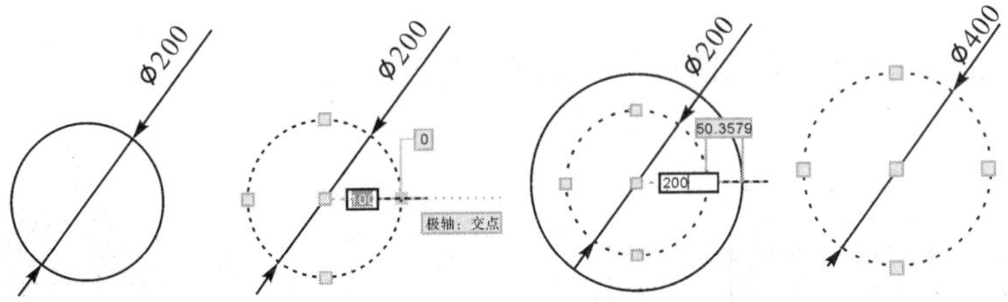

(a) 原图(半径为100)　(b) 拾取象限点　(c) 输入“200”　(d) 结果

图 3-51　夹点动态编辑示例

(2)打开动态输入,点取右边象限点的夹点,进入夹点动态编辑模式,输入“200”,按回车键,结果如图 3-48(d)所示。

注意:要生成多个热点,可在拾取夹点的同时按住 Shift 键,选择完成后再放开 Shift 键,拾取其中一个热点进入夹点编辑模式。在夹点编辑的众多功能中,以拉伸功能最为方便,也最为常用。圆、椭圆的象限点常从中心点测量距离的大小,而不是从选定的夹点中测量距离。

职业能力训练

训练 3-1　选择与复制对象

一、实训目的

(1)掌握选择对象的几种方法。

(2)通过图形的绘制与编辑,掌握复制对象的几种方法。

二、实训内容

(1)画出如图 3-52 所示的图形,并将图中植物全部选中。

图 3-52　花坛绘制和对象选择

(2)画出如图 3-53 所示的图形,注意复制工具的用法。

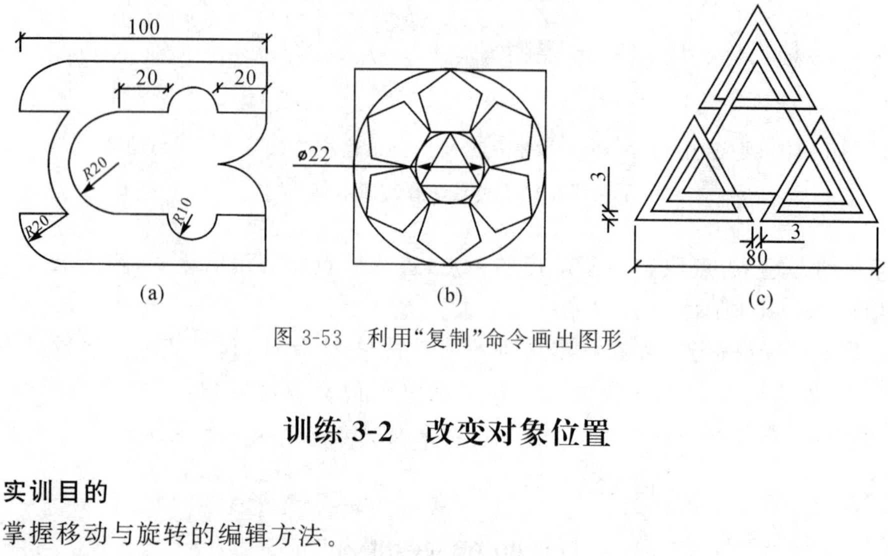

图 3-53　利用"复制"命令画出图形

训练 3-2　改变对象位置

一、实训目的

(1)掌握移动与旋转的编辑方法。

(2)通过图形的绘制与编辑,熟练运用移动与旋转的编辑工具。

二、实训内容

(1)将图 3-54 中的椭圆顺时针旋转 45°,再逆时针旋转 135°。

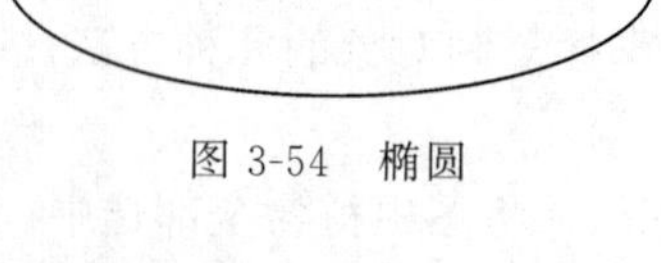

图 3-54　椭圆

(2)将图 3-55 中的植物排列成一条直线,间距为 6 m。

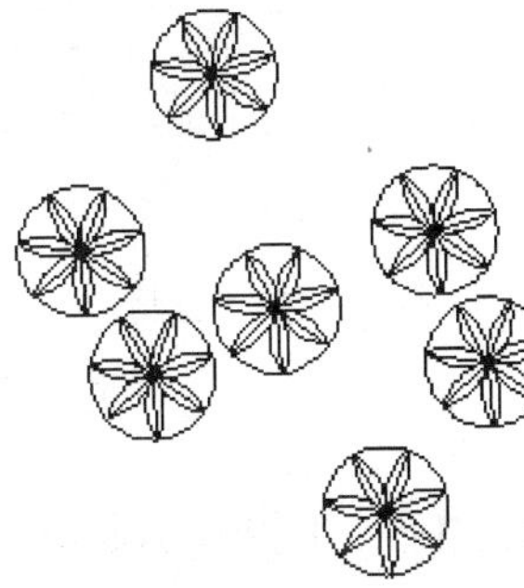

图 3-55　散列的植物

训练 3-3　改变对象尺寸

一、实训目的

(1)掌握缩放、对齐、拉伸、拉长、延伸、修剪等编辑方法的使用。

(2)通过图形的绘制与编辑,熟练运用缩放、对齐、拉伸、拉长、延伸、修剪等编辑工具。

二、实训内容

绘制如图 3-56 所示的图形,注意缩放、对齐、拉伸、拉长、延伸、修剪等编辑工具的使用。

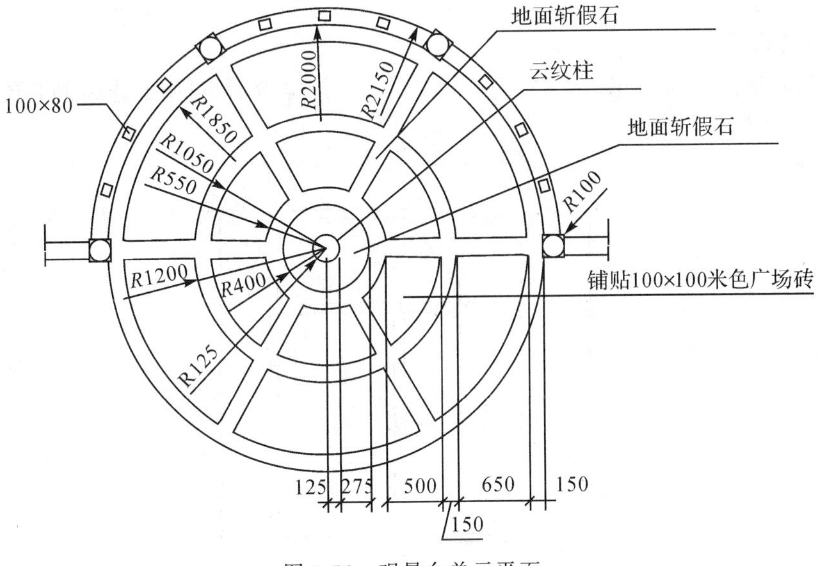

图 3-56　观景台单元平面

训练 3-4　打断与合并对象

一、实训目的

掌握打断与合并对象的编辑方法。

二、实训内容

(1)将图 3-57 中矩形的 AB 处断开。

(2)将图 3-58 中的两条直线合并成一条直线。

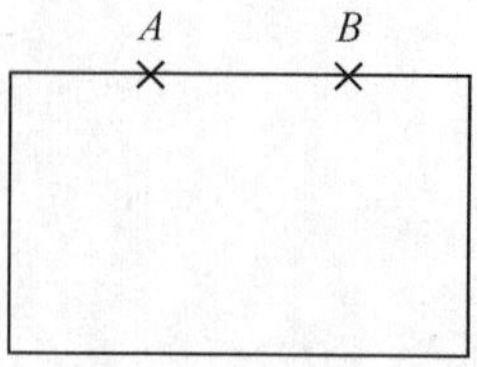

图 3-57　矩形

图 3-58　两条直线

训练 3-5　倒角与圆角

一、实训目的

掌握倒角与圆角的操作方法。

二、实训内容

(1)绘制一个 100×80 的矩形,然后对其进行倒圆角,并设圆角的半径为 20。

(2)绘制一个 100×80 的矩形,然后对其进行倒角,并设第一个倒角距离和第二个倒角距离分别为 20 和 30。

训练 3-6　分解对象

一、实训目的

掌握分解的操作方法。

二、实训内容

用多线绘制窗户立面图(图 3-59),用分解工具将多线分解后,再用普通编辑工具进行编辑。

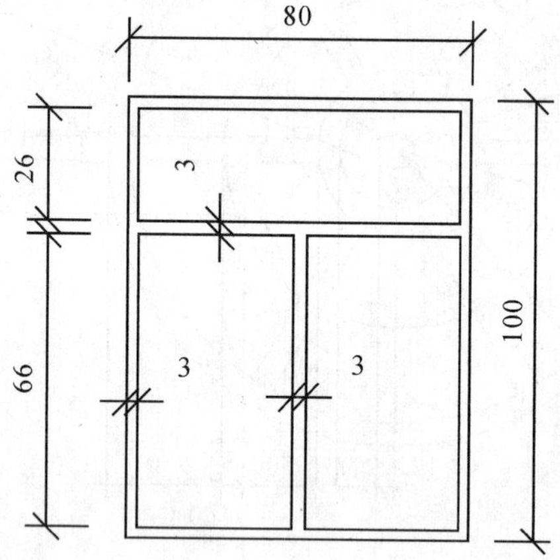

图 3-59　窗户立体图

训练 3-7　多段线与多线的编辑

一、实训目的

掌握多段线与多线的编辑方法。

二、实训内容

绘制下列建筑平面图(图 3-60),并标注尺寸。

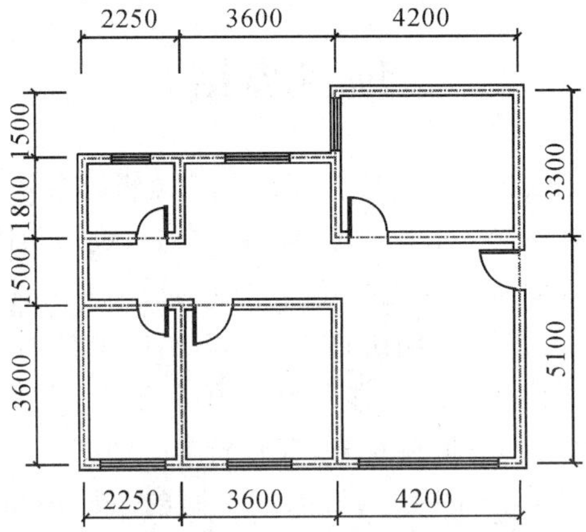

图 3-60　建筑平面图

训练 3-8　夹点编辑

一、实训目的

掌握夹点快速编辑的方法。

二、实训内容

绘制如图 3-61 所示图形，并标注尺寸。注意运用夹点编辑。

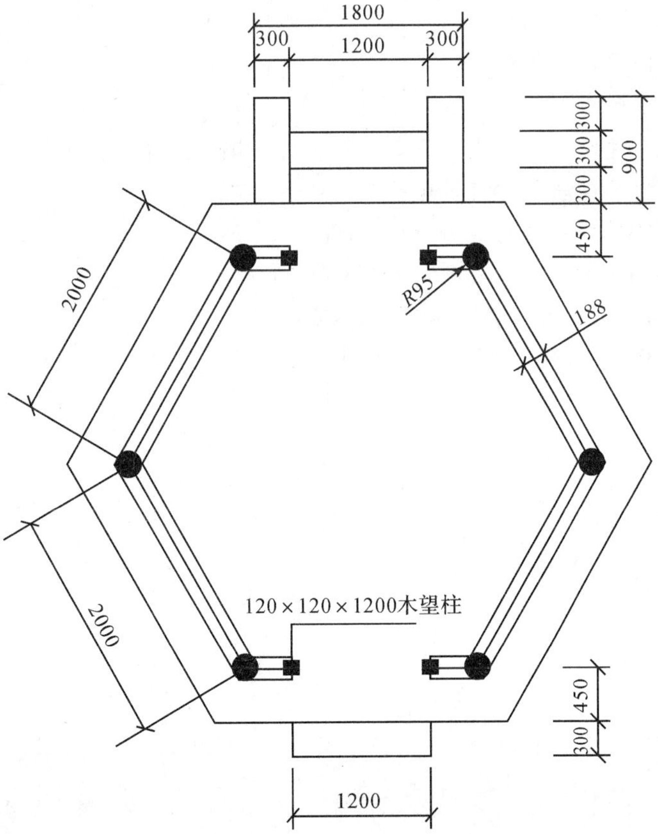

图 3-61　运用夹点编辑绘图

项目小结

本项目是 AutoCAD 的重点内容，主要介绍绘图和编辑时会用到的一些修改命令，包括选择与复制对象、改变对象位置、改变对象尺寸、打断与合并、倒角与圆角、分解对象、多段线与多线的编辑、用夹点进行快速编辑等。在进行这些命令的操作时要注意对象的不同选择方法。

本项目以大量简单而又易懂的实例讲述了 AutoCAD 中常用编辑命令的操作方法，每个实例都有详细的操作步骤，对应于每一步都有一个图解说明。我们在绘图过程中要不断地进行修改，AutoCAD 中的编辑工具不是独立的，有时候画一幅图要结合多种编辑工具，要能灵活运用这些编辑命令，做到勤思考、多练习、举一反三，才能在最短的时间内绘出完整的图形。

思考与练习题

1.选择对象有哪些方法？“缺省窗口”方式选择对象时，从左拉出的选择窗口与从右拉出的选择窗口有何不同？

2.编辑对象有哪两种不同的顺序？是否所有的编辑命令都可以采用这两种不同的操作顺序？

3.将一条直线的长度由 200 改成 300，有几种不同的方式？由 300 改成 200 有哪些方法？

4.哪些命令可以复制对象？

5.哪些命令可以移动对象？

6.哪些命令可以改变对象尺寸？

7.夹点编辑有几种模式？这几种模式与相应的编辑命令有何区别？

8.简要说明下列各组命令的相同和不同之处：

镜像命令(MIRROR)和拷贝命令(COPY)

拉伸命令(STRETCH)和延伸命令(EXTEND)

圆角命令(FILLET)和倒角命令(CHAMFER)

打断命令(BREAK)和剪切命令(TRIM)

项目四　文字输入和表格制作

[项目概述]

文字是 AutoCAD 图形中很重要的图形元素，主要用于图形的说明和标注，如标识说明、技术要求、标题栏、明细栏的内容和用文字标记图形的各个部分。图形中的文字可以是英文，也可以是中文。

AutoCAD 提供了多种创建文字的方法，对简短的文字输入使用单行文字，对带有内部格式的较长的文字输入使用多行文字。文字输入时使用当前文字样式控制其外观，但也可用其他方法来修改文字外观。

在 AutoCAD 2018 中，还可以创建字段。字段是与图形等对象关联的可更新的数据，字段可以包含各种信息，如面积、图层、日期、文件名、页面设置名称等。修改对象时，可以更新字段以显示最新数据。

在 AutoCAD 中，使用表格功能可以创建不同类型的表格，还可以在其他软件中复制表格，以简化制图操作。

[学习目标]

(1)熟悉文字标注的一般要求。

(2)掌握文字样式的设置与文字的输入。

(3)熟悉表格的使用。

任务 4-1　文字样式的设置

一、文字标注要求

文字对象是 AutoCAD 中很重要的图形元素，是制图中不可缺少的组成部分。在一个完整的图样中，通常都包含一些文字注释来标注图样中的一些非图形信息。例如，测绘工程地形图中的地物说明、高程注记等。文字标注的一般要求有以下几点。

1.字体要求

要求清晰易识，宜选用长仿宋体，字体种类应在够用的基础上尽量减少，并保持统一。常用的英文字体有 simplex.shx、isocp.shx 等，中文字体有 gbcbig.shx、仿宋体、黑体等。

2.分布要求

文字方向通常平行于图纸底边或右侧边缘，并且尽可能不与图形内容重叠。文字应互相对齐，增强可读性，文字图层应与图形分开。

3.字高与比例

图纸的文字高度通常设置为 2.5 mm、3.5 mm、5 mm、7 mm、10 mm、14 mm、20 mm，考虑打印出图时的比例因子，在模型空间绘制文字时应把希望得到的字高除以出图比例来定制字高。例如，在比例为 1∶200 的图中，欲得到 5 mm 的字高，绘制时的字高应为 5÷(1∶200)=1 000。

二、文字样式设置

文字样式是用来控制文字外观的，包括字体、字高、角度、方向等参数。AutoCAD图形中的文字都有与它关联的文字样式，当关联的文字样式因修改而发生变化时，图形中所有应用了此样式的文字外观均会自动修改。一个图形文件可以有多个文字样式。

1.命令

命令行：STYLE

菜单栏："格式"→"文字样式"

工具栏："样式工具栏"→

2.主要功能

输入文字的外观。

3.操作方法

执行该命令后，系统弹出如图4-1所示的"文字样式"对话框。

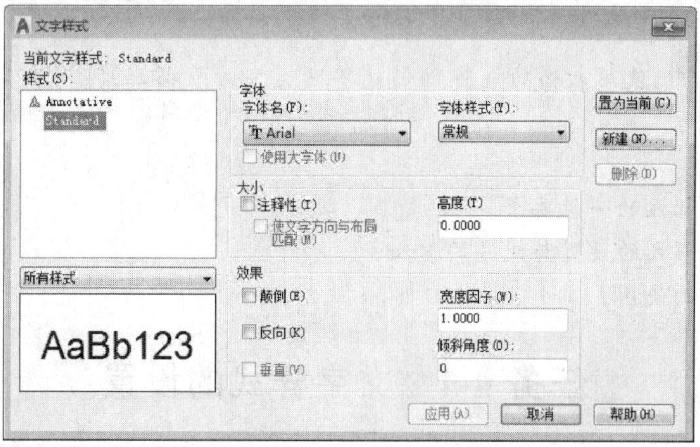

图4-1 "文字样式"对话框

参数设置如下。

"当前文字样式"：显示当前所使用的文字样式。

"样式列表"：显示当前文字样式，也可选择列表中样式。下方显示所选样式的设置。

置为当前(C)：将选择的文字样式置为当前样式，写文字时以当前样式为样式书写。

新建(N)...：用于新建文字样式。文字样式名可以由用户指定，但应具有一定的意义，这样使用时不至于混淆。新建的样式只用当前的样式设置。

应用(A)：点取该按钮后，将设置的样式应用到图形中。

"字体名"列表框：显示当前文字样式所用的字体名称。可以在弹出的下拉列表中选择某种字体作为当前文字样式所用的字体，例如设为仿宋体。

该列表中包含四种类型的字体。

(1)Arial，Windows系统的TrueType英文字体。

(2)仿宋_GB2312，Windows系统的TrueType中英文字体。

(3)@仿宋_GB2312，Windows系统经旋转90°的TrueType中英文字体。

(4) txt.shx，AutoCAD专用英文线形字体，又称SHX字体。此类字体需配合使用大字体方可正常显示中文。常用的英文shx字体有txt.shx、isocp.shx等。

“高度”：制定字高为固定值。此项宜设为0，以便输入文字时设定字高。

☑使用大字体(U)：大字体指AutoCAD专用的非西文线形字体（如中文、日文等）。只有选用英文shx字体后，才可以打开该复选框，这时可以为该样式指定中文shx字体。

“字体样式”列表框：在打开大字体复选框后，该列表框变为“大字体”列表框。常用的中文大字体有gbcbig.shx。

注意：

(1)通常工程图推荐使用线形字体，英文字体可选用isocp.shx，中文字体可选用gbcbig.shx。

(2)当字体样式采用TrueType字体时，可以通过系统变量TEXTFILL设置文字打印输出时是否填充，变量为1（默认值）时进行填充，为0时不填充。

(3)为了避免在每个新建的图形中重复设置文字样式，可将常用的文字样式保存到样板文件中。

任务4-2　文字输入和修改

文字输入分为单行文字输入TEXT、DTEXT命令和多行文字输入MTEXT命令。另外还可以将外部文本文件输入AutoCAD图形中。

一、单行文字输入

在AutoCAD中，TEXT和DTEXT命令功能相同，都可以输入单行文字。

1.命令

命令行：TEXT

菜单栏：“绘图”→“文字”→“单行文字”

工具栏：“文字工具栏”→AI

2.主要功能

用于输入文字较少且由同高度、同倾斜角度的相同样式的文字组成的情况。

3.操作方法

实例4-1：单行文字的输入。

实例目标：用单行文字写出图4-3树池施工图中的文字。

实例分析：本例主要使用“单行文字”写出图中的文字。

操作步骤：

(1)启动AutoCAD，画出如图4-2所示的树池施工图。

(2)启用单行文字命令，命令行会出现如下提示。

命令：DTEXT

当前文字样式：Standard 当前文字高度：2.5000

指定文字的起点或[对正(J)/样式(S)]：　　（光标在绘图区控制，如图4-2(b)所示）

指定高度〈2.5000〉：　　（光标在绘图区控制，如图4-2(c)所示）

指定文字的旋转角度〈0〉：　　（光标在绘图区控制，如图4-2(d)所示）

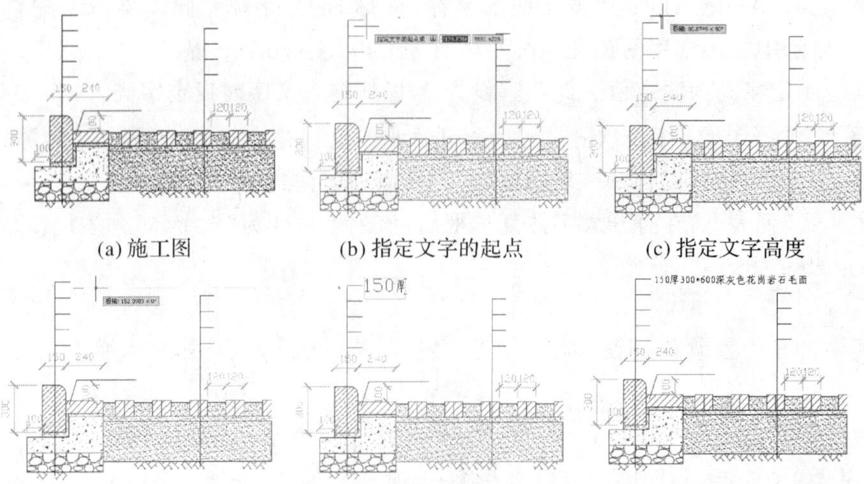

(a) 施工图 (b) 指定文字的起点 (c) 指定文字高度

(d) 指定文字的旋转角度 (e) 写文字 (f) 完成一行单行文字的输入

图 4-2 单行文字的输入

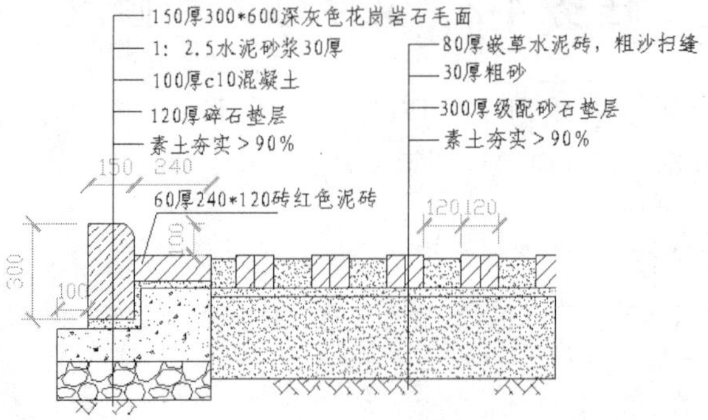

图 4-3 树池施工图

其中各选项功能如下。

“指定文字的起点”：指定单行文字起点位置，缺省情况下，文字按左下角对齐。

“对正(J)”：设置单行文字的对齐方式，输入对正参数，出现如下不同的对正参数供选择。

指定文字的起点或[对正(J)/样式(S)]：J

输入选项

[对齐(A)/布满(F)/居中(C)/中间(M)/右对齐(R)/左上(TL)/中上(TC)/右上(TR)/左中(ML)/正中(MC)/右中(MR)/左下(BL)/中下(BC)/右下(BR)]：

其含义如图 4-4 所示。

“样式(S)”：在命令行直接指定当前使用的文字样式。

“指定高度”：为文字指定高度。

“指定文字的旋转角度”：为文字指定旋转角度。可以用数字或鼠标点取两点的角度作为回应。在图形中一旦指定过文字的旋转角度，缺省值即变为最后一次指定的旋转角度。

“输入文字”：可以用中文输入法进行中文输入，也可以用 Windows 的剪贴板复制文字到命令行上。在单行文字输入完成后，可以用回车键或鼠标点取一点后，开始下一行的文字输入。要结束文字输入需按回车键两次，此时空格键不再等同于回车键。

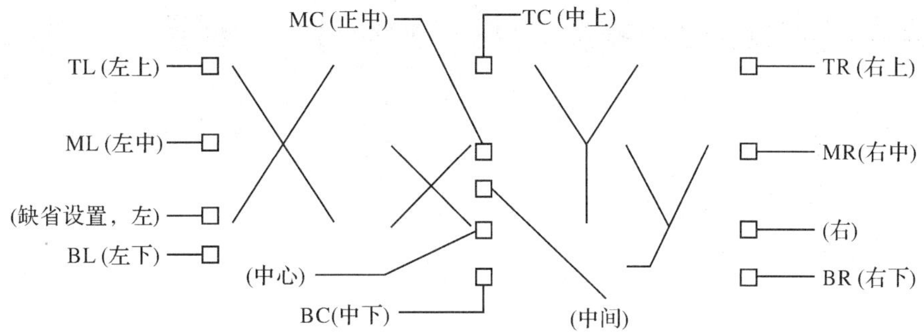

图 4-4　不同对正参数的含义

注意：

(1)如果在文字关联样式的字体中找不到对应的字符，文字将显示为“?”。此时，为此文字样式重新指定中文字体，可使中文正常显示。

(2)如果对文字进行镜像操作后不希望文字反向，需将 MIRRTEXT 系统变量设置为 0。

二、多行文字输入

在 AutoCAD 中可以输入多行文字，并可对文字设定不同的字体或样式、颜色、高度等特性，还可以设置不同的行距，进行文本的查找与替换，导入外部文字文件等。

多行文字可以充满指定宽度的矩形区域，并可以进行移动、旋转、拉伸等编辑操作，还可以通过文字编辑命令对其中的文字进行修改。

1.命令

命令行：MTEXT

菜单栏：“绘图”→“文字”→“多行文字”

工具栏：“文字工具栏”→ 

2.主要功能

用于输入的文本由较多的文字组成的情况。

3.操作方法

启用多行文字命令，命令行会出现如下提示。

命令：MTEXT 当前文字样式：“样式 1”当前文字高度：25

指定第一角点：

指定对角点或[高度(H)/对正(J)/行距(L)/旋转(R)/样式(S)/宽度(W)/栏(C)]

其中各选项功能如下。

“指定第一角点”：指定多行文字矩形边界的第一角点。

“指定对角点”：指定多行文字矩形边界的对角点，指定对角点后弹出文字格式对话框，如图 4-5 所示。

“高度(H)”：指定多行文字字符的字体高度。

“对正(J)”：指定矩形边界中文字的对正(缺省是左上)和走向。

“行距(L)”：指定多行文字对象的行间距。

“旋转(R)”：指定文字边界的旋转角度。

“样式(S)”：指定多行文字对象的文字样式。

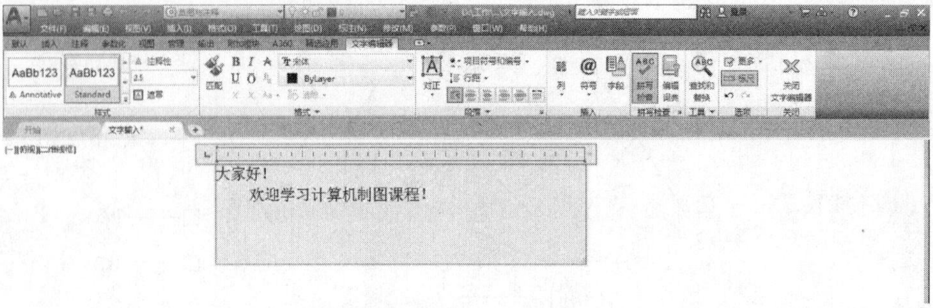

图 4-5　文字格式对话框

“宽度(W)”:指定多行文字对象的宽度。

“栏(C)”:将多行文字分栏。

三、特殊字符输入

所谓特殊字符,是指图形中一些无法通过标准键盘直接键入的字符,如直径符号(∅)、角度符号(°)等。在多行文字输入时可以使用多行文字编辑器的@按钮,输入特殊字符;在单行文字输入时,则需要采用特定的代码来输入特殊字符。表 4-1 是 AutoCAD 中常用符号的输入代码。

表 4-1　AutoCAD 常用符号的输入代码

代码	符号及含义
%%c	圆直径标注符号(∅)
%%d	角度符号(°)
%%p	正/负公差符号(±)
%%o	控制是否加上划线
%%u	控制是否加下划线
%%%	百分号(%)

注意:

(1)如果在当前字体的字库中没有某些特殊字符(包括汉字),这些字符则会显示为若干“?”,此时,更换所用的字体可以正确显示。

(2)在中文字体的样式下,圆直径标注符号“∅”会显示为“□”。

四、输入外部文件

在 AutoCAD 中,除了可以输入.txt 文件外,还可以输入其他类型的文件,如 Word 软件的.doc 文件、Excel 软件的.xls 文件等,在输入的同时还可以保持原来的排版格式。方法步骤如下。

(1)打开 Windows 资源管理器,但保持其不充满全屏。

(2)显示要输入的文件所在的目录。

(3)选择该文件,并拖拽到 AutoCAD 图形中。

如果该文件是.txt 格式,插入后作为一个多行文字对象。

如果文件是其他类型,则显示如图 4-6 所示的“OLE 文字大小”对话框,在对话框中设置插入区域的大小和比例,以及文字的字体和大小等,并可以拖动其位置,控制其大小,还可以在鼠标右键菜单中选择编辑命令或双击对其进行编辑。

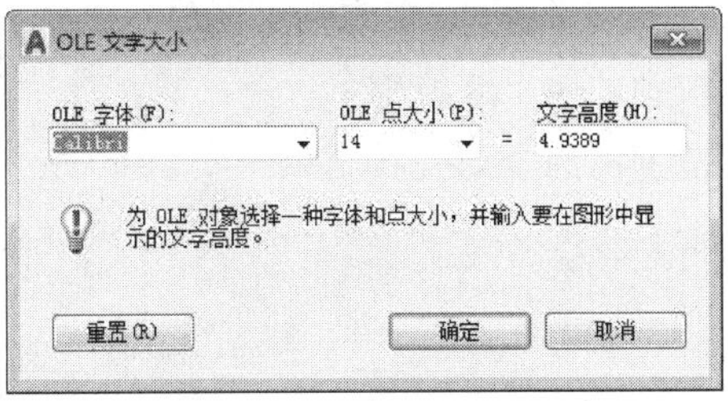

图 4-6　“OLE 文字大小”对话框

五、文字修改

(一)文字修改

1.通过双击文字修改

双击文字即可进入文字修改。单行文字可直接在图中修改，完成后回车，可选择另一单行文字进行修改，回车两次可结束修改。多行文字修改界面与输入界面相同，这里不再赘述。

2.通过特性匹配修改文字

：特性匹配工具，如需将某文字的特性复制到其他文字上，通过特性匹配工具可以快速实现，不需要逐个修改。

3.通过“特性”工具栏修改

一次性修改大量文字的字高等特性，可以用“特性”对话框编辑修改文字及属性，如图 4-7 所示。

打开“特性”工具栏的方法有三种。

(1)菜单栏：“修改”→“特性”

(2)工具栏：“标准工具栏”→

(3)快捷菜单：选中对象后单击鼠标右键，选择“特性”选项。

根据需要可以修改文字的基本特性、文字内容、文字样式、文字大小等。

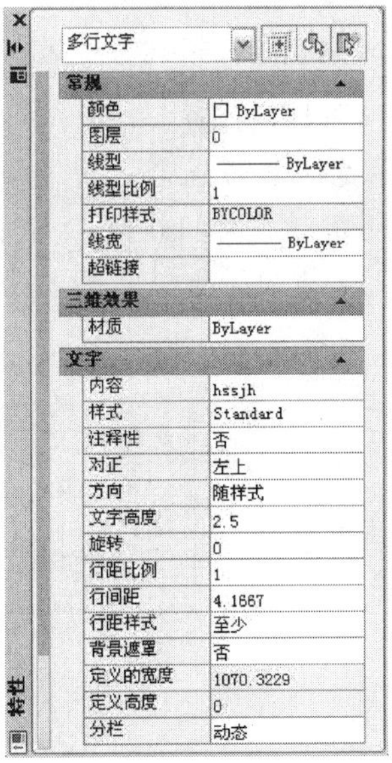

图 4-7　用特性窗修改多个文字特性

(二)文字查找与替换

使用 FIND 命令可以查找，替换当前图形的文字。

命令行：FIND

菜单栏：“编辑”→“查找”

执行 FIND 命令后，自动弹出如图 4-8 所示的对话框。

参数设置如下。

“查找内容(W)”：在此输入框中输入要查找的内容。

“替换为(I)”：在此输入框中输入要替换的内容。如果不想替换，可以不输入。

“查找位置(H)”：定义搜索的范围。搜索范围可以是整个图形文件、当前空间/布局或选定的对象。

:可以指定搜索文字的类型及其他选项。

查找(F):开始查找文字对象,并在搜索结果区显示查找结果。

替换(R):替换当前查找到的一个字符串。

全部替换(A):替换在搜索范围内的全部查找结果。

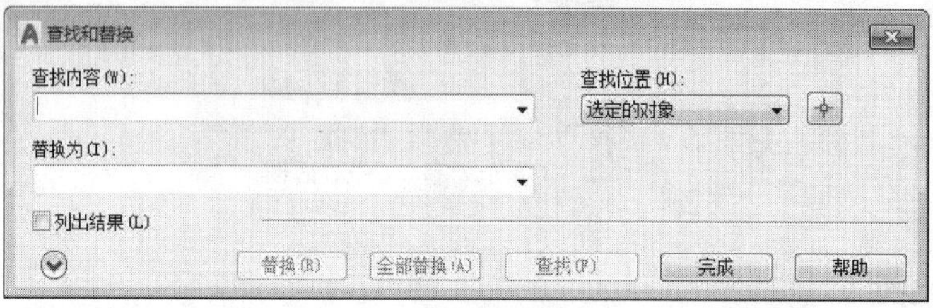

图 4-8 查找和替换对话框

任务 4-3 表格制作

一、设置表格样式

1.命令

命令行:TABLESTYLE

菜单栏:"格式"→"表格样式"

工具栏:

2.主要功能

进行表格的外观,文字的字体、字号、角度、方向和其他文字特征等表格样式的控制。

3.操作方法

执行表格样式或单击,弹出表格样式对话框,如图 4-9 所示。

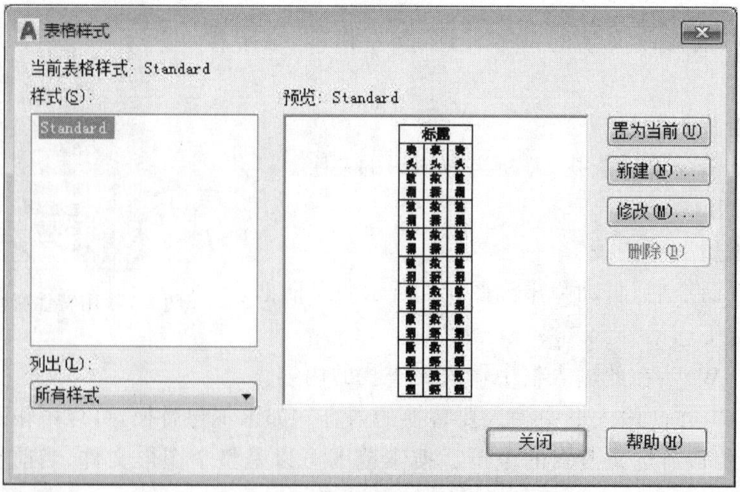

图 4-9 表格样式对话框

单击“新建”按钮，系统弹出创建新的表格样式对话框，如图 4-10 所示。输入新样式名后，单击“继续”按钮，弹出新建表格样式对话框，如图 4-11 所示。

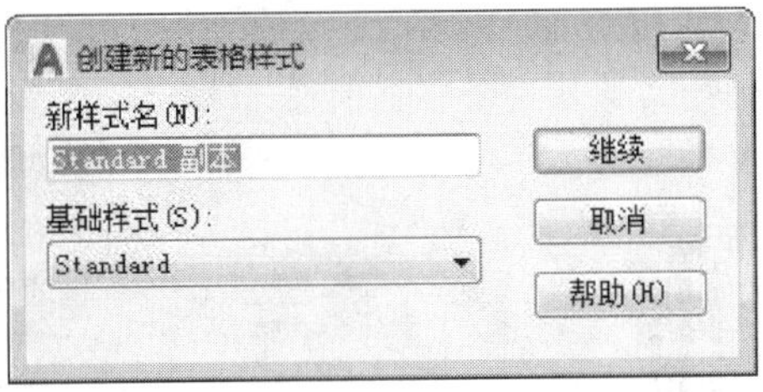

图 4-10　创建新的表格样式对话框

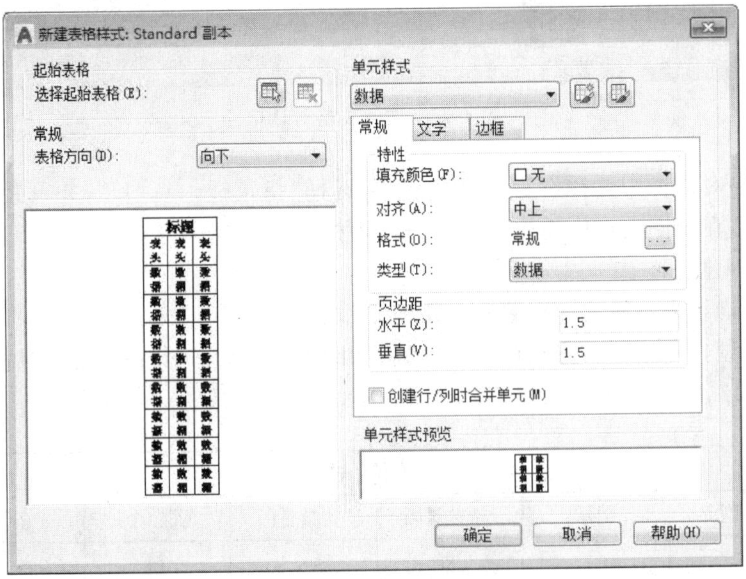

图 4-11　新建表格样式对话框

图 4-11 中选项卡用于设置表格中数据、列标题和标题的文字参数。设置后单击“确定”关闭完成表格样式的设置。在插入表格对话框中选择“指定插入点(I)”，设置列和行的参数后，单击“确定”，在绘图窗口中单击绘制出一个表格。

二、创建表格

在 AutoCAD 中，用户可以使用创建表格命令创建数据表格或标题块。

1.命令

命令行：TABLE

菜单栏：“绘图”→“表格”

工具栏：“修改工具栏”→

2.主要功能

创建数据表或标题块。

3.操作方法

执行命令后，弹出插入表格对话框，如图 4-12 所示。

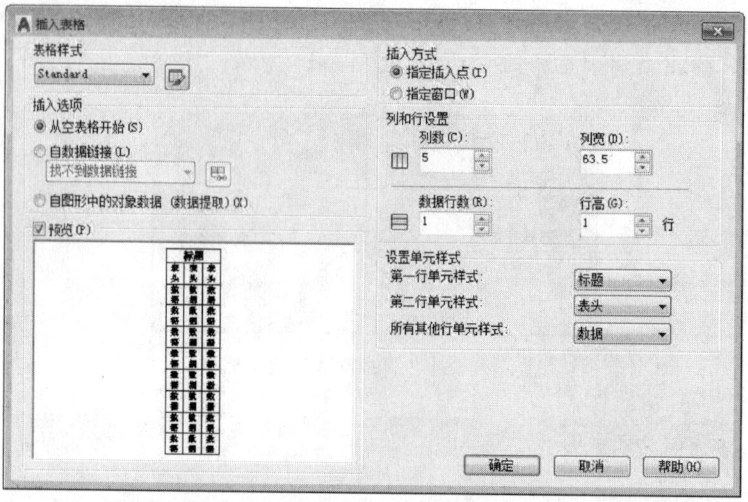

图 4-12　插入表格对话框

在插入表格对话框中选择设定的表格样式，选择“指定插入点(I)”，并设置列和行的参数后，单击“确定”，在绘图窗口中单击绘制出一个表格。

实例 4-2：创建表格。

实例目标：训练表格样式的设置和表格的制作。

实例分析：制作一个建筑图纸中的门窗表，如图 4-13 所示。其中标题为黑体，字高为 8；内容为仿宋字体，字高为 5。

门窗表					
类型	型号	一楼数量(个)	二楼数量(个)	总数(个)	备注
窗	C1	8	6	14	详见设计图纸
	C2	6	10	16	详见设计图纸
	C3	12	8	20	详见设计图纸
门	M1	4	3	7	详见设计图纸
	M2	6	2	8	详见设计图纸

图 4-13　建筑门窗表

操作步骤：

(1)启动 AutoCAD。

(2)单击“绘图”→“表格”，弹出插入表格对话框，如图 4-12 所示。

(3)设置表格样式。

打开表格样式对话框，如图 4-9 所示，单击“新建”按钮，系统弹出创建新的表格样式对话框，如图 4-10 所示。

在“新样式名”列表中输入“门窗表”，如图 4-14 所示。单击“继续”按钮，弹出新建表格样式对话框，将对齐方式设为“正中”，“标题”的文字高度样式设置为黑体，高度设为 8，“表头”和

“数据”的文字字体设置为仿宋体，高度设为 5，如图 4-15 所示，单击“确定”后关闭。

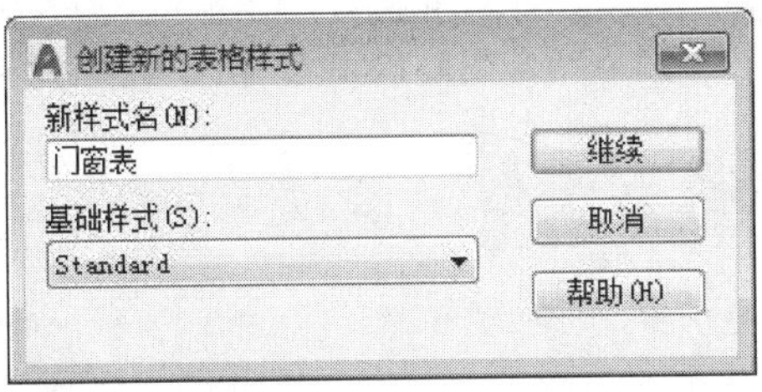

图 4-14　创建“门窗表”

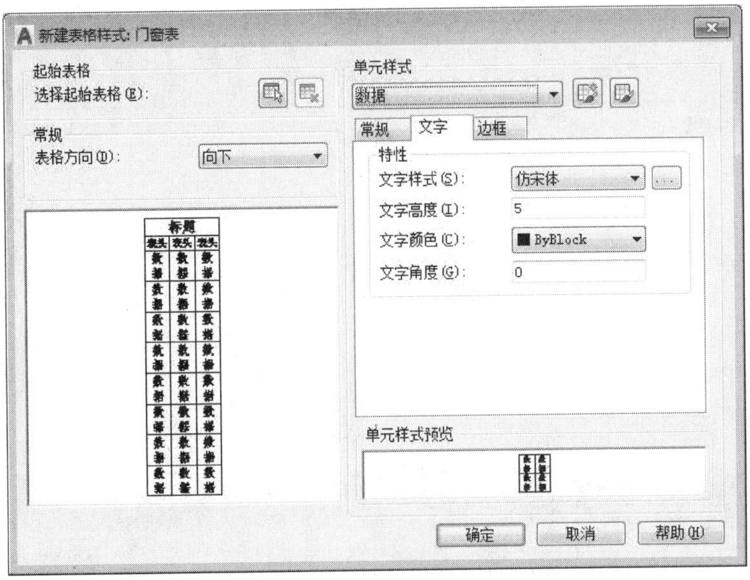

图 4-15　设置“门窗表”的样式

（4）打开“插入表格”对话框，如图 4-16 所示修改数据，单击“确定”。

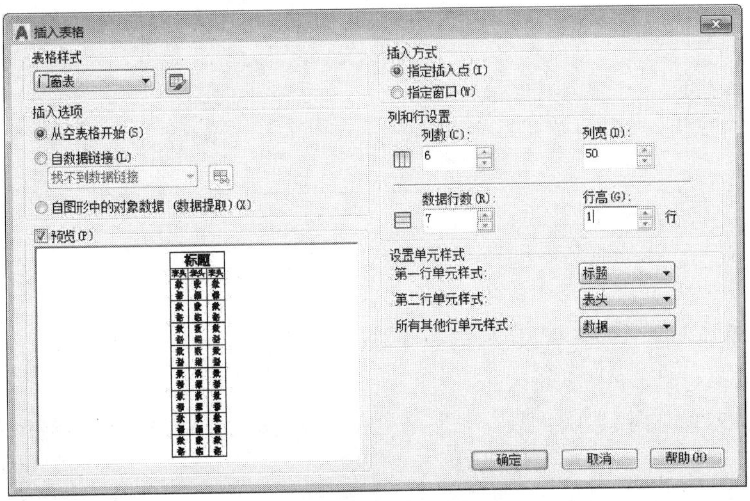

图 4-16　插入表格对话框

(5)在绘图区域插入表格,在每个单元格内按照如图 4-13 所示输入基本数据。

(6)单元格合并。选中需要合并的单元格,在表格编辑工具中,选择"合并单元"→"按列合并",进行单元格的合并,如图 4-17 所示;重复以上过程,直到单元格合并完毕。

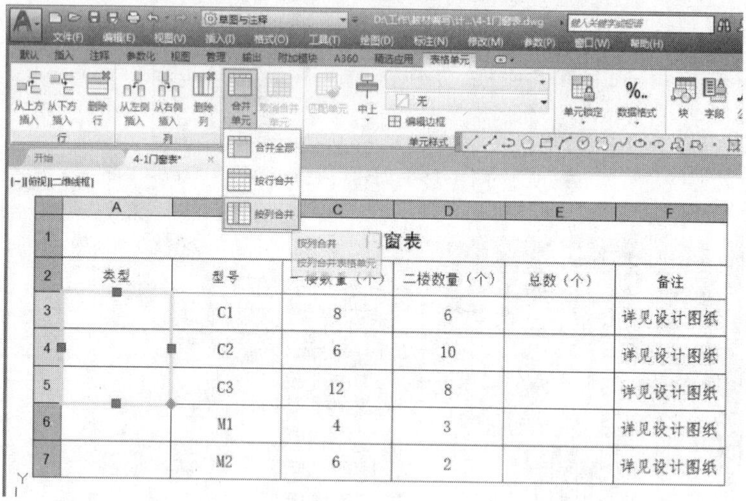

图 4-17 单元格合并

(7)单元格中数据调整。选中任一个或者几个单元格,出现表格编辑工具栏,调整数据的对齐方式,如图 4-18 所示。

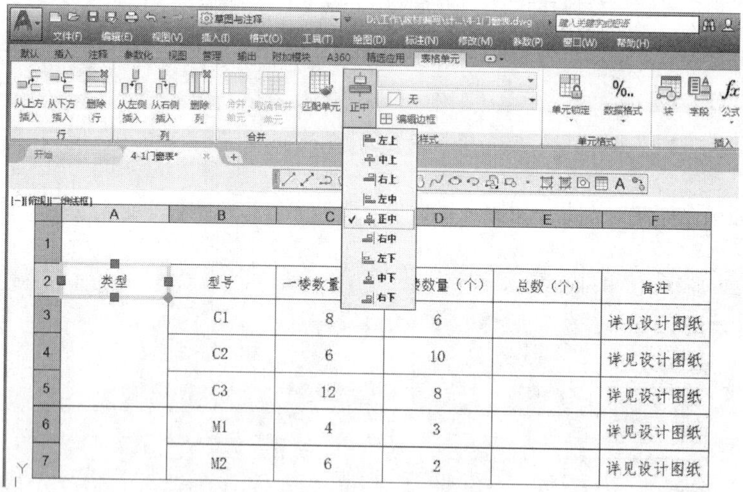

图 4-18 调整数据对齐方式

(8)单元格数据计算。选中合计栏的一个单元格,进行求和。按照命令行提示操作,得到每一行的求和数据,如图 4-19 所示。

(9)完成表格制作。根据实例要求,进行表格内容的输入和调整,得到制作完成的表格,如图 4-20 所示。

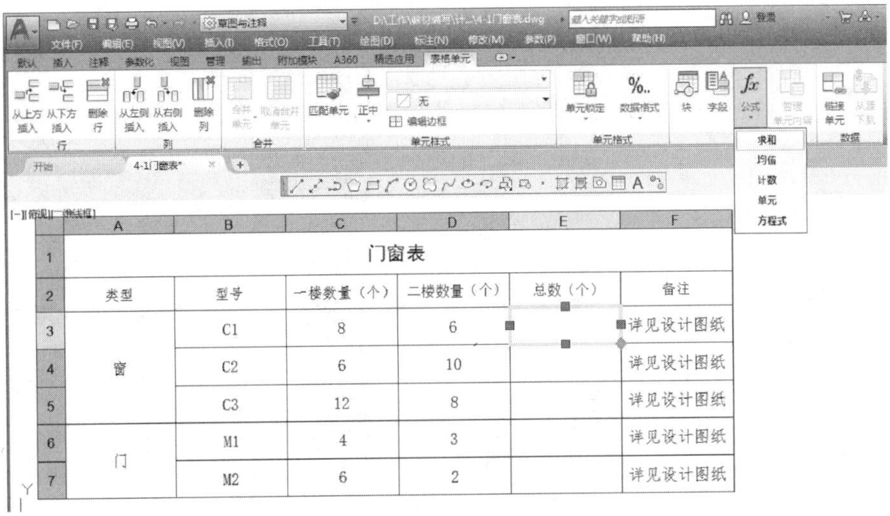

图 4-19　单元格数据计算

门窗表					
类型	型号	一楼数量(个)	二楼数量(个)	总数(个)	备注
窗	C1	8	6	14	详见设计图纸
	C2	6	10	16	详见设计图纸
	C3	12	8	20	详见设计图纸
门	M1	4	3	7	详见设计图纸
	M2	6	2	8	详见设计图纸

图 4-20　完成统计表

三、编辑表格

(一)表格整体编辑

可以使用表格编辑工具和快捷菜单来编辑表格，当选中整个表格时，将光标移到夹点上，会弹出快捷菜单，如图 4-21 所示，可以从表格整体进行编辑，如对表格进行剪切、复制、删除、移动、缩放和旋转等简单操作，还可以均匀调整表格的行、列大小，删除所有特性替代。当选择“输出”命令时，还可以打开“输出数据”对话框，以.csv 格式输出表格中的数据。

(二)表格单元编辑

当选中表格单元时，使用表格单元编辑工具和快捷菜单编辑表格单元，如图 4-22 所示。其主要命令选项的功能说明如下。

“对齐”命令：在该命令子菜单中可以选择表格单元的对齐方式，如左上、左中、左下等。

“边框”命令：选择该命令将打开“单元边框特性”对话框，可以设置单元格边框的线宽、颜色等特性，如图 4-23 所示。

“匹配单元”命令：用当前选中的表格单元格式(源对象)匹配其他表格单元(目标对象)，此时鼠标指针变为刷子形状，单击目标对象即可进行匹配。

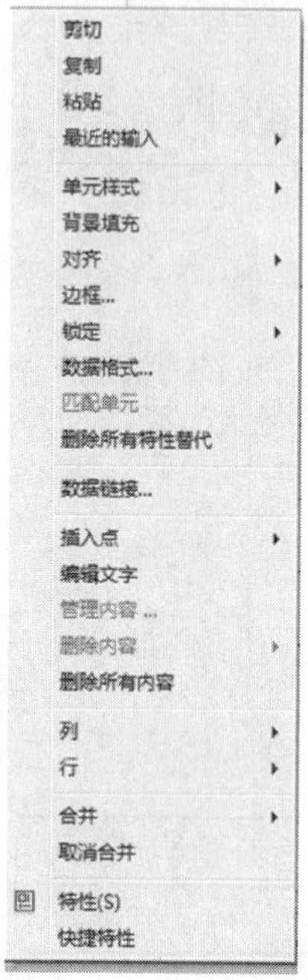

图 4-21 表格整体编辑

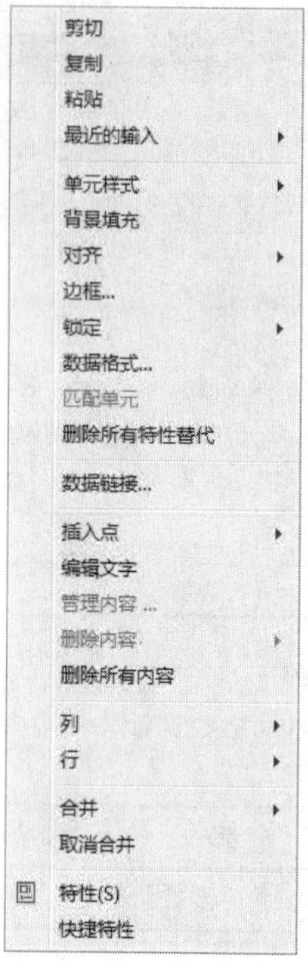

图 4-22 表格单元编辑

图 4-23 "单元边框特性"对话框

"插入点"命令:选择其中的"块"命令将打开"在表格单元中插入块"对话框。可以从中选择插入到表格中的块,并设置"块"在表格单元中的对齐方式、比例和旋转角度等特性,如图 4-24所示。

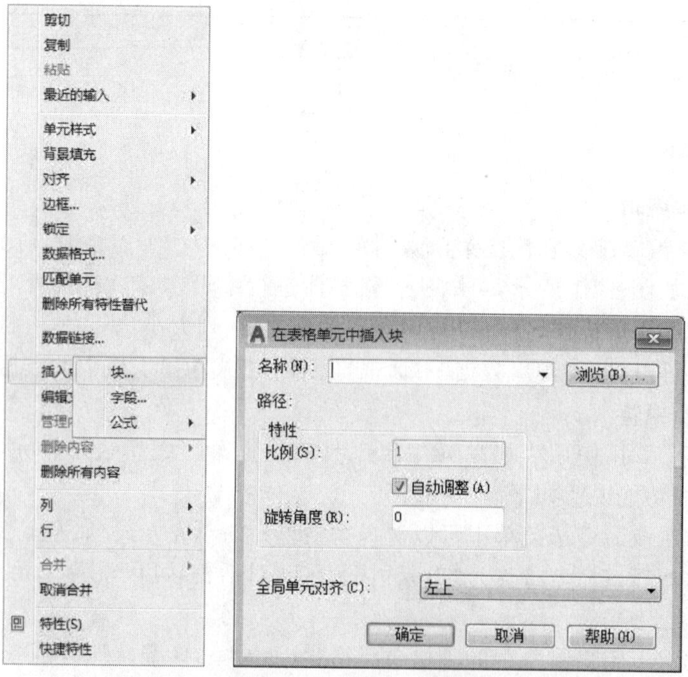

图 4-24 "在表格单元中插入块"对话框

“合并”命令：当选中多个连续的表格单元格后，使用该子菜单中的命令，可以全部、按列或按行合并表格单元。

职业能力训练

训练 4-1　文字的输入

一、实训目的

(1)掌握文字样式的设置。

(2)掌握单行文字与多行文字的输入方法。

二、实训内容

(1)绘制如图 4-25 所示图形，设置文字样式为仿宋字，字高自定，但要求字高一致，并用单行文字写出文字。

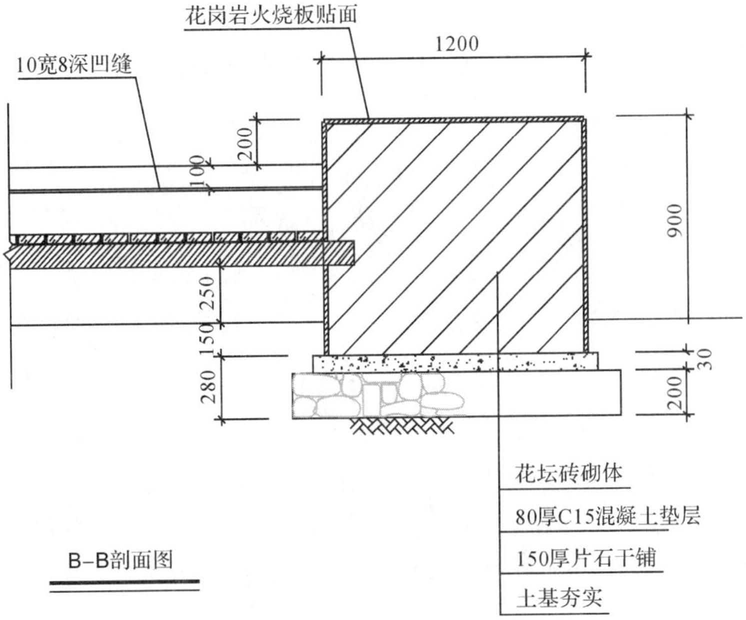

图 4-25　文字输入

(2)设置文字样式，样式名称为“园林”，字体为仿宋体，字高为 50，数据部分加下划线，并用多行文字写出下列文字。

牵引钢丝绳的起重量是 20 t，起重速度 30 m/min。支撑滑轮的间距是 1 800 mm。

训练 4-2　文字的编辑

一、实训目的

掌握单行文字与多行文字的编辑方法。

二、实训内容

用多行文字写出下列文字，把文中的“直径”二字改为直径符号。从每个逗号处断行，将文字分为四行,第二行加下划线,第三行为斜体。

8厚50宽扁钢筋打磨除锈刷丹红两遍,面层刷黑色聚酯漆两遍,黑色亚光漆一遍,预留钢筋头直径100焊接坐凳。

训练 4-3 特殊文字的输入

一、实训目的

掌握特殊文字的输入方法。

二、实训内容

写出下列文字。

±0.000　　ø500　　90°

训练 4-4 创建表格

一、实训目的

掌握表格的插入方法。

二、实训内容

在 AutoCAD 绘图区域中插入下列表格,并进行表格的编辑,在空白处输入相关信息。

×××班级成绩登记表

学号	姓名	课程 A	课程 B	课程 C	总分
20110201	张三	85	80	90	255
20110202	李四	90	85	90	265
20110203	王五	82	80	85	247

项目小结

本项目的主要内容为文字的输入与编辑、表格的插入与编辑,在绘图中要灵活运用单行文字和多行文字,比较快的编辑文字的方法是双击打开文字编辑器,可以快速修改文字内容。此外,还要灵活运用夹点编辑,才能快速编辑文字和表格,提高工作效率。

思考与练习题

1.在图形中进行文字标注有哪些要求?

2.启动一个新图,在图形中创建文字样式,要求文字样式名为 FSX,字体为“仿宋_GB2312”,字体高度为0,文字的宽度比例为0.7,高度的倾斜角度为15°,并进行文字输入。

3.文字样式与字体之间有何不同?一个文字样式可否使用两种中文字体?一种中文字体可否被不同的文字样式使用?

4.要使镜像的文字不发生反向,应如何设置?

5.修改已经使用的文字样式,对原图有何影响?

项目五　尺寸标注

［项目概述］

在图形设计中，尺寸标注是绘图设计工作中的一项重要内容，因为绘制图形的根本目的是反映对象的形状和大小，而图形中各个对象的真实大小和相互位置只有经过尺寸标注才能确定。本项目将介绍如何标注和修改尺寸。

［学习目标］

(1)熟悉尺寸标注的组成。

(2)熟练设置尺寸标注样式。

(3)熟练修改尺寸标注。

(4)熟练进行尺寸标注。

任务 5-1　认识尺寸标注

一、尺寸标注组成

一个完整的尺寸标注应由标注文字、尺寸线、尺寸界线、尺寸线的起止符号及起点等组成，如图 5-1 所示。

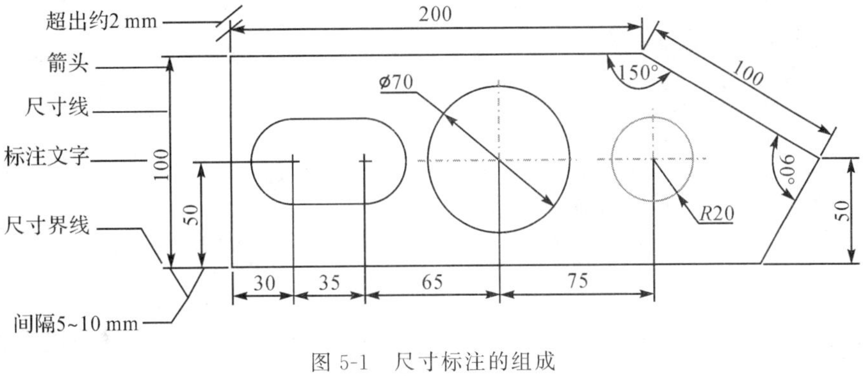

图 5-1　尺寸标注的组成

二、尺寸标注类型

AutoCAD 包含了一套完整的尺寸标注命令和实用程序，用户使用它们可以完成角度、直径、半径、线性、对齐、连续、圆心及基线等图纸中要求的标注，如图 5-2 所示。

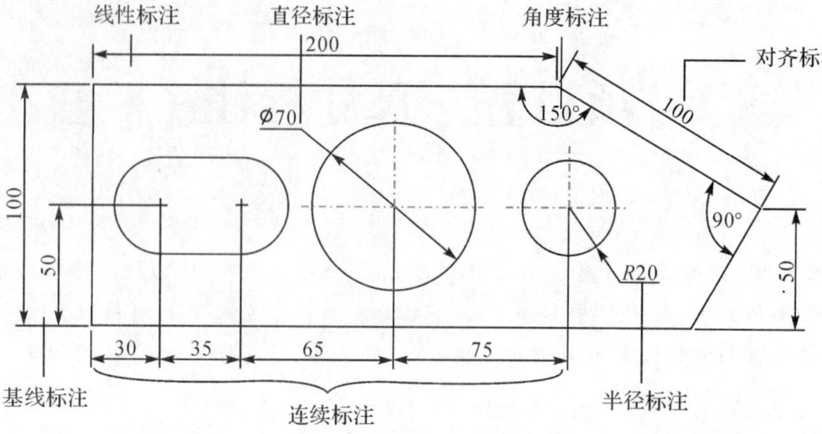

图 5-2 尺寸标注的类型

任务 5-2 创建与设置标注样式

在 AutoCAD 中,使用标注样式可以控制标注的格式和外观,建立强制执行的绘图标准,并有利于对标注格式及用途进行修改。本节将着重介绍使用“标注样式管理器”对话框创建标注样式的方法。

一、标注样式管理器

要创建或设置尺寸标注的样式,有三种方法打开标注样式管理器。

1.命令

命令行:DIMSTYLE

菜单栏:“格式”→“标注样式”

工具栏:“标注工具栏”→

2.主要功能

用于创建或设置尺寸标注的样式。

执行上述任一种操作后将打开如图 5-3 所示的“标注样式管理器”对话框,可以创建和修改标注样式。

“标注样式管理器”主要包括“样式”区、“预览”区,以及“置为当前”“新建”“修改”“替代”“比较”五个按钮选项。

(1)“样式”区:该区域显示当前图形中已有的标注样式名称,用户可在其中选择一种需要的标注样式。选中的当前样式被亮显。同时在列表中单击鼠标右键可显示快捷菜单及选项,可用于设置当前标注样式、重命名样式和删除样式,但不能删除当前样式或当前图形使用的样式。

(2)“预览”区:该区域主要用来显示当前选中的标注样式的名称和外观。

(3)“置为当前”:将在“样式”下选定的标注样式设置为当前标注样式。即当前样式将应用于所创建的标注。

(4)单击“新建”按钮,弹出“创建新标注样式”对话框,用户可以定义新的标注样式。

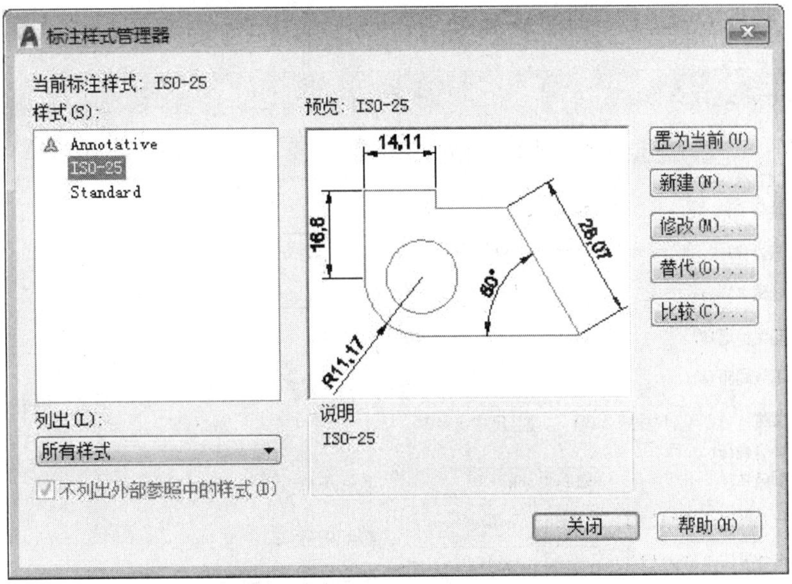

图 5-3　“标注样式管理器”对话框

(5)单击“修改”按钮，用户可以修改标注样式。对话框选项与“新建”标注样式对话框中的选项相同。

(6)单击“替代”按钮，用户可以设置标注样式的临时替代。对话框选项与“新建”标注样式对话框中的选项相同。替代将作为未保存的更改结果显示在“样式”列表中的标注样式下。

(7)单击“比较”按钮，用户可以比较两个标注样式或列出一个标注样式的所有特性。

二、新建标注样式

如果要新建一个标注样式，则在“标注样式管理器”中单击“新建”按钮，会弹出如图 5-4 所示的“创建新标注样式”对话框，输入新的标注样式名，选择一种基础样式和应用范围，这里一般选择默认即可。

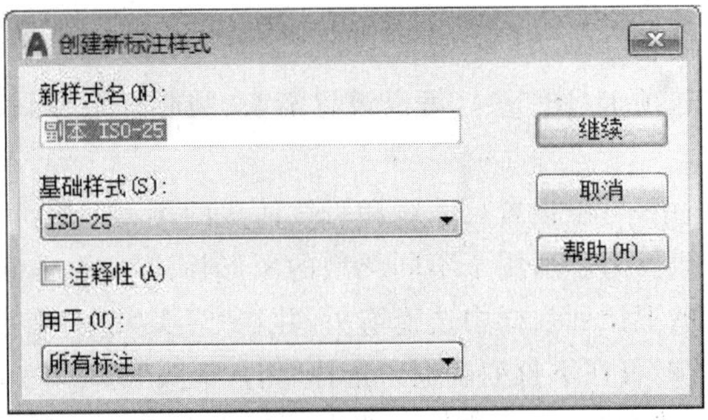

图 5-4　“创建新标注样式”对话框

单击“继续”按钮，弹出如图 5-5 所示的“新建标注样式”对话框，该对话框中包含“线”“符号和箭头”“文字”“调整”“主单位”“换算单位”“公差”七个选项卡。通过对各选项卡中有关参数的设置即可设置好合适的标注样式。

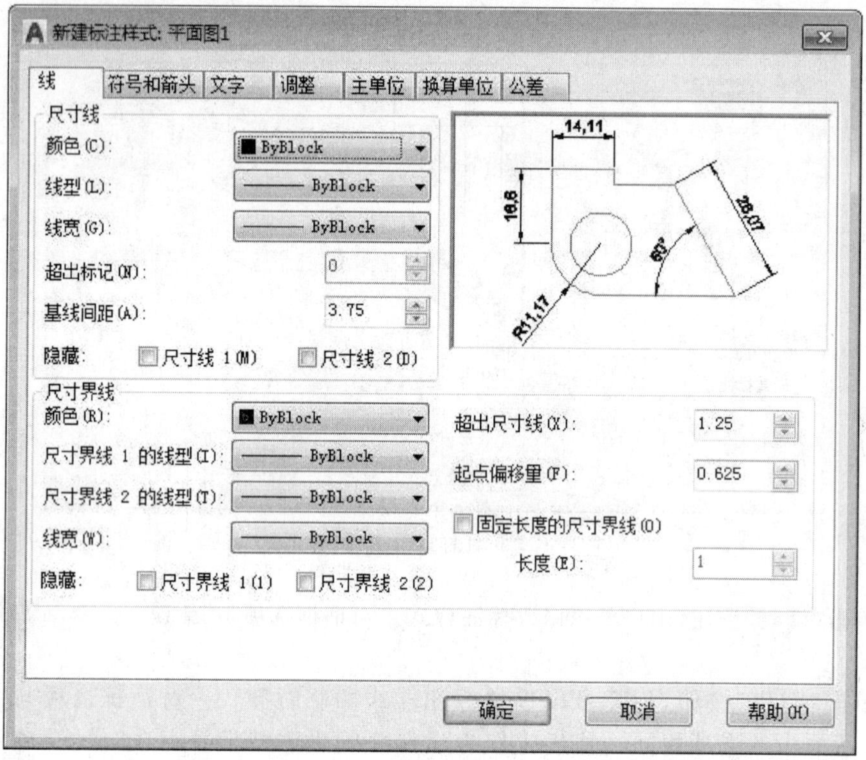

图 5-5 “新建标注样式”对话框

1.“线”选项卡

在“新建标注样式”对话框中,使用“线”选项卡(图 5-5),可以进行尺寸线、延伸线(尺寸界线)的格式和位置等设置。

在“尺寸线”选项组中,可以设置尺寸线的颜色、线宽、超出标记、基线间距(一般为 7~10)等属性。在“尺寸界线”选项组中,可以设置尺寸界线的颜色、线宽、超出尺寸线的长度和起点偏移量、隐藏控制等属性。

2.“符号和箭头”选项卡

使用“符号和箭头”选项卡(图 5-6),可以设置箭头、圆心标记、弧长符号和半径标注折弯的格式与位置。

(1)在“箭头”选项组中,可以设置尺寸线和引线箭头的类型及尺寸大小等。通常情况下,尺寸线的两个箭头应一致。为了适用于不同类型的图形标注需要,AutoCAD 提供了 20 多种箭头样式。可以从对应的下拉列表框中选择箭头,并在“箭头大小”文本框中设置其大小。也可以使用自定义箭头,此时可在下拉列表框中选择“用户箭头”选项,打开“选择自定义箭头块”对话框。在“从图形块中选择”文本框内输入当前图形中已有的块名,然后单击“确定”按钮,AutoCAD 将以该块作为尺寸线的箭头样式,此时块的插入基点与尺寸线的端点重合。

(2)在“圆心标记”选项组中,可以设置圆或圆弧的圆心标记类型,如“标记”“直线”“无”。其中,选择“标记”选项可对圆或圆弧绘制圆心标记;选择“直线”选项,可对圆或圆弧绘制中心线;选择“无”选项,则没有任何标记。当选择“标记”或“直线”选项时,可以在“大小”文本框中设置圆心标记的大小。

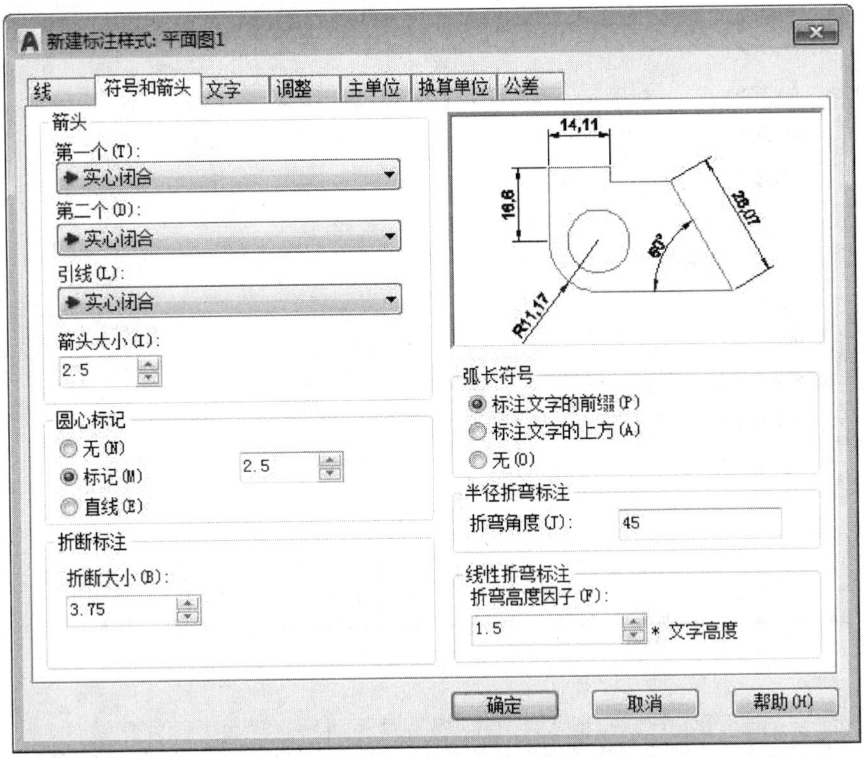

图 5-6　“符号和箭头”选项卡

(3)在“弧长符号”选项组中,可以设置弧长符号显示的位置,包括“标注文字的前缀”“标注文字的上方”“无”三种方式。

(4)在“半径标注折弯”选项组的“折弯角度”文本框中,可以设置标注圆弧半径时标注线的折弯角度大小。

3.“文字”选项卡

在“新建标注样式”对话框中,“文字”选项卡如图 5-7 所示,可以设置标注文字的外观、位置和对齐方式。

(1)在“文字外观”选项组中,可以设置文字的样式、颜色、高度和分数高度比例,以及控制是否绘制文字边框等。部分选项的功能说明如下。

“分数高度比例”文本框:设置标注文字中的分数相对于其他标注文字的比例,AutoCAD 将该比例值与标注文字高度的乘积作为分数的高度。

“绘制文字边框”复选框:设置是否给标注文字加边框。

(2)在“文字位置”选项组中,可以设置文字的垂直、水平位置及从尺寸线的偏移量。

(3)在“文字对齐”选项组中,可以设置标注文字是保持水平还是与尺寸线平行。

4.“调整”选项卡

在“新建标注样式”对话框中,“调整”选项卡如图 5-8 所示,可以设置标注文字、尺寸线、尺寸箭头的位置。

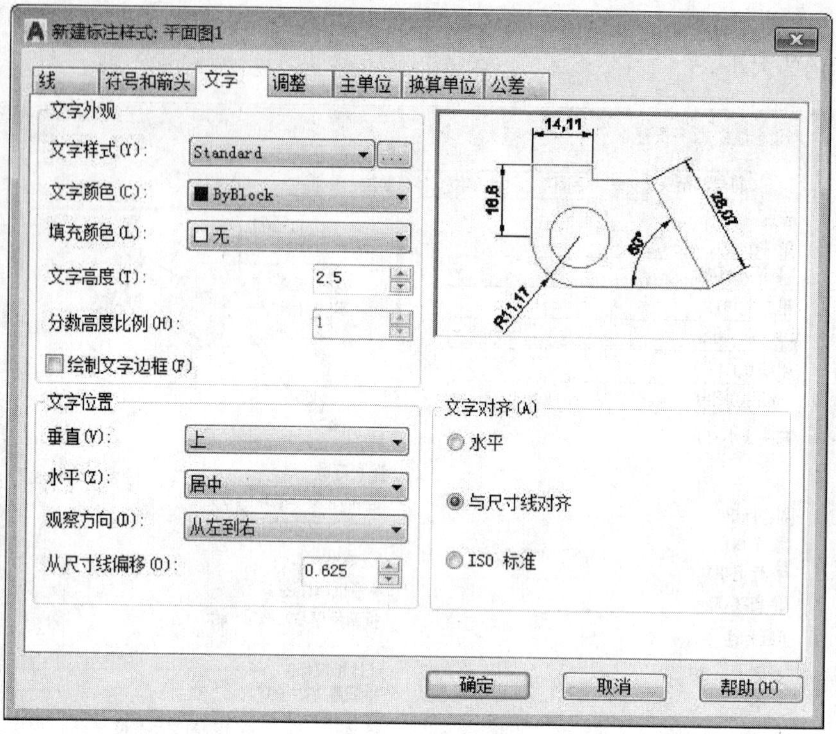

图 5-7 “文字”选项卡

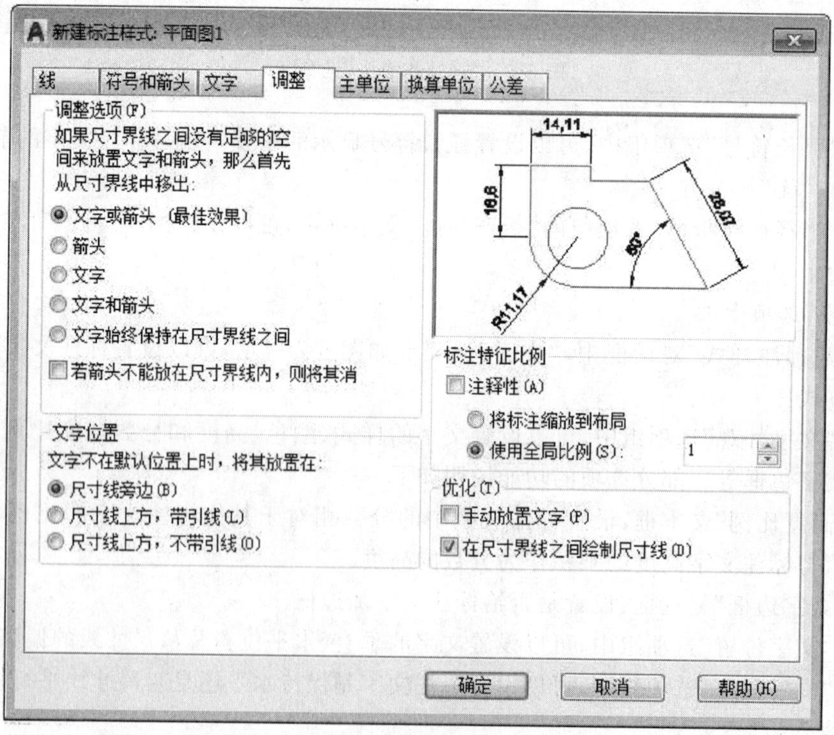

图 5-8 “调整”选项卡

“调整”选项卡中包括“调整选项”“文字位置”“标注特征比例”“优化”四个选项组。

(1)在“调整选项”选项组中,可以确定当尺寸界线之间没有足够的空间同时放置标注文字和箭头时,应从尺寸界线之间移出对象。

(2)在“文字位置”选项组中,设置当文字不在默认位置时的位置,如尺寸线旁,尺寸线上方等。

(3)在“标注特征比例”选项组中,可以设置标注尺寸的特征比例,以便通过设置全局比例来增加或减少各标注的大小。

(4)在“优化”选项组中,可以对标注文本和尺寸线进行细微调整,该选项组包括“手动放置文字”和“在尺寸界线之间绘制尺寸线”两个复选框。若选中“手动放置文字”复选框,则忽略标注文字的水平设置,在标注时可将标注文字放置在指定的位置。若选中“在尺寸界线之间绘制尺寸线”复选框,则当尺寸箭头放置在尺寸界线之外时,也可在尺寸界线之内绘制出尺寸线。

5.“主单位”选项卡

在“新标注样式”对话框中,“主单位”选项卡如图 5-9 所示,可以设置主单位的格式与精度等属性。

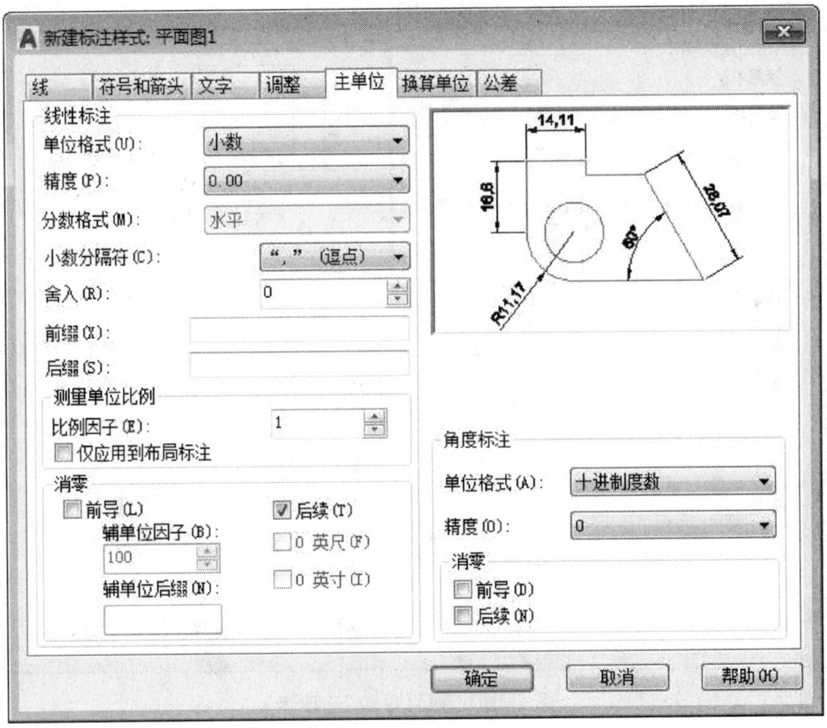

图 5-9 “主单位”选项卡

(1)在“线性标注”选项组中可以设置线性标注的单位格式与精度,主要选项功能如下。

“单位格式”下拉列表框:设置除角度标注之外的其余各标注类型的尺寸单位,包括“科学”“小数”“工程”“建筑”“分数”等选项。

“精度”下拉列表框:设置除角度标注之外的其他标注的尺寸精度。

“分数格式”下拉列表框:当单位格式是分数时,可以设置分数的格式,包括“水平”“对角”“非堆叠”三种方式。

"小数分隔符"下拉列表框：设置小数的分隔符，包括"逗点""句点""空格"三种方式。

"舍入"文本框：用于设置除角度标注外的尺寸测量值的舍入值。

"前缀"和"后缀"文本框：设置标注文字的前缀和后缀，在相应的文本框中输入字符即可。

(2)在"测量单位比例"选项组中使用"比例因子"文本框可以设置测量尺寸的缩放比例，AutoCAD 的实际标注值为测量值与该比例的积。选中"仅应用到布局标注"复选框，可以设置该比例关系仅适用于布局。

(3)在"消零"选项组中可以设置是否显示尺寸标注中的"前导"和"后续"零。

(4)在"角度标注"选项组中，可以使用"单位格式"下拉列表框设置标注角度时的单位，使用"精度"下拉列表框设置标注角度的尺寸精度，使用"消零"选项组设置是否消除角度尺寸的前导和后续零。

6."换算单位"选项卡

在"新建标注样式"对话框中，"换算单位"选项卡如图 5-10 所示，可以设置换算单位的格式。

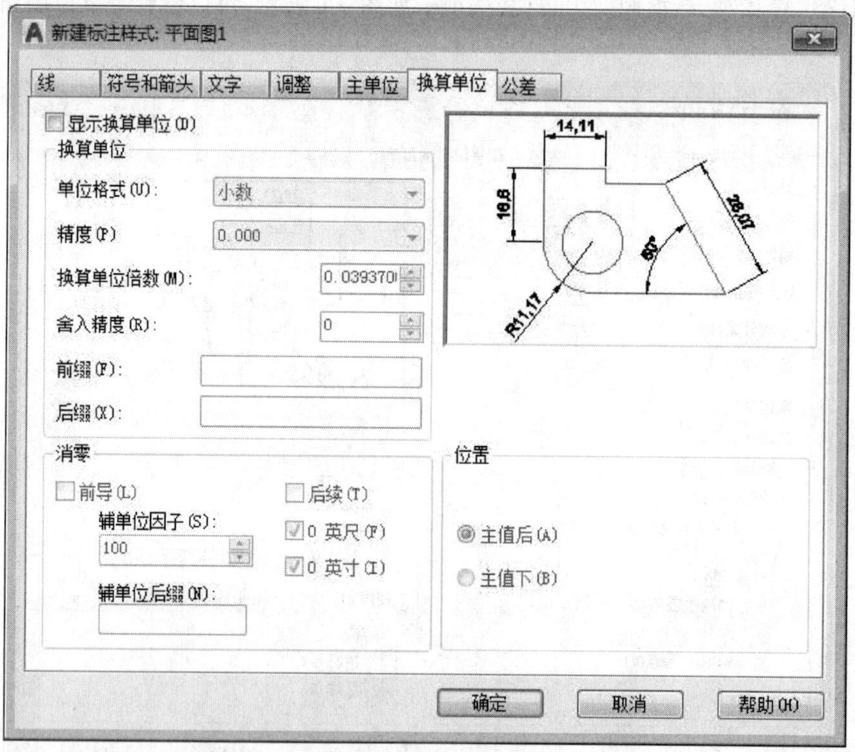

图 5-10 "换算单位"选项卡

在 AutoCAD 中，通过换算标注单位，可以转换使用不同测量单位制的标注，通常是显示英制标注的等效公制标注，或公制标注的等效英制标注。在标注文字中，换算标注单位显示在主单位旁边的方括号中。

7."公差"选项卡

在"新建标注样式"对话框中，"公差"选项卡如图 5-11 所示，可以设置是否标注公差，以及标注尺寸公差的样式。"公差"选项卡可用来控制公差标注的格式、设置小数位数、最大和最小公差值、高度比例，以及公差数值相对于尺寸线的位置等。

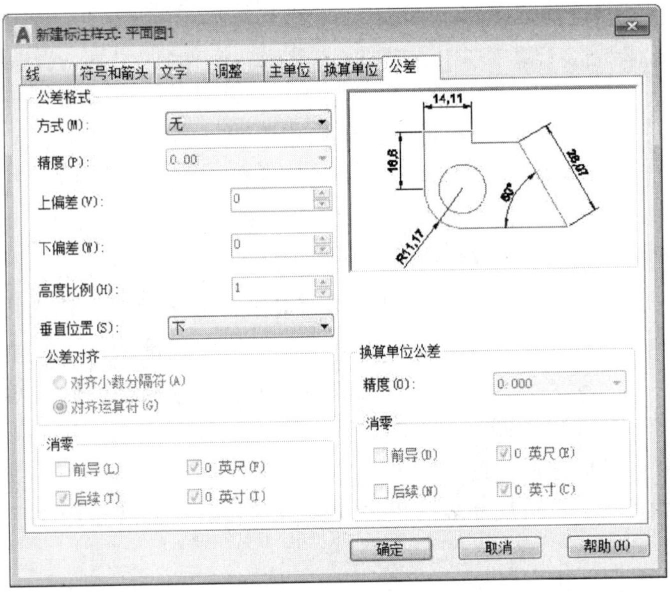

图 5-11　“公差”选项卡

任务 5-3　尺寸标注类型及创建步骤

一、长度型尺寸标注

完成标注样式的创建和设置以后，就可以使用标注工具来标注图形了。AutoCAD 提供了完善的标注命令，例如，使用“直径”“半径”“角度”“线性”“圆心标记”等标注命令，可以对直径、半径、角度、直线及圆心位置等进行标注。但是，标注尺寸一般要和“对象捕捉”设置配合使用。

长度型尺寸标注可标注水平方向尺寸、垂直方向尺寸、倾斜方向尺寸、基线尺寸、连续尺寸等。

(一)线性标注

如果需要标注水平方向或垂直方向的尺寸，可以使用线性标注。

1.命令

命令行：DIMLINEAR

菜单栏：“标注”→“线性”

工具栏：“标注工具栏”→|⟷|

2.主要功能

用于标注水平方向尺寸、垂直方向尺寸。

3.操作方法

实例 5-1：“线性标注”工具的使用。

实例目标：如图 5-12 所示，将该图形进行标注。

实例分析：练习“线性标注”命令的使用。

操作步骤：

命令：_dimlinear(dli)

指定第一条尺寸界线原点或〈选择对象〉：　　　　(用鼠标捕捉第一条尺寸界线的起点)

指定第二条尺寸界线原点： (用鼠标捕捉第二条尺寸界线的起点)

指定尺寸线位置或[多行文字(M)/文字(T)/角度(A)/水平(H)/垂直(V)/旋转(R)]：

(指定尺寸线的位置或输入选项)

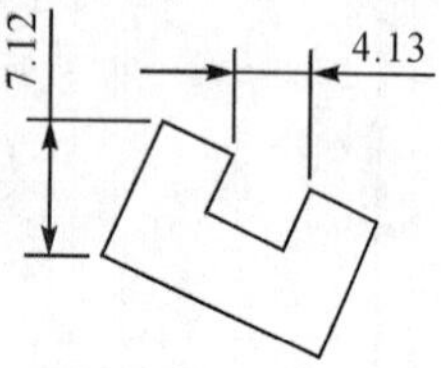

图 5-12 线性标注

可以通过移动鼠标指定尺寸线的位置来标注水平或垂直尺寸，系统将标注自动测定的尺寸数字，如图 5-12 所示。

如果对标注的文字有特殊的设置，可通过选项来实现。

其中各选项功能如下。

“多行文字(M)”：通过多行文字编辑器输入特殊的尺寸标注。

“文字(T)”：用单行文字的方式重新输入标注尺寸。

“角度(A)”：用来指定标注尺寸数字的倾斜角度。

“水平(H)”：水平标注尺寸线。

“垂直(V)”：铅垂线标注尺寸线。

“旋转(R)”：指定尺寸线和尺寸界线以尺寸线为零起点的旋转角度来标注。

(二)对齐标注

如果需要标注与线段平行的尺寸，可用对齐标注。对齐标注是线性标注尺寸的一种特殊形式。在对直线段进行标注时，如果该直线的倾斜角度未知，那么使用线性标注方法将无法得到准确的测量结果，这时可以使用对齐标注。

1.命令

命令行：DIMALIGNED

菜单栏：“标注”→“对齐”

工具栏：“标注工具栏”→

2.主要功能

创建与指定位置或对象平行的标注。

3.操作方法

实例 5-2：“对齐标注”工具的使用。

实例目标：如图 5-13 所示，将该图形进行标注。

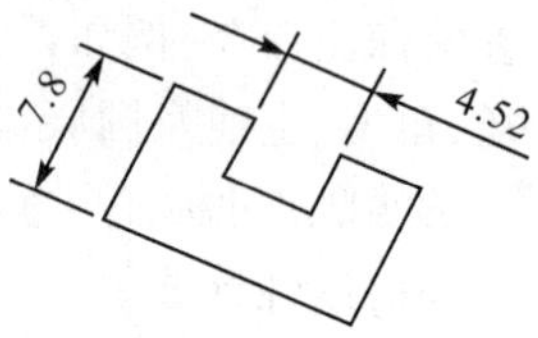

图 5-13 对齐标注

实例分析：练习“对齐标注”命令的使用。

操作步骤：

命令：_dimaligned(dal)

指定第一条尺寸界线原点或〈选择对象〉： (用鼠标捕捉第一条尺寸界线的起点)

指定第二条尺寸界线原点： (用鼠标捕捉第二条尺寸界线的起点)

指定尺寸线位置或[多行文字(M)/文字(T)/角度(A)]： (指定尺寸线的位置或输入选项)

用户可直接指定尺寸线的位置，这时系统将自动注记测定的尺寸数字，如图 5-13 所示。

(三)连续标注

如果要标注的第一条尺寸界线(起始界线)刚好是上一个标注的第二条尺寸界线(终止界线)，可以使用连续标注。

1.命令

命令行：DIMCONTINUE

菜单栏：“标注”→“连续”

工具栏："标注工具栏"→

2.主要功能

创建首尾相连的多个标注。

3.操作方法

实例 5-3："连续标注"工具的使用。

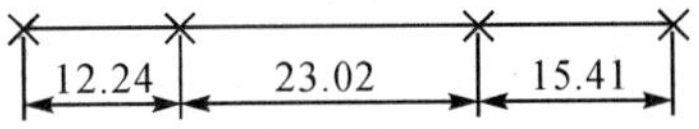

图 5-14　连续标注

实例目标：如图 5-14 所示，将该图形进行标注。

实例分析：练习"连续标注"命令的使用。

操作步骤：

在进行连续标注之前，必须先创建（或选择）一个线性、坐标或角度标注作为基准标注，以确定连续标注所需要的前一尺寸标注的尺寸界线，然后执行上述任一命令后，命令行窗口提示如下。

命令：_dimcontinue(dco)

指定第二条尺寸界线原点或[放弃(U)/选择(S)]〈选择〉：　（用鼠标选择第二条尺寸界线的原点）

标注文字＝23.02

指定第二条尺寸界线原点或[放弃(U)/选择(S)]〈选择〉：（用鼠标选择另一第二条尺寸界线的原点）

标注文字＝15.41

指定第二条尺寸界线原点或[放弃(U)/选择(S)]〈选择〉：　（按 Esc 或连按两次回车键退出）

完成基线标注，如图 5-14 所示。

（四）基线标注

如果需要标注的尺寸是基于同一条尺寸界线的，可使用基线标注。

1.命令

命令行：DIMBASELINE

菜单栏："标注"→"基线"

工具栏："标注工具栏"→

2.主要功能

创建自同一基线处测量的多个标注。

3.操作方法

实例 5-4："基线标注"工具的使用。

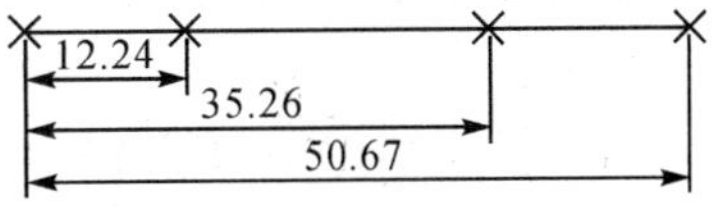

图 5-15　基线标注

实例目标：如图 5-15 所示，将该图形进行标注。

实例分析：练习"基线标注"命令的使用。

操作步骤：

命令：_dimbaseline(dba)

指定第二条尺寸界线原点或[放弃(U)/选择(S)]〈选择〉：　（用鼠标选择第二条尺寸界线的原点）

（标注文字＝35.26）

指定第二条尺寸界线原点或[放弃(U)/选择(S)]〈选择〉：　（用鼠标选择第二条尺寸界线的原点）

（标注文字＝50.67）

指定第二条尺寸界线原点或[放弃(U)/选择(S)]〈选择〉：　（按 Esc 或连按两次回车键退出）

完成基线标注，如图 5-15 所示。

注意：基线标注与连续标注一样，在进行基线标注之前也必须先创建（或选择）一个线性、坐标或角度标注作为基准标注，基线之间的距离可以通过"修改标注样式"对话框中

“线”选项卡中的“基线间距”来设置。

二、半径、直径标注

(一)半径标注

如果要标注圆和圆弧的半径，可以使用半径标注。

1.命令

命令行：DIMRADIUS

菜单栏：“标注”→“半径”

工具栏：“标注工具栏”→

2.主要功能

使用可选的中心线或中心标记测量圆弧和圆的半径。

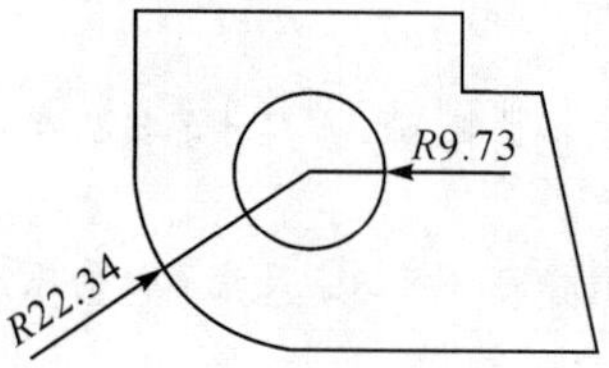

图 5-16　半径标注

3.操作方法

实例 5-5：“半径标注”工具的使用。

实例目标：如图 5-16 所示，将该图形进行标注。

实例分析：练习“半径标注”命令的使用。

操作步骤：

使用命令行提示作图。

命令：_dimradius(dra)

选择圆弧或圆：　　(用鼠标选择圆弧或圆)

标注文字＝9.73

指定尺寸线位置或[多行文字(M)/文字(T)/角度(A)]：　　(用鼠标指定尺寸线的位置)

指定尺寸线的位置后，系统按实际测量值标注出圆或圆弧的半径。也可以利用“多行文字(M)”“文字(T)”或“角度(A)”选项，确定尺寸文字或尺寸文字的旋转角度。其中，当通过“多行文字(M)”和“文字(T)”选项重新确定尺寸文字时，需要给输入的尺寸文字加前缀“R”，才能使标出的半径尺寸显示有半径符号“R”，否则不出现该符号。半径标注如图 5-16 所示。

(二)直径标注

如果要标注圆和圆弧的直径，可以使用直径标注。

1.命令

命令行：DIMDIAMETER

菜单栏：“标注”→“直径”

工具栏：“标注工具栏”→

2.主要功能

使用可选的中心线或中心标记测量圆弧和圆的直径。

3.操作方法

直径标注的方法与半径标注的方法相同，输入命令(ddi)后，当选择了需要标注直径的圆或圆弧后，直接确定尺寸线的位置，系统将按实际测量值标注出圆或圆弧的直径。并且，当通过“多行文字(M)”和“文字(T)”选项重新确定尺寸文字时，需要在尺寸文字前加前缀“%%C”，才能使标出的直径尺寸显示有直径符号“∅”，如图 5-17 所示。

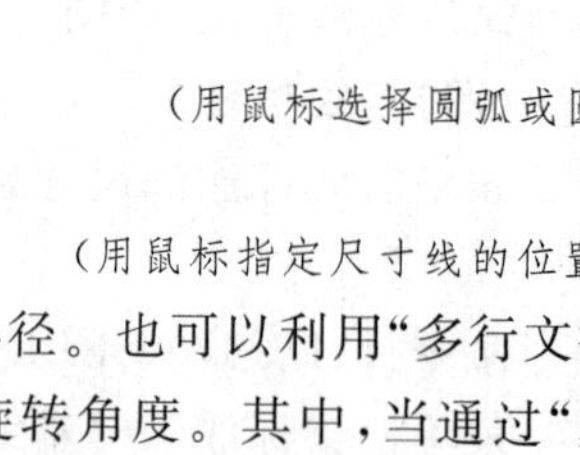

图 5-17　直径标注

三、角度的标注与其他类型的标注

(一)角度标注

如果需要标注两直线之间的夹角或圆弧的圆心角,可以使用角度标注。

1.命令

命令行:DIMANGULAR

菜单栏:“标注”→“角度”

工具栏:“标注工具栏”→

2.主要功能

标注两直线之间的夹角或圆弧的圆心角。

3.操作方法

实例 5-6:“角度标注”工具的使用。

实例目标:如图 5-18 所示,将该图形进行标注。

实例分析:练习“角度标注”命令的使用。

操作步骤:

命令:_dimangular(dan)
选择圆弧、圆、直线或〈指定顶点〉:　(选择需标注角度的第一条直线)
选择第二条直线:　(选择需标注角度的第二条直线)
指定标注弧线位置或[多行文字(M)/文字(T)/角度(A)/象限点(Q)]:　(用鼠标指定标注线的位置)
标注文字=77

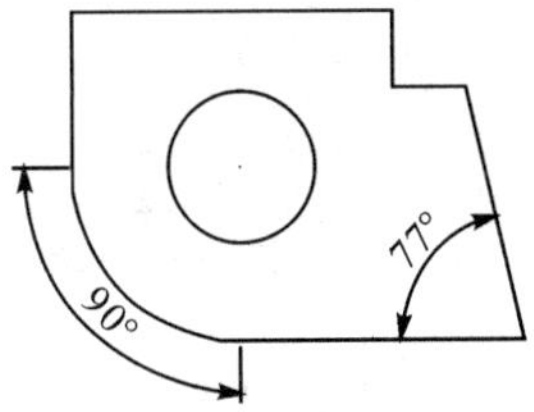

图 5-18　角度标注

完成标注,如图 5-18 所示。

(二)弧长标注

如果要标注圆弧的长度,可以使用弧长标注。

1.命令

命令行:DIMARC

菜单栏:“标注”→“弧长”

工具栏:“标注工具栏”→

2.主要功能

测量圆弧或多段线弧线段上的距离。

3.操作方法

实例 5-7:“弧长标注”工具的使用。

实例目标:如图 5-19 所示,将该图形进行标注。

实例分析:练习“弧长标注”命令的使用。

操作步骤:

命令:_dimarc(dar)
选择弧线段或多段线弧线段:　(选择要标注弧长的圆弧)
指定弧长标注位置或[多行文字(M)/文字(T)/角度(A)/部分(P)/]:　(用鼠标指定标注线的位置)
标注文字=35.1

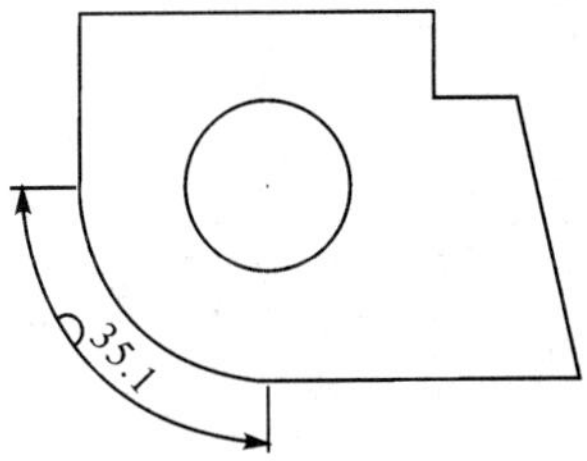

图 5-19　弧长标注

完成标注,如图 5-19 所示。

(三)坐标标注

需要标注图形中相对于用户坐标原点的某一点的坐标时,可以使用坐标标注。

1.命令

命令行:DIMORDINATE

菜单栏:"标注"→"坐标"

工具栏:"标注工具栏"→

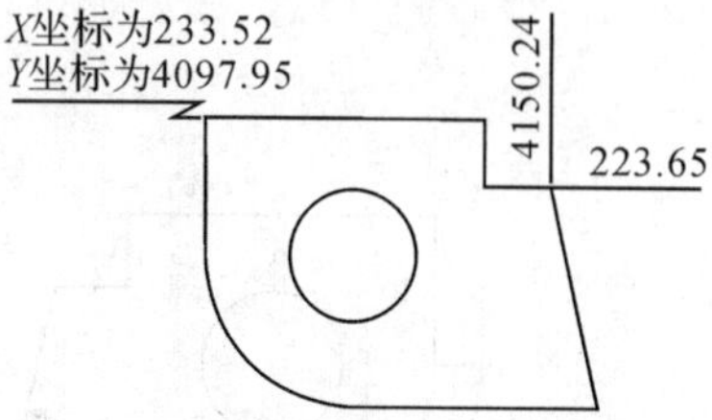

图 5-20 坐标标注

2.主要功能

测量原点(称为基准)到标注特征的垂直距离。

3.操作方法

实例 5-8:"坐标标注"工具的使用。

实例目标:如图 5-20 所示,将该图形进行标注。

实例分析:练习"坐标标注"命令的使用。

操作步骤:

命令:_dimordinate(dor)

指定点坐标: (用鼠标指定要标注坐标的点)

指定引线端点或[X 基准(X)/Y 基准(Y)/多行文字(M)/文字(T)/角度(A)]: (指定标注线的端点或输入选项,这里"X 基准(X)/Y 基准(Y)"主要是确定标注 X 坐标还是 Y 坐标,其他选项与前面的操作相同)

标注文字=4 150.24

完成标注,如图 5-20 所示。

(四)多重引线标注

如果需要创建注释性文字,可以使用多重引线标注。

1.命令

命令行:MLEADER

菜单栏:"标注"→"多重引线"

工具栏:"标注工具栏"→

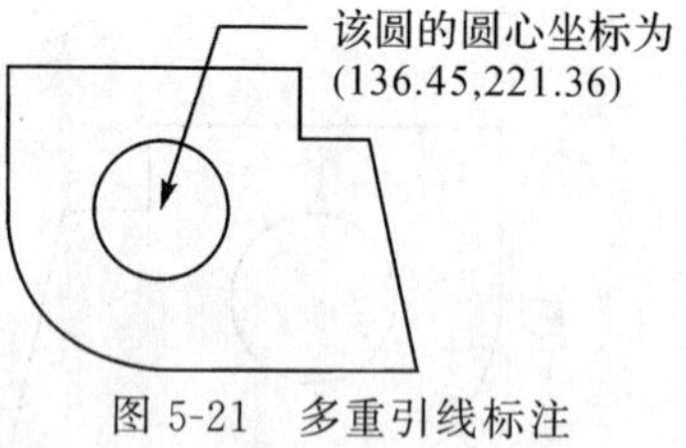

图 5-21 多重引线标注

2.主要功能

创建注释性文字标注。

3.操作方法

实例 5-9:"引线标注"工具的使用。

实例目标:如图 5-21 所示,将该图形进行标注。

实例分析:练习"引线标注"命令的使用。

操作步骤:

命令:_mleader

指定引线箭头的位置或[引线基线优先(L)/内容优先(C)/选项(O)]〈选项〉: (直接用鼠标指定引线箭头的位置或通过选项来设置引的类型、最大点数、约束角度)

指定引线基线的位置: (用鼠标指定好基线位置后,会弹出"多行文字编辑器",输入相应的注释文字)

完成标注,如图 5-21 所示。

如果要修改多重引线的样式,可以通过"格式"菜单下的"多重引线样式"命令,在弹出的

“多重引线样式管理器”对话框中修改或新建多重引线的样式。

(五)公差标注

如果要注释图形特征的形状、轮廓、方向、位置和跳动等的允许偏差，可以使用公差标注。

1.命令

命令行：TOLERANCE

菜单栏：“标注”→“公差”

工具栏：“标注工具栏”→

2.主要功能

注释图形特征的形状、轮廓、方向、位置和跳动等的允许偏差。

3.操作方法

输入命令后，弹出“形位公差”对话框，在该对话框中插入符号、输入数字和基准字母等，如图 5-22 所示。输入完毕后，单击“确定”，在屏幕上指定特征控制框的位置。

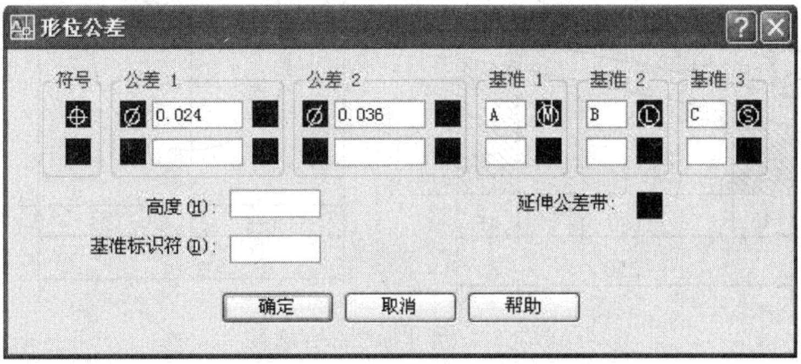

图 5-22　“形位公差”对话框

四、尺寸标注步骤

在 AutoCAD 中对图形进行尺寸标注的基本步骤如下。

(1)选择“格式”→“图层”命令，使用打开的“图层特性管理器”对话框创建一个独立的图层，用于尺寸标注。

(2)选择“格式”→“文字样式”命令，使用打开的“文字样式”对话框创建一种文字样式，用于尺寸标注。

(3)选择“格式”→“标注样式”命令，使用打开的“标注样式管理器”对话框，设置标注样式。

(4)使用对象捕捉和标注等功能，对图形中的元素进行标注。

实例 5-10：图形尺寸标注。

实例目标：绘制如图 5-23 所示的图形，并对图形进行尺寸标注。

实例分析：综合练习尺寸标注的使用。

操作步骤：

(1)新建文件，采用无样板公制。

(2)按尺寸绘制如图 5-23 所示的图形。

(3)设置对象捕捉。

(4)建立标注图层并设置为当前层。

(5)打开“标注”工具条。

(6)单击工具条第一个按钮(线性),根据命令栏提示,用鼠标左键拾取点 1、2 后,鼠标下移到合适位置后单击鼠标左键得到如图 5-24 所示的结果。

(7)单击工具条最后一个按钮(标注样式),进入“修改标注样式”中的“调整”选项卡,将“使用全局比例”选项设为“4”,使文字大小、箭头大小等均变大(图形中绘制的文字大小等于文字选项中的大小与全局比例的乘积)。

(8)单击工具条第 11 个按钮(连续),根据命令栏提示,用鼠标左键拾取点 3、4 后得到如图 5-25 所示的结果。

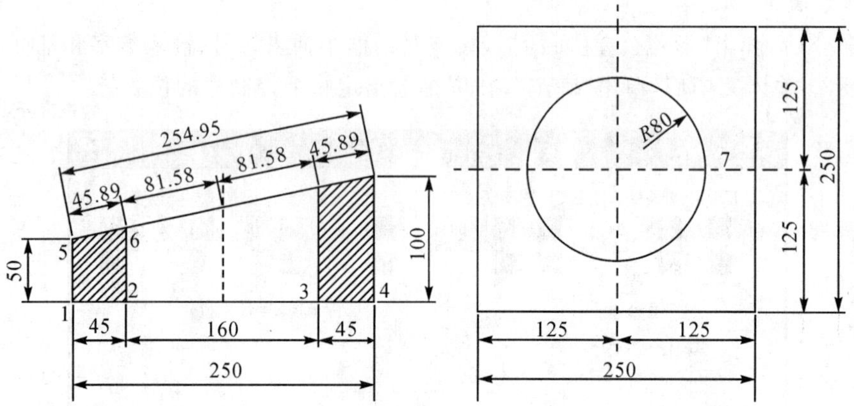

图 5-23　尺寸标注综合练习

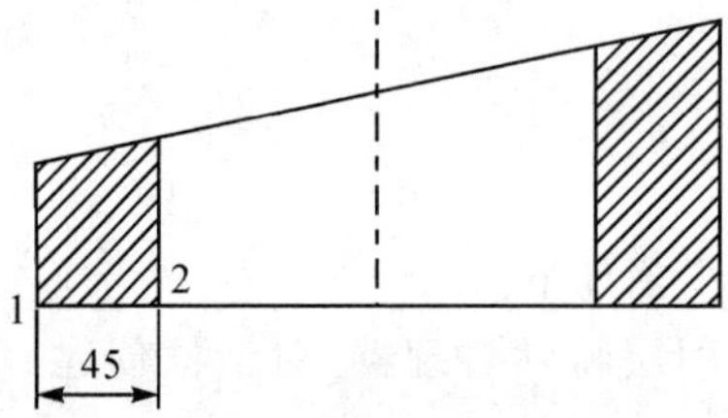

图 5-24　图形线性标注

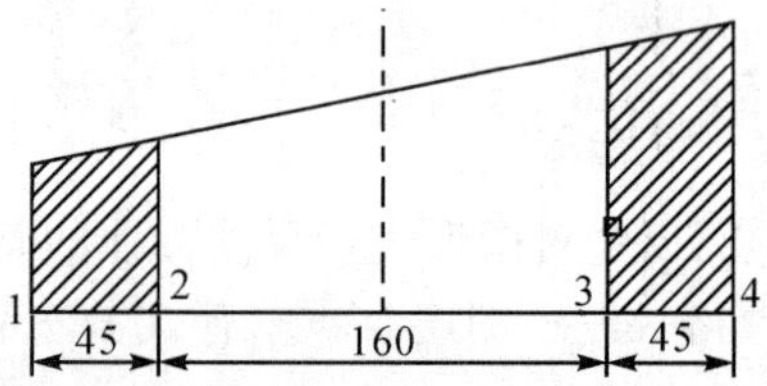

图 5-25　图形连续标注

(9)单击工具条最后一个按钮(标注样式),进入“修改标注样式”中的“线”选项卡,将基线间距改为“8”(使用基线标注后再改此值,标注样式不会更新,必须重新标注)。

(10)单击工具条第 10 个按钮(基线),根据命令栏提示,选择点 1 处的尺寸界线后用鼠标左键拾取点 4 处的尺寸界线后,得到如图 5-26 所示的结果。

(11)单击工具条第 2 个按钮(对齐),根据命令栏提示,用鼠标左键拾取点 5、6 后得到如图 5-27所示的结果。

(12)使用连续、基线标注得到如图 5-28 所示的结果。

(13)单击工具条第 9 个按钮(快速标注),根据命令栏提示,用鼠标左键拾取 7 号轴线及正方形,鼠标向右移到合适位置后单击鼠标左键得到如图 5-29 所示的结果。

(14)单击工具条第 5 个按钮(半径),根据命令栏提示,用鼠标左键拾取圆,移动鼠标到合适位置后单击鼠标左键得到如图 5-30 所示的结果。

(15)继续完成其余标注。

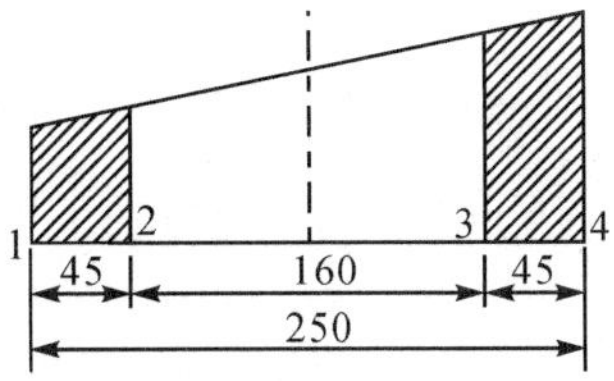

图 5-26　步骤(10)的结果

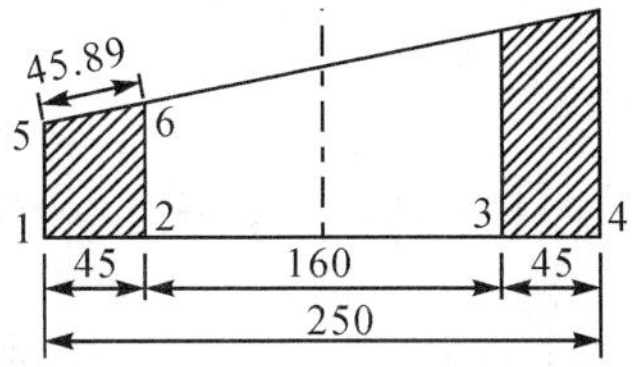

图 5-27　步骤(11)的结果

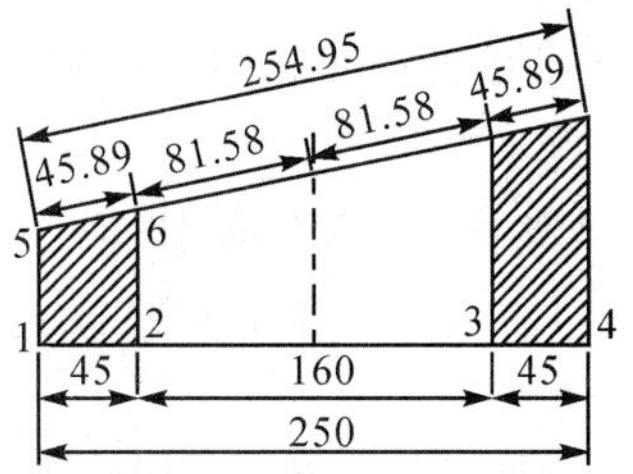

图 5-28　步骤(12)的结果

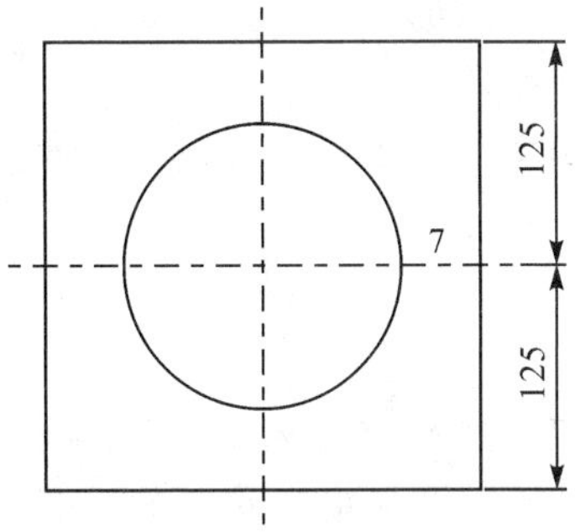

图 5-29　步骤(13)的结果

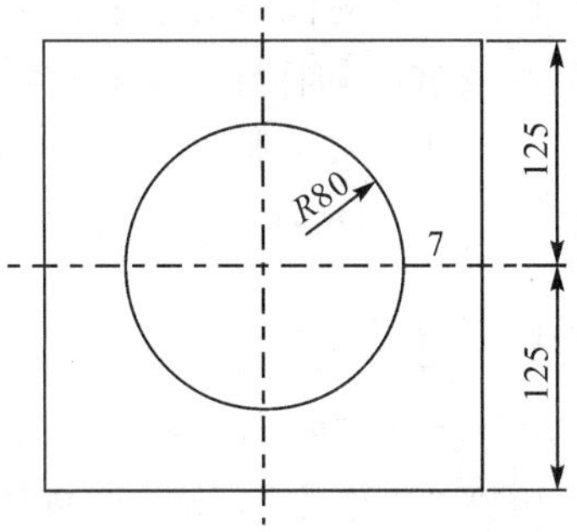

图 5-30　步骤(14)的结果

任务 5-4　编辑标注对象

在 AutoCAD 中，可以对已标注对象的文字、位置及样式等内容进行修改，而不必删除所标注的尺寸对象再重新进行标注。

一、编辑标注

在“标注”工具栏中，单击“编辑标注”按钮，或在命令行键入“DIMEDIT”命令，即可编辑已有标注的标注文字内容和放置位置，此时命令行提示如下。

输入标注编辑类型[默认(H)/新建(N)/旋转(R)/倾斜(O)]〈默认〉:　　(输入选项)

选择对象:　　(选择需要修改的标注对象)

其中各选项功能如下。

“默认(H)”:将所选的尺寸退回到未编辑的状况。

“新建(N)”:用新的尺寸数字代替所选的尺寸数字。

“旋转(R)”:将所选的尺寸数字旋转指定的角度。

“倾斜(O)”:将所选的尺寸界线倾斜指定的角度。

二、编辑标注文字的位置

如果要修改标注文字的位置，选择“标注”菜单下的“对齐文字”命令，或在“标注”工具栏中单击“编辑标注文字”按钮,都可以修改尺寸的文字位置。选择需要修改的尺寸对象后,命令行提示如下。

指定标注文字的新位置或[左(L)/右(R)/中心(C)/默认(H)/角度(A)]:

默认情况下,可以通过拖动光标来确定尺寸文字的新位置,也可以输入相应的选项指定标注文字的新位置。

其中各选项功能如下。

“左(L)”:沿尺寸线左对正所选择的标注文字。本选项只适用于线性、直径和半径标注。

“右(R)”:沿尺寸线右对正所选择的标注文字。本选项只适用于线性、直径和半径标注。

“中心(C)”:将所选择的标注文字放在尺寸线的中间。

“默认(H)”:将所选择的标注文字移回默认位置。

“角度(A)”:修改所选择的标注文字的角度。文字的中心点并没有改变。如果移动了文字或重生成了标注,由文字角度设置的方向将保持不变。

三、编辑标注文字的精度

如果需要修改标注文字的小数位数,可先选定需要修改的标注,单击鼠标右键,在弹出的“右键快捷菜单”中选择“精度”,然后根据需要,在其子菜单中选择相应的子命令即可,如图 5-31 所示。

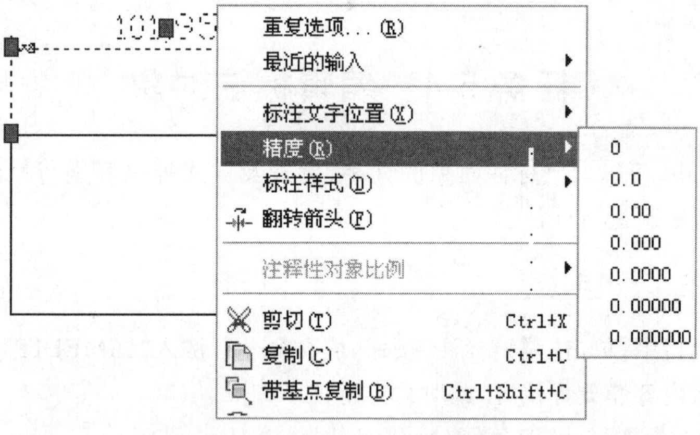

图 5-31 选择标注文字的精度

四、替代标注

选择“标注”菜单下的“替代”命令(Dimoverride),可以临时修改尺寸标注的系统变量设置,并按该设置修改尺寸标注。该操作只对指定的尺寸对象作修改,并且修改后不影响原系统的变量设置。执行该命令时,命令行提示如下。

输入要替代的标注变量名或[清除替代(C)]:

默认情况下,输入要修改的系统变量名,并为该变量指定一个新值。然后选择需要修改的对象,这时指定的尺寸对象将按新的变量设置作相应的更改。如果在命令提示下输入“C”,并选择需要修改的对象，这时可以取消用户已做出的修改，并将尺寸对象恢复成在当前系统变量设置下的标注形式。

五、尺寸关联

尺寸关联指所标注尺寸与被标注对象之间有关联关系。如果标注的尺寸值按自动测量值标注，且尺寸标注按尺寸关联模式标注，那么改变被标注对象的大小后，相应的标注尺寸也将发生改变，即尺寸界线、尺寸线的位置都将改变到相应的新位置，尺寸值也改变成新测量值。反之，改变尺寸界线起始点的位置，尺寸值也会发生相应的变化，如图 5-32 所示。

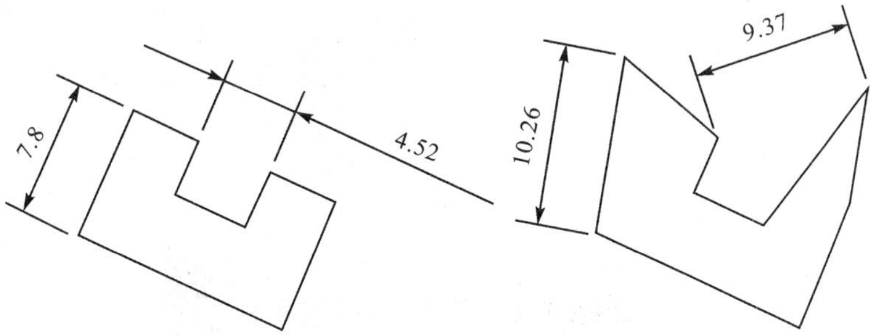

图 5-32　关联标注

操作时，选择"标注"菜单下的"重新关联标注"命令，命令行提示如下。

命令：Dimreassociate

选择对象：　（用鼠标选择需要关联的标注对象，选择完以后提示"找到×个"）

指定第一个尺寸界线原点或[选择对象(S)]〈下一个〉：　（用鼠标选择第一个尺寸界线原点）

指定第二个尺寸界线原点〈下一个〉：　（用鼠标选择第二个尺寸界线原点）

继续选择下一个尺寸标注的第一个尺寸界线原点、第二个尺寸界线原点，直至完毕。

职业能力训练

训练 5-1　线性标注

一、实训目的

(1)掌握标注样式的设置。

(2)掌握线性标注。

(3)掌握连续标注。

(4)掌握基线标注。

(5)掌握修改标注文字内容的方法。

二、实训内容

绘制图 5-33，并标注尺寸。

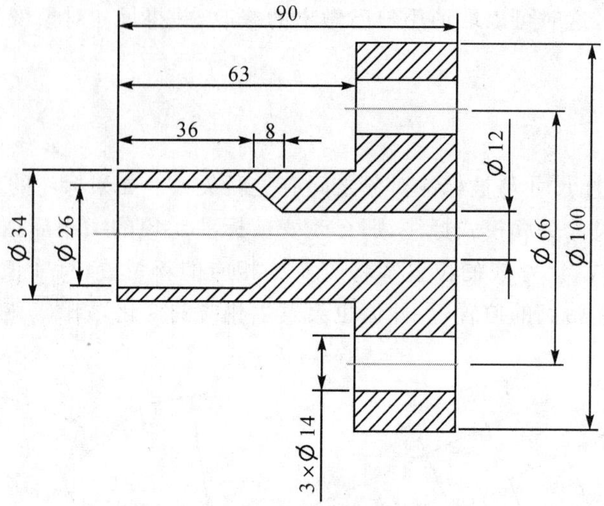

图 5-33 线性尺寸标注

训练 5-2 半径、直径标注

一、 实训目的

(1)掌握标注样式的设置。

(2)掌握半径标注。

(3)掌握直径标注。

(4)掌握标注文字摆放位置的设置。

(5)掌握修改标注文字内容的方法。

二、实训内容

绘制图 5-34,并标注尺寸。

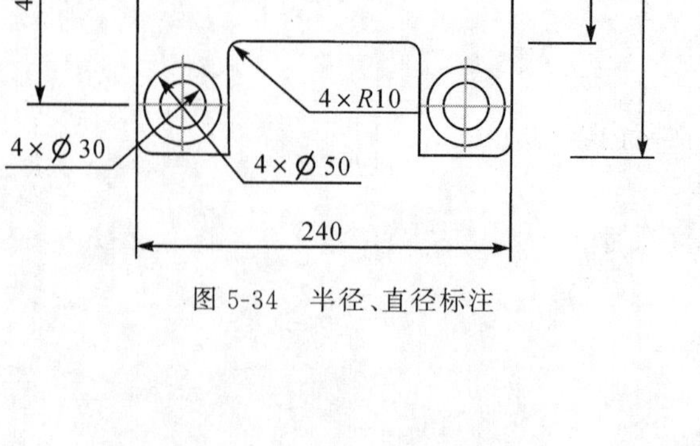

图 5-34 半径、直径标注

项目小结

本项目主要介绍尺寸标注样式的设置及尺寸标注，是 AutoCAD 的重点内容，涉及的内容非常多，要注意使用标注样式设置中的预览功能来了解每一个选项设置的作用，做到能灵活设置标注，并利用标注命令对直径、半径、角度、直线及圆心位置等图形内容进行标注。

思考与练习题

1.如何采用一个标注样式进行线性标注、角度标注？要求两者的箭头型号不一样。

2.先标注基线标注再设置基线间距，可以吗？

3.图形中实际写出来的文字高度是如何计算的？

4.尺寸标注由哪些部分组成？

项目六　图块与外部参照

［项目概述］

块也称为图块，是 AutoCAD 图形设计中的一个重要概念。在绘制图形时，如果图形中有大量相同或相似的内容，或者所绘制的图形与已有的图形文件相同，则可以把重复绘制的图形创建成块，在需要时直接插入它们；还可以根据需要为块创建属性，用来指定块的名称、用途及设计者信息等。如果一个图形需要参照其他图形或图像绘图，又不希望占用太多的存储空间，这时可以使用 AutoCAD 的外部参照功能，把已有的图形文件以参照的形式插入当前图形中。利用图块与外部参照，可以有效地提高绘图效率与绘图质量。

［学习目标］

(1)掌握块的含义和特点，能熟练创建块。

(2)能熟练创建属性块。

(3)掌握块的使用。

(4)掌握外部参照含义和特点，会使用外部参照。

任务 6-1　块的类型及创建

一、块的概述

(一)块的含义

在制图过程中，有时常需要插入某些相同或相似符号供图形中使用，此时就需要运用到图块及图块属性功能。

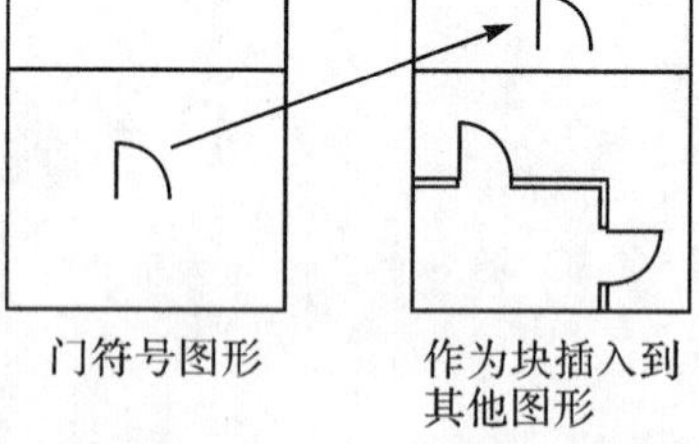

图 6-1　“门”符号创建块

图块是绘制在几个图层上的不同颜色、线型和线宽特性的对象的组合。它是一些经常使用到的图形组合，并按指定的名称保存起来的一种特殊的图形对象。块在本质上是一种块定义，它包含块名、块几何图形、用于插入块时对齐块的基点位置和所有关联的属性数据。图 6-1(a)是由“门”符号创建块，图 6-1(b)是将该“门”符号作为块插入到其他图形中。

可以通过“块定义”对话框或使用“块编辑器”定义几何图形中的块。如果已创建块定义，用户可以在相同或不同的图形中参照它。在应用过程中，AutoCAD 将图块作为一个独立、完整的对象来操作；如果希望对构成块的多个图形对象分别进行编辑，则必须使用“分解”命令将块分解为相对独立的多个对象，然后再进行编辑。

(二)块的类型

图块分为内部块和外部块两种。

1.内部块

内部块是指在图形中定义的块。内部块使用 BLOCK 命令创建，跟随定义它的图形文件一起保存，即图块保存在图形文件内部。每个块的属性定义都包括块名、一个或多个对象、用于插入块的基点坐标值和所有相关的属性数据，内部块一般只能在当前图形内部调用和插入。

2.外部块

外部块是指单独存储的图形文件。外部块使用 WBLOCK 命令创建，将块或图形对象保存到独立的图形文件中。新的图形将图层、线型、样式及其他设置应用于当前图形中，该图形文件可以作为块的定义，在任意 AutoCAD 图形文件中调用并插入。

(三)块的特点

块常用于绘制复杂、重复的图形。在该图形单元中，各实体可以具有各自的图层、线型、颜色等特征。在应用过程中，AutoCAD 将图块作为一个独立、完整的对象来操作。用户可以根据需要按一定比例和角度将图块插入任一指定位置，这极大地减轻了设计负担，避免大量重复劳动，提高绘图速度。

由于图块是作为一个实体插入的，AutoCAD 只保存图块的整体特征参数，而不需要保存图块中每一个实体的特征参数。因此，在绘制相对复杂的图形时，使用图块可以大大节省磁盘空间。

通过修改图块也可以为用户工作带来较大的方便，例如，修改或更新一个已定义的图块，系统将自动更新当前图形中已插入的所有该图块。

属性(文本信息)可以包含在块中。在每一个块的插入时，可定义不同属性值。

二、块的创建

(一)创建内部块

1.命令

命令行：BLOCK

菜单栏："绘图"→"块"→"创建"

工具栏："绘图工具栏"→

2.主要功能

创建在当前文件中使用的块。块名称及块定义保存在当前图形中。

3.操作方法

调用创建内部块的工具后，弹出"块定义"的对话框，如图 6-2 所示。对话框内各项的含义如下。

(1)"名称"：输入要定义的图块的名称。名称最多可以包含 255 个字符，包括字母、数字、空格，以及操作系统或程序未作他用的任何特殊字符。

(2)"基点"：指定块插入时的基点(参照点)。基点默认值是(0,0,0)。可以用两种方式指定基点，一是单击"拾取点"按钮，在图形窗口给出一点；二是直接输入基点 X、Y、Z 的坐标值。

(3)"对象"：指定在新块中包含的对象。单击"对象选择"按钮，可以在绘图窗口用构造选择集的各种方式，将组成块的对象放入选择集。选择完毕，按回车键返回对话框，选项下部

显示:“已选择 X 个对象”。

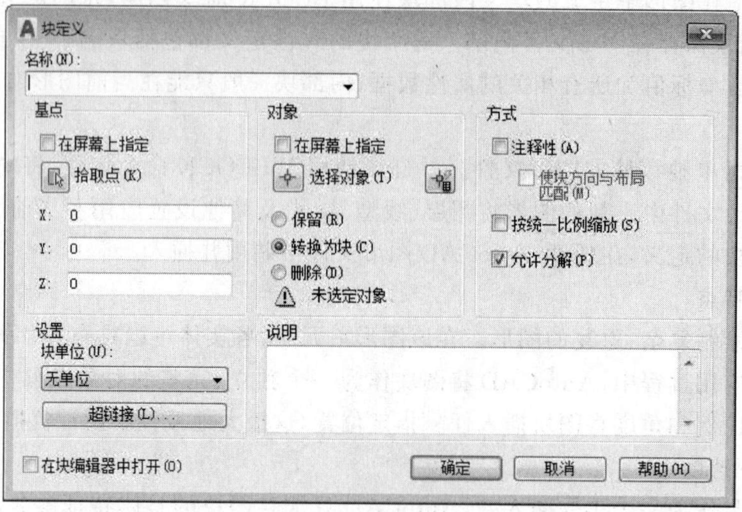

图 6-2 “块定义”对话框

“保留”:保留构成块的对象。

“转换为块”:用块将选定的多个分散对象替换为一个集合对象。

“删除”:定义块后,生成块定义的对象被删除,可以用 OOPS 命令恢复构成块的对象。

(4)“预览”:在名称右边的预览区可以看到要创建块的图形。

(5)“块单位”:在“块单位”下拉列表框中可以为块设置单位。一般来说,最好不给块指定单位(即“无单位”),以方便处理。

(6)“说明”:在“说明”编辑框中输入适当的文字,有助于迅速检索和记忆块。

在定义完块后,单击“确定”按钮。如果用户指定的块名已被定义,则 AutoCAD 显示一个警告信息,询问是否重新建立块定义,如果选择重新建立,则同名的旧块定义将被取代。

(二)写块(创建外部块)

1.命令

命令行:WBLOCK

2.主要功能

创建既可以在当前文件中使用又可以在其他文件中使用的块。

3.操作方法

输入命令后,屏幕上弹出“写块”对话框(图 6-3)。

其中的选项及含义如下。

(1)“源”选项组:指定存盘对象的类型。

“块”:当前图形文件中已定义的块,可从下拉列表中选定。

“整个图形”:将当前图形文件存盘,相当于 SAVEAS 命令,但未被引用过的命名对象,如块、线型、图层、字样等不写入文件。

“对象”:将当前图形中指定的图形对象赋名存盘,相当于在定义图块的同时将其存盘。此时可在“基点”和“对象”选项组中指定块基点及组成块的对象和处理方法。

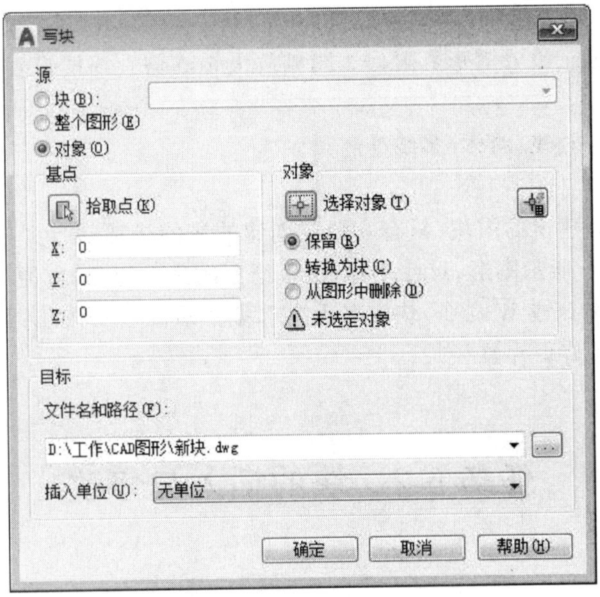

图 6-3 “写块”对话框

(2)“目标”选项组:指定存盘文件的有关内容。

“文件名和路径”:指定存盘的文件名和路径。文件名可以与被存盘块名相同,也可以不同。

“插入单位”:图形的计量单位。

(三)块的创建和应用实例

实例 6-1:图块的创建。

实例目标:绘制如图 6-5 所示图形,并将其创建为块。

实例分析:图 6-4 中有三个不同宽度的窗,形状都是一样的。本例练习块的创建,首先绘制如图 6-5 所示图形,并将其创建为块。

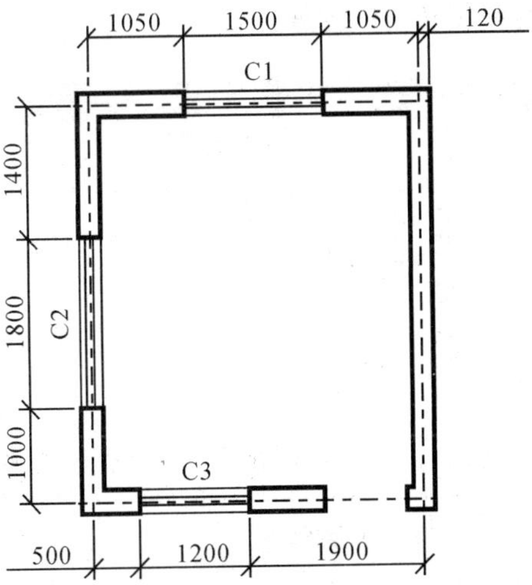

图 6-4 建筑平面图

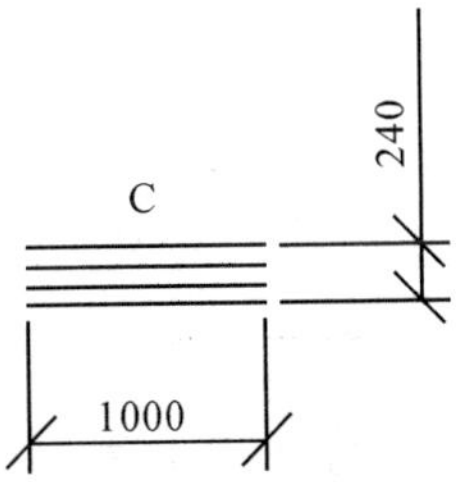

图 6-5 窗户图

操作步骤：

(1)绘图初步设置。设置图形界限(A3 图幅放大 100 倍)、图层设置(轴线、墙体、门窗、标注)等。

(2)在各层绘制好轴线、墙体(多线绘制)。

(3)开好门窗洞口。

(4)进入 0 图层创建窗的图块(只有 0 图层创建的块的线宽、颜色等属性会随图层改变)。在 0 图层绘制如图 6-5 所示图形，尺寸不标，这里绘制的是单位窗，方便以后通过改变 X 轴的比例来插入窗户；使用 B 或 W 命令，块取名为“C”，基点取图 6-4 中的左下角点，选取对象为四根直线(外部块要设置好保存路径)。

(5)块创建完成。

任务 6-2　块的插入与修改

一、块的插入

(一)使用 INSERT 命令插入块

1.命令

命令行：INSERT

菜单栏：“插入”→“块”

工具栏：“绘图工具栏”→

2.主要功能

将块或图形文件按指定位置插入到当前图中。

3.操作方法

执行命令后，弹出“插入”对话框，如图 6-6 所示，将块或另一个图形文件按指定位置插入当前图中。插入时可改变图形的 X、Y 方向上的比例和旋转角度。图 6-6 为将块“C”插入到图中的不同位置上的设置，也可用不同比例和旋转角度插入。

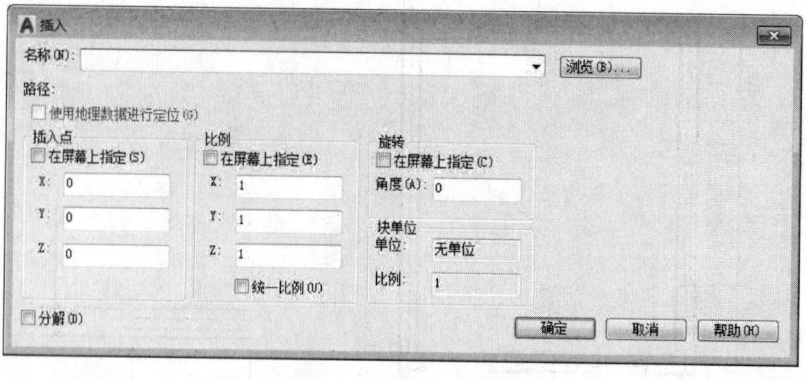

图 6-6　块插入对话框

对话框操作说明如下。

(1)利用“名称”下拉列表框，可以弹出当前图中已定义的块名表供选用。

(2)利用“浏览…”按钮，弹出“选择文件”对话框，可选择某个图形文件插入当前图形中，并在当前图形中生成一个内部块。

(3)可以在对话框中用输入参数的方法指定插入点、缩放比例和旋转角，若选中“在屏幕上指定”复选框，则可以在命令行依次出现相应的提示。

命令：INSERT

指定插入点或[比例(S)/X/Y/Z旋转(R)/预览比例(PS)/PX/PY/PZ/预览旋转(PR)]：　（给出插入点）

输入X比例因子，指定对角点，或者[角点(C)/XYZ]〈1〉：　（给出 X 方向的比例因子）

输入Y比例因子或〈使用X比例因子〉：　（给出 Y 方向的比例因子或回车）

指定旋转角度〈0〉：　（给出旋转角度）

(4)选项。

“角点(C)”：以确定矩形两个角点的方式，对应给出 X、Y 方向的比例值。

“X”“Y”“Z”：用于确定三维块插入，给出 X、Y、Z 三个方向的比例因子。比例因子若使用负值，可产生对原块定义镜像插入的效果。

(5)“分解”复选框。若选中该复选框，则块插入后是分解为构成块的各成员对象；反之块插入后仍是一个对象。对于未进行分解的块，在插入后的任何时候都可以用EXPLODE命令将其分解。

实例6-2：图块的插入。

实例目标：将实例6-1所创建的窗图块插入图6-4所示的窗的位置。

实例分析：图中有三个不同宽度的窗，形状都是一样的，但尺寸和方向有所不同。本例练习块的使用。

操作步骤(在实例6-1的基础上进行)：

(1)把窗的图层置为当前层。

(2)输入“I”弹出“插入”对话框。

(3)插入点选“在屏幕上指点”，比例设为 $X=1.5$、$Y=Z=1$，单击“确定”。

(4)鼠标拾取1 500宽的窗的左下角点，绘制好1 500宽的窗。

(5)输入“I”，弹出“插入”对话框。

(6)插入点选“在屏幕上指点”，比例设为 $X=1.2$、$Y=Z=1$，单击“确定”。

(7)鼠标拾取1 200宽的窗的左下角点，绘制好1 200宽的窗。

(8)输入“I”弹出“插入”对话框。

(9)插入点选“在屏幕上指点”，比例设为 $X=1.8$、$Y=Z=1$，旋转角度设为90°，单击“确定”。

(10)鼠标拾取1 800宽的窗的左下角点，绘制好1 800宽的窗。

(二)使用MINSERT命令插入块

1.命令

命令行：MINSERT

2.主要功能

同时将多个块按指定位置插入到当前图中。

3.操作方法

MINSERT命令表面上是插入INSERT和矩形阵列ARRAY的组合，其实它们之间有着本质的区别。ARRAY命令产生的阵列每一个对象都是独立的，而MINSERT产生的块阵列是一个整体，使用MINSERT命令插入的块不能被分解。

命令:MINSERT
输入块名[?]:
指定插入点或[比例(S)/X/Y/Z/旋转(R)/预览比例(PS)/PX/PY/PZ/预览旋转(PR)]:
XYZ 轴比例因子:
指定插入点:
指定旋转角度〈0〉:
输入行数(...)〈1〉:
输入列数(Ⅲ)〈1〉:
输入行间距或指定单位单元(...):
指定对角点:

其中各选项功能如下。

“输入块名”:指定插入块的名称。

“指定插入点”:指定块插入时的基点位置。

“比例(S)”:指定 X、Y、Z 轴比例因子。

“预览比例(PS)”:指定预览 X、Y、Z 轴比例。

“PX”:指定预览 X 轴比例。

“PY”:指定预览 Y 轴比例。

“PZ”:指定预览 Z 轴比例。

“预览旋转(PR)”:指定预览旋转角度。

“输入行间距或指定单位单元(...)”:输入行间距或者通过指定单位单元大小来定义行间距和列间距。如果输入了行列间距,则出现指定列间距提示。

“指定对角点”:通过指定的点和块的插入点设置比例因子或通过两对角点确定行列间距。

(三)使用点命令插入块

执行“点定数等分(DIVIDE)”或“点定距等分(MEASURE)”命令,可在当前图形文件中插入由用户定义的内部图块。

1.命令

命令行:DIVIDE/MEASURE

菜单栏:“绘图”→“点”→“定数等分”或“定距等分”

2.主要功能

“点定数等分(DIVIDE)”或“点定距等分(MEASURE)”,是指在当前图形文件中以定数或定距方式插入用户定义的内部图块。例如,用定数等分的方法,通过插入名称为“C”的图块,将某一直线对象分为五段。

命令:DIVIDE　　(沿选定对象等间距放置指定的块)
选择要定数等分时的对象:选择直线
输入线段数目或[块(B)]:B
输入要插入的块名:C
是否对齐块和对象?[是(Y)否(N)]:Y
　　(是:根据选定对象的曲率对齐块,插入块的 X 轴方向与选定的对象在等分位置相切或对齐。
　　否:根据用户坐标系的当前方向对齐块,插入块的 X 轴将平行于等分位置的 UCS 的 X 轴。)
输入线段数目:5

二、块的修改

(一)内部块的修改

(1)把原始块分解后进行修改,修改后重新创建块,块名为原来的块名,弹出如图 6-7 所示对话框,选择“重定义”,则块修改完毕。

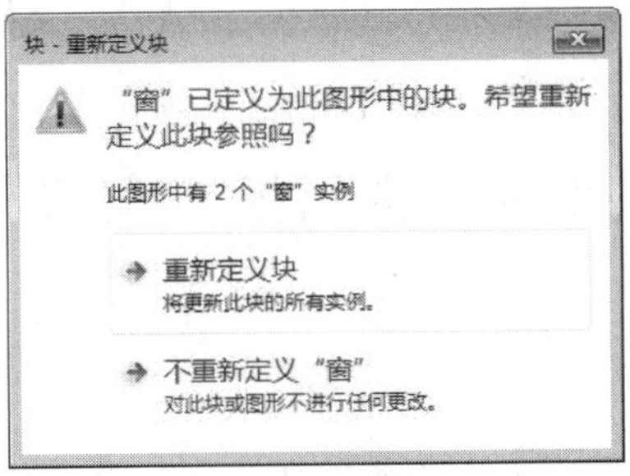

图 6-7　重定义块对话框

(2)选中块后单击鼠标右键,选择“块编辑器”进入块编辑状态,编辑完毕关闭块编辑器,选择“将更改保存到块”。

(3)双击块进入块编辑状态,编辑完毕关闭块编辑器,选择“将更改保存到块”。

(二)外部块的修改

打开外部块的文件进行修改,修改后保存为原来的文件名,在使用过这个块的文件中重新插入该块,选择“重定义”即可。

实例 6-3:图块的修改。

实例目标:将实例 6-1 所创建的窗图块加以修改,修改为图 6-8 所示的图形,并将图形修改为图 6-9 中结果。

实例分析:图中窗为图块,只要对窗块进行修改,即可修改图形中所有的窗,这样可节约大量的时间。本例主要练习块的修改。

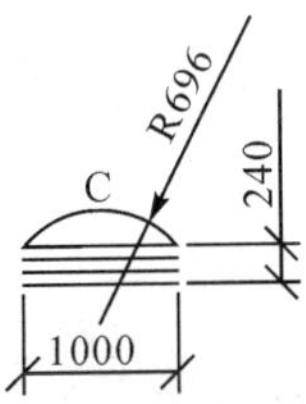

图 6-8　窗户

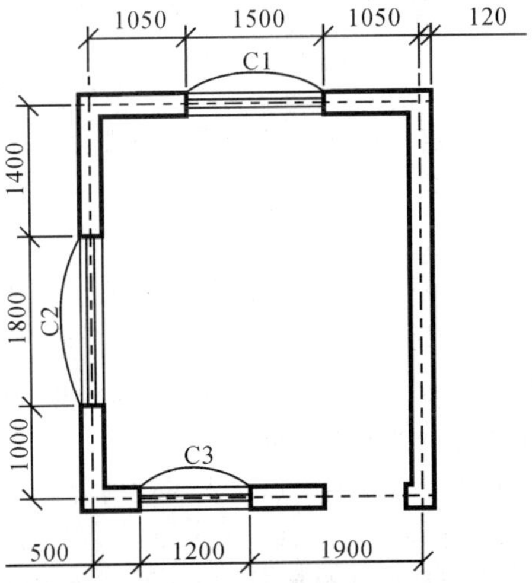

图 6-9　建筑平面图

操作步骤：

(1)插入“C”图块，并进行分解。

(2)将图形修改成图6-8(标注不标)所示的样子。

(3)将此图形重新定义为块，块名、基点不改变。

(4)选择“重新定义块”，得到图6-9所示的图形。

从这个实例可以看到运用块进行设计的优点，设计人员可以很方便地更改所有块的内容，节约大量时间。

任务6-3 块属性定义与修改

一、块属性含义

块属性是指块中不能用图形所表达的各种文字数字等信息。存储在块属性中的信息一般以属性值的形式存在。属性中可能包含的数据包括对象编号、价格、名称等。例如，设计单位通常用属性块定义图框中的标题栏等，把标题栏的图线及固定字符定义为图块后，还可把姓名、图名等可变的文本信息一并加入到图块中，就可以根据不同图纸编辑图名、比例等属性。

属性文字需要先单独定义，在定义块时将图形和属性一起选中，就成了属性块。

属性也可以“不可见”。不可见属性不能显示和打印，但其属性信息存储在图形文件中，并且可以写入提取文件供数据库程序使用。

二、块属性定义

1.命令

命令行：DDATTDEF或ATTDEF

菜单栏：“绘图”→“块”→“定义属性”

2.主要功能

创建带有附加信息的块。这些附加信息主要指块上的文本说明，用于表示块的非图形信息。

3.说明

定义块时，属性必须定义后才能被选定。只要插入带有可变属性的块，系统就会提示输入与块一同存储的数据。

4.操作方法

在调用定义属性命令后，弹出“属性定义”对话框。如图6-10所示，各项含义如下。

(1)属性：创建属性的标签及提示输入属性的管道。

“标记”：设置类似标题一样的名称。属性标记可以由字母、数字、字符等组成，字符之间不能有空格，必须输入且同一块中不能重复。

“提示”：创建提示文字以告诉用户输入属性内容。

“值”：提示默认值的内容。

(2)模式选项组：为属性模式设置打开“ON”或关闭“OFF”的状态。

“不可见”：控制插入块时属性值在图形中是否可见。选取后，在向当前图形插入块时将不显示属性值。

图 6-10 “属性定义”对话框

“固定”:设置属性为固定值,不再更改。

“验证”:设置是否对属性值进行校验。若选择此选项,则插入块并输入属性值后,AutoCAD 将再次给出提示,让用户校验输入值是否正确。

“预置”:该选项用于设定是否将实际属性值设置成默认值。若选中此选项,则插入块时,AutoCAD 将不再提示用户输入新属性值,实际属性值等于“值”框中的默认值。

(3)插入点:设置属性在图面上的位置。选中“在屏幕上指定”,AutoCAD 切换到绘图窗口,并提示“起点”。用户指定属性的放置点后,按回车键返回“属性定义”对话框。

“X”“Y”“Z”文本框:在这三个框中分别输入属性插入点的 X、Y 和 Z 坐标值。

(4)文字设置选项组:设置属性文字的对正方式、文字样式、高度及旋转角度等。可以直接键入文字数值或由屏幕定出距离表示大小方向。

“对正”:该下拉列表中包含了十多种属性文字的对齐方式。

“文字样式”:从该下拉列表中选择文字样式。

“高度”:用户可直接在文本框中输入属性文字高度,或单击“高度”按钮切换到绘图窗口,在绘图区中拾取两点以指定高度。

“旋转”:设定属性文字旋转角度。

(5)在上一个属性定义下对齐。当创建第二个属性时,设置是否置于先前属性的下方。

实例 6-4:将图 6-11 的图形创建为属性块。

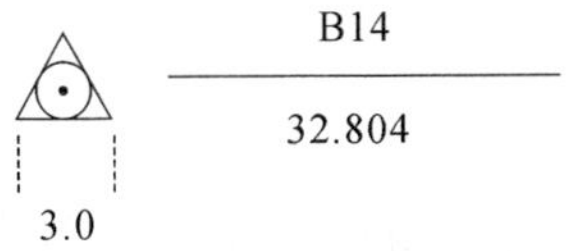

图 6-11 GPS 控制点

实例目标:绘制图 6-11 的图形,进行属性定义,将其创建为带属性的外部块。

实例分析:图中 GPS 控制点由点图形、点名称和点高程等部分组成,其中 B14 为名称、32.804 为高程,不同的 GPS 控制点图形相同,但点名称和高程不同,因此将名称和高程定义为属性,可随块一起操作。

操作步骤：

(1)绘制图 6-11 中的图形，结果如图 6-12 所示。

(2)命令行中输入“att”，弹出“属性定义”对话框。

(3)定义点名称属性，“属性定义”对话框中各选项设置如图 6-13 所示。

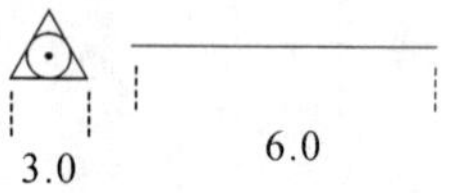

图 6-12　GPS 控制点中的图形部分

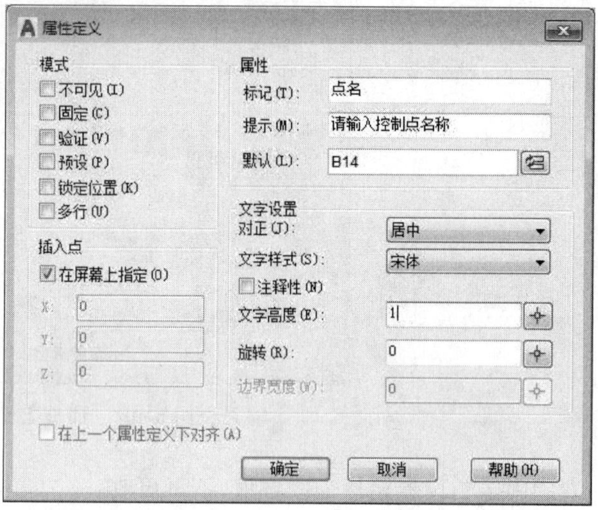

图 6-13　GPS 控制点中“点名称”的属性设置

(4)单击“确定”，在图形文件中指定点名称属性的位置，并进行该属性定义，如图 6-14 所示。

(5)重复“属性定义”，弹出“属性定义”对话框，定义点高程属性，“属性定义”对话框中各选项设置如图 6-15 所示。

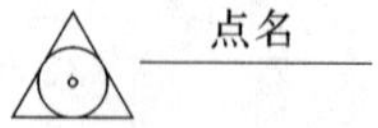

图 6-14　GPS 控制点中“点名称”的属性定义

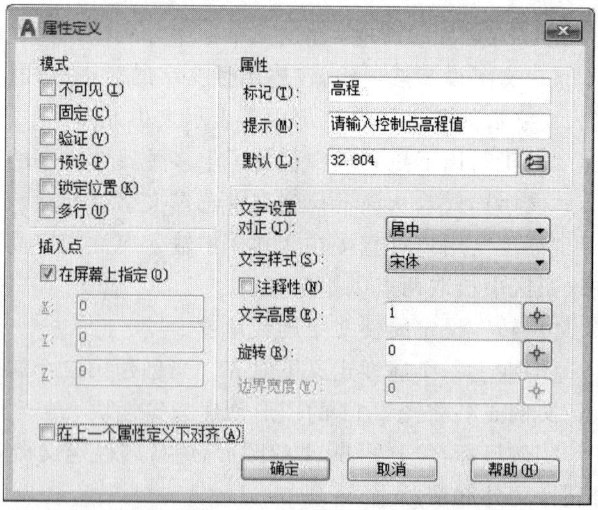

图 6-15　GPS 控制点中“高程值”的属性设置

(6)单击“确定”，在图形文件中指定点高程属性的位置，并进行该属性定义(图 6-16)。

(7)调整定义后属性的位置，使其满足要求，该图形属性定义完成。

(8)使用“WBLOCK”命令，将图形和定义属性共同创建为名称是“GPS 控制点”的外部块，如图 6-17 所示。

注意：拾取点位置为图形的圆心，选择对象为图形和属性的全部对象。

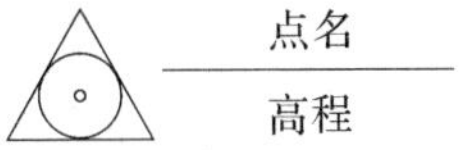

图 6-16　GPS 控制点中“高程值”的属性定义

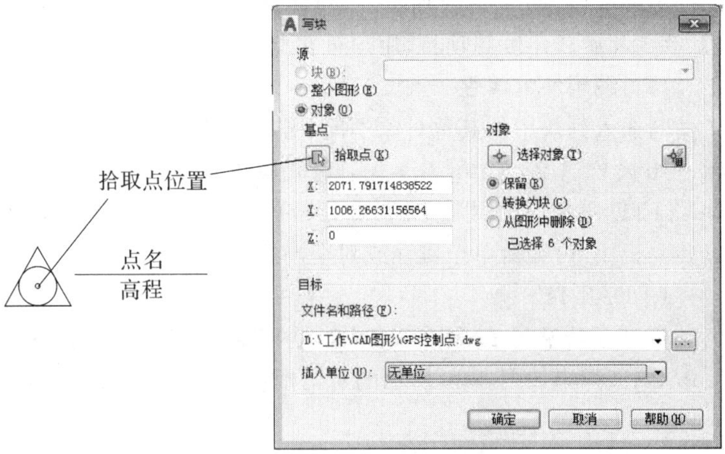

图 6-17　GPS 控制点的创建

(9)单击“确定”，该属性块创建成功。

三、块属性修改

(一)编辑属性定义

创建属性后，在属性定义与块相关联之前(即只定义了属性但没定义块时)，用户可对其进行编辑。

1.利用编辑属性定义修改

命令行：DDEDIT

菜单栏：“修改”→“对象”→“文字”→“编辑”

调用 DDEDIT 命令，AutoCAD 提示“选择注释对象”，选取属性定义标记后，AutoCAD 弹出“编辑属性定义”对话框，如图 6-18 所示。在此对话框中用户可修改属性定义的标记、提示及默认值。

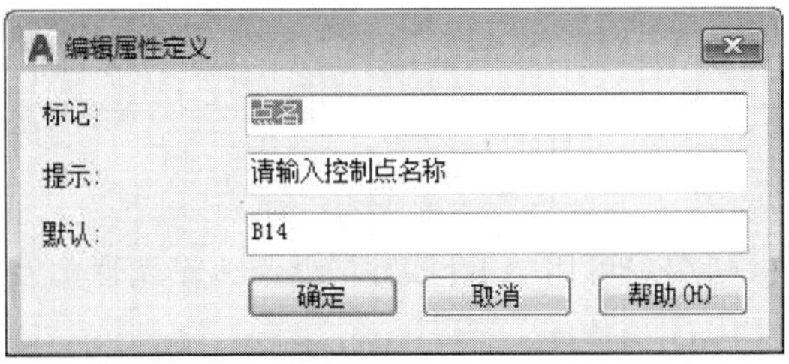

图 6-18　“编辑属性定义”对话框

2.利用“特性”对话框修改

命令行：DDMODIFY

菜单栏：“修改”→“特性”

工具栏:

调用 DDMODIFY 命令,单击选择对象按钮,AutoCAD 打开“特性”对话框,可修改属性定义的更多项目,如图 6-19 所示。该对话框的“文字”区域中列出了属性定义的标记、提示、默认值、字高和旋转角度等项目,用户可在此对话框中进行修改。

(二)编辑块的属性

与插入到块中的其他对象不同,属性可以独立于块而单独进行编辑。用户可以集中地编辑一组属性。在 AutoCAD 中,编辑属性的命令有 DDATTE 和 ATTEDIE 两个。其中 DDATTE 命令可编辑单个的、非常数的、与特定的块相关联的属性值;而 ATTEDIT 命令可以独立于块,可编辑单个属性或对全局属性进行编辑。

1.DDATTE

用户可以通过在命令窗口输入 DDATTE 来调用“编辑属性”对话框,选择块以后,AutoCAD 弹出如图 6-20 所示的对话框。

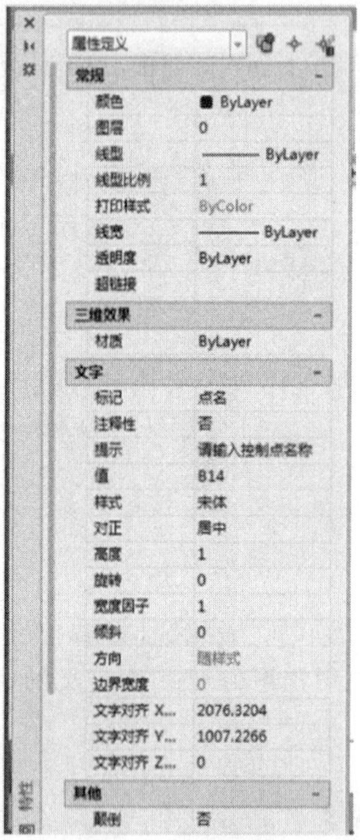

图 6-19 “特性”对话框

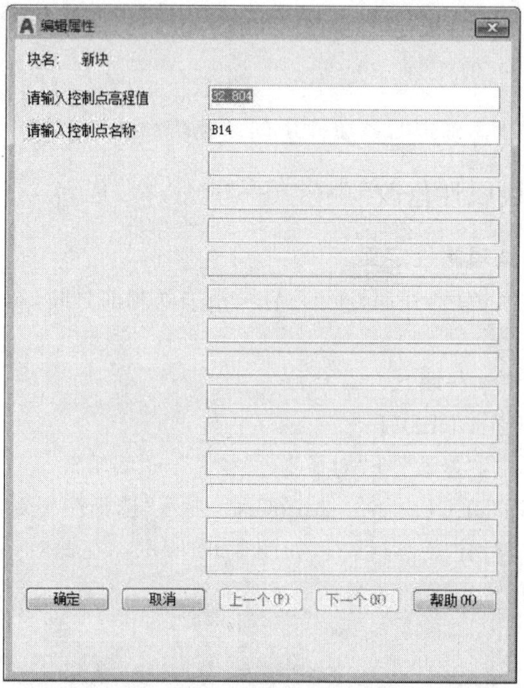

图 6-20 “编辑属性”对话框

2.ATTEDIT

若属性已被创建为块,则用户可用 ATTEDIT 命令编辑属性值及属性的其他特性。

命令行:ATTEDIT

菜单栏:“修改”→“对象”→“属性”→“单个”

工具栏:

AutoCAD 提示“选择块”,用户选择要编辑的图块后,AutoCAD 打开“增强属性编辑器”对话框,如图 6-21 所示。在此对话框中用户可对块属性进行编辑。

(a) “属性” 选项卡　　　　(b) “文字选项” 选项卡

图 6-21　“增强属性编辑器”对话框

“增强属性编辑器”对话框有三个选项卡:“属性”“文字选项”“特性”。

(1)“属性”选项卡:在该选项卡中,AutoCAD 列出当前块对象中各个属性的标记、提示和值。选中某一属性,用户就可以在“值”框中修改属性的值。

(2)“文字选项”选项卡:用于修改属性文字的一些特性,如文字样式、字高等。选项卡中各选项的含义与“文字样式”对话框中同名选项含义相同。

(3)“特性”选项卡:在该选项卡中用户可以修改属性文字的图层、线型和颜色等。

(三)块属性管理器

通过块属性管理器,可以有效地管理当前图形中所有块的属性,并能进行编辑。

命令行:BATTMAN

菜单栏:“修改”→“对象”→“属性”→“块属性管理器”

启动 BATTMAN 命令,AutoCAD 弹出“块属性管理器”对话框,如图 6-22 所示。

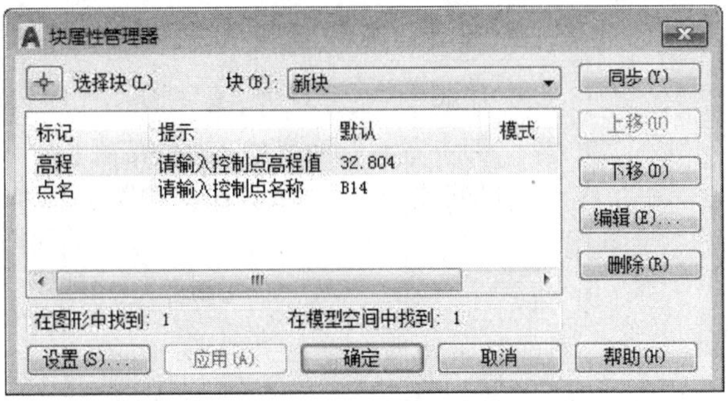

图 6-22　“块属性管理器”对话框

(1)“选择块”:通过此按钮可以选择要操作的块。单击该按钮,AutoCAD 切换到绘图窗口,并提示“选择块”,用户选择块后,AutoCAD 返回“块属性管理器”对话框。

(2)“块”下拉列表:用户也可通过此下拉列表选择要操作的块。该列表显示当前图形中所有具有属性的图块名称。

(3)“同步”:用户修改某一属性定义后,单击此按钮,更新所有块对象中的属性定义。

(4)“上移”:在属性列表中选中一属性行,单击此按钮,则该属性行向上移动一行。

(5)“下移”:在属性列表中选中一属性行,单击此按钮,则该属性行向下移动一行。

(6)“删除”:删除属性列表中选中的属性定义。

(7)“编辑”:单击此按钮,打开“编辑属性”对话框,该对话框有三个选项卡:属性、文字选项、特性。这些选项卡的功能与“增强属性管理器”对话框中同名选项卡功能类似,这里不再讲述。

(8)“设置”:单击此按钮,弹出“设置”对话框。在该对话框中,用户可以设置在“块属性管理器”对话框的属性列表中显示哪些内容。

任务 6-4　外部参照

外部参照是指在一副图形中对另一副外部图形的引用,它不仅是在当前图形中引入不必修改的标准元素(如标题块、各种标准元件)的一个高效率途径,而且还是在多个图形中应用相同图形数据的一个手段。

外部参照与块在很多方面类似,它们最大的区别在于块在插入后,其图形数据会存储在当前图形中,而使用外部参照,其数据并不增加在当前图形中,始终存储在原始文件中,当前文件只包含对外部文件的一个引用。因此,不可以在当前图形中编辑一个外部参照,同样也不可以分解一个外部参照。要修改编辑外部参照,必须编辑原始的外部图形文件。

可以通过 XREF 命令来附加、覆盖、连接或更新外部参照。

一、使用外部参照

要在图形中使用外部参照,可选择“插入”→“外部参照”菜单命令,打开“外部参照”对话框,如图 6-23 所示。

图 6-23　“外部参照”对话框

(1)“附着”按钮:将文件附着到当前图形。从列表中选择一种格式以显示“选择参照文件”对话框。

(2)“刷新”/“重载所有参照”按钮:“刷新”,同步参照图形文件的状态数据与内存中的数据,刷新主要与 Autodesk Vault 进行交互;“重载所有参照”,更新所有文件参照以确保使用的是最新版本,首次打开包含文件参照的图形时也会进行更新。

(3)更改路径按钮:修改选定文件的路径。可以将路径设置为“绝对”或“相对”,如果参照文件与当前图形存储在相同位置,也可以删除路径。

单击“附着”按钮,附着一个文件后将显示“附着外部参照”对话框,如图 6-24 所示。

在“参照类型”区中,选择参照类型,默认为“附着型”。

单击“确定”按钮。在命令行出现“指定插入点或[比例 X/Y/Z/旋转(R)/预览比例(PS)PX/PY/PZ/预览旋转(PR)]:”提示,和插入块一样,在设定了相应的参数后,当前图形中将出现被参照的文件内容。

二、管理外部参照

利用图 6-23“外部参照”对话框可以对外部参照进行管理，在外部参照处，单击鼠标右键即可弹出快捷菜单，如图 6-25 所示，可以打开、附着、卸载、重载、拆离和绑定外部参照图形。“外部参照管理器”对话框各选项的意义如下。

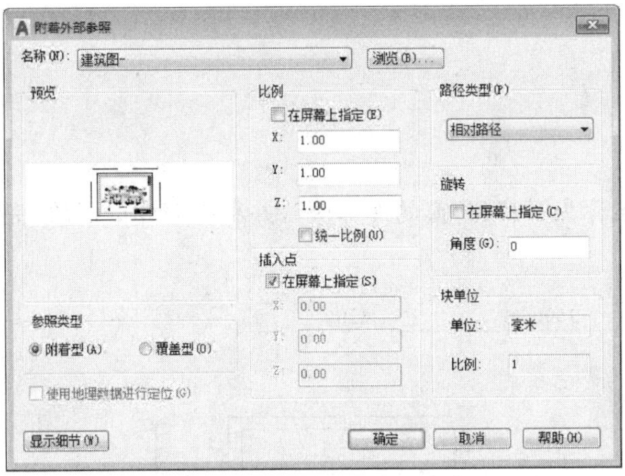

图 6-24　“附着外部参照”对话框

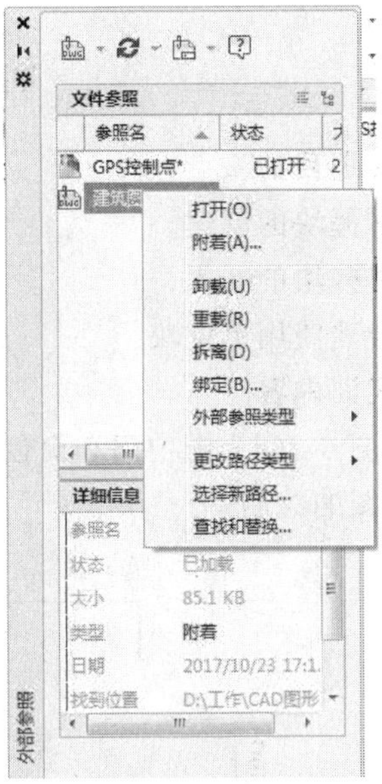

图 6-25　“外部参照管理器”对话框

(1)“附着”：单击“附着”按钮，则弹出“选择参照文件”对话框，可选择要引用的其他图形文件。

(2)“拆离”：当选择外部参照后，单击“拆离”按钮可从当前图形中移去或删除现有的外部参照。

(3)“重载”或“卸载”：重载或卸载现有的外部参照，卸载不是拆离只是暂时不参照，必要时可参照。

(4)“绑定”：可将外部参照转化为块，插入当前图形中。

(5)“选择新路径”：为缺少的参照选择新路径。

(6)“查找和替换”：支持从选定的所有参照中找出使用指定路径的所有参照，并将此路径的所有匹配项替换为指定的新路径。

三、外部参照的用途说明

(1)外部参照并非永久性的将外部图形文件载入目前图形中，当外部图形文件内容有更新或修改变动时，外部参照会立即更新目前图形文件中的外部参照，而 DDINSERT 插入的外部图形文件则不会有任何改变。

(2)外部参照在组合图时非常好用，可以妥善运用外部参照来让多人协同工作，只需通过 XREF 命令将别人的图形文件移植到当前主图上，即可掌握所有图形最新的配合完成状况。

(3)主图中的外部参照数量没有限制。

(4)外部参照可有效地帮助我们完成一张大而复杂的组合图，同时使该图形文件在硬盘所占的空间大大减少。

(5)INSERT 永久载入外部图形文件于主图资料库中,融成一体,而外部参照可在 OPEN 及 PLOT 重新载入更新,回到最后完成的状态。

职业能力训练

训练 6-1 块的创建及插入

一、实训目的

(1)掌握块的创建。

(2)掌握块的插入。

(3)合理使用单位块。

二、实训内容

根据图 6-26,为图中门和窗创建名称为"门"和"窗的外部块",并利用创建的图块,完成该建筑平面图的绘制。

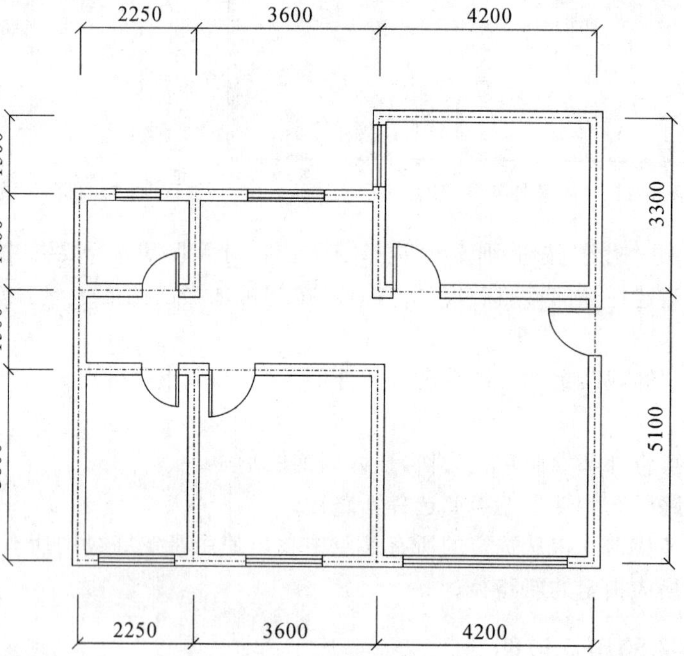

图 6-26 建筑平面图

训练 6-2 属性块的运用

一、实训目的

(1)掌握属性块的定义。

(2)掌握属性块的修改。

二、实训内容

根据图 6-27，将大比例地形图图框创建为带属性块。绘制图形，添加属性，创建名称为“1：2 000图框”的外部块。

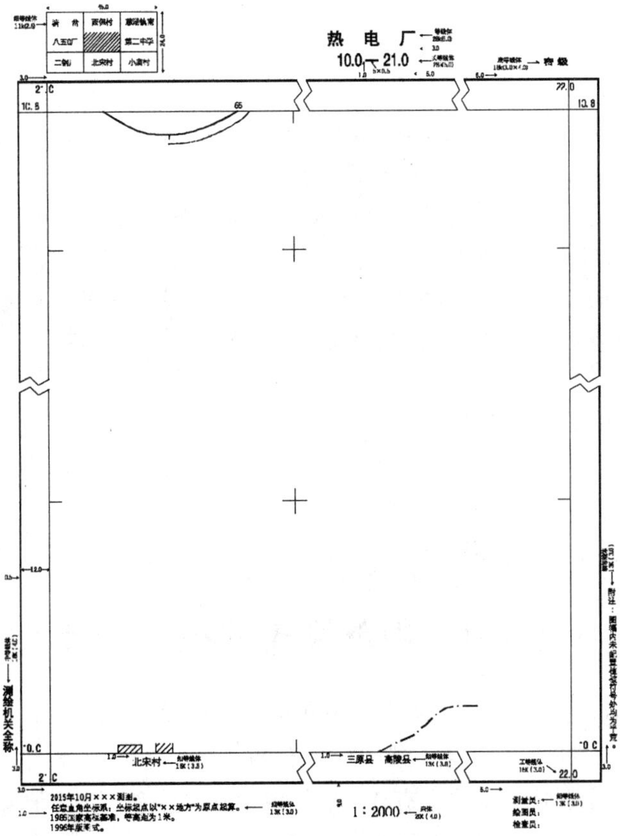

图 6-27　属性块制作

项目小结

本项目主要介绍块的创建、插入，块的修改及属性块的定义。

创建块的目的是为了方便绘图，更为了方便以后可快速地修改，如果一张图中有许多图块是一样大小的，就可以创建一个再进行复制，这样绘图更省时间。对于属性块的操作要考虑是复制还是插入更方便。

思考与练习题

1.BLOCK 与 WBLOCK 创建的块有何区别？

2.如何修改一个图纸中块？

3.举四个可以用属性块的例子。

4.一个块中可存在多个属性块吗？

项目七　地形图符号绘制

[项目概述]

随着测绘仪器和计算机技术的发展，数字化测图成为大比例尺地形图测绘的主要形式，但仅有 AutoCAD 软件这个平台对数字地形图的绘制还是不够的，因为 AutoCAD 软件的符号库中并没有用于专业地形图绘制的符号，所以，我们必须依照 AutoCAD 软件已有的符号制定原则开发出用于绘制地形图的符号库。

利用 AutoCAD 的自定义功能，对其点状符号、线状符号、面状符号进行针对性的开发，建立符合测绘专业标准要求的符号库，提高作图效率，使得数字化测图更快捷方便。

[学习目标]

(1)了解地形图符号的分类及基本特征。

(2)掌握点状符号即独立地物符号的定制，主要采用图块和形的定义方法。

(3)掌握线状符号的定制方法。

(4)掌握面状符号和面域文件的编辑和修改。

任务 7-1　地形图图式符号的分类

地形图图式是地形图上表示的各种地物和地貌要素的符号、注记和颜色等的规则和标准，是测绘和出版地形图必须共同遵守的基本依据之一，是由国家统一颁布也必须执行的标准。目前，大比例尺地形图图式中有 10 大类共 400 多个符号(注记除外)，表示着地球表面各种各样的物体。根据符号与实地物体的比例关系可将地形图符号分成为以下三种类型(表 7-1)。

表 7-1　按符号与地图比例尺的关系分类

依比例符号		不依比例符号		半依比例符号	
	河流	△ N−2/32.87	三角点		小路
砼3	房屋	⊗ BM36/3.48	水准点		篱笆
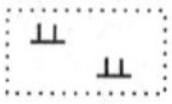	田地		独立树		电线
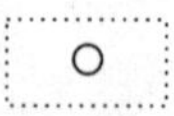	森林		亭		围墙

(一)依比例符号

依比例符号又称“真形符号”或“轮廓符号”，以保持物体平面轮廓形状的相似性为特征，轮廓位置准确。如森林、海洋、湖泊、草地、沼泽地，以及某些较大的建筑设施等。依比例符号不仅能反映出地物的平面位置，而且能反映出地物的形状和大小。

依比例符号是由轮廓线和填充符号组成，轮廓线表示面状物体的真实位置与形状，其线划有实线、虚线和点线之分，分别表示位置明显的、准确而无实物的和不明显的界线，如岸线、境界线和地类界。填充符号只起说明物体性质的作用，不表示物体的具体位置，是一种配置性的符号，有时还要加注文字或数字以说明其质量或数量特征，如森林符号。水域在出版图上涂以蓝色，不再填充符号，但在地形单色图上不作填充，如表 7-1 所示。

(二)非依比例符号

非依比例符号又称点状符号或独立符号，只表示该地物在图上的点位和特征性质，并不保持物体的外形轮廓特征。这是由于某些独立地物按比例缩小后实在太小，甚至只能是一个点，所以，要用一个专门的符号表示，如三角点、控制点、独立树、纪念碑、水井等。当然，在大比例尺测图时，有些独立地物按比例缩小后仍然可以描绘其外形轮廓，那就必须如实绘制出来，再在图形中央合适位置绘出其独立符号，如表 7-1 所示的亭符号，正六边形外观是其实地缩小后的外形，再辅以亭的独立符号在其中。

(三)半依比例符号

半依比例符号是指物体的长度按比例描绘而宽度不按比例描绘的符号，在实地大都是一些狭长的线状物体，所以又称为线状符号，如铁路、公路、城墙、通信线和高压线等。线状符号的形状和颜色表示事物的质量特征，其宽度往往反映事物的等级或数值。这类符号能表示事物的分布位置、延伸形态和长度，但不能表示其宽度。

符号的依比例、半依比例或非依比例没有绝对的概念，同一地物可能同时用两类符号表示。例如，河流的发源端绘成半依比例的单线，到中游和下游则逐渐变成依比例的双线河；同一地物在不同比例尺的图上可能用不同类的符号表示，如独立房屋有时是不依比例的独立符号，而在大比例尺的测图中却又可以依比例描绘。

任务 7-2　点状符号的绘制

控制点、植被符号、独立地物都属于点状符号，AutoCAD 用“块”(block)和“形”(shape)来定义点状符号。“块”是一种特殊化的 AutoCAD 图形文件(*.dwg)，可用于所有符号的定义，方法简便直观，且可定义属性块，实现带注记符号(如导线点)的绘制。“块”的缺点是占用磁盘空间比较大。无论是使用图块还是“形”文件定制独立地物符号，首先都要确定点状符号的定位点和符号的尺寸大小。

一、定位点的选择

非依比例符号是以符号的“主点”和与之相对应地物垂直投影后“中心点位”相重合为特征的，而独立符号由几何图形组成，既有单个的几何图形，也有复合的几何图形。因此，图形的“主点”就是定位点(表 7-2)，其基本法则如下。

(1)带点的符号，如三角点、亭子、窑等的中心点就是主点。

(2)具有典型的几何形状的符号，如电杆、石油井、抽水机站、粮仓等其几何中心就是“主点”。

表 7-2 不依比例尺符号的定位点

定位点	中心点	
中心点	亭子	窑
图形中心	矿井	水车
底部中心	水塔	散坟
直角顶点	路标	针叶树
下方中心	果树	泉

(3)具有宽底的符号,如水塔、环保检测站、散坟等,其底线中心即为“主点”。

(4)底部成直角状的符号,如独立树、汽车站、路标等,其直角顶点即为“主点”。

(5)由多种几何图形组成的符号,如瞭望塔、清真寺、教堂等,其下部几何图形中心即为“主点”。

(6)其他图案符号,如矿井、水车、发电厂等,其符号的中心即为“主点”。

(7)底端为缺口的符号,如亭、城门、山洞等,其缺口底端中心即为“主点”。

不依比例符号的主点也就是野外采样时所要测定的碎部点。

二、符号尺寸大小的确定

由于大多数点状符号是不依比例尺变化的,所以在不同比例尺的地形图中,同一符号的实际大小尺寸是不同的。如尺寸为 1 mm 的符号,1 mm 指在图纸上的尺寸,因此对于 1∶1 000 比例尺地形图,该符号在图形文件中得实际尺寸为 1 m。由于符号的尺寸与比例尺有关,因此一般选择 1∶1 000 为基本比例尺来制作符号,这样图纸上 1 mm 符号的实际尺寸为 1 m。为便于换算,当在 1∶500 比例尺地形图中插入该符号时,插入比例尺应为 0.5,而在 1∶2 000 的地形图中插入该符号时,插入比例应为 2,其他比例尺以此类推。

三、块类点状符号

图块是 AutoCAD 系统中最具特色的图形实体,可以在图形系统中随意定制,并以文件形式保存,绘图时可以任意插入图形中。块是一种特殊化的 AutoCAD 图形文件(*.dwg),可用于所有符号的定义,方法简便直观,且可定义属性块,实现带注记的符号(如导线点)的绘制。块的缺点是占用磁盘空间比较大。

实例 7-1:创建如图 7-1 所示的具有点名、高程属性的水准点。

操作步骤:

(1)绘制图形,如图 7-1(a)所示。

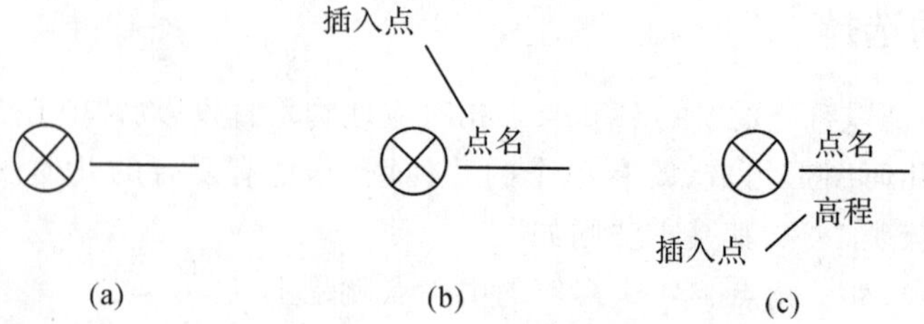

图 7-1 实例图样

(2)输入定义图块属性命令,在“属性定义”对话框中的设置如图 7-2 所示。

(3)单击“确定”按钮,在 AutoCAD 作图区拾取该属性标记(点号)的插入点,如图 7-1(b)所示。

(4)输入定义图块属性命令,在“属性定义”对话框中输入如图 7-3 所示设置。

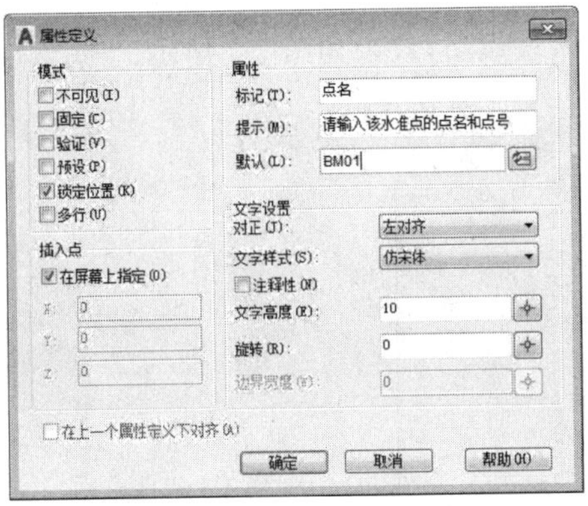

图 7-2　点名“属性定义”对话框的设置

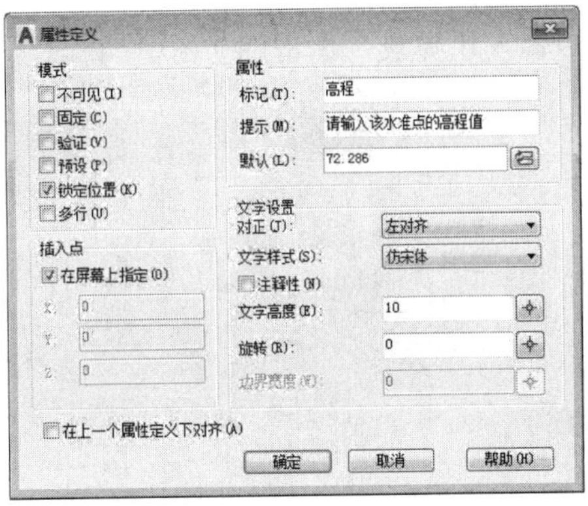

图 7-3　高程“属性定义”对话框中的设置

(5)单击“确定”按钮,在 AutoCAD 作图区拾取该属性标记(高程)的插入点,如图 7-1(c)所示。

(6)在命令行输入“wblock”,在随后弹出的“写块”对话框中进行设置,如图 7-4 所示。其中拾取的基点选择圆心,对象选择整个图形。

(7)单击“确定”按钮即创建了包含两个属性的图块。

实例 7-2:在坐标为(200,200)的点处插入水准点,该点高程为 45.123,点名为 BM02。

操作步骤:

(1)在命令行输入“ddinsert”,在随后弹出的“插入”对话框中进行如下设置(图 7-5)。

(2)指定块插入位置。单击“确定”按钮,则命令行出现如下提示。

图 7-4　“写块”对话框的设置

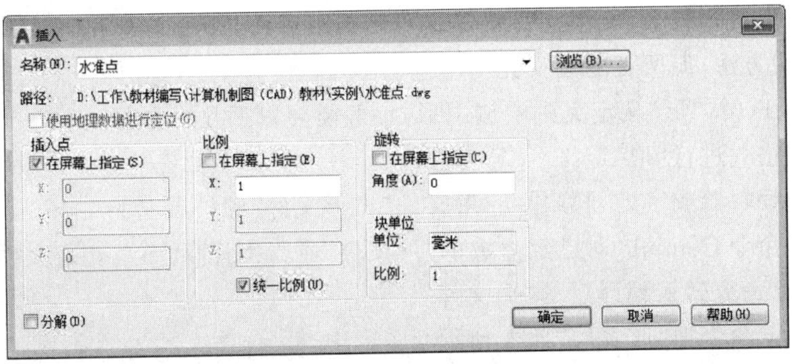

图 7-5　“插入”对话框的设置

命令:ddinsert

指定插入点或[基点(B)/比例(S)/X/Y/Z/旋转(R)/预览比例(PS)/PX/PY/PZ/预览旋转(PR)]:200,200
(指定图块的插入点)

(3)输入属性值。弹出“编辑属性”对话框,在该对话框中输入新插入的块的点名和高程值的属性值,如图 7-6 所示。

(4)输入块完成。单击图 7-6 中的“确定”,插入块成功,效果如图 7-7 所示。

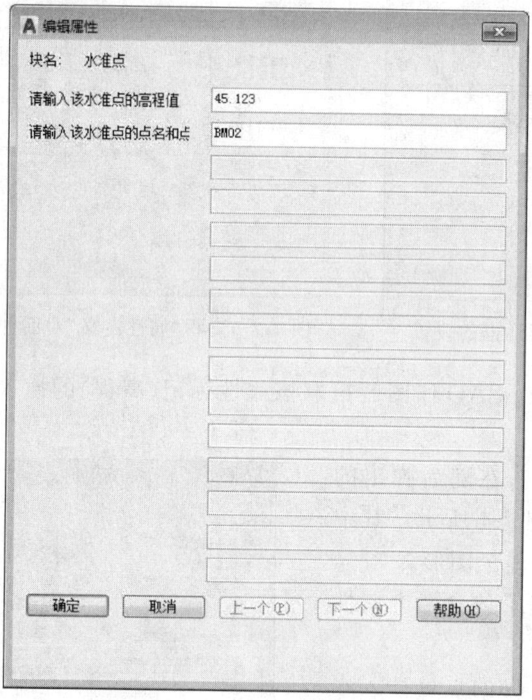

图 7-6 输入属性值

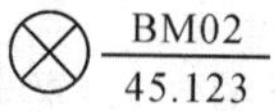

图 7-7 插入的新高程点

说明:“属性定义”对话框中的“插入点”是指图块属性标记的插入点;“插入”对话框中的“插入点”是指图块在绘图区的插入点。

四、“形”类点状符号

“形”是一种用文本文件(扩展名是.shp 和.shx)定义的矢量符号,由 AutoCAD 进行解释绘制,可用于定义各种符号、文本字符集等。“形”是用直线、圆弧或圆来定义的特殊实体,形式类似于块的定义方法,但两者的定义完全不同。

在 AutoCAD 中,“形”从定义到绘成图形,一般需要以下几个步骤。

(1)按规定格式进行“形”定义。

(2)用文本编辑器或字处理器建立“形文件”,“形文件”的扩展名为“.shp”。

(3)用编译命令 Compile 对已经生成的“形文件”进行编译,生成“.shx”文件。

(4)用 Load 命令转入编译后的“形文件”。

(5)用 Shape 命令把“形文件”插入到所绘图形中。

调用一个“形”和调用一个“块”(block)在形式上有些类似,但 AutoCAD 系统对二者的定义完全不同。调用一个“形”只是将形码(名)和变换参数(插入点、比例、旋转角度等)记录于图形文件中。组成“形”的矢量仅读取到缓冲区,并不存入图形文件,但“形”则必须由“形文件”在外部予以支持。因此,在进行二次开发时,一般将常用的符号、字体等定义为“形”。这样,既可显著节省存储空间,也可为多个图形文件共用。

(一)“形”的定义格式

1.定义“形”

形文件的编写格式如下。

```
*该“形”在“形文件”中的编号,字符串个数,“形”名
“形”代码,0
```

其中“形”代码由一些矢量长度、方向代码和特殊代码组成。简单的“形”定义字节在一个定义字节(一个 specbyte 字段)中包含矢量长度和方向的编码。每个矢量的长度和方向代码是一个三字符的字符串。第一个字符必须为 0,用于指示紧随其后面的两个字符为十六进制值。第二个字符指定矢量的长度,有效的十六进制值的范围是从 1(1 个单位长度)到 F(15 个单位长度)。第三个字符指定矢量的方向。图 7-8 显示了矢量方向代码。

如图 7-9 所示的正方形,其矢量长度和方向代码为:014,010,01C,018,012。

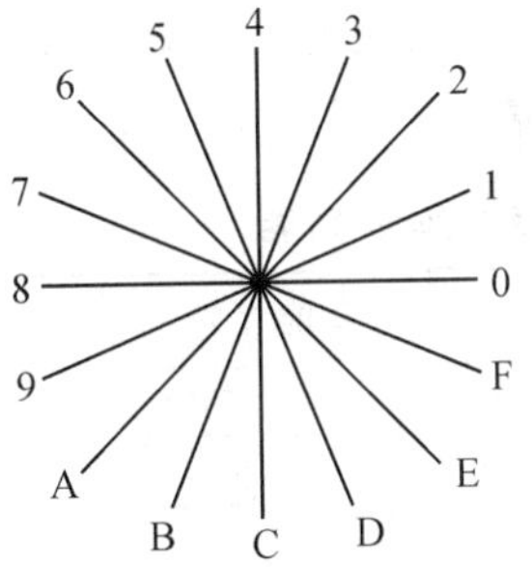

图 7-8　矢量长度和方向代码

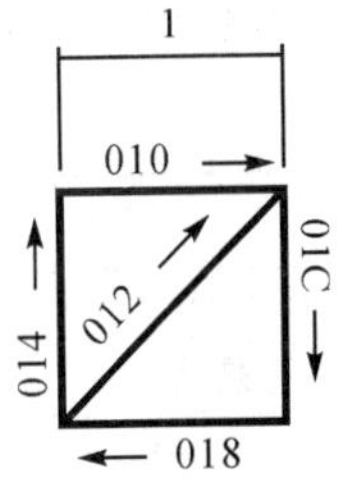

图 7-9　矢量方向代码

如图 7-10 所示的是城墙中的城垛符号⊓的定义。对该代码解释如下:

(1)第一行中“*”号为标示符,“1”表示该“形”定义在整个“形文件”中的编号为 1;“4”表示字符串个数;城垛是该“形”的名字。

(2)第二行“014,010,01C”表示矢量长度和方向如图 7-11 所示。0 表示矢量定义。

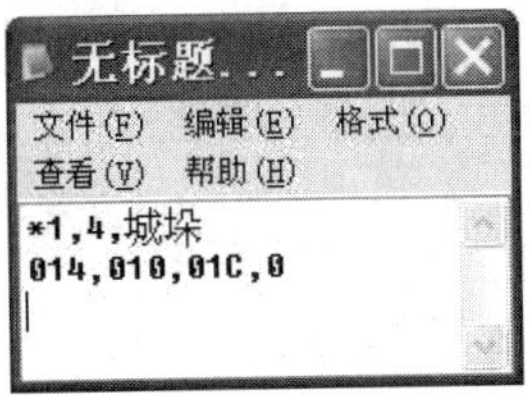

图 7-10　定义城墙中的城垛

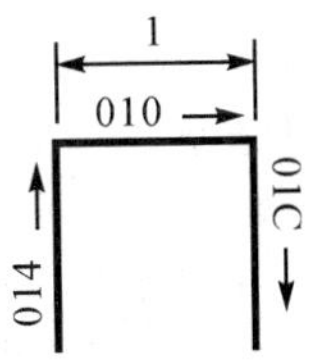

图 7-11　矢量长度和方向代码示例

2.保存“形”定义

“形”定义应保存为扩展名为“.shp”格式的文件。

3.编译“形”

“形”在插入前必须经过编译。即将“形”的“.shp”格式编译成“.shx”格式。编译的方法是

在 AutoCAD 的命令行输入命令“compile”,在随后弹出的对话框中选择要编译的“形”,如果形代码编写正确,则命令行会出现“编译成功”的信息,如图 7-12 所示。

4.加载“形”

“形”编译成功后,可查看具体的“形”图案,即加载“形”。“形”加载的方法是在 AutoCAD 的命令行输入命令“load”,在随后弹出的对话框中选择要加载的“形”。然后在命令行输入命令“shape”,然后输入形名、指定插入点、高度、旋转角度,如图 7-13 所示。即可将“形”插入当前绘图区。

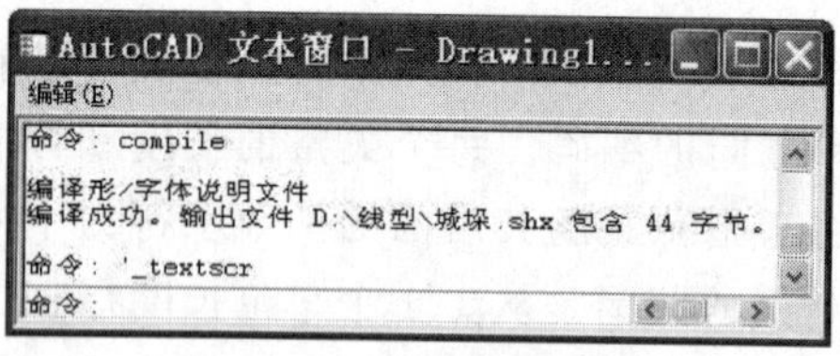

图 7-12 编译“形”示例

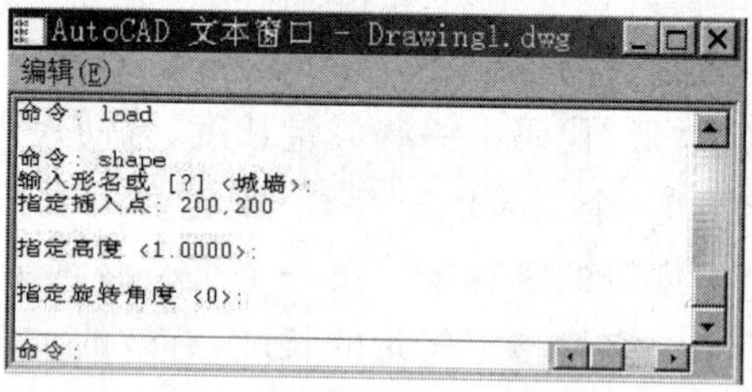

图 7-13 加载“形”示例

(二)特殊代码组成的“形”

在“形”定义时,如果矢量方向没有那么规则,就要用到一些特殊代码来编写“形”代码。这些特殊代码共 15 个,其代码和功能如表 7-3 所示。

表 7-3 特殊代码及功能

十进制	十六制	功能
0	000	“形”定义的结束
1	001	落笔绘线
2	002	抬笔不绘线
3	003	缩小倍数,即用下一个字节除矢量长度,如“3,010,5”即表示在 0 方向上绘制 0.2 个单位长
4	004	扩大倍数,即用下一个字节乘矢量长度,如“4,030,5”即表示在 0 方向上绘制 15 个单位长
5	005	记忆绘图笔的当前位置
6	006	恢复绘图笔记忆的位置
7	007	绘制由下一个字节给出的子图形
8	008	绘制由下两个字节给出的 X、Y 偏移量
9	009	绘制由(0,0)结束的多个字节给出的 X、Y 偏移量
10	00A	绘制 1/8 圆弧
11	00B	绘制不规则圆弧
12	00C	绘制有 X、Y 方向位移和凸度的圆弧
13	00D	绘制有多个凸度的圆弧
14	00E	标记垂直文字

以下是十进制各代码的含义。

1.代码 1 和 2

代码 1 和 2 用来控制绘制“形”时绘图笔的落下与抬起。

实例 7-3:定义如图 7-14 所示的“形”。

其代码为：

*1,7,例1

1,014,2,014,1,014,0

2.代码 3 和 4

代码 3 和 4 用来控制绘图线的长度是小数或大于 16 的长度。

实例 7-4:定义如图 7-15 所示的“形”。

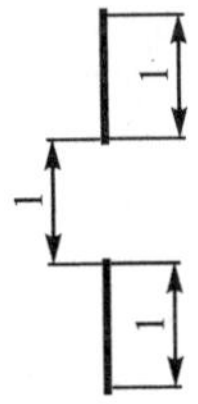

图 7-14　实例 7-3 的“形”示例

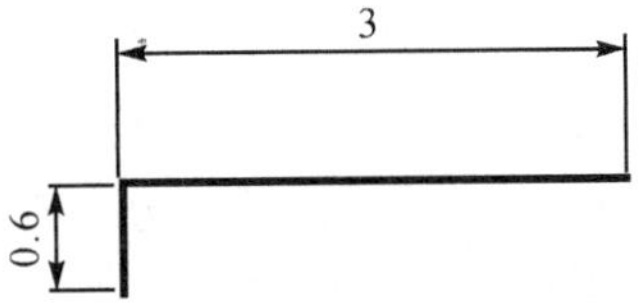

图 7-15　实例 7-4 的“形”示例

其代码为：

*1,7,例2

3,034,5,4,010,15,0

说明:3 和 4 的缩放是相互的,先缩小至 1/5,再放大 15 倍,则对矢量“010”来说,相当于放大了 3 倍。

3.代码 5 和 6

实例 7-5:定义如图 7-16 所示的交叉图形。

其代码为：

*1,11,例3

5,012,6,5,016,6,5,01A,6,01E,0

说明:先记忆 *O* 点位置,绘制 *OA*(方向是 2),然后回到 *O* 点,再记忆 *O* 点位置,绘制 *OB*(方向是 6),然后回到 *O* 点,再记忆 *O* 点位置,绘制 *OC*(方向是 *A*),然后回到 *O* 点,绘制 *OD*(方向是 *E*)。

4.代码 8 和 9

实例 7-6:定义如图 7-17 所示的“形”。

其代码为：

*1,13,例4

8,(1,3),9,(0,2),(3,0),(4,−4),(0,0),0

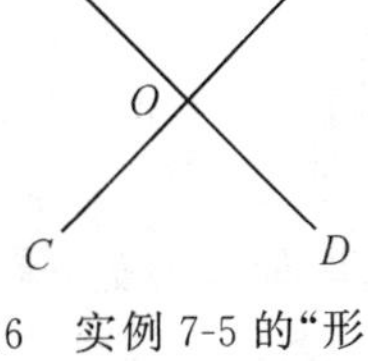

图 7-16　实例 7-5 的“形”示例

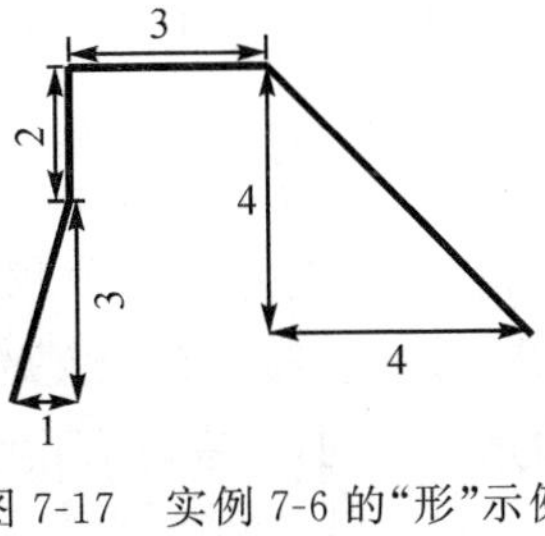

图 7-17　实例 7-6 的“形”示例

5.代码 10

代码 10 用来绘制 1/8 圆弧。用两个定义字节定义一个圆弧,该圆弧跨越一个或多个 45°的八分圆,起点和终点都在八分圆边界上。八分圆从时钟的 3 点位置逆时针编号,如图 7-18 所示。

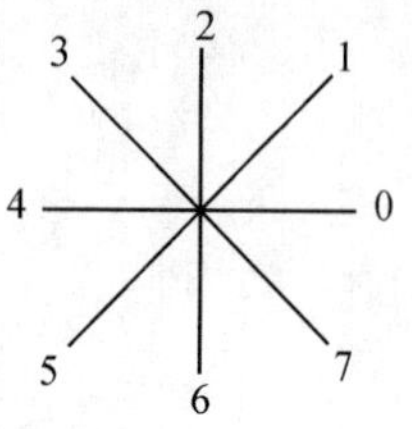

图 7-18　1/8 圆弧

圆弧定义格式为:

10,半径,圆弧的方向和大小(—)0SC

说明:

(1)半径可以是 1 至 255 之间的任意值。

(2)第二个定义字节“(—)0SC”的“—”是指定圆弧的方向(如果为正,则为逆时针;如果为负,则为顺时针);“S”指开始八分圆,其值为 0 至 7,其中,0 等于八个八分圆或整个圆;“C”指跨越的八分圆数,其值为 0 至 7。其中,0 等于八个八分圆或整个圆。

(3)可用括号增强可读性。

实例 7-7:定义如图 7-19 所示的大写字母 D。

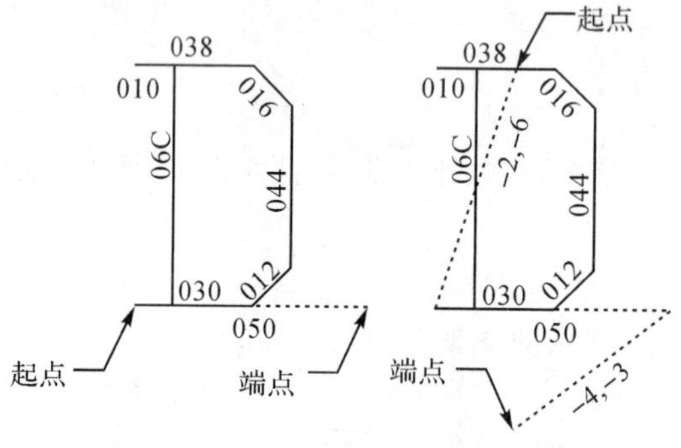

图 7-19　实例 7-7 的“形”示例

其代码为:

```
*1,22,例 8
2,14,8,(−2,6),1,030,012,044,016,038,2,010,1,06C,2,050,14,8,(−4,−3),0
```

任务 7-3　线状符号的绘制

AutoCAD 提供了功能强大的线型自定义功能,可以根据实际线型特征由用户自定义。线型一般分为简单线型、带形的线型、带文本字符串的线型三类。线型文件是以.lin 为扩展名而保存的文本文件,该文本文件可使用任何 ASCII 文本编辑器编辑,如 Windows 中的记事本。定义线型就是在编辑器中编辑、编译和保存线型文件的代码。

自定义的线型与 AutoCAD 自带的线型一样可加载、设置线型特性。与加载 AutoCAD 自带的线型不同的是:在加载自定义的线型时,要先配置保存该线型文件的路径,然后在线型调用对话框中,通过浏览路径,选择确认自定义的 LIN 文件即可。需要强调的是,在自定义文件中所有的标点符号必须是英文的,且在保存前要按回车键,使光标处于下一行。

一、定义简单的线型

这类线型由重复使用的虚线、空格、点组成，如“县界”的线型为：-·-·-·。简单线型的定义格式为：

＊线型名，线型描述

A，实线长，虚线长

其中线型描述项可省略。

定义如“县界”这样的简单线型步骤如下。

(1)在记事本中编写代码。如图 7-20 所示是编写的县界的线型的代码。对该代码解释如下：①第一行中＊号为标示符，标志一种线型定义的开始，“县界”为线型名，“宽 0.2”用于提示线宽为 0.2 mm(可省略)，线型名后可用字符对线型形状的粗略图示描绘，表示县界线是点划线的形状(描绘是示意性的，不对实际线型的形状产生影响)；②第二行必须以 A 开头，表示对齐类型，正数“2.0”表示绘 2 个单位的短划线，负数“—1.0”表示一个单位的空格，数字 0 表示点。

说明：可以使用汉字或英文字母作为线型名称。限于 AutoCAD 工具条中线型框显示的宽度，线型名一般不要超过 10 个汉字。

(2)保存线型文件。线型文件应保存为.lin 格式的文件，如图 7-21 所示。

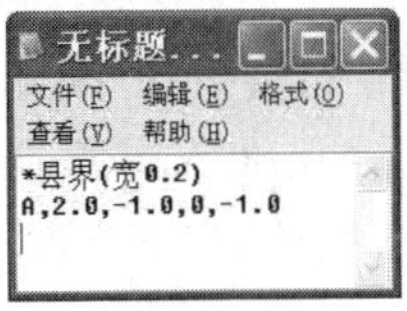

图 7-20　定义简单的线型示例

图 7-21　保存线型示例

二、定义带“形”的线型

这类线型由简单线型和“形”组成。如城墙符号是由简单线型和“形”⊓组成。在简单线型的定义中，插入“形”单元，则组成带“形”定义的线型。

定义带“形”的线型步骤如下。

(1)定义“形”。按照前面所述简单和复杂“形”的定义方法来定义“形”。

(2)保存“形”定义。“形”定义应保存为.shp 格式。

(3)编译“形”。将“形”的.shp 格式编译成.shx 格式。在命令行输入命令“compile”，在随后弹出的对话框中选择要编译的“形”，如果“形”代码编写正确，则命令行会出现“编译成功”的信息。

(4)加载“形”。“形”编译成功后，可查看具体的“形”图案，即加载“形”。在命令行中输入命令“load”，在随后弹出的对话框中选择要加载的“形”。然后在命令行输入命令“shape”，再输入形名、指定插入点、高度、旋转角度,即可完成“形”的加载。

(5)编写带“形”的线型。编写带“形”的线型即是在简单的线型中插入“形”,插入“形”格式如下。

[形名,形文件名.shx,形变]

其中“形变”是可选项,它包括:

S=##缩放比例;

R=##相对旋转角度;

A=##绝对旋转角度;

X=##X 方向的偏移量;

Y=##Y 方向的偏移量。

(6)保存线型。将带“形”的线型保存为.lin 格式,方法与简单线型保存相同。

实例 7-8:建立陡坎线型符号如图 7-22 所示。

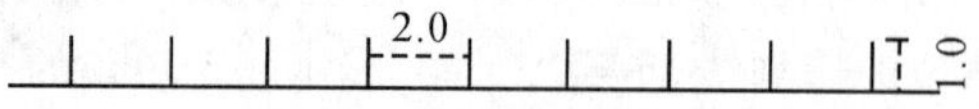

图 7-22　未加固陡坎线型

由地形图图式中的陡坎符号可知,相邻两个齿牙间的间距为 2 mm,齿牙高为 1 mm。

操作步骤:

(1)建立形文件并保存为“坎.shp”。先将陡坎线型符号分解成单个的“⊥”形符号,然后按 10∶1 的比例画出“⊥”形符号的形状,并对照标准矢量方向编码,写出其形的完整定义如下。

```
*10,2,坎
014,0
```

(2)保存形定义。定义应保存为后缀名为“坎.shp”的格式。

(3)编译形。在命令行输入命令“compile”,在弹出的对话框中选择要编译的“形”将定义形的“坎.shp”格式编译为“坎.shx”格式,如果形代码编写正确,则命令行会出现“编译成功”的信息。

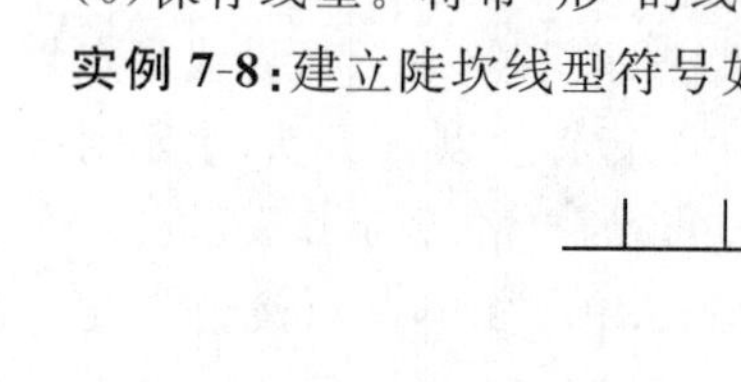

图 7-23　“未加固陡坎”定义

(4)加载形。在 AutoCAD 的命令行输入命令“load”,在弹出的对话框中选择要加载的形。然后在 AutoCAD 的命令行输入命令“shape”,再输入形名、指定插入点、高度、旋转角度。

(5)编写带“形”的线型。编写带“形”的线型即在简单的线型中插入“形”,如图 7-23 所示,其线型格式如下。

A,1,[坎,坎.shx],1

(6)保存线型。将带“形”的线型保存为名为“未加固陡坎.lin”的格式。

三、定义带字符串的线型

这类线型是在简单线型中插入字符串而成,如“——— 煤气管道 ——— 煤气管道 ———”是由简单线型“———　———　———”中插入字符串“煤气管道”组成的。

带字符串的线型的编写格式为:

*线型名,线型描述

A,实线长,["所插入的字符串",字体名称,缩放比例,旋转角度,*X* 方向偏移量,*Y* 方向偏移量],虚线长说明：其中线型描述可省略，字符串描述中的“缩放比例，旋转角度，X 方向偏移量，Y 方向偏移量”根据需要都可省略或省略中间的某一项。如省略，则默认缩放比例=1，旋转角度=0°，X 方向偏移量=0，Y 方向偏移量=0，但“所插入的字符串”和“字体名称”两项都不可省略。

实例 7-9：编写煤气管道的线型。

代码如图 7-24 所示，将其保存为后缀为.lin 的格式即可。

图 7-24　定义带字符串的线型示例

四、标准线型文件

AutoCAD 2018 提供的线型保存在 acad.lin 标准线型库文件中(图 7-25)，在标准线型中包括简单线型和复合线型两类。简单线型由短划线、点和空格组成。复合线型不仅包含短划线、点和空格，还包含嵌入的对象如文本、形等。

图 7-25　acad.lin 标准线型文件路径

在 AutoCAD 2018 标准线型库中定义的简单线型特征，除了连续线型外，还包括 24 种线型，这 24 种线型分为 8 类，每类有 3 种不同的线段长度及空格，名称分别为“类名”“类名 2”“类名 X2”，后两种线型的线段长度和空格分别为第一种线型的 0.5 倍和 2 倍。ISO 线型是按 ISO128 标准，笔宽为 1 mm 来定义的。

AutoCAD 2018 标准线型文件 acad.lin 提供的标准线型样式可参见 AutoCAD 文件。下面仅给出几个予以参考。

```
*BORDER,Border__ __ . __ __ . __ __ . __ __ . __ __ .
A,.5,-.25,.5,-.25,0,-.25
*CENTER,Center ____ _ ____ _ ____ _ ____ _ ____ _ ____
A,.5,-.25,0,-.25
*DASHED,Dashed __ __ __ __ __ __ __ __ __ __ __ __ __ _
A,.5,-.25
*DASHEDX2,Dashed(2x)____  ____  ____  ____  ____  ____
```

```
A,1.0,-.5
……
```

AutoCAD 2018 标准线型文件 acad.lin 提供的复合线型样式如下。

```
*FENCELINE1,Fenceline circle ----0-----0----0-----0----0-----0--
A,.25,-.1,[CIRC1,ltypeshp.shx,x=-.1,s=.1],-.1,1
*FENCELINE2,Fenceline square ----[]-----[]----[]-----[]----[]---
A,.25,-.1,[BOX,ltypeshp.shx,x=-.1,s=.1],-.1,1
*TRACKS,Tracks -|-|-|-|-|-|-|-|-|-|-|-|-|-|-|-|-|-|-|-|-|-|-|-|-
A,.15,[TRACK1,ltypeshp.shx,s=.25],.15
*HOT_WATER_SUPPLY,Hot water supply----HW----HW----HW----
……
```

五、加载自定义的线型

在自定义的线型定义好后,必须配置保存该线型文件的文件夹,才可像 AutoCAD 自带的线型一样加载应用。如要加载线型"县界",其操作步骤如下。

(1)配置线型文件的文件夹。单击 AutoCAD 的菜单"工具"→"选项…",在随后弹出的"选项"对话框中选择"文件选项"卡,在文件选项卡中打开第一项"支持文件搜索路径",观察该线型文件的文件夹是否在支持范围内,如果没有,可单击"选项"对话框右边的[添加(D)...]按钮,输入文件夹路径,或在单击[浏览(B)...]按钮查找文件夹路径。然后单击"应用"或"确定"按钮即可,如图 7-26 所示。

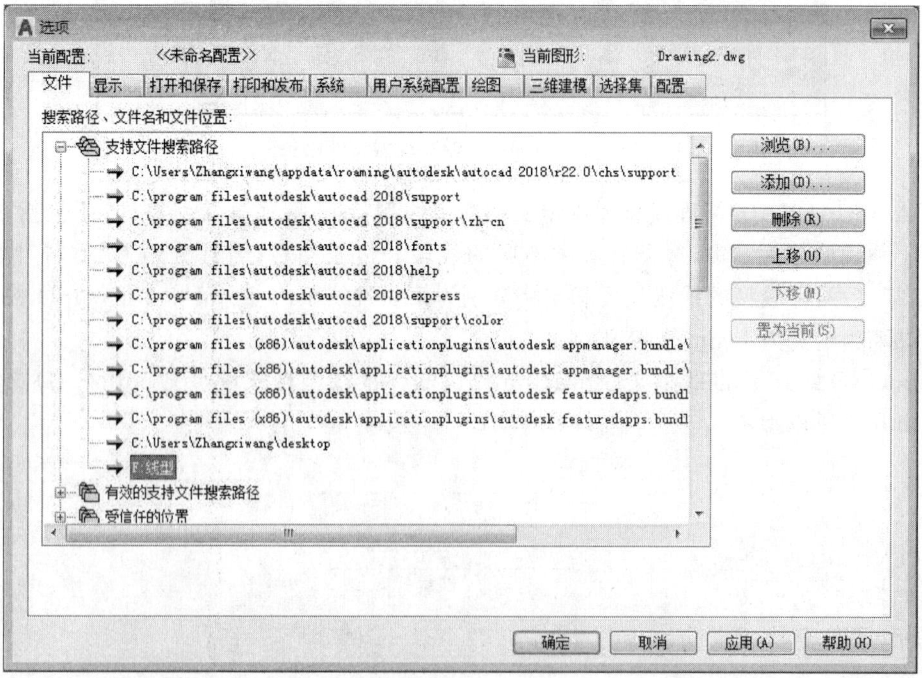

图 7-26 支持文件路径

(2)加载“线型”。单击“格式”菜单下的“线型”选项，打开“线型管理器”，如图 7-27 所示，单击右上方的加载(L)...按钮，在弹出的“加载或重载线型”对话框中单击文件(F)...按钮，如图 7-28 所示。在“选择线型文件”对话框中，选择所要加载的文件，如“县界”，并将其打开，如图 7-29 所示。回到“加载或重载线型”对话框，该对话框中显示了文件路径和可用的线型，选择要用的线型，如图 7-30 所示，单击“确定”，又回到“线型管理器”对话框中，在该对话框中选择要使用的线型，单击当前(C)按钮，如图 7-31 所示，单击“确定”，则即可将该线型置为当前线型，用各种绘线方法绘制。

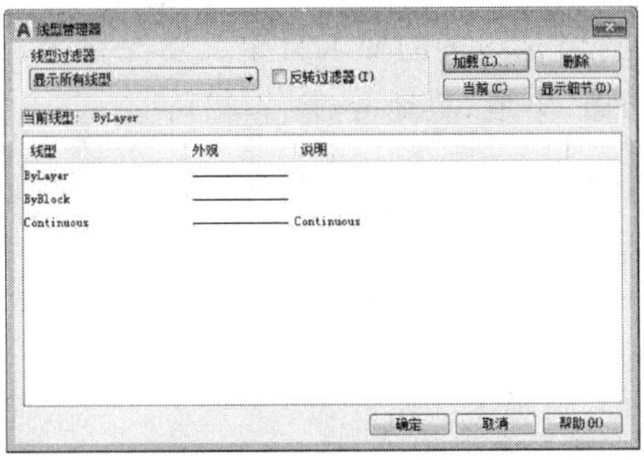

图 7-27　“线型管理器”对话框

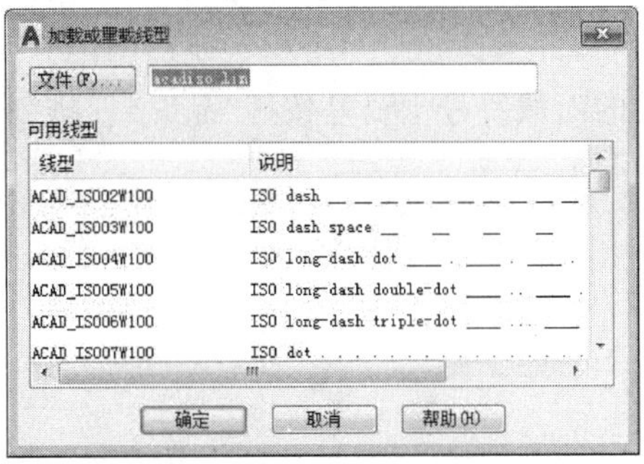

图 7-28　“加载或重载线型”对话框

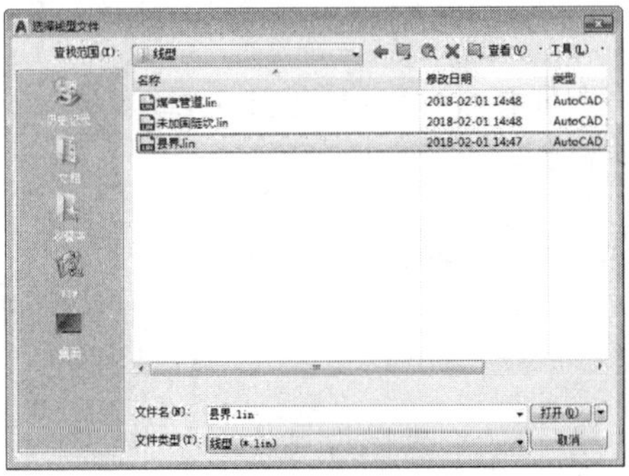

图 7-29　“选择线型文件”对话框

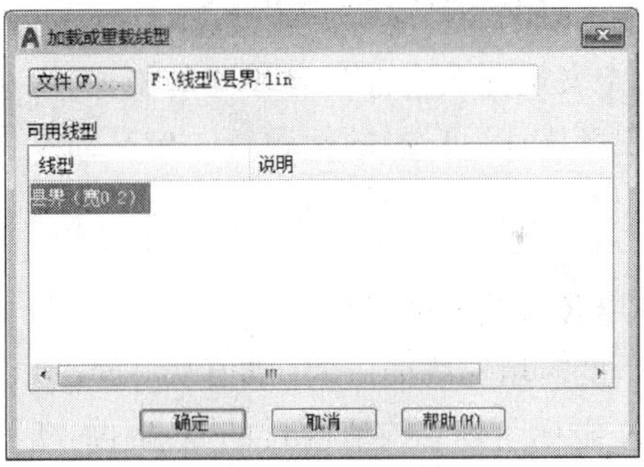

图 7-30　选择线型

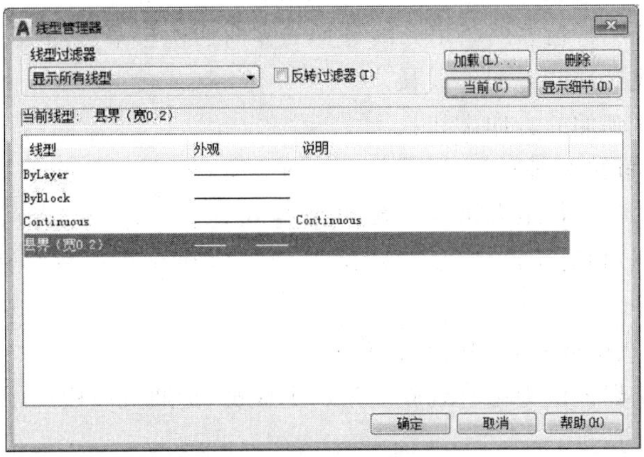

图 7-31　将某种线型置为当前

任务 7-4 面域符号的绘制

在 AutoCAD 系统文件中包含了标准图案文件 ACAD.pat,此文件包含了通用的填充图案和系统预定义的填充图案,但这些图案仅仅是 AutoCAD 的通用填充符号,针对地形图中存在的大量地物面域符号,如草地、林地、旱地、盐碱地等,由于符号各异、情况复杂,且有排列整齐美观并符合地形图制图规范的严格要求,直接使用 AutoCAD 中的通用填充符号或系统预定义填充符号无法满足要求。因此必须根据地形图图式规范《国家基本比例尺地图图式第 1 部分:1∶500、1∶1 000、1∶2 000 地形图图式》对地物填充图案的要求自定义填充符号,该图式中规定的面域符号主要是按照"品"字形排列,如稻田、旱地、菜地等(图 7-32)。

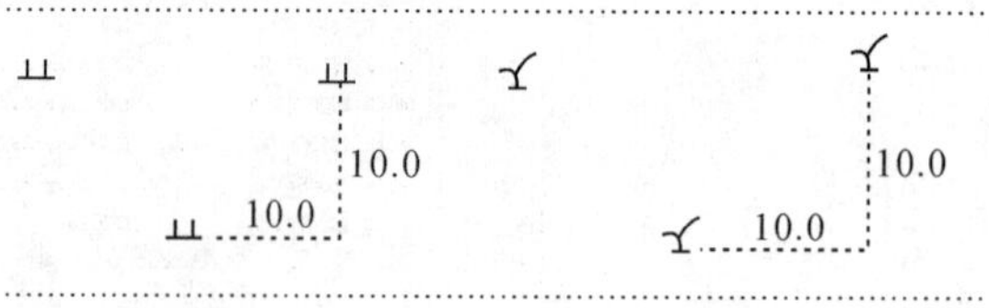

图 7-32 旱地和菜地填充符号

一、填充图案的定义格式

自定义填充图案都具有相同的格式,即包括一个带有名称(以星号开头,最多包含 31 个字符)和图案描述(可选)的标题行。定义面文件的格式为:

*图案名,图案描述

角度,X 坐标,Y 坐标,X 方向的偏移量,Y 方向的偏移量,实线长,虚线长

其中各参数的解释如下。

"角度":填充线的方向,取值从 0 至 360。

"X 坐标":填充线所经过的 X 坐标,所参考的线一般 X 坐标为 0。

"Y 坐标":填充线所经过的 Y 坐标,所参考的线一般 Y 坐标为 0。

"X 方向的偏移量":指的是相邻两条填充线延伸方向的偏移。

"Y 方向的偏移量":与相邻两条填充线延伸的方向的位移垂直的偏移。

"实线长":填充线延伸的方向实线长。

"虚线长":填充线延伸的方向虚线长。

填充图案定义遵循的规则如下。

(1)图案定义中的每一行最多可以包含 80 个字符。可以包含字母、数字和以下特殊字符:下划线(_)、连字号(-)和美元符号($)。图案定义必须以字母或数字开头,而不能以特殊字符开头。

(2)AutoCAD 将忽略分号右侧的空行和文字。

(3)每条图案直线都被认为是直线族的第一个成员,是通过应用两个方向上的偏移增量生成无数平行线来创建的。

(4)增量 x 的值表示直线族成员之间在直线方向上的位移,它仅适用于虚线。

(5)增量 y 的值表示直线族成员之间的间距,也就是到直线的垂直距离。

(6)直线被认为是无限延伸的。虚线图案叠加于直线之上。

AutoCAD 允许用户自定义填充模式，用户可以用纯 ASCII 文本编辑器，如 TXT 等，将模式定义写入 acad.pat 或文件名后缀为.pat 的文件。填充图案的定制与开发有两种方式。①在 AutoCAD 标准图案文件 acad.pat 中增加新的填充图案或修改文件中已经存在的填充图案；②建立用于自己的图案文件(.pat 文件)。

注意：新加入的填充图案定义不能插在已有图案定义的中间。如果要对标准图案文件中得图案定义进行修改，只需找到该填充图案的定义，直接修改相关参数即可。

以下是两种新定义填充图案的示例。

```
……
……
*ZIGZAG,楼梯效果
0,0,0,3.175,3.175,3.175,-3.175
90,3.175,0,3.175,3.175,3.175,-3.175
*Caodi,草地
90,0,0,10,10,2,-18
90,1,0,10,10,2,-18
……
```

例如，在文件的末尾加入了草地的填充符号，这样在填充图案库中就可看到草地填充符号。除了在填充图案 acad.pat 文件中新建或修改外，用户还可以自己创建填充图案。

在文本编辑程序如记事本中输入自定义的图案文件，该图案文件扩展名应为“.pat”(可以命名除 acad 之外的任何名称)。除了系统定义的 acad.pat 标准填充图案文件外，由用户自定义的填充图案文件，每个文件只能包含一种填充图案，且图案名与文件名相同。若需建立多个填充图案，则需要分别建立多个图案文件。

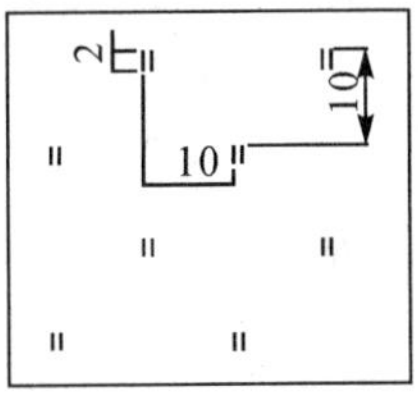

图 7-33　草地图式

实例 7-10：定义草地的图案。其尺寸如图 7-33 所示。

在文本编辑器中输入如图 7-34 所示的代码，其代码数值示意如图 7-35 所示。

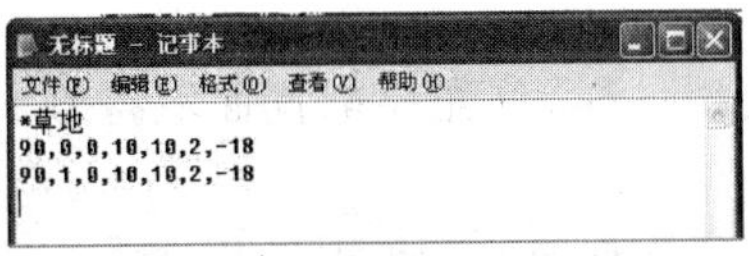

图 7-34　草地图式的代码

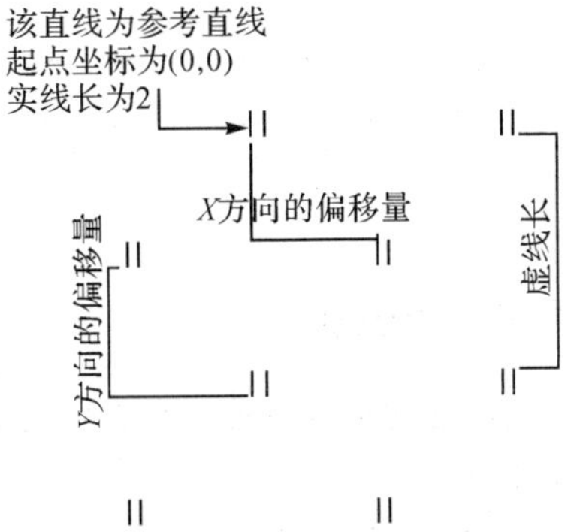

图 7-35　草地图式的代码解释

将其保存为.pat 格式，如图 7-36 所示。

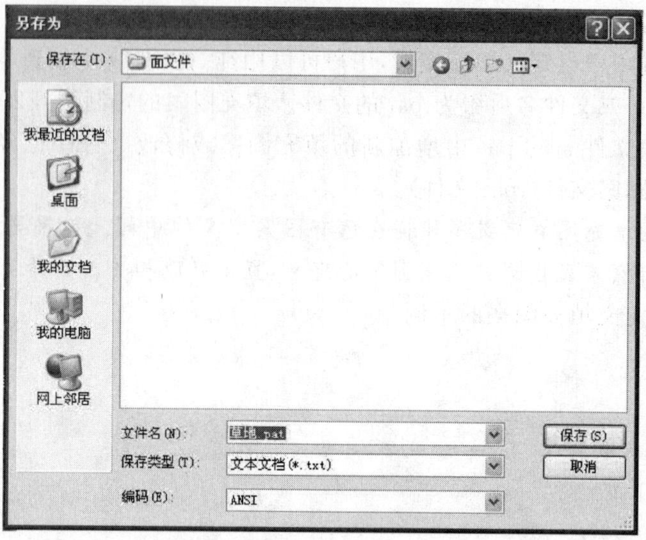

图 7-36　面文件保存示例

实例 7-11:如图 7-37 所示的菜地的代码如下。

*菜地

0,0,0,10,10,2,－18

45,1,0,14.141592,14.141592,2,－12.141592

135,1,0,14.141592,14.141592,1,－13.141592

实例 7-12:如图 7-38,花圃的填充定义代码如下。

*花圃

60,0,0,10,17.320508,1.5,－18.5

120,0,0,10,17.320508,1.5,－18.5

0,－0.75,0,10,17.320508,1.5,－18.5

90,0,0,17.320508,20,1.5,－23.141016

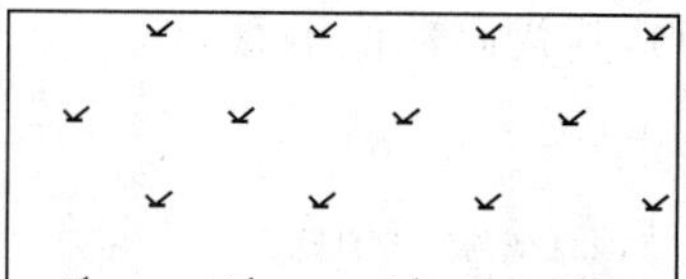

图 7-37　菜地图式

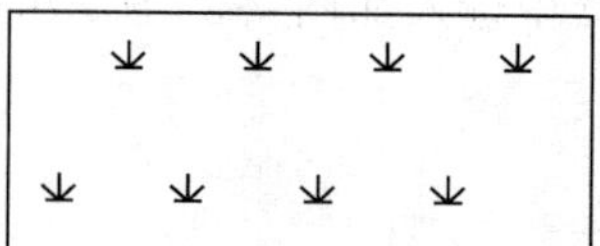

图 7-38　花圃图式

二、面域文件的添加

面域文件的添加或加载也像加载自定义的线型一样,首先要配置面域符号文件的支持路径。操作步骤如下。

(1)单击菜单“工具”→“选项”,添加面域文件的支持路径,如图 7-39 所示。

(2)单击菜单“绘图”→“图案填充…”,在弹出的“图案填充和渐变色”对话框中的图案类型中选择“自定义”,然后在自定义图案中选择一种需要的图案,如图 7-40 所示。其他操作与填充 AutoCAD 自带的图案一样。

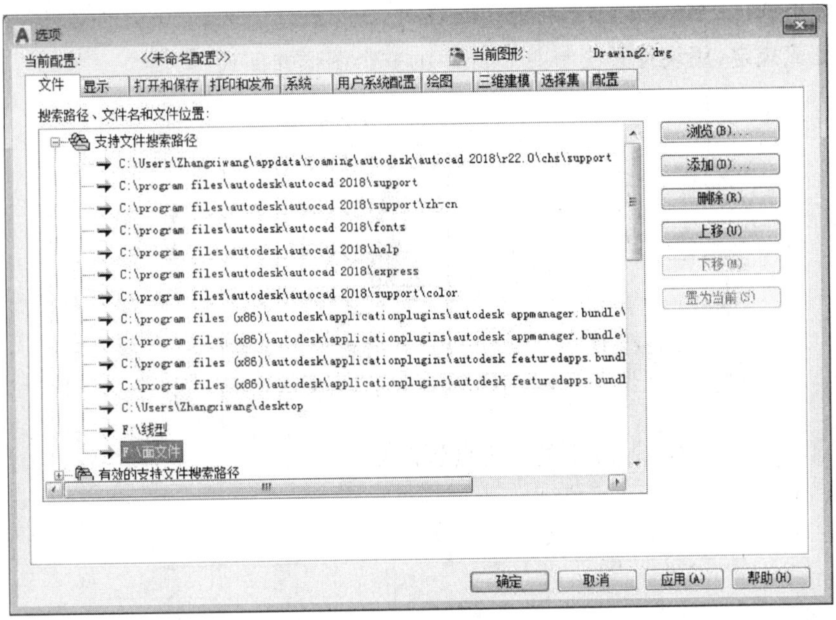

图 7-39　添加面文件支持路径

(a)“图案填充和渐变色”对话框　　(b)选择图案

图 7-40　自定义面文件的加载示例

职业能力训练

训练 7-1　点状符号的制作

一、实训目的

（1）掌握用块绘制点状符号的方法。

(2)掌握用形文件绘制点状符号并插入图形中的方法。

二、实训内容

(1)按图式规定,用块符号绘制图 7-41 中的三个图形并插入。

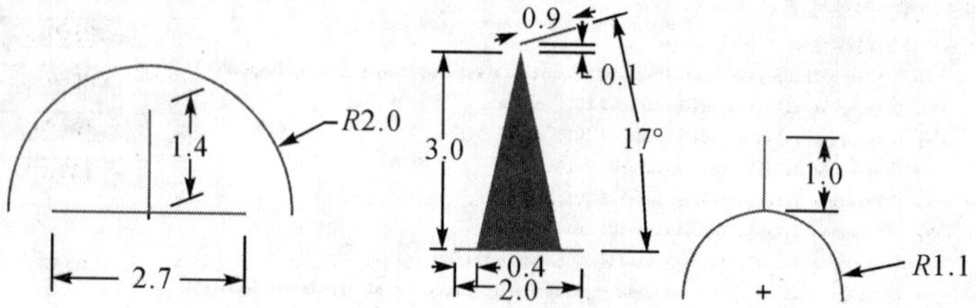

(a) 独立坟　(b) 烟囱　(c) 窑

图 7-41　用块符号绘制图形

(2)用“形”文件绘制图 7-42 中的三个点状符号。

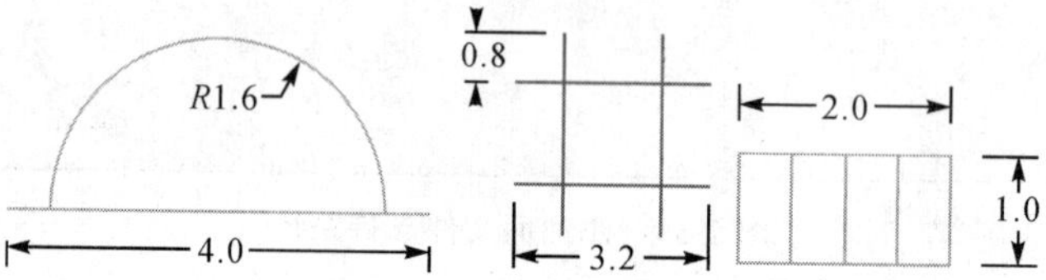

(a) 蒙古包　(b) 井　(c) 雨水篦子

图 7-42　用“形”文件绘制图形

训练 7-2　线状符号的绘制

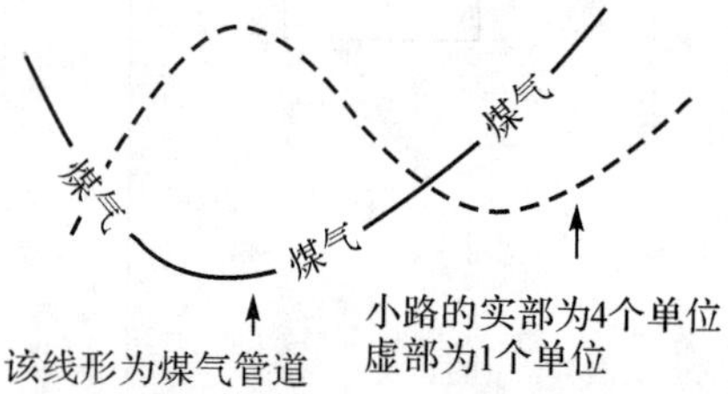

图 7-43　煤气管道和小路线型

一、实训目的

(1)掌握简单线状符号的制作。

(2)掌握带字符串的线状符号的制作。

(3)掌握带形的线状符号的制作。

二、实训内容

(1)制作图 7-43 中的线型并加载支持。

(2)制作图 7-44、图 7-45 中的线型。

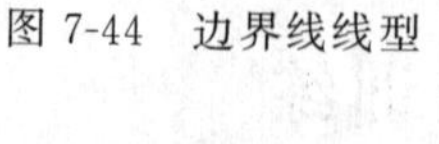

图 7-44　边界线线型

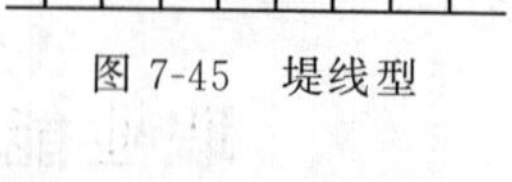

图 7-45　堤线型

训练 7-3　面域符号的绘制

一、实训目的

(1)熟悉面域符号的格式。

(2)会定制面域符号并加载填充。

二、实训内容

完成图 7-46、图 7-47 中面域符号的制作和加载。

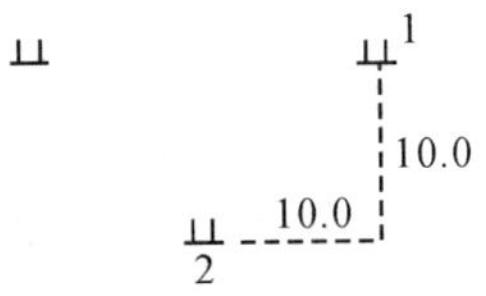

图 7-46　旱地

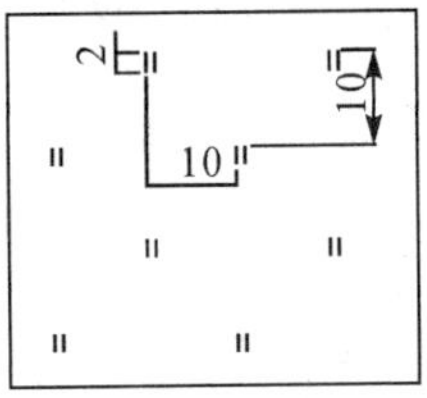

图 7-47　草地

项目小结

本项目首先介绍了地形图符号的分类及基本特征，然后按照点状符号(独立地物)、线状符号(线状地物)和面状符号(填充图案)的顺序依次讲解了定制的原理和方法。点状符号即独立地物符号的定制，主要采用图块和形的定义方法；线状符号和面状符号既可以通过文本编辑器编辑 AutoCAD 自带的标准线型文件和面状文件，也可以单独定义线、面文件。

根据《国家基本比例尺地图图式第 1 部分：1∶500、1∶1 000、1∶2 000 地形图图式》中的图式规定，独立地物、线状地物和面状地物有上百种，本项目主要讲解其定制方法，不可能穷尽所有符号的定制，用户可以根据实际情况，定制需要的符号。

思考与练习题

1.简述地形图图式符号的分类和基本特征。

2.简述线型定义时至少需要几个参数，它们都代表何种含义？带有“形”的线型定义的过程与简单线型有何异同？

3.简述带字符串的复杂线型绘制方法及带“形”的复杂线型绘制步骤。

4.面文件定义中各参数的含义分别是什么？

项目八　数字地形地籍图的绘制

[项目概述]

CASS地形地籍成图软件是基于AutoCAD平台技术的GIS前端数据处理系统，广泛应用于地形成图、地籍成图、工程测量应用、空间数据建库、市政监管等领域，全面面向GIS，彻底打通数字化成图系统与GIS接口，使用骨架线实时编辑、简码用户化、GIS无缝接口等先进技术。CASS软件自推出以来，已经发展成用户量大、升级快、服务好的主流成图系统。本项目主要介绍地形图绘制、地籍绘制、宗地图绘制，通过学习，使我们具备地图数据获取与处理的能力，为从事数字地形地籍图的绘制工作打下基础。

[学习目标]

(1)掌握CASS制图软件的基本操作方法。

(2)掌握地形图、地籍图和宗地图的绘制方法。

(3)会使用地形图图式和制图规范绘制地形图。

(4)会使用地籍图图式和制图规范绘制地籍图和宗地图。

任务8-1　数字地形图绘制

一、地形图基础知识

地形图是地球表面实际情况的客观反映，各项经济建设和国防工程建设都需要首先在地形图上进行规划、设计，特别是大比例尺(1∶500～1∶5 000)地形图，是城乡建设和各项建筑工程规划、设计、施工的重要基础资料之一。大比例尺地形图是通过实地测量，将地面上各种地物、地貌的平面位置按一定的比例尺，用地形图图式相关的国家标准统一规定的符号和注记，缩绘在图纸上的平面图形，它既能表示地物的平面位置，又可以表示地貌形态。

(一)地形图比例尺

地形图上某线段的长度与实地相应线段的水平距离之比，称为地形图比例尺。地形图比例尺通常用分子为1的分数式表示，其表达式为：$d/D=1/M$。式中，d为地图上线段的长度，D为实地上相应直线距离的水平距离，M为比例尺分母。

地图比例尺的大小是以比例尺的比值来衡量的，它的大小与分母值成反比，分母值大，则比值小，比例尺就小，地面缩小倍率大，地图内容就概略；分母值小，则比值大，比例尺就大，地面缩小倍率小，图上所表示地物、地貌越详尽。

(二)分幅与编号

为了方便测绘、管理和使用，需要将各种比例尺的地形图进行统一的分幅与编号，其中大比例尺地形图常采用矩形或正方形分幅与编号的方法，按统一的坐标格网线整齐行列分幅。常见的图幅大小为50 cm×50 cm、50 cm×40 cm或40 cm×40 cm，如表8-1所示。

表 8-1　几种大比例尺图的图幅大小

比例尺	正方形分幅		矩形分幅	
	图幅大小(cm×cm)	实地面积/km^2	图幅大小(cm×cm)	实地面积/km^2
1∶2 000	50×50	1	50×40	0.8
1∶1 000	50×50	0.25	50×40	0.2
1∶500	50×50	0.062 5	50×40	0.05

大面积测图时,矩形或正方形图幅的编号一般采用坐标千米数编号法。即采用图幅西南角纵、横坐标(用阿拉伯数字,以千米为单位)作为图号,表示为“$x-y$”,x 坐标在前,y 坐标在后。其中 1∶1 000、1∶2 000 比例尺图幅坐标取至 0.1 km(如“245.0—112.5”),而 1∶500 图则取至 0.01 km(如“12.80—27.45”)。

(三)地形图内容的表示

地形是地貌和地物的总称。地形要素包括地物要素和地貌要素,是地形图最基本的内容。我们已经知道地形图内容是通过地形图的特定语言——地形图符号来表示的,如图 8-1 所示。

我国基本比例尺地形图图式中将地形图内容分为测量控制点、居民地和垣栅、工矿建(筑)物及其他设施、交通及附属设施、管线及附属设施、水系及附属设施、境界、地貌和土质、植被、注记十大类。关于大比例尺地形图各要素表示的要求及其表示的方法和要领,在《国家基本比例尺地图图式第 1 部分:1∶500、1∶1 000、1∶2 000 地形图图式》等中均有说明,这里不一一列举。

城区居民地　城镇居民地

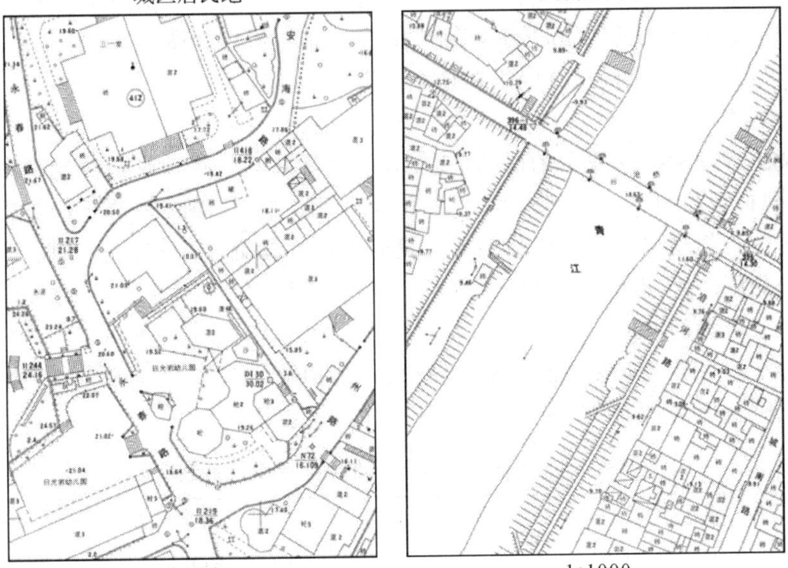

1:500　1:1000

图 8-1　地形图内容表示

二、地形图绘制基础

(一)绘图坐标系

测量学中定义的测量坐标系与 CASS 软件中的坐标系统从本质上说是一致的,但在坐标轴的表示形式上有所不同。为此,我们可以采用约定坐标系,即直接将世界坐标系(WCS)作为测量坐标系来使用,只不过这里有个约定:把 WCS 中的 Y 轴(垂直向上)当作测量坐标系中的 X 轴,相应地,把 WCS 中的 X 轴(水平向右)当作测量坐标系中的 Y 轴。或者说,在 AutoCAD 或 CASS 中输入测量坐标时,将 Y 坐标放在 X 坐标之前,当然,在 AutoCAD 中输出坐标时,也要按照测量坐标系中的 Y、X 和 H 的顺序来理解。这样约定之后,对后续所有绘图工作都非常方便。这就是为什么几乎所有初学者初次接触成图软件时都要问同样一个问题:为什么测量点的 Y 坐标要放在 X 坐标之前。

进一步理解,测量坐标系中的 X 轴和 Y 轴只是人为定义的两个坐标轴的符号,只是为了方便表示,自然也可以用其他字符表示。例如全站仪就是用 N(north)和 E(east)来代表测量中的 X 和 Y 坐标的。

(二)绘图比例尺

1.确定图形单位

为了在 CASS 软件中表示地面两点间的距离,需要确定 CASS 软件中一个图形单位对应的实际长度。直观上看,测量中点的坐标或线段长度都是以米为单位的,自然应该这样选取最合理:CASS 软件中 1 个图形单位=实地 1 米。这种一对一的简单关系给实际绘图带来较多好处。

2.确定图形比例

在展绘测量坐标点或绘制线段长度时,直接按实际坐标或实地长度展绘,不必考虑比例尺是多少。从这个意义上来理解,可以认为图形的比例尺为 1∶1。因此,在 CASS 软件绘制时,首先应确定所绘制地形图的比例尺,之后将图形通过比例尺转换为实际坐标或实地大小。

由于绘图的目的是供其他用户阅读和使用,在输出成纸质地图时,再根据比例尺设置输出比例,这样就可以得到该比例尺下的纸质地图。

(三)地类与图层

使用图层来管理和控制复杂的图形,是 AutoCAD 或 CASS 软件最突出的特点。在绘图中,可以将不同种类和用途的图形分别置于不同的图层中,从而实现对相同类图形的统一管理。这种以图层为管理单元的思想与测量上我们对地类的分类管理是一致的,即可将不同的地类置于不同的图层中,并利用图层的特性,如颜色、线型和线宽来区分不同的对象,这为地形图的绘制提供了极大的方便。

图层的命名可用汉字,也可用英文或汉语拼音,但通常采用简写方式,方便应用。表 8-2 是 CASS9.0 定义的图层及名称,英文是作者添加的,供参考。

表 8-2 CASS9.0 中定义的图层、名称及颜色

序号	汉语图层名称	拼音图层名称	英文图层名称	索引颜色号
1	测量控制点	KZD	CONTROLPOINT	1
2	居民地和垣栅	JMD	RESIDENCE	6
3	工矿建(筑)物及其他设施	DLDW	BUILDING	11
4	交通及附属设施	DLSS	ROAD	4
5	管线及附属设施	GXYZ	PIPELINE	2
6	水系及附属设施	SXSS	WATER	5
7	境界	JJ	BORDER	2
8	地貌和土质	DMTZ	RELIEF	3

续表

序号	汉语图层名称	拼音图层名称	英文图层名称	索引颜色号
9	植被	ZBTZ	VEGETATION	3
10	注记	ZJ	ANNOTATION	7
11	高程点	GCD	HEIGHTPOINT	1
12	展点号	ZDH	POINTNUMBER	1
13	三角网	SJW	TIN	1
14	等高线	DGX	CONTOUR	2
15	等深线	DSX	ISOBATH	2
16	面积注记	MJZJ	AREA	4
17	界址点	JZD	BOUNDARYMARK	1
18	图框	TK	MAPFRAME	4

(四)地形图绘制方法

CASS 系统提供了"内外业一体化成图""电子平板成图""老图数字化成图"等多种成图作业模式。对于"内外业一体化"的成图作业模式,针对图形的生成,CASS9.0 提供了"草图法""简码法""电子平板法"等多种成图作业方式,并可实时地将地物定位点和邻近地物(形)点显示在当前图形编辑窗口中,操作十分方便。内外业一体化地形图绘制的流程如图 8-2 所示。

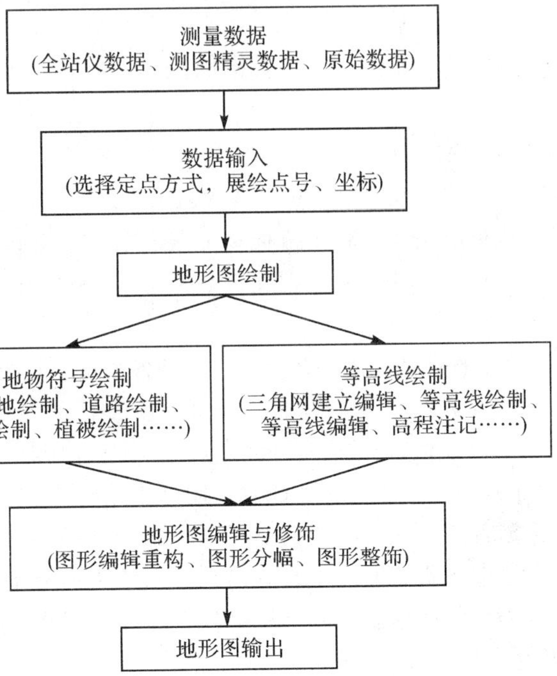

图 8-2　"内外业一体化"地形图绘制流程

三、数字地形图绘制

根据《国家基本比例尺地图图式第 1 部分:1∶500、1∶1 000、1∶2 000 地形图图式》、国家基本比例尺地形图分幅和编号规范等,制定地图数据获取的作业基本要求及具体内容。用

CASS 自带数据 YMSJ.DAT 进行地形图的绘制，加深对地形图内容的了解，熟悉在 CASS 软件中进行地形图绘制的基本方法。

(一)控制点展绘

1.定显示区

定显示区的作用是通过给定坐标数据文件定出图形的显示区域。执行此菜单后，会弹出“定显示区”操作的对话框，要求输入测定区域的野外坐标数据文件，CASS 软件自动求出该测区的最大、最小坐标，然后自动将坐标数据文件内所有的点都显示在屏幕显示范围内。

2.改变当前图形比例尺

改变当前图形比例尺是指软件根据输入的比例尺调整图形实体，具体为修改符号和文字的大小、线型的比例，并且会根据骨架线重构复杂实体。

执行该功能后，带线型的线状实体(如陡坎)有时会显示成一根实线，这并不是图形出错，而只是显示的原因，要想恢复线型的显示，只需输入“regen”命令即可。

(二)“草图法”地物要素绘制

“草图法”工作方式要求外业工作时，除了测量员和跑尺员外，还要安排一名绘草图的人员，在跑尺员跑尺时，绘图员要标注出所测的是什么地物(属性信息)并记下所测点的点号(位置信息)，在测量过程中要与测量员及时联系，使草图上标注的某点点号与全站仪里记录的点号一致，而在测量每一个碎部点时不用在电子手簿或全站仪里输入地物编码，故又称为“无码方式”。

“草图法”在内业工作时，根据作业方式的不同，分为“点号定位”“坐标定位”“编码引导”等方法。

1.“点号定位”法作业流程

(1)定显示区。打开“C:\CASS9.0\DEMO\YMSJ.DAT”文件。

(2)选择测点点号定位成图法。移动鼠标至屏幕右侧菜单区的“坐标定位/点号定位”项，单击鼠标左键，出现对话框。输入坐标数据文件名“C:\CASS9.0\DEMO\YMSJ.DAT”后，命令区提示读点完成。

(3)展测点点号。为了直观地在图形编辑区内看到各测点之间的关系，可以先将野外测点点号在屏幕中展现出来。操作方法是:移动鼠标至屏幕的顶部菜单“绘图处理”项按左键，这时系统弹出一个下拉菜单。再移动鼠标选择“展野外测点点号”项按左键，出现对话框，输入对应的坐标数据文件名“C:\CASS9.0\DEMO\YMSJ.DAT”后，便可在屏幕展出野外测点的点号。

(4)绘平面图。根据野外作业时绘制的草图，移动鼠标至屏幕右侧菜单区选择相应的地形图图式符号，然后在屏幕中将所有的地物绘制出来。系统中所有地形图图式符号都是按照图层来划分的，例如所有表示测量控制点的符号都放在“控制点”这一层，所有表示独立地物的符号都放在“独立地物”这一层。

本例中，外业草图如图 8-3 所示。

居民地及附属设施绘制。如图 8-3 所示，由 33、34、35 号点连成一间普通房屋。移动鼠标至右侧菜单“居民地/一般房屋”处按左键，系统弹出如图 8-4 所示的对话框。单击“四点房屋”图标，图标变亮表示该图标已被选中，然后单击“确定”。命令区提示：

绘图比例尺 1: (输入“1000”，回车)

1.已知三点/2.已知两点及宽度/3.已知四点〈1〉: (输入 1，回车，或直接回车默认选 1)

说明：已知三点是指测矩形房子时测了三个点；已知两点及宽度是指测矩形房子时测了两个点及房子的一条边；已知四点是指测了房子的四个角点。

第一点/〈点号〉　(输入 33，回车)

说明：点 P 是指由您根据实际情况在屏幕上指定一个点；点号是指绘地物符号定位点的点号(与草图的点号对应)，此处使用点号。

第二点/〈点号〉　(输入 34，回车)

第三点/〈点号〉　(输入 35，回车)

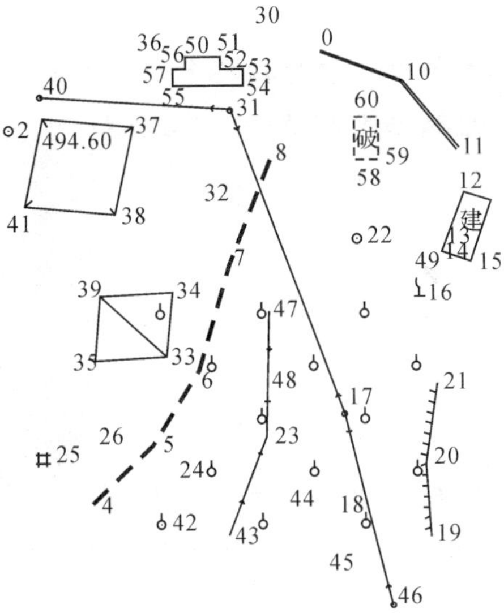

图 8-3　外业作业草图

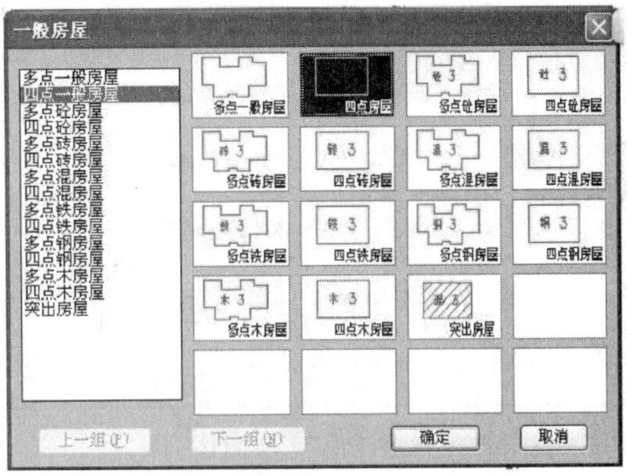

图 8-4　“居民地/一般房屋”图层图例

这样，即将 33、34、35 号点连成一间普通房屋。

注意：绘房子时，输入的点号必须按顺时针或逆时针的顺序输入，否则绘出来的房子形状不对。

重复上述操作，将 37、38、41 号点绘成四点棚房；60、58、59 号点绘成四点破坏房子；12、14、15 号点绘成四点建筑中房屋；50、51、52、53、54、55、56、57 号点绘成多点一般房屋；27、28、29 号点绘成四点房屋。

选择“居民地/垣栅”层，单击“依比例围墙”图标，将 9、10、11 号点绘成依比例围墙的符号；单击“篱笆”图标将 47、48、23、43 号点绘成篱笆的符号。

地貌土质绘制。把草图中的 19、20、21 号点连成一段陡坎，其操作方法：先移动鼠标至右侧屏幕菜单“地貌土质/人工地貌”处按左键，这时系统弹出如图 8-5 所示的对话框。

选择“未加固陡坎符号”图标，然后单击“确定”。命令区提示：

请输入坎高，单位：米〈1.0〉：　(输入坎高，直接回车默认坎高为 1 米)

说明：在这里输入的坎高(实测得的坎顶高程)，系统将坎顶点的高程减去坎高得到坎底点高程，这样在建立(DTM)时，坎底点便参与组网的计算。

第一点　(输入 19，回车)

指定下一点/〈点号〉：　(输入 20，回车)

指定下一点/〈点号〉：　(输入 21，回车)

指定下一点/〈点号〉: (回车或按鼠标的右键,结束输入)

说明:如果需要在点号定位的过程中临时切换到坐标定位,可以按“P”键,这时进入坐标定位状态,想回到点号定位状态时再次按“P”键即可。

拟合吗?〈N〉 (回车或按鼠标的右键,默认输入“N”)

说明:拟合的作用是对复合线进行圆滑。

这时,便在19、20、21号点之间绘成陡坎的符号,如图8-6所示。

注意:陡坎上的坎毛生成在绘图方向的左侧。如果方向不对,可选择“地物编辑”→“线型转向”。

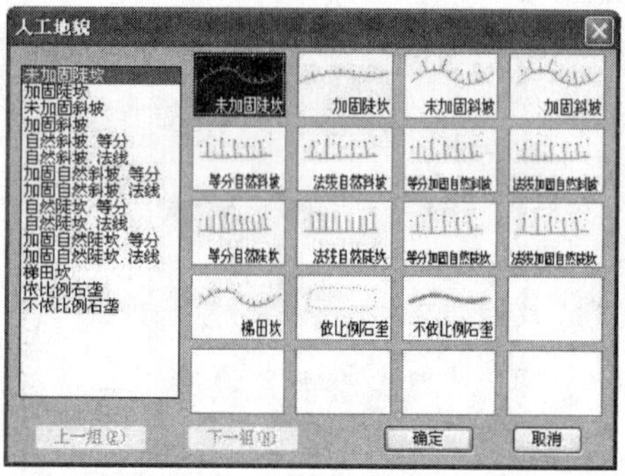

图8-5 “地貌土质”图层图例

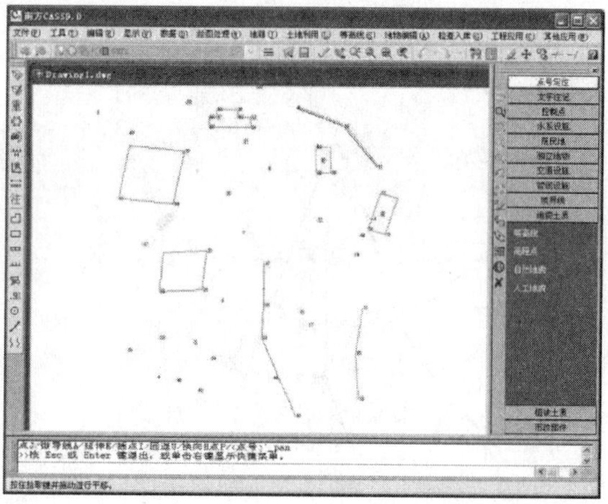

图8-6 加绘居民地和陡坎后的平面图

重复上述操作便可以将所有测点用地图图式符号绘制出来。在操作的过程中,可以嵌用AutoCAD的透明命令,如放大显示、移动图纸、删除、文字注记等。

2.“坐标定位”法作业流程

(1)定显示区。此操作与“点号定位”法作业流程的“定显示区”操作相同。

(2)选择坐标定位成图法。单击屏幕右侧菜单区的“坐标定位”项,进入“坐标定位”项菜单。如果刚才在“测点点号”状态下,可通过选择“CASS9.0成图软件”按钮返回主菜单后再进入“坐标定位”菜单。

(3)绘平面图。“坐标定位”法与“点号定位”法成图流程类似,需要先在屏幕上展点,根据外业草图,选择相应的地图图式符号在屏幕上将平面图绘出来。区别在于“坐标定位”法需要通过捕捉坐标点定位,不能通过测点点号进行定位。

设置捕捉方式。移动鼠标至右侧屏幕菜单的“捕捉方式”项,单击鼠标左键,弹出如图8-7所示的对话框。选择“NOD”(节点)图标,单击“确定”。

交通设施绘制移动鼠标至右侧屏幕菜单“交通设施/乡村道路”项,单击鼠标左键,弹出如图8-8所示的对话框。选择“小路”图标,单击“确定”。命令区提示:

第一点: (这时鼠标靠近4号点,出现黄色标记,单击鼠标左键,完成捕捉工作)

指定下一点: (同上操作捕捉5号点)

指定下一点: (同上操作捕捉6号点)

指定下一点: (同上操作捕捉7号点)

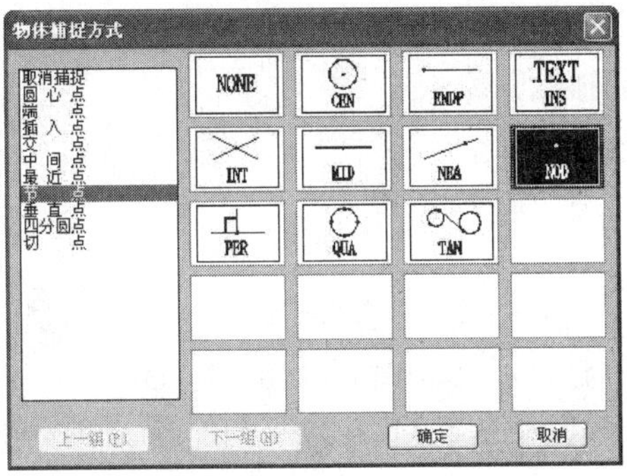

图 8-7　“捕捉方式”选项

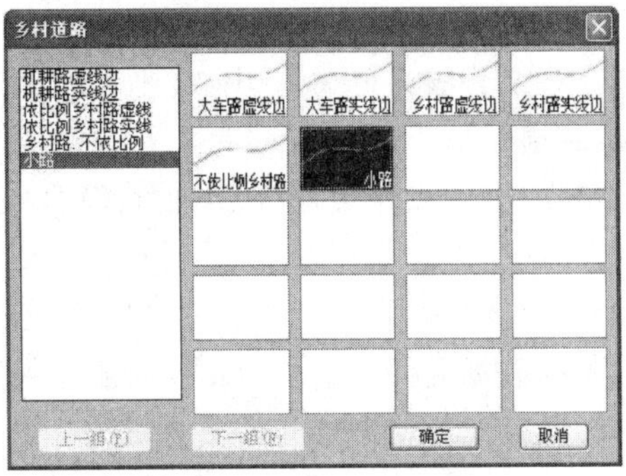

图 8-8　“交通设置”图层图例

这样，即将 4、5、6、7 号点连成一条小路。

注意：在输入点时，嵌套使用了捕捉功能，选择不同的捕捉方式会出现不同形式的黄色光标，适用于不同的情况。

命令区要求“输入点”时，可以直接在屏幕上单击鼠标左键，为了精确定位也可输入实地坐标。

下面以“路灯”为例进行演示。移动鼠标至右侧屏幕菜单“独立地物/公共设施”项，单击鼠标左键，弹出“独立地物/公共设施”对话框，选择“路灯”图标，单击“确定”。命令区提示：

输入点：　　　　（输入“143.35，159.28”，回车）

这时就在（143.35，159.28）处绘好了一个路灯。

注意：随着鼠标在屏幕上移动，屏幕左下角提示的坐标实时变化。

3.“编码引导”法作业流程

此方式也称为“编码引导文件＋无码坐标数据文件自动绘图方式”。

（1）编辑引导文件。

移动鼠标至绘图屏幕的顶部菜单，选择“编辑”菜单的“编辑文本文件”项，弹出“输入要编辑的文本文件名”对话框，选择文件，（以 C:\CASS9.0\DEMO\WMSJ.YD 为例）。

屏幕上弹出记事本，根据野外作业草图，参考的地物代码及文件格式，编辑好此文件并保存。该文本文件的内容含义如图 8-9 所示。

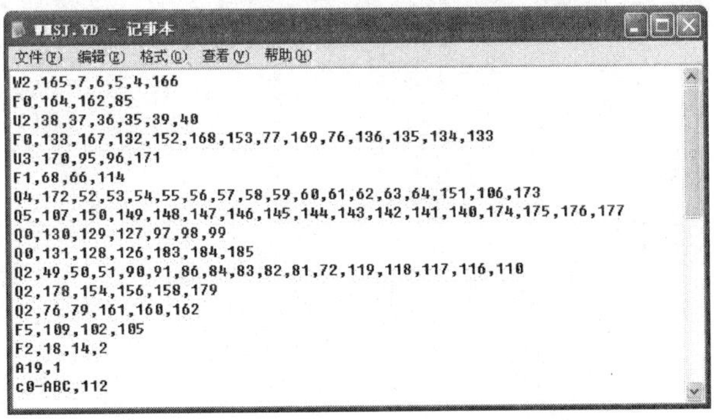
WMSJ.YD - 记事本
文件(F)　编辑(E)　格式(O)　查看(V)　帮助(H)

```
W2,165,7,6,5,4,166
F0,164,162,85
U2,38,37,36,35,39,40
F0,133,167,132,152,168,153,77,169,76,136,135,134,133
U3,170,95,96,171
F1,68,66,114
Q4,172,52,53,54,55,56,57,58,59,60,61,62,63,64,151,106,173
Q5,107,150,149,148,147,146,145,144,143,142,141,140,174,175,176,177
Q0,130,129,127,97,98,99
Q0,131,128,126,183,184,185
Q2,49,50,51,90,91,86,84,83,82,81,72,119,118,117,116,110
Q2,178,154,156,158,179
Q2,76,79,161,160,162
F5,109,102,105
F2,18,14,2
A19,1
c0-ABC,112
```

图 8-9　文本文件编辑

说明：①每一行表示一个地物；②每一行的第一项为地物的“地物代码”，后续各数据为构成该地物的各测点的点号（按连接顺序排列）；③同行的数据之间用逗号分隔；④表示地物代码的字母要大写；⑤用户可根据自己的需要定制野外操作简码，通过更改“C:\CASS9.0\

SYSTEM\JCODE.DEF”文件即可实现。

该文本文件编辑好后，选择“文件”→“保存”，并退出该文件。

(2)定显示区。

此步操作与“点号定位”法作业流程的“定显示区”相同。

(3)编码引导。

编码引导的作用是将“引导文件”与“无码的坐标数据文件”合并，生成一个新的带简编码格式的坐标数据文件。这个数据文件在下一步“简码识别”操作中将要用到。

移动鼠标至绘图屏幕的最上方，选择“绘图处理”→“编码引导”项，弹出“输入编码引导文件名”对话框(图 8-10)。输入编码引导文件名“C:\CASS9.0\DEMO\WMSJ.YD”，或通过 WINDOWS 窗口操作找到此文件。

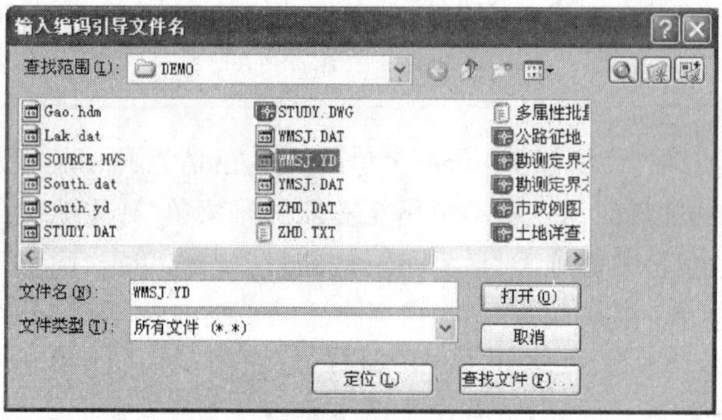

图 8-10　输入编码引导文件

屏幕出现“输入坐标数据文件”对话框。要求输入坐标数据文件名，此时输入“C:\CASS9.0\DEMO\WMSJ.DAT”。

这时，屏幕按照这两个文件自动生成图形，如图 8-11 所示。

图 8-11　系统自动绘出图形

(三)“简码法”地物要素绘制

此工作方式也称“带简编码格式的坐标数据文件自动绘图方式”，与“草图法”在野外测量时不同的是，每测一个地物点都要在电子手簿或全站仪上输入地物点的简编码，简编码一般由一位字母和一至两位数字组成。用户可根据自己的需要，通过“JCODE.DEF”文件定制野外操作简码。

1.定显示区。

此步操作与“草图法”中“测点点号”定位绘图方式作业流程的“定显示区”操作相同。

2.简码识别。

简码识别的作用是将带简编码格式的坐标数据文件转换成计算机能识别的程序内部码(又称“绘图码”)。

选择“绘图处理”→“简码识别”菜单项，弹出“输入简编码坐标数据文件名”对话框，输入坐标数据文件名(此处以“C:\CASS9.0\DEMO\South.DAT”为例)。当提示区显示“简码识别完毕!”的同时屏幕绘出平面图形。

(四)地貌要素绘制

在地形图中，等高线是表示地貌起伏的一种重要手段。常规的平板测图，等高线是手工描绘的，等高线可以描绘得比较圆滑，但精度稍低。在数字化自动成图系统中，等高线是由计算机自动勾绘的，精度相当高。

在绘等高线之前，必须先将野外测得的高程点建立数字地面模型(DTM)，然后在数字地面模型上生成等高线。

1.展高程点

(1)定显示区。通过“定显示区”对话框打开文件“C:\CASS70\DEMO\DGX.DAT”。

(2)展高程点。展点时选择“展高程点”选项，要求输入文件名时在“C:\CASS70\DEMO\DGX.DAT”路径下选择“打开”DGX.DAT文件，命令区提示:“注记高程点的距离(米)”——根据规范要求输入高程点注记距离(即注记高程点的密度)，回车默认为注记全部高程点的高程。这时，所有高程点和控制点的高程均自动展绘到图上。

2.建立数字地面模型(构建三角网)

数字地面模型(DTM)是在一定区域范围内规则格网点或三角网点的平面坐标(x，y)及其地物性质的数据集合。如果此地物性质是该点的高程Z，则此数字地面模型又称为“数字高程模型”。在使用CASS自动生成等高线时，应先建立数字地面模型。

选择屏幕顶部菜单的“等高线”→“建立DTM”项，弹出建立DTM对话窗，如图8-12所示。

建立DTM的方式有两种:“由数据文件生成”和“由图面高程点生成”。如果选择由数据文件生成，则在坐标数据文件名中选择坐标数据文件;如果选择由图面高程点生成，则在绘图区选择参加建立DTM的高程点。结果显示分为三种:“显示建三角网结果”“显示建三角网过程”“不显示三角网”。最后选择在建立DTM的过程中是否考虑陡坎和地性线。

单击“确定”后生成如图8-13所示的三角网。

3.修改数字地面模型(修改三角网)

一般情况下，由于地形条件的限制，在外业采集的碎部点(如楼顶上控制点)。很难一次性地生成理想的等高线，另外还因现实地貌的多样性和复杂性，自动构成的数字地面模型与实际地貌不太一致，这时可以通过修改三角网来弥补这些局部不合理的地方。

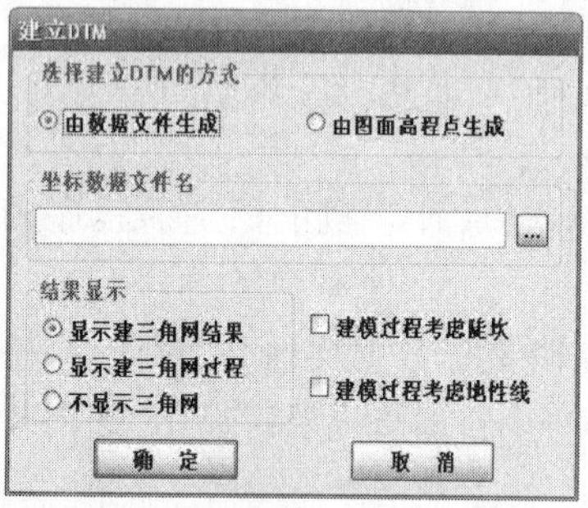

图 8-12　选择建模高程数据文件

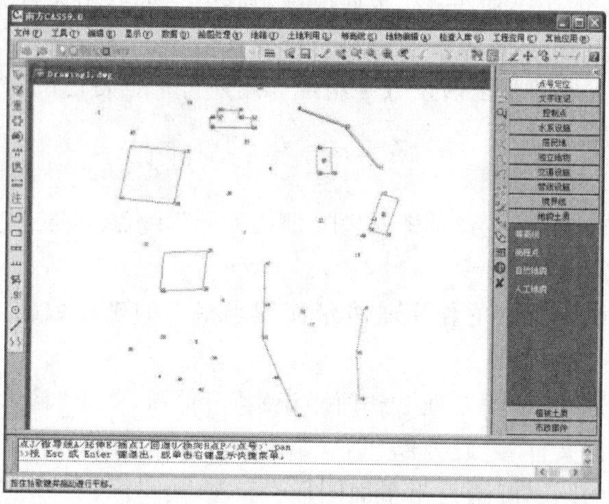

图 8-13　用 DGX.DAT 数据建立的三角网

(1)删除三角形。如果在某局部内没有等高线通过，则可将其局部内相关的三角形删除。删除三角形的操作方法是：先将要删除三角形的地方局部放大，再选择"等高线"→"删除三角形"菜单项，命令区提示选择对象，这时便可选择要删除的三角形，如果误删，可用"U"命令恢复。

(2)过滤三角形。选择"等高线"→"过滤三角形"菜单项，可根据用户需要输入符合三角形中最小角的度数或三角形中最大边长大于最小边长的倍数等条件的三角形。如果 CASS9.0 在建立三角网后无法绘制等高线，可过滤掉部分形状特殊的三角形。另外，如果生成的等高线不光滑，也可以用此功能将不符合要求的三角形过滤掉再生成等高线。

(3)增加三角形。选择"等高线"→"增加三角形"菜单项，依照屏幕的提示在要增加三角形的地方用鼠标点取，如果点取的地方没有高程点，系统会提示输入高程。

(4)三角形内插点。选择"等高线"→"三角形内插"菜单项，可根据提示输入要插入的点：在三角形中指定点(可输入坐标或用鼠标直接点取)，提示"高程(米)＝"时，输入此点高程。通过此功能可将此点与相邻的三角形顶点相连构成三角形，同时原三角形会自动被删除。

(5)删三角形顶点。选择"等高线"→"删三角形顶点"菜单项，可将所有由该点生成的三角形删除。因为一个点会与周围很多点构成三角形，如果手工删除三角形，不仅工作量大且容易出错。这个功能常用在发现某一点坐标错误，要将它从三角网中剔除的情况下。

(6)重组三角形。指定两相邻三角形的公共边，系统自动将两三角形删除，并将两三角形的另两点连接起来构成两个新的三角形，这样做可以改变不合理的三角形连接。如果因两三角形的形状特殊无法重组，会有出错提示。

(7)删三角网。生成等高线后就不再需要三角网了，这时如果要对等高线进行处理，可以用此功能将整个三角网全部删除。

(8)修改结果存盘。通过以上命令修改三角网后，选择"等高线"→"修改结果存盘"菜单项，可将修改后的数字地面模型存盘。这样，绘制的等高线不会内插到修改前的三角形内。

注意：修改三角网后一定要进行此步操作，否则修改无效！当命令区显示："存盘结束！"时，表明操作成功。

4.绘制等高线

完成构建三角网和修改三角网准备操作后，便可进行等高线绘制。等高线的绘制可以在绘平面图的基础上叠加，也可以在“新建图形”的状态下绘制。如在“新建图形”状态下绘制等高线，系统会提示输入绘图比例尺。

选择“等高线”→“绘制等高线”项，弹出对话框，如图 8-14 所示。

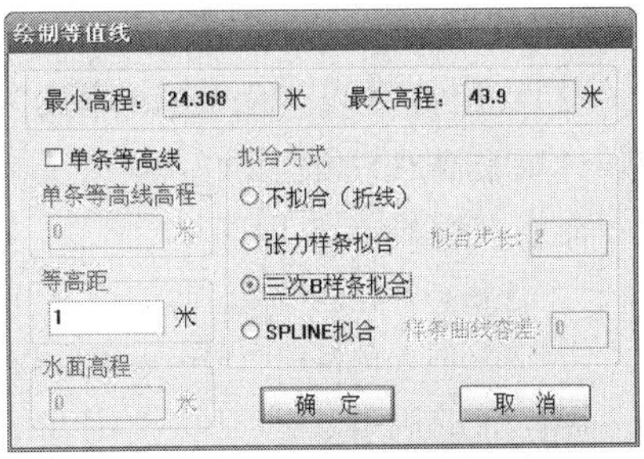

图 8-14　绘制等高线对话框

对话框中会显示参加生成 DTM 高程点的最小高程和最大高程。如果只生成单条等高线，那么就在单条等高线高程中输入此条等高线的高程；如果生成多条等高线，则在等高距框中输入相邻两条等高线之间的等高距。最后选择等高线的拟合方式，总共有四种拟合方式：不拟合(折线)、张力样条拟合、三次 B 样条拟合和 SPLINE 拟合。观察等高线效果时，可输入较大等高距并选择不光滑，以加快速度。如选“张力样条拟合”，则拟合步距以 2 m 为宜，但这时生成的等高线数据量比较大，速度会稍慢。测点较密或等高线较密时，最好选择“三次 B 样条拟合”，也可选择不光滑，过后再用“批量拟合”功能对等高线进行拟合。选择“SPLINE 拟合”，则用标准 SPLINE 样条曲线来绘制等高线，需输入样条曲线容差，容差是曲线偏离理论点的允许差值，可直接回车。SPLINE 线的优点在于其被断开后仍然是样条曲线，可以进行后续编辑修改，缺点是较“三次 B 样条拟合”容易发生线条交叉现象。

当命令区显示：“绘制完成！”便完成绘制等高线的工作，如图 8-15 所示。

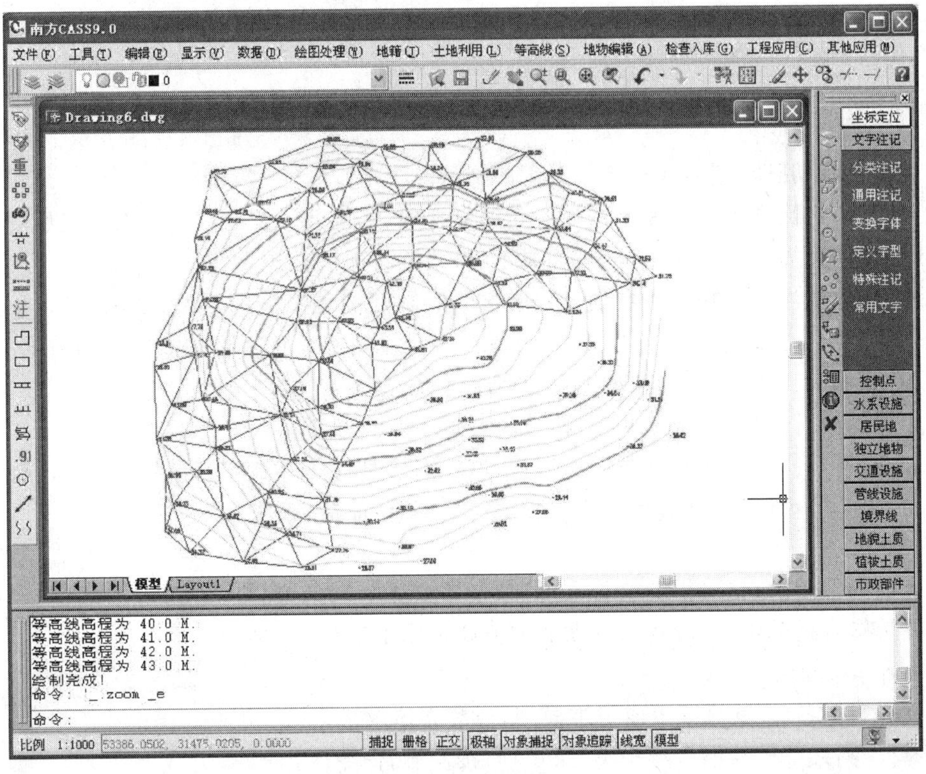

图 8-15　完成绘制等高线的工作

5.等高线的修饰

(1)注记等高线。用“窗口缩放”得到局部放大图(图 8-16),再选择“等高线”→“等高线注记”→“单个高程注记”菜单项。

命令区提示:

选择需注记的等高(深)线: (移动鼠标至要注记高程的等高线位置,如图 8-16 的位置 A,按左键)

依法线方向指定相邻一条等高(深)线: (移动鼠标至图 8-16 的位置 B,按左键)

等高线的高程值即自动注记在 A 处,且字头朝 B 处。

(2)等高线修剪。选择“等高线”→“等高线修剪”→“批量修剪等高线”菜单项,弹出如图 8-17 所示对话框。

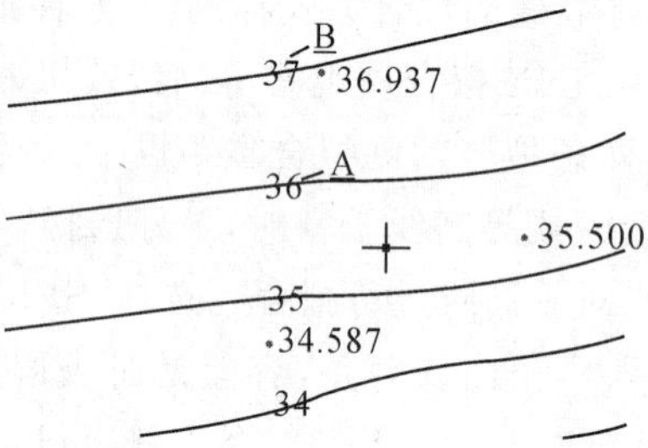

图 8-16 等高线高程注记

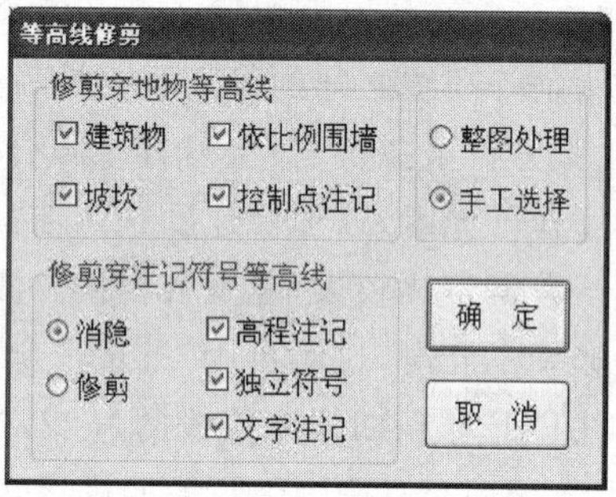

图 8-17 等高线修剪对话框

首先选择是消隐还是修剪等高线,然后选择是整图处理还是手工选择需要修剪的等高线,最后选择地物和注记符号,单击“确定”后会根据输入的条件修剪等高线。

(3)切除指定二线间等高线。命令区提示:

选择第一条线: (用鼠标指定一条线,如选择公路的一边)

选择第二条线: (用鼠标指定第二条线,如选择公路的另一边)

程序将自动切除等高线穿过此二线间的部分。

(4)切除指定区域内等高线。选择一封闭复合线,系统将该复合线内所有等高线切除。注意,封闭区域的边界一定要是复合线,如果不是,系统将无法处理。

(5)等值线滤波。此功能可在很大程度上给绘制好的等高线图形文件“减肥”。一般的等高线是用样条拟合的,这时虽然从图上看出来的节点数很少,但存储在文件中的数据并不少。以高程为 38 的等高线为例说明,如图 8-18 所示。

选中等高线,图上会出现一些夹持点,这些点不是这条等高线上实际的点,只是样条的锚点。实际上,在等高线上还有密布的夹持点,这些点才是这条等高线真正的特征点。如果想将图形的尺寸变小,可使用“等值线滤波”功能。执行此功能后,系统提示如下:

请输入滤波阈值:〈0.5 米〉

输入的阈值越大,精简程度就越大,但是会导致等高线失真(即变形)。因此,用户可根据实际需要选择合适的值,一般选系统默认的值就可以了。

6.绘制三维模型

建立 DTM 之后,就可以生成三维模型,观察立体效果。

选择“等高线”→“绘制三维模型”菜单项,按左键,命令区提示:

输入高程乘系数〈1.0〉: (输入“5”)

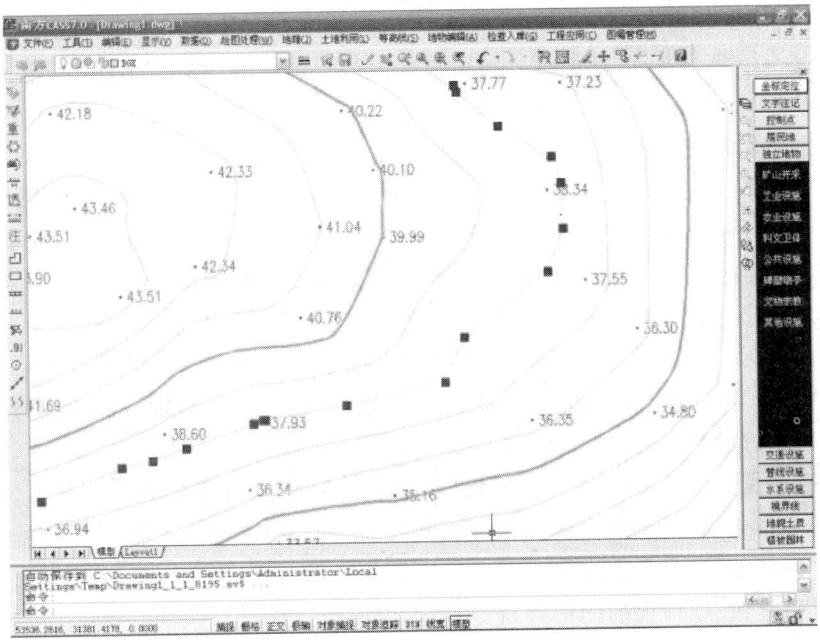

图 8-18　剪切前等高线夹持点

如果用默认值，建成的三维模型与实际情况一致。如果测区内的地势较为平坦，可以输入较大的值，将地形的起伏状态放大。因本图坡度变化不大，输入高程乘系数将其夸张显示。

是否拟合？(1)是(2)否〈1〉　（回车，默认选 1，拟合）

这时将显示此数据文件的三维模型，如图 8-19 所示。

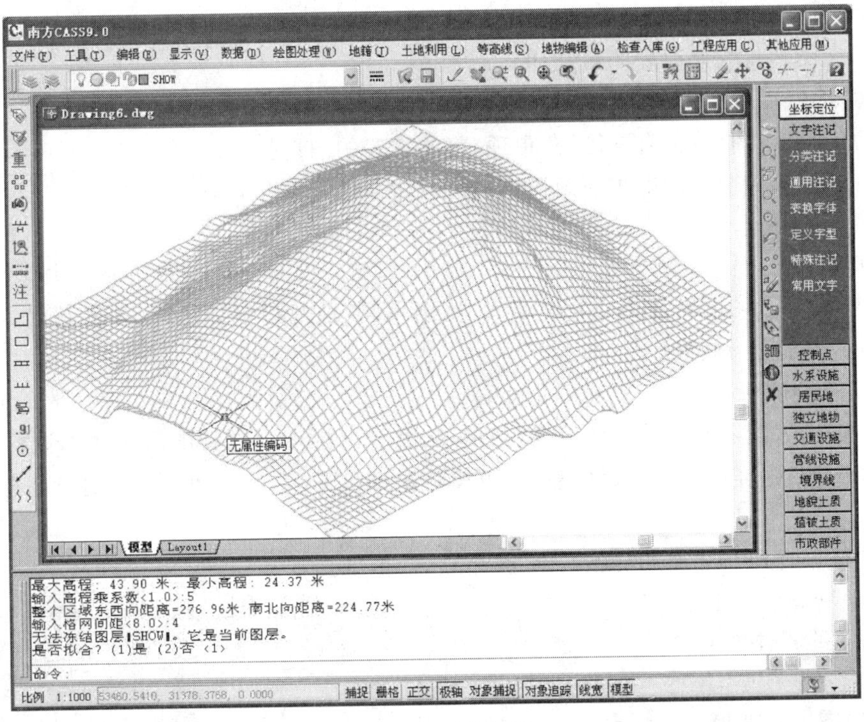

图 8-19　三维效果

另外利用“低级着色方式”“高级着色方式”功能还可对三维模型进行渲染等操作，利用“显示”菜单下的“三维静态显示”功能可以转换角度、视点、坐标轴，利用“显示”菜单下的“三维动态显示”功能可以绘出更高级的三维动态效果。

(五)图形编辑与整饰

在大比例尺数字测图的过程中，由于实际地形、地物的复杂性，漏测、错测是难以避免的，这时需要有一套功能强大的图形编辑系统，对所测地图进行屏幕显示和人机交互图形编辑，在保证精度情况下消除相互矛盾的地形、地物，对于漏测或错测的部分，及时外业补测或重测。地图上的许多文字注记说明，如道路、河流、街道等也非常重要。

图形编辑的另一重要用途是对大比例尺数字化地图的更新。可以借助人机交互图形编辑，根据实测坐标和实地变化情况，随时对地图的地形、地物进行增加或删除、修改等操作，以保证地图具有很好的现势性。

对于图形的编辑，CASS9.0 提供“编辑”和“地物编辑”两种下拉菜单。其中，“编辑”是由 AutoCAD 提供的编辑功能(图元编辑、删除、断开、延伸、修剪、移动、旋转、比例缩放、复制、偏移拷贝等)；“地物编辑”是由南方 CASS 系统提供的编辑功能(线型换向、植被填充、土质填充、批量删剪、批量缩放、窗口内的图形存盘、多边形内图形存盘等)。

1.图形编辑重构

CASS4.0 以来都设计了“骨架线”的概念，复杂地物的主线一般都有独立编码的骨架线。如果要对图形坐标位置进行修改，可用鼠标左键点取骨架线，再点取蓝色方框节点使其变为红色，移动到其他位置，或者将骨架线移动位置。

之后，选择“地物编辑”→“图形重构”菜单项(也可选择左侧工具条的“图形重构”按钮)，命令区提示：

选择需重构的实体:〈重构所有实体〉 (回车表示对所有实体进行重构功能)

此时，原图转化为修改后的最终样式。

2.改变比例尺

选择“文件”→“打开已有图形”菜单项，将所需要的图形打开。

执行“绘图处理”→“改变当前图形比例尺”，命令区提示：

当前比例尺为 1∶500

输入新比例尺〈1∶500〉1: (输入要求转换的比例尺，例如输入“1000”)

这时屏幕显示的图转变为 1∶1 000 的比例尺，各种地物包括注记、填充符号都已按 1∶1 000的图示要求进行转变。

3.查看及加入实体编码

选择“数据处理”→“查看实体编码”菜单项，命令区提示：“选择图形实体”，鼠标指针变成方框，选择图形，则屏幕弹出属性信息，或直接将鼠标移至多点房屋的线上，则屏幕自动出现该地物属性。

选择“数据处理”→“加入实体编码”菜单项，命令区提示：

输入代码(C)/〈选择已有地物〉 (鼠标变成一个方框，这时选择下侧的陡坎)

选择要加属性的实体:

选择对象: (用鼠标的方框指针选择多点房屋)

这时原图变为变换后的图形。

在第一步提示时，也可以直接输入编码（如输入未加固陡坎的编码“204201”），这样在下一步中选择的实体将转换成编码为“204201”的未加固陡坎。

4.线型换向

选择“地物编辑”→“线型换向”菜单项，命令区提示：

请选择实体　（将转换为小方框的鼠标光标移至未加固陡坎的母线，单击左键）

这样，该条未加固陡坎即转变了坎的方向。以同样的方法选择“线型换向”命令（或在工作区单击鼠标右键重复上一条命令），单击栅栏、加固陡坎等线型母线，就可完成换向功能。

5.编辑坎高

选择“地物编辑”→“修改坎高”菜单项，则在陡坎的第一个节点处出现一个十字丝，命令区提示：

选择陡坎线

请选择修改坎高方式：(1)逐个修改(2)统一修改〈1〉

当前坎高＝1.000 米，输入新坎高〈默认当前值〉：　（输入新值，或直接回车默认 1 米）

十字丝跳至下一个节点，命令区提示：

当前坎高＝1.000 米，输入新坎高〈默认当前值〉：　（输入新值，或直接回车默认 1 米）

如此重复，直至最后一个节点结束。这样便将坎上每个测量点的坎高进行了更改。

若在选择修改坎高方式中选择 2，则命令区提示：

请输入修改后的统一坎高：〈1.000〉　（输入要修改的目标坎高则将该陡坎的高程改为同一个值）

6.实体附加属性

在图形数据最终进入 GIS 系统的形势下，对于实体本身的一些属性还必须做一些更多更具体的描述和说明，因此给实体增加了一个附加属性，该属性可以由用户根据实际的需要设置和添加。单击屏幕下拉菜单“检查入库”→“编辑实体附加属性”后选择要加属性的实体，弹出对话框，在各属性项后添加实际的属性值后单击“确定”，则自动保存该实体的附加属性。

7.图形分幅

在图形分幅前，应做好分幅的准备工作，如了解图形数据文件中的最小坐标和最大坐标。

注意：在 CASS9.0 下侧信息栏显示的数学坐标和测量坐标是相反的，即 CASS9.0 系统中前面的数为 Y 坐标（东方向），后面的数为 X 坐标（北方向）。

选择“绘图处理”→“批量分幅”→“建方格网”，命令区提示：

请选择图幅尺寸：(1)50＊50(2)50＊40(3)自定义尺寸〈1〉　（按要求选择，此处直接回车默认选 1）

输入测区一角：　（在图形左下角单击鼠标左键）

输入测区另一角：　（在图形右上角单击鼠标左键）

这样，在所设目录下就产生了各个分幅图，自动以各个分幅图的左下角的东坐标和北坐标结合起来命名，如“29.50—39.50”“29.50—40.00”等。如果在要求输入分幅图目录名时直接回车，则各个分幅图自动保存在安装 CASS9.0 的驱动器的根目录下。

选择“绘图处理”→“批量分幅”→“批量输出到文件”，在弹出的对话框中确定输出图幅的存储目录名，单击“确定”即可批量输出图形到指定目录。

8.加注记

选择地物绘制工具栏内的“文字注记”→“注记文字”，在弹出的“文字注记信息”对话框中按地形图图式规范要求设置文字注记属性。

"注记内容":输入所需注记的文字。

"图面文字大小":输入注记文字的高度,单位为 mm(不论何种比例尺的地形图,文字注记的高度图面均为 2～3 mm)。

"字头朝北":复选(地形图中几乎所有注记字头都朝北,可作为判断其他设计图纸北方向的参考)。

"注记排列":可单选水平字列、垂直字列、雁行字列、屈曲字列。

"注记类型":用于确定把文字注记放置在不同的图层上,如"居民地垣栅"放置于 JMD 图层上,"工矿建筑物"放置于 DLDW 图层上。

9.图幅整饰

把图形分幅时所保存的图形打开,选择"文件"→"CASS 参数配置",在弹出的"CASS9.0 参数配置"对话框的"图框设置"选项卡中,设置测绘单位、成图日期、坐标系、高程基准、图式、测量员、密级等参数。

选择"绘图处理"→"标准图幅",显示对话框。

输入图幅的名字、邻近图名、批注,在左下角坐标的"东""北"栏内输入相应坐标后回车。勾选"删除图框外实体"则可删除图框外实体,按实际要求设置,例如此处打钩,最后用鼠标单击"确定"即可。

选择"绘图处理"→"批量分幅"→"批量输出",在弹出的对话框中确定输出的图幅的存储目录名,单击"确定",即可批量输出图形到指定的目录。

图幅整饰的具体要求参照地形图图式规范。

任务 8-2 数字地籍图绘制

一、地籍图基础知识

(一)地籍图的概念

地籍图是一种专题地图,专门用于说明土地及其附着物的权属、位置、质量、数量和现状,是国家土地管理的基础性资料,具有法律效力。地籍图是土地登记、发证和收取土地税的重要依据,与地形图一样,有固定的图幅大小和确定的比例尺。

我国地籍图比例尺一般规定为:城镇地区(指大、中、小城市及建制镇以上地区)地籍图的比例尺为 1∶500(城镇市区)和 1∶1 000(城镇郊区);农村居民地(或称宅基地)地籍图的比例尺为 1∶1 000 或 1∶2 000,如图 8-20 所示为城镇地籍图。

地籍图的幅面通常采用 50 cm×50 cm 或 50 cm×40 cm 进行分幅,图幅编号按图廓西南角坐标公里数编号,X 坐标在前,Y 坐标在后,中间用短横线连接。

(二)地籍图的内容

地籍图的内容概括起来可分为两个方面,一是地籍要素,二是地物要素。

1.地籍要素

地籍要素主要描述的是与土地相关的属性,如权属界址线、土地坐落、土地编号、土地等级、土地利用类别、权属主名称等。具体内容如下。

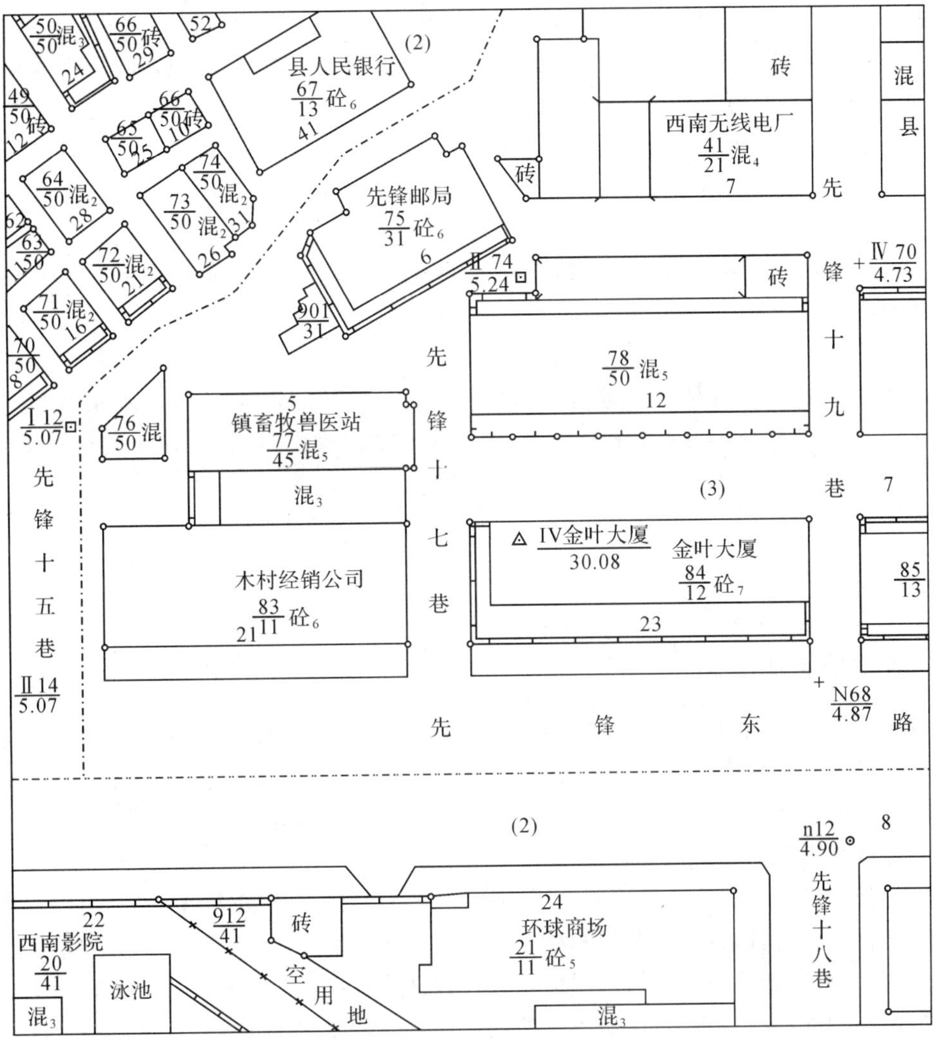

图 8-20　城镇地籍图样图

(1)各级行政界线要素：省、自治区、直辖市界，自治州、地区、盟、地级市界，县、自治县、旗、县级市及城市内的区界，乡、镇、国有农、林、牧、渔场界及城市内街道界。两级行政界线重合时在图上仅表示高级界线，境界线在拐角处不得间断，应在拐角处绘出点或线。当土地权属界址线与行政界线重合时，应结合线状地物符号突出表示土地权属界址线，行政界线则移位表示。

(2)界址要素：宗地的界址点、界址线。当其他界线与界址线重合时，其他界址线在地籍图上可跳跃表示。

(3)地籍号：地籍号由区县编号、街道号、街坊号及宗地号组成。在地籍图上只注记街道号、街坊号及宗地号。宗地号和地类号注记以分式形式表示，分子表示宗地号，分母表示地类号。

(4)地类：第二次全国土地调查决定采用新的《土地利用现状分类》国家标准对现有土地进行分类。该标准采用二级分类。一级类的设定主要以土地用途、利用方式和经营特点为依据，共 12 个；二级类 57 个，其设定是以自然属性、覆盖特征、用途和经营目的等方面的土地利用差异为依据。

(5)坐落:宗地的坐落由行政区名、道路名(或地名)及门牌号组成,地籍图上应适当注记行政区名及道路名,宗地门牌号可以选择注记。

(6)土地使用者或所有者:在地籍图上可选择注记单位名称和集体土地所有者名称。当宗地较小时,可以不在地籍图上注记单位名称。在地籍图上不需要注记个人用地的土地使用者名称。

(7)土地等级:对于已完成土地定级估价的城镇,在地籍图上绘出土地分级佛罗里达线及相应的土地等级注记。

2.地物要素

地物要素主要表示与地籍要素相关的地物,通常包括居民点、道路、水系、测量标志点和地理名称等,这部分要素的表示与地形图上的地物表示法相同,因而其符号的绘制方法也相同。

3.地籍图的注记

地籍图的注记包括文字注记和数字注记两类,注记规格与相应的同比例尺地形图相同,此外增加了地籍要素注记部分。

二、数字地籍图绘制

根据中华人民共和国测绘行业标准中的地籍图图式和地籍图测量规范,制定地籍图绘制作业的基本要求及具体内容。利用 CASS 自带数据 SOUTH.DAT 进行地籍图的绘制,加强对地籍图内容的了解,熟悉在 CASS 软件中进行地籍图绘制的方法。

(一)生成平面图

用"简码识别"的方法绘出平面图。示例文件"C:\CASS9.0\DEMO\SOUTH.DAT"是带简编码的坐标数据文件,故可用"简码法"来完成。之后,执行"地物编辑"→"复合线处理"→"批量闭合复合线",使图中居民地的图形闭合,编辑修改后的图形如图 8-21 所示。

从地籍图的内容不难看出,地籍图中的地物要素与地形图中的地物要素是一致的,这部分内容的绘制方法与地形图地物的绘制完全相同。

(二)绘制地籍图

1.手工绘制地籍图

生成平面图之后,地籍部分的核心是带有宗地属性的权属线,可以用手工绘制权属线的方法绘制权属地籍图。

使用"地籍成图"子菜单下"绘制权属线"功能生成,并选择不注记,可以手工绘出权属线。这种方法最直观,权属线出来后系统立即弹出对话框,要求输入属性,单击"确定"按钮后系统将宗地号、权利人、地类编号等信息加到权属线里,如图 8-22 所示。

2.自动绘制权属地籍图

可通过事先生成权属信息文件的方法自动绘制权属地籍图。

(1)生成权属信息数据文件。权属信息文件可以通过权属合并、由图形生成、由复合线生成、由界址线生成四种方法得到。

——权属合并。

权属合并需要用到权属引导文件和界址点数据文件两个文件。权属引导文件的格式如下。

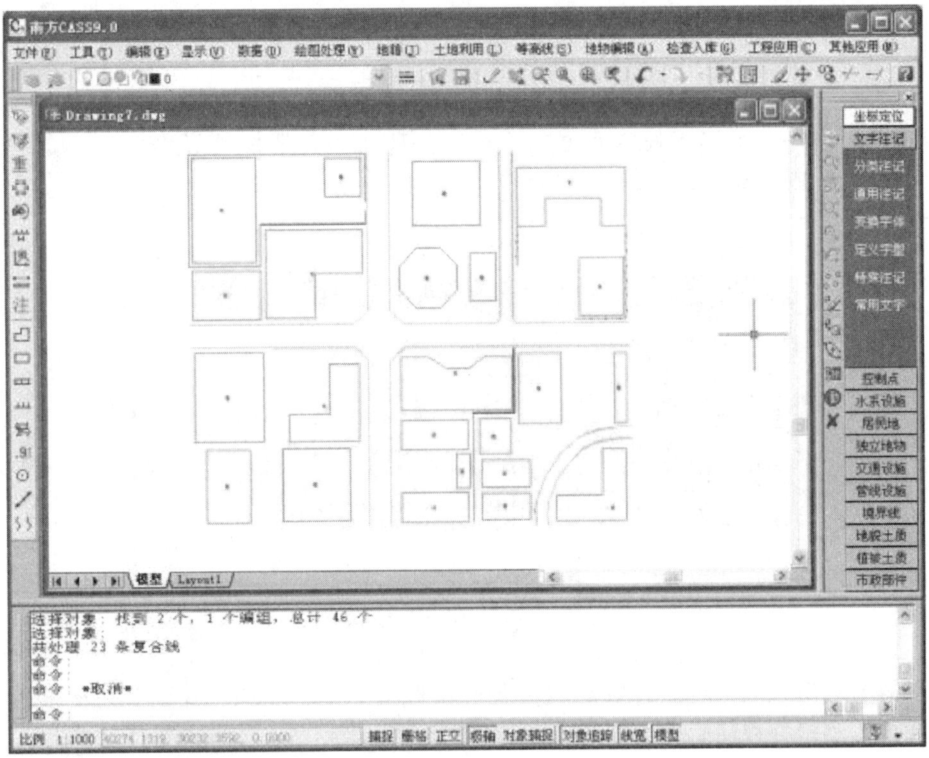

图 8-21　用 SOUTH.DAT 示例数据绘制的平面图

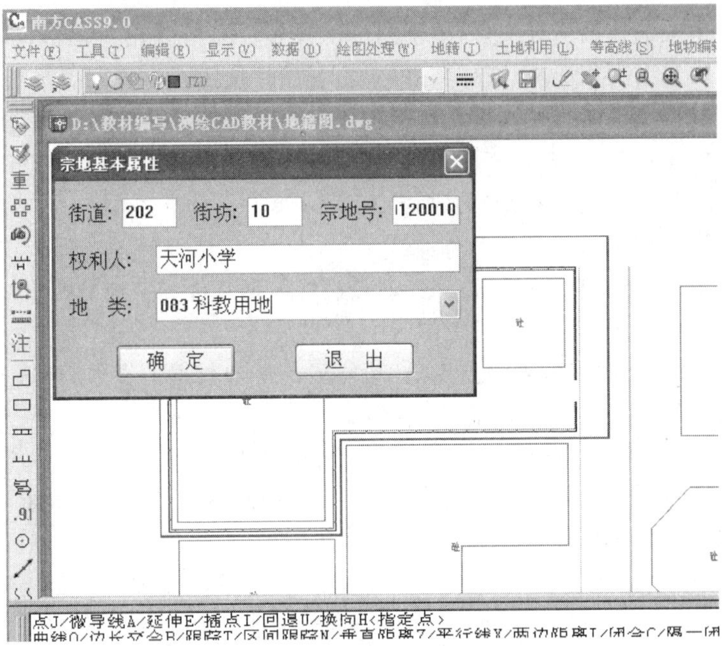

图 8-22　加入权属线属性

宗地号,权利人,土地类别,界址点号,……,界址点号,E(一宗地结束)

宗地号,权利人,土地类别,界址点号,……,界址点号,E(一宗地结束)

E(文件结束)

说明:①每一宗地信息占一行,以 E 为一宗地的结束符,E 要求大写;②编宗地号方法——街道号(地籍区号)+街坊号(地籍子区)+宗地号(地块号),街道号和街坊号位数可在“参数设置”内设置;③权利人按实际调查结果输入;④土地类别按规范要求输入;⑤权属引导文件的结束符为 E,E 要求大写。

权属引导文件示例如图 8-23 所示。

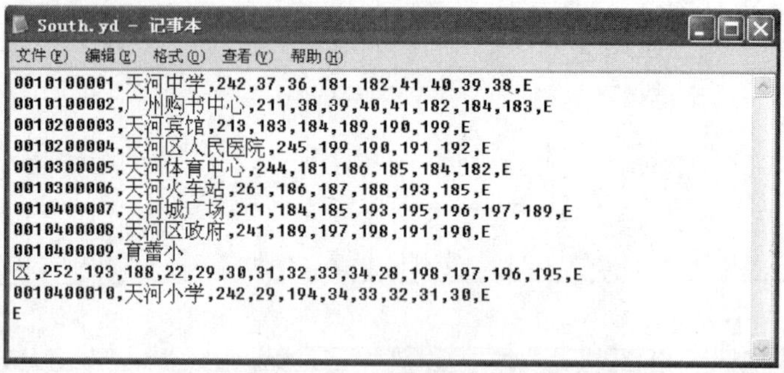

图 8-23　权属引导文件格式

如果需要编辑权属文件,可选择“编辑”→“编辑文本文件”菜单项,参考图 8-23 所示的文件格式和内容编辑好权属引导文件,存盘返回 CASS 屏幕。

选择“地籍成图”→“权属生成”→“权属合并”菜单项,系统弹出对话框,提示输入权属引导文件名。

选择上一步生成的权属引导文件,单击“打开”按钮。系统弹出对话框,提示“输入坐标点(界址点)数据文件名”,类似上步,选择文件,单击“打开”按钮。系统再次弹出对话框,提示“输入地籍权属信息数据文件名”,在这里直接输入要保存地籍信息的权属文件名。

当指令提示区显示“权属合并完毕!”时,表示权属信息数据文件 SOUTHDJ.QS 已自动生成。这时按 F2 键可以看到权属合并的过程。

——由图形生成权属。

在外业完成地籍调查和测量后,得到界址点坐标数据文件和宗地的权属信息。在内业,可以用此功能完成权属信息文件的生成工作。

先用“绘图处理”下的“展野外测点点号”功能展出外业数据的点号,再选择“地籍成图”→“生成权属”→“由图形生成”菜单项,命令区提示:

请选择:(1)界址点号按序号累加(2)手工输入界址点号〈1〉　　(按要求选择,默认选 1)

弹出对话框,要求输入地籍权属信息数据文件名,保存在合适的路径下,如果此文件已存在,则提示“文件已存在,请选择(1)追加该文件(2)覆盖该文件〈1〉”,用户按实际情况选择即可。

输入宗地号:　　(输入“0010100001”)

输入权属主:　　(输入“天河中学”)

输入地类号:　　(输入“44”)

输入点:　　(打开系统的捕捉功能,用鼠标捕捉到第一个界址点 37)

接着,命令行继续提示:

输入点:　　(等待输入下一点)

……

（依次选择 39、40、41、182、181、36 点）

输入点：（回车或按空格键，完成该宗地的编辑）

请选择：1、继续下一宗地 2、退出〈1〉：（输入“2”，回车。输入“1”则重复以上步骤继续下一宗地）

这时，权属信息数据文件已经自动生成。以上操作中采用的是坐标定位，也可用点号定位。用点号定位时不需要依次捕捉相应点，只需直接输入点号。

进入点号定位的方法是：在屏幕右侧菜单选择“测点点号”菜单项，系统弹出对话框，要求输入点号对应的坐标数据文件，输入相应文件即可。

一般可以交叉使用坐标定位和测点点号定位两种方法。

——用复合线生成权属。

这种方法在一个宗地就是一栋建筑物的情况下特别好用，不然则需要先手工沿着权属线画出封闭复合线。

选择“绘图处理”→“用复合线生成权属”菜单项，输入地籍权属信息数据文件名后，命令区提示：

选择复合线(回车结束)：（用鼠标点取一栋封闭建筑物）

输入宗地号：（输入“0010100001”，回车）

输入权属主：（输入“天河中学”，回车）

输入地类号：（输入“44”，回车）

该宗地已写入权属信息文件！

请选择：1、继续下一宗地 2、退出〈1〉：（输入“2”，回车）

——用界址线生成权属。

如果图上没有界址线，可用“地籍成图”→“绘制权属线”菜单命令生成。

注意：在 CASS 中，“界址线”和“权属线”是同一个概念。使用此功能时，系统会提示输入宗地边界的各个点。当宗地闭合时，系统将认为宗地已绘制完成，弹出对话框，要求输入宗地号、权属主、地类号等。输入完成后点“确定”按钮，系统会将对话框中的信息写入权属线。

权属线里的信息可以读出来，写入权属信息文件。这就是由权属线生成权属信息文件的原理。操作步骤如下。

执行“地籍”→“权属生成”→“由界址线生成”命令后，直接用鼠标在图上批量选取权属线，然后系统弹出对话框，要求输入权属信息文件名。这个文件将用来保存下一步要生成的权属信息。

输入文件名后，保存，权属信息自动写入权属信息文件。已有权属线再生成权属信息文件一般用于统计地籍报表。得到带属性的权属线后，可通过“绘图处理”→“依权属文件绘权属图”作权属图。

——权属信息文件合并。

权属信息文件合并的作用是将多个权属信息文件合并成一个文件。即将多宗地的信息合并到一个权属信息文件中。这个功能常在需要将多宗地信息汇总时使用。

(2)由权属文件绘制地籍图。利用“地籍”→“地籍参数设置”功能对成图参数进行设置。根据实际情况选择适合的注记方式，以及绘权属线时要做的权属注记。如选择宗地号、地类、界址点间距离、权利人等全部注记，则在这些选项前的方格中打钩。参数设置完成后，选择“地籍”→“依权属文件绘权属图”。CASS 界面弹出要求输入权属信息数据文件名的对话框，这时选择输入权属信息数据文件，如 SOUTHHB.qs。命令区提示：

输入范围(宗地号.街坊号或街道号)〈全部〉:

(根据绘图需要,输入要绘制地籍图的范围,默认值为全部)

说明:可输入“街道号×××”或“街道号×××街坊号××”或“街道号×××街坊号××宗地号×××××”,输入绘图范围后程序即自动绘出指定范围的权属图。例如:输入“0010100001”只绘出该宗地的权属图,输入“00102”将绘出街道号为001街坊号为02的所有宗地权属图,输入“001”将绘出街道号为001的所有宗地权属图。

最后得到如图8-24所示的图形,保存在“C:\CASS9.0\DEMO\SOUTHDJ.DWG”文件中。

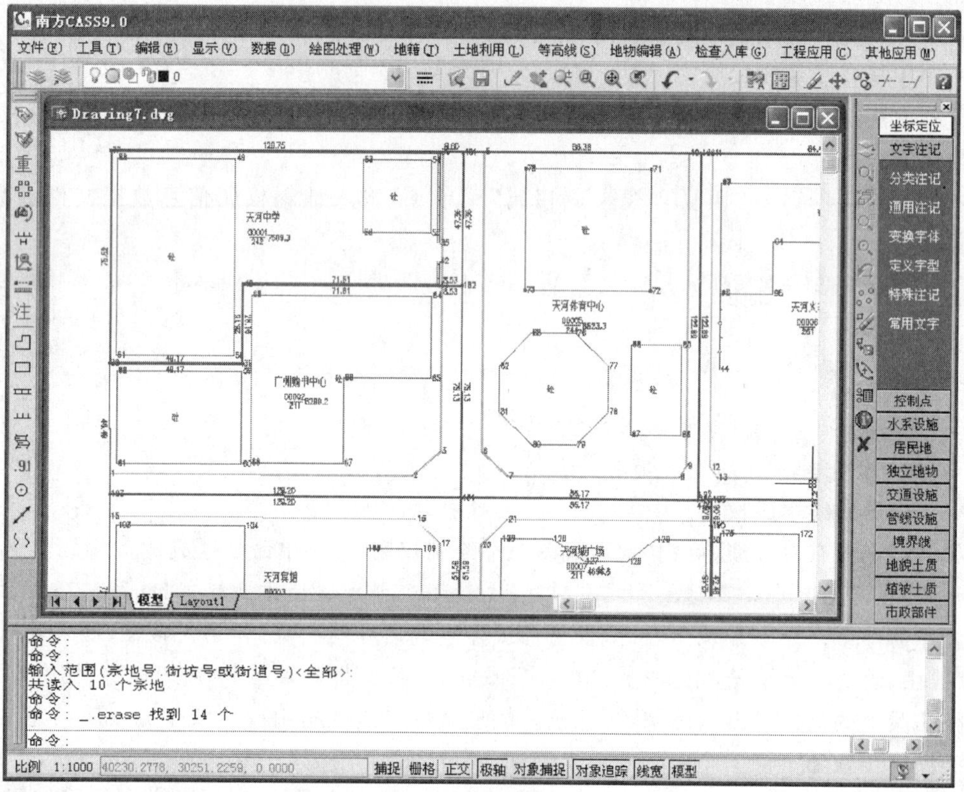

图8-24 地籍权属图

(三)地籍图编辑

1.修改界址点点号

选取“地籍成图”→“修改界址点号”菜单项,命令区提示:

选择界址点圆圈: (点取要修改的界址点圆圈,也可按住鼠标左键,拖框批量选择)

回车,出现修改界址点对话框。

对话框的左上角就是要修改点的位置,提示的是它的当前点号,将它修改成所需要的数值,回车。

系统会自动在当前宗地中寻找输入的点号。如果当前宗地中已有该点号,系统就将弹出对话框,说明该点已存在。

如果输入的点号有效,系统就将其写入界址点圆圈的属性中。当选择了多个界址点时,在下一个点的位置将出现对话框,同时,点号变成了当前点点号。

2.重排界址点号

用此功能可批量修改界址点点号。

选择“地籍成图”→“重排界址点号”菜单项，命令区提示：

(1)手工选择按生成顺序重排(2)区域内按生成顺序重排(3)区域内按从上到下从左到右顺序重排(4)界址点定向重排〈1〉

根据需要，进行重排界址点号方法的选择，之后根据命令区提示进行信息输入，重排界址点。

重排结束，最大界址点号为××。

3.界址点圆圈修饰

此功能可一次性将全部界址点圆圈内的权属线切断或消隐。

执行“地籍”→“界址点圆圈修饰”→“剪切”。屏幕在闪烁片刻后，所有的界址点圆圈内的界址线都被剪切，由于执行本功能后所有权属线被打断，所以其他操作可能无法正常进行，因此建议此操作在成图的最后一步进行，并且，执行本操作后将图形另存为其他文件名或不用存盘。在出图前一般执行此功能。

执行“地籍”→“界址点圆圈修饰”→“消隐”。屏幕在闪烁片刻后，所有的界址点圆圈内的界址线都被消隐，消隐后所有界址线仍然是一个整体，移屏过程中可以看到圆圈内的界址线。

4.界址点生成数据文件

此功能可一次性将全部界址点的坐标读出来，写入坐标数据文件中。

执行“地籍成图”→“界址点生成数据文件”，屏幕弹出对话框，提示输入生成的坐标数据文件名。输入文件名后点“确定”，命令区提示：

(1)手工选择界址点(2)指定区域边界〈1〉

（如果选1，回车后拖框选择所有要生成坐标文件的界址点）

如果只想生成一定区域内界址点的坐标数据文件，可先用复合线画出区域边界。此步选2，然后点选所画复合线。这时生成的坐标数据文件中只包含区域内的点。

5.查找指定宗地和界址点

执行“地籍”→“查找宗地”，弹出查找宗地对话框。根据已知条件选择查找的内容后，查找到符合条件的宗地居中显示。

执行“地籍”→“查找界址点”，弹出查找界址点对话框。根据已知条件选择查找的内容后，查找到符合条件的界址点居中显示。

6.修改界址线属性

选择“地籍”→“修改界址线属性”，命令区提示选择界址线所在宗地，选取宗地后命令区提示：

指定界址线所在边〈直接回车处理所有界址线〉：

选取界址线后弹出界址线属性对话框，除了可以查看该线当前的性质，还可以按调查的情况添加界址线信息。

7.修改界址点属性

界址点圆圈中存放界址点号、界标类型和界址点类型等界址点属性。执行“地籍”→“修改界址点属性”，命令区提示：

请拉框选择要处理的界址点：

选择界址点后弹出界址点属性对话框,可修改界址点属性。

任务8-3 宗地图绘制

一、宗地图基础知识

(一)概述

宗地图是描述宗地位置、界址点线关系、相邻宗地编号的分宗地籍图,用来作为该宗土地产权证书和地籍档案的附图。它是在地籍测绘工作的后阶段,对界址点坐标进行检核后,确认准确无误,并且其他的地籍资料也正确收集完毕的情况下,依照一定的比例尺制作成的反映宗地实际位置和有关情况的一种图件,如图8-25所示。

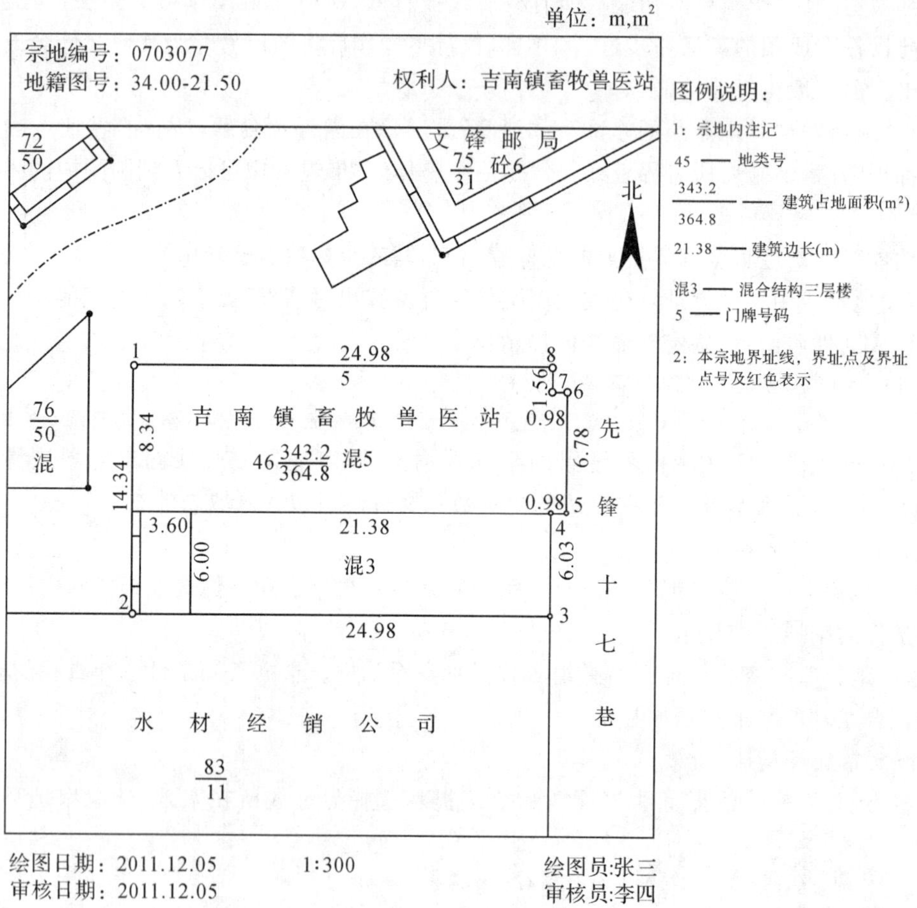

图8-25 宗地图样图

宗地图和分幅地籍图是宗地现状的直观描述。宗地图是以宗地为单位编绘的地籍图,分幅地籍图是以地图标准分幅为单位编绘的地籍图。宗地图与地籍图上的内容必须统一。

宗地图是土地证书的附图,通过具有法律手续的土地登记过程的认可,是土地所有者或使用者持有的具有法律效力的图件凭证,是处理土地权属问题时具有法律效力的图件。

(二)内容

宗地图中包括以下内容。

(1)图幅号、地籍号、坐落。

(2)单位名称、宗地号、地类号和占地面积。单位名称、宗地号、地类号和占地面积标注在宗地图的中部。例如,某宗地的使用权属第六中学,宗地号为7,地类号为44(按城镇土地分类44为教育单位),占地面积1 165.6 m^2。

(3)界址点、点号、界址线和界址边长。界址点以直径为0.8 mm的小圆圈表示,包含与邻宗地公用的界址点,从宗地左上角沿顺时针方向以1开始顺序编号,连接各界址点形成界址线,两相邻界址点之间的距离即为界址边长。

(4)若宗地内有房屋和围墙,应注明房屋和围墙的边长。

(5)邻宗地的宗地号及相邻宗地间的界址分隔示意线,紧靠宗地的地理名称。

(6)本宗地界址点位置、界址线、地形地物的现状、界址点坐标表、权利人名称、用地性质、用地面积、测图日期、测点(放桩)日期、制图日期。

(7)指北方向和比例尺。

(8)为保证宗地图的正确性,宗地图要有检查审核。宗地图的制图者、审核者均要在图上签名。

(三)要求

宗地图图幅规格根据宗地的大小选取,一般用32开、16开、8开纸,宗地过大时,原则上可按分幅图整饰。

宗地图的内容与分幅地籍图保持一致,宗地图必须依比例尺真实蒙绘;宗地图上界址边长必须注记齐全,界址边长注记采用实丈边长和解析反算边长均可;宗地图指北方向必须与相应的地籍图指北方向一致;宗地图的整饰、注记规格同地籍图。

二、宗地图绘制

根据中华人民共和国测绘行业标准中的地籍图图式和地籍图测量规范,制定地籍图绘制作业的基本要求及具体内容。利用CASS自带的数据文件SOUTH.DAT进行宗地图的绘制。

(一)宗地属性处理

1.宗地合并

宗地合并每次将两宗地合为一宗。

执行“地籍成图”→“宗地合并”,命令区提示:

选择第一宗地:　(点取第一宗地的权属线)

选择另一宗地:　(点取第二宗地的权属线)

完成后发现,两宗地的公共边被删除,宗地属性为第一宗地的属性。

2.宗地分割

每次将一宗地分割为两宗地。执行此项工作前必须先将分割线用复合线画出来。

执行“地籍成图”→“宗地分割”,命令区提示:

选择要分割的宗地:　(选择要分割宗地的权属线)

选择分割线:　(选择用复合线画出的分割线)

按回车键后，原来的宗地自动分为两宗，但此时属性与原宗地相同，需要进一步修改其属性。

3.修改宗地属性

执行“地籍成图”→“修改宗地属性”，命令区提示：

选择宗地：（用鼠标点取宗地权属线或注记均可。选中后，系统弹出宗地属性对话框，如图8-26所示，在该对话框中修改宗地属性。）

4.输出宗地属性

可以将图8-26所示的宗地信息输出到ACCESS数据库。执行“地籍成图”→“输出宗地属性”。屏幕弹出对话框，提示输入ACCESS数据库文件名，输入文件名后，系统将宗地属性写入该文件。

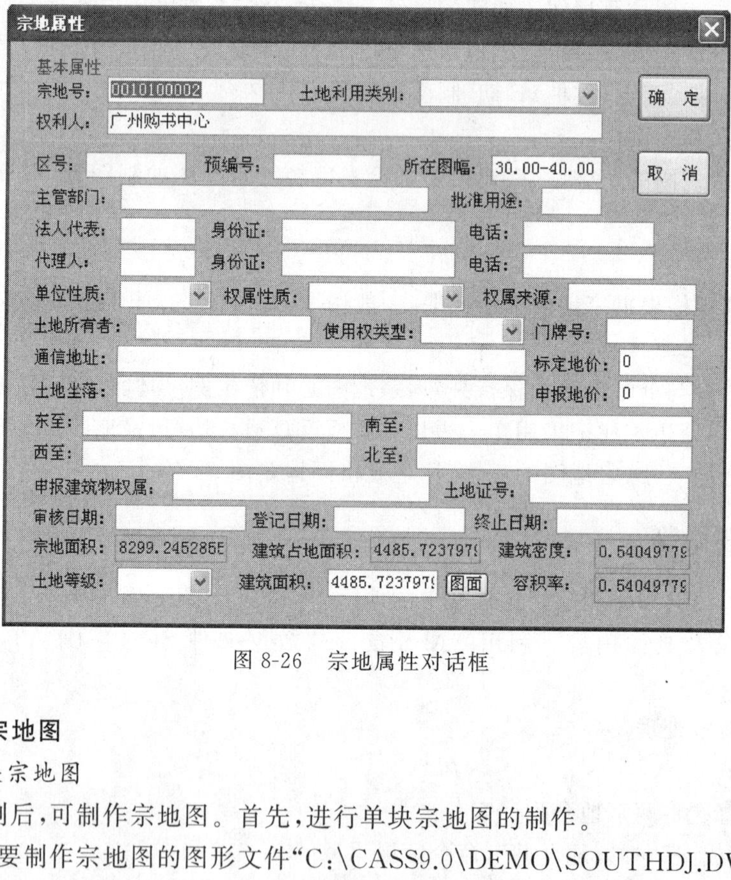

图8-26 宗地属性对话框

(二)绘制宗地图

1.绘制单块宗地图

地籍图绘制后，可制作宗地图。首先，进行单块宗地图的制作。

(1)打开需要制作宗地图的图形文件“C:\CASS9.0\DEMO\SOUTHDJ.DWG”。

(2)执行“地籍”→“绘制宗地图框”，根据所需绘制宗地图的大小选择A4横、A4竖、A3横或A3竖，然后选择“单块宗地”。

(3)按住鼠标左键，拉框选择需要绘制宗地图的图块，选中后单击鼠标左键，弹出“宗地图参数设置”对话框，如图8-27所示，根据要求设置参数。

(4)在显示窗口下方的命令窗口中输入比例尺分母(可根据图幅及所画宗地图的大小调整比例尺，保证宗地图的内容清晰即可)，如输入“1000”，回车。

(5)在屏幕空白处单击鼠标左键，出现图8-28所示的宗地图。

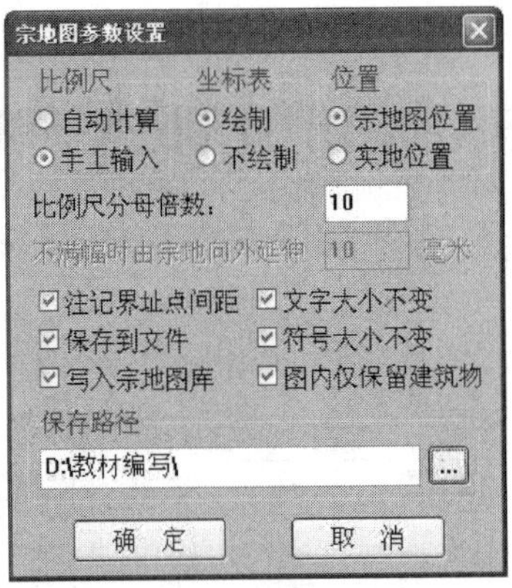

图 8-27　宗地图参数设置

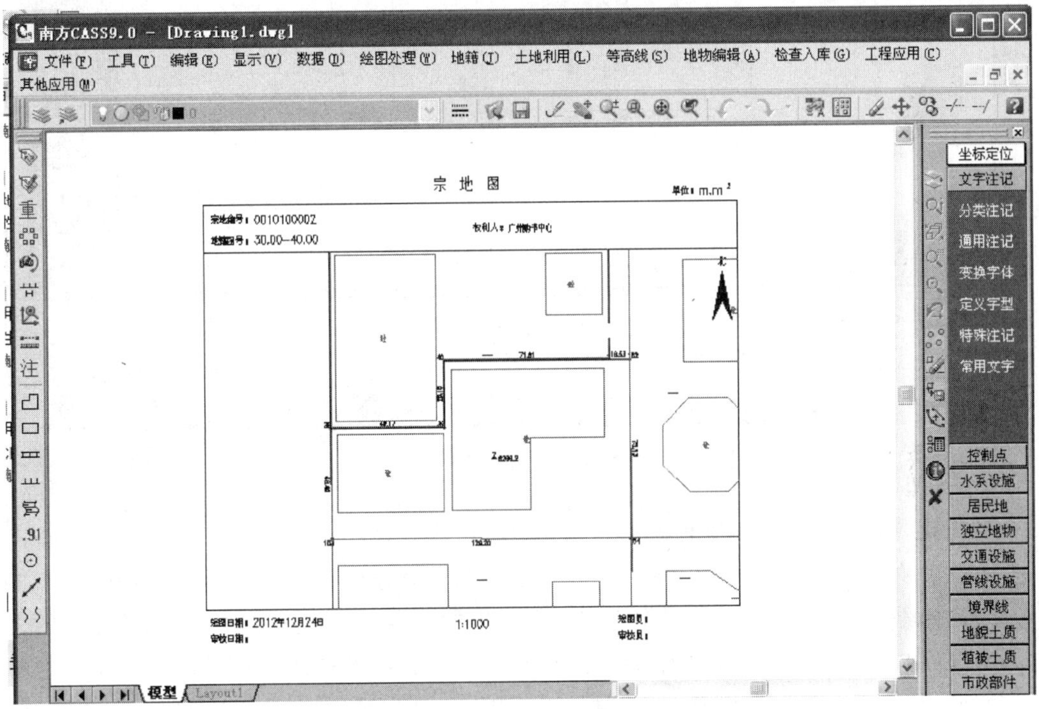

图 8-28　单块宗地图

2.绘制批量宗地图

地籍图绘制后，可进行批量宗地图的绘制。

(1)打开需要制作宗地图的图形文件“C:\CASS9.0\DEMO\SOUTHDJ.DWG”。

(2)执行“地籍”→“绘制宗地图框”，根据所需绘制宗地图的大小选择 A4 横、A4 竖、A3 横或 A3 竖，然后选择“批量处理”。在“宗地图参数设置”对话框中根据要求设置参数。

(3)指定宗地图框的定位点，可以用鼠标选择若干条权属线，也可通过开窗进行选择。选好所有的宗地后按回车键结束。

(4)在屏幕空白处单击鼠标左键，若干幅宗地图就画好了，如图 8-29 所示，如果要将宗地图保存到文件，则在所设目录中生成若干个以宗地号命名的宗地图形文件，而且可以选择按实地坐标保存。

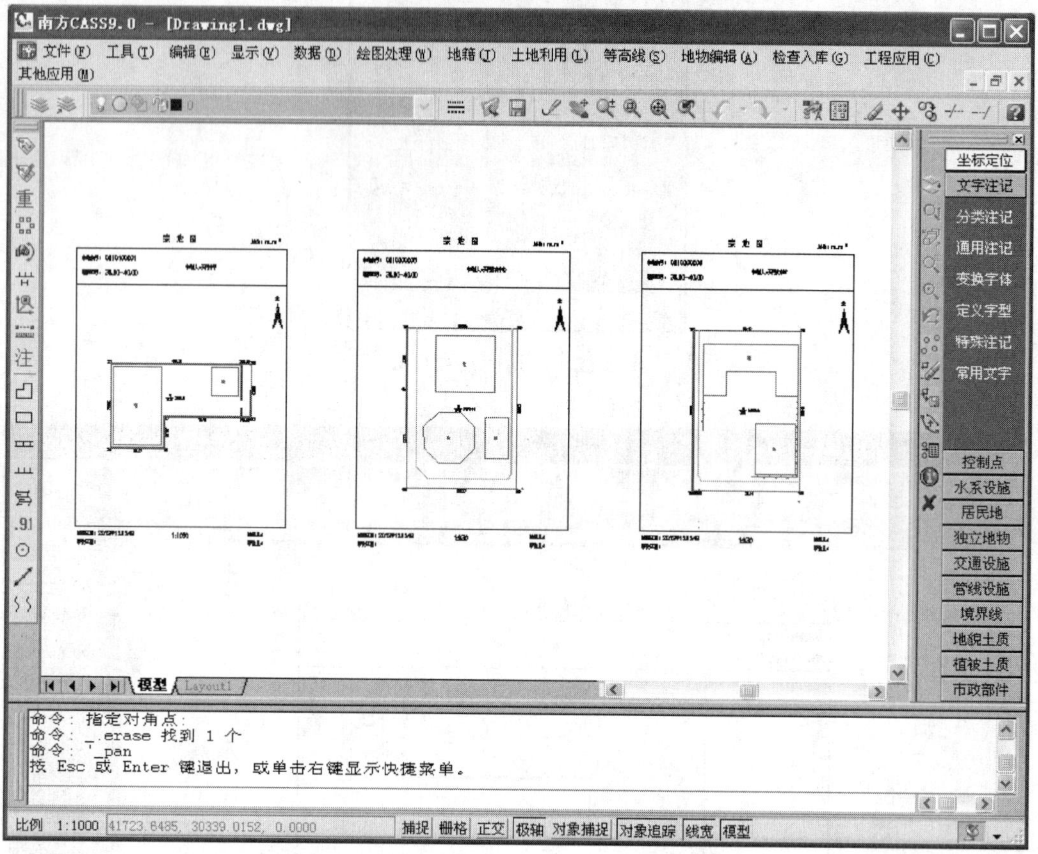

图 8-29 批量绘制宗地图

另外，用户可以自己定制宗地图框。首先需要新建一幅图，按自己的要求绘制一个合适的宗地图框，并在“C:\CASS9.0\BLOCKS”目录下保存为合适的图名。然后在“地籍成图”下拉菜单下的“地籍参数设置”里更改自定义宗地图框里的内容。将图框文件名改为所定义的文件名，设置文字大小和图幅尺寸，输入宗地号、权利人、图幅号，各种注记相对于图框左下角的坐标。将地籍权属的参数配置设置好后，就可以使用“绘图处理”下拉菜单中的“宗地图框(可缩放图)\自定义”功能，此菜单下又分为“单块宗地”和“批量处理”两种。依此操作即可加入自定义的宗地图框。

(三)宗地图整饰

对宗地图进行修改整饰的工作主要包括：删除宗地图外围的其他图线，修改界址点、边长及面积等其他标注的字体、大小、修改地类编号，移动标注，标注邻宗，界址点圆圈修饰，修改宗地编号、地籍图号、绘图日期等。

(四)地籍图相关表格绘制

1.界址点成果表

执行“地籍”→“绘制地籍表格”→“界址点成果表”菜单项，命令区提示：

用鼠标指定界址点成果表的点：　　(用鼠标指定界址点成果表放置的位置)

手工选择宗地(2)输入宗地号〈1〉　　　　　　　　　　(回车,默认选 1)

选择对象:　　　　　　　　　　(拉框选择需要出界址点表的宗地)

是否批量打印(Y/N)?〈N〉　　　　　　　　　　(回车,默认不批量打印)

根据绘图需要,输入要绘制界址点成果表的宗地范围,可以输入“街道号×××”或“街道号×××街坊号××”或“街道号×××街坊号××宗地号×××××”,程序默认值为绘全部宗地的界址点成果表。例如:输入“0010100001”只绘出该宗地的界址点成果表,输入“00102”将绘出街道号为 001、街坊号为 02 内所有宗地的界址点成果表,输入“001”将绘出街道号为 001 内所有宗地的界址点成果表,如图 8-30 所示。

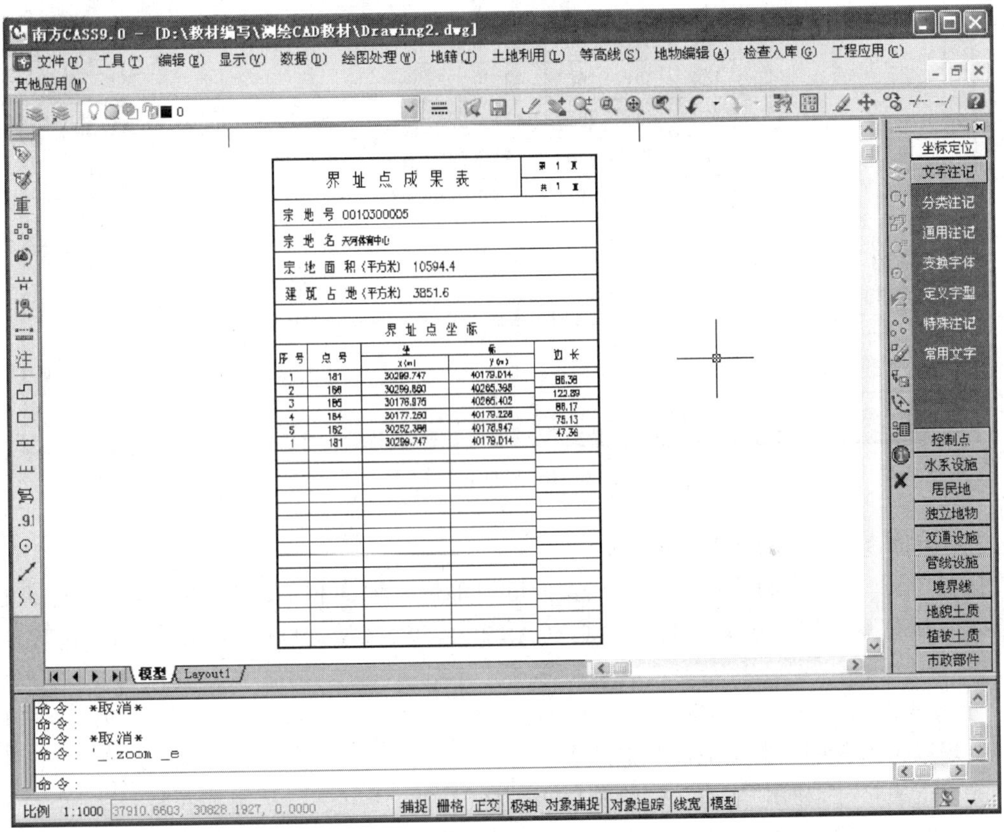

图 8-30　0010100001 宗地的界址点成果表

指定界址点成果表的定位位置(鼠标点取的位置即为界址点成果表表格的左下角位置),符合范围的宗地界址点成果表随即自动生成。

2.界址点坐标表

执行“地籍”→“绘制地籍表格”→“界址点坐标表”命令,命令区提示:

请指定表格左上角点:　　　　　　　　　　(用鼠标点取屏幕空白处一点)

请选择定点方法:(1)选取封闭复合线(2)逐点定位〈1〉　　　　　　　　　　(回车,默认选 1)

选择复合线:　　　　　　　　　　(用鼠标选取图形上一代表权属线的封闭复合线)

表格如图 8-31 所示。

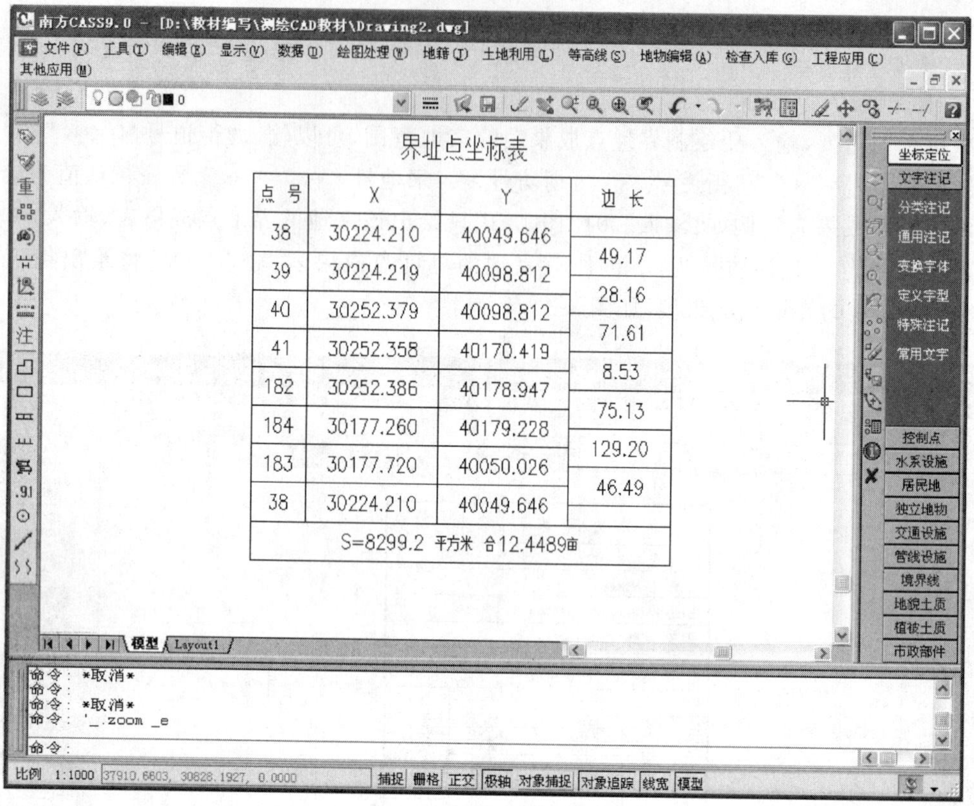

点号	X	Y	边长
38	30224.210	40049.646	
			49.17
39	30224.219	40098.812	
			28.16
40	30252.379	40098.812	
			71.61
41	30252.358	40170.419	
			8.53
182	30252.386	40178.947	
			75.13
184	30177.260	40179.228	
			129.20
183	30177.720	40050.026	
			46.49
38	30224.210	40049.646	
S=8299.2 平方米 合12.4489亩			

图 8-31 界址点坐标表

3.以街道为单位宗地面积汇总表

执行“地籍”→“绘制地籍表格”→“以街道为单位宗地面积汇总表”命令，弹出对话框要求输入权属信息数据文件名，如输入“C:\CASS9.0\DEMO\SOUTHDJ.QS”，命令区提示：

输入街道号：（输入“001”，将该街道所有宗地全部列出）

输入面积汇总表左上角坐标：（用鼠标点取要插入表格的左上角点）

出现以街道为单位的宗地面积汇总表。

除以上表格外，利用“地籍”→“绘制地籍表格”功能，还可进行街道面积统计表、街坊面积统计表、面积分类统计表、街道面积分类统计表和街坊面积分类统计表等表格的绘制。

职业能力训练

训练 8-1 “草图法”数字地形图绘制

一、实训目的

(1)掌握数字地形图绘制的基本要求及具体内容。

(2)熟练利用 CASS 软件进行数字地形图绘制。

二、实训内容

根据 CASS 软件自带的数据文件“CASS9.0\DEMO\WMSJ.DAT”利用“草图法”绘制地形图。

训练 8-2　绘制地籍图

一、实训目的

(1)掌握数字地籍图绘制的基本要求及具体内容。

(2)熟练利用 CASS 软件进行数字地籍图绘制。

二、实训内容

根据 CASS 软件自带的数据文件“CASS9.0\DEMO\WMSJ.DAT”绘制地籍图。

训练 8-3　绘制宗地图

一、实训目的

(1)掌握宗地图绘制的基本要求及具体内容。

(2)熟练利用 CASS 软件进行宗地图及其相关表格绘制。

二、实训内容

根据 CASS 软件自带的数据文件“CASS9.0\DEMO\WMSJ.DAT”绘制宗地图及其相关表格。

项目小结

本项目主要介绍了地形图、地籍图和宗地图的基本知识,以及各种图形的具体绘制方法。

在地形图绘制任务中首先介绍应用“草图法”“简码法”的工作方法进行地物要素绘制。其中“草图法”包括点号定位法、坐标定位法、编码引导法,编码引导法的外业工作也需要绘制草图,但内业通过编辑编码引导文件,将编码引导文件与无码坐标数据文件合并生成带简码的坐标数据文件,其后的操作等效于“简码法”,“简码识别”时就可自动绘图;其次,介绍了地貌要素绘制和编辑方法;最后,介绍了地形图编辑与整饰的主要内容和方法。在地籍图绘制任务中首先介绍应用手工绘制地籍图的工作方法;其次,介绍了界址点修改和界址线修改的内容,进一步进行地籍图的编辑和修改。在宗地图绘制任务中主要介绍了单块宗地和批量宗地的绘制方法,以及界址点成果表、界址点坐标表、以街道为单位的宗地面积汇总表等地籍图相关表格的绘制。

通过本项目的学习,学生能利用 AutoCAD 和 CASS 软件绘制完整的地形图,能绘制地籍图、宗地图及地籍图相关表格。

思考与练习题

1.简述地形图中地面要素的绘制方法。

2.地形图编辑与整饰主要包括哪些内容?

3.什么是权属文件?如何进行权属文件的合并?

4.地籍图中包括哪些内容?如何进行地籍图的绘制?

5.宗地图中包括哪些内容?如何进行单块宗地的绘制?

项目九　房产图的绘制

[项目概述]

房产图和建筑施工图的绘制是对 AutoCAD 各项命令的综合应用。由于建筑施工图中各种图形、文字及参数符号较多，且互相之间关系复杂，极易错漏，初学者会感到难以驾驭。本项目遵循“由易到难，由浅及深”的原则，从较简单的平面关系入手，由测量结果或施工图快速建立房产分层分户平面图。

[学习目标]

(1)熟悉房产分户图与建筑施工图的组成与内容。

(2)熟悉房产分户图与建筑施工图的一般制图规则。

(3)掌握房产分户图与简单建筑平面图、立面图的绘制。

(4)通过对建筑施工图的绘制深入理解 AutoCAD 命令的综合应用，掌握常用命令的搭配技巧，提高绘图的速度与熟练度。

任务 9-1　房产分户图绘制

房产图是房地产项目测绘工作中形成的测绘成果，可分为分幅房产平面图(简称分幅图)、分丘房产平面图(简称分丘图)和分户房产平面图(简称分户图)，其中分户图是产权证的配图，以户为单位提供。

房地产项目测绘与房地产权属管理、交易、开发、拆迁等房地产活动紧密相关，工作量大。其中最大量、最具现实、最重要的工作是房屋、土地权属证件附图的测绘。

一、基础知识

(一)分户图的含义

分户图是在分丘图的基础上进一步绘制的明细图，表示房屋权属范围的细部，是房产证的附图。分户图以某房屋的具体权属为单元，如为多层房屋，则为分层分户图。

(二)分户图的内容

分户图测绘的内容主要是房屋、土地，以及围护物的平面位置与各地物点之间的相对关系。并着重于房屋的权属界线、四面墙体的归属、楼梯、过道等公用部位、门牌号码、所在层次、室号或户号、房屋建筑面积和房屋边长等。

(三)分户图的表示方法与绘制要求

分户图以宗地为单位绘制，一宗地内的房屋，不论属一户或数户所有，均绘制在一张图纸上。一个宗地内的房屋、土地如果分属两幅图上的，应绘制在一张分户图上。

分户图比例尺一般为 1∶200，当房屋图形过大或过小时，比例尺可适当放大或缩小。

幅面可选 787 mm×1 092 mm 全开纸的 1/32(184 mm×130 mm)或 1/16(260 mm×184 mm)。

房屋产权面积包括套内建筑面积和共有分摊面积，标注在分户图框内。楼梯、过道等共有部位，需在范围内加简注。

二、工作任务

选择 B4 图幅和 1∶300 的比例绘制分户图，如图 9-1 所示。要求：布图美观，图形正确，线型符合国家标准，标注尺寸。

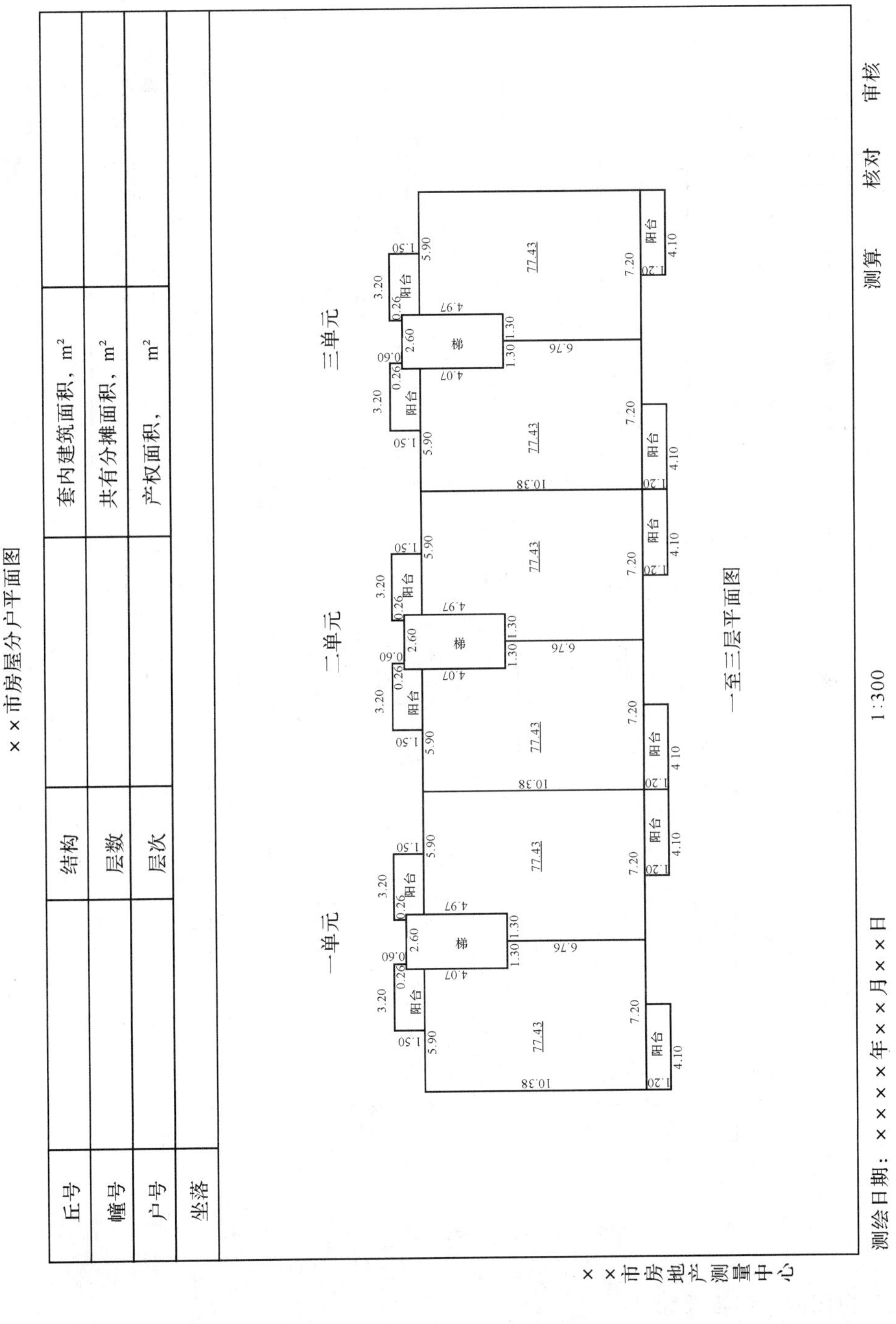

图9-1　某房产分户平面图

三、任务实施

(一)绘图思路

在绘制前首先对图纸加以分析,以确定绘图的程序和大致方法,做到心中有数。图 9-2 所示的分户图有三个单元,每个单元两户,但户型都是一样的。只要先绘制一户,其余图形通过复制等命令可以轻松完成。

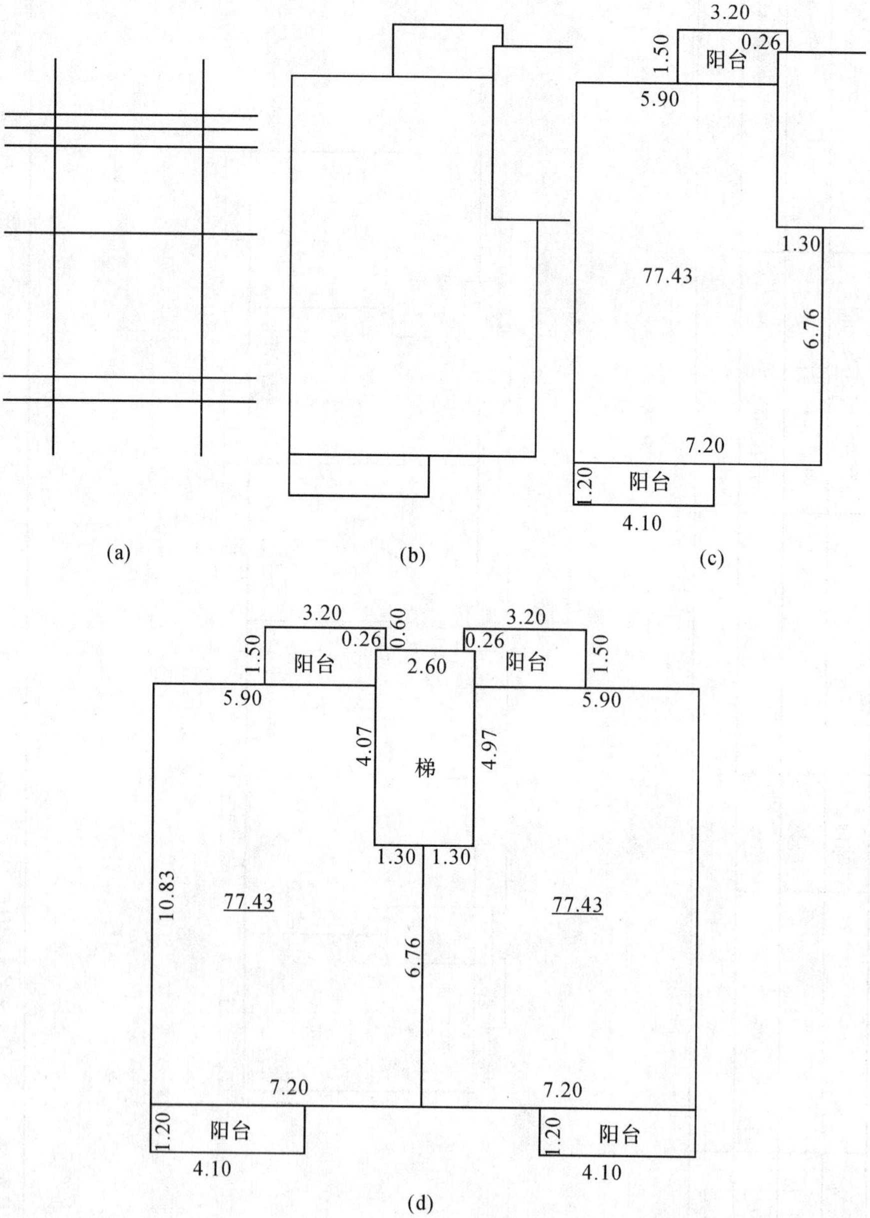

图 9-2 分户图

一般分户图的绘制步骤如下。

(1)设置绘图环境。

(2)绘制辅助线。

(3)绘制权属界线。

(4)尺寸标注和文字标注。

(5)添加图框和标题,并打印输出。

(二)实施步骤

1.设置绘图环境

(1)启动 AutoCAD 2018 后,按 Ctrl+N 键,弹出“选择样板”对话框,单击打开按钮旁的下拉按钮,在弹出的下拉菜单中选择“无样本打开-公制”选项。

(2)设置绘图区域,命令行输入“LIMITS”,将模型空间设置为“260,184”。

(3)打开正交模式,设置对象捕捉。

2.绘制辅助线

利用 LINE 或 XLINE 命令绘制基准线,并用 OFFSET 命令绘制辅助线网,如图 9-2(a)所示。

3.修改辅助线得到一户的平面图

执行 TRIM 命令,对辅助线网进行修剪,得到一户的平面图,如图 9-2(b)所示。

4.尺寸、文字标注

文字标注:执行 DTEXT 命令,进行文字标注。

尺寸标注:执行 DIMSTYLE 命令创建新标注样式,将尺寸标注样式设置为图上样式;执行适当的标注命令进行尺寸标注,结果如图 9-2(c)所示。

5.复制得到完整分户图

执行 MIRROR 命令,得到一个单元的平面图,如图 9-2(d)所示;继续执行 COPY 命令,得到完整的分户图,如图 9-3 所示。

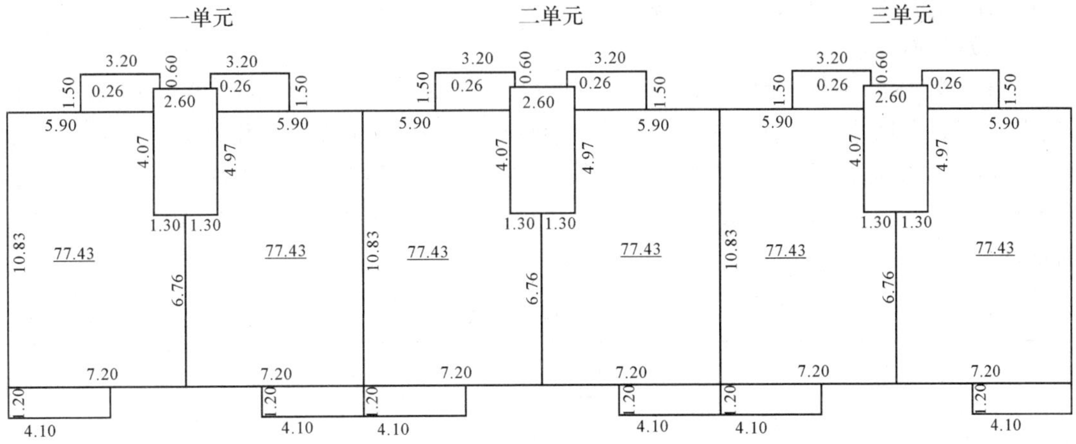

一至三层平面图

图 9-3　绘制的分户图

6.添加图框、标题等

执行 LINE、RECTANGLE、OFFSET 等命令绘制图框;执行 DTEXT 命令添加文字及标题。

任务9-2　建筑平面图绘制

建筑平面图是新建建筑物的施工及施工现场布置的重要依据,也是设计及规划给排水、强弱电、暖通设备等专业工程平面图和绘制管线综合图的依据,同时还是室内装修的依据。建筑平面图是其他各种图纸的综合表现,应准确详尽。

一、基础知识

(一)建筑平面图的含义

建筑平面图是建筑施工图的基本样图。建筑平面图是假想用一水平剖切平面,沿某层门、窗洞口高度范围内,将建筑物剖切后,对剖切平面以下部分所做的水平投影图。

一幢建筑物的平面图一般包括底层平面图、标准层平面图及屋顶平面图等。标准层平面图指一幢建筑物的中间几层平面布置常常完全相同,这时可用一个标准层平面图来表示。

(二)建筑平面图的内容

建筑平面图是将新建建筑物或构筑物的墙、门窗、楼梯、地面及内部功能布局等建筑情况,以水平投影方法和相应的图例所组成的图纸。建筑平面图作为建筑设计、施工图纸中的重要组成部分,它反映建筑物的功能需要、平面布局及其平面的构成关系,是决定建筑立面及内部结构的关键环节。其绘制内容主要包括建筑平面形状、大小,房间的布局、形状、大小、用途,门窗的类型、位置,墙体和柱的位置、厚度和材料,各类构、配件的尺寸及各部分的联系等情况。

(三)建筑平面图的技术要求

1.比例选择

国家标准 GB/T 50104—2001《建筑制图标准》规定:平面图应采用 1∶50、1∶100、1∶150、1∶200 及 1∶300 的比例绘制。

2.图纸幅面选择

国家制图标准规定的图纸幅面(GB/T 50001—2001)有:A0、A1、A2、A3、A4 五种规格(见表 9-1,表中尺寸代号如图 9-4 所示)。绘制技术图样时,应优先采用这五种规定的基本幅面。根据需要,图纸幅面的长边可以加长,但短边不可以加长。长边加长的尺寸应符合有关规定,长边加长时,图幅 A0、A2、A4 应为 150 mm 的整倍数,图幅 A1、A3 应为 210 mm 的整倍数。

表 9-1　图幅及图框尺寸　　单位:mm

图幅代号 / 尺寸代号	A0	A1	A2	A3	A4
b×l	841×1 189	594×841	420×594	297×420	210×297
a	35	35	35	35	25
c	10	10	10	10	10
u	10	10	10	10	10

3.线型与线宽

建筑平面图中的图线应粗细有别,层次分明。通常被剖切的墙、柱等截面轮廓线用粗实线

(b)绘制,门的开启示意明线用中实线(0.5b)绘制,其余可见轮廓线及尺寸线用细实线(0.25b)绘制。建筑定位轴线用细点划线绘制。

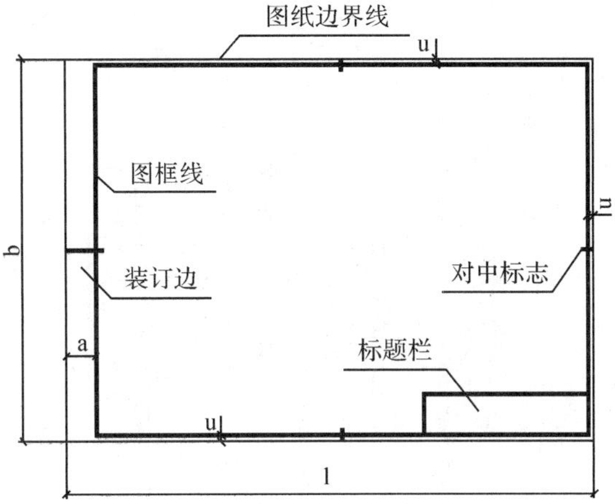

图 9-4　图幅与图框

4.图例

由于建筑平面图采用较小的比例绘制,所以平面图上的墙、柱等建筑材料都以图例表示。常用的建筑材料图例见国家标准《房屋建筑制图统一标准》(GB/T 50001—2001)。

5.尺寸标注

平面图上的尺寸标注通常分为定位和定量两种尺寸。定位尺寸说明某建筑构件与定位轴线的距离,而定量尺寸指某个建筑构件的大小。根据相关建筑制图规定,在平面图中进行尺寸标注一般以毫米为单位,当使用其他单位进行标注时,需注明所采用的尺寸单位。尺寸标注不要重复,每一部分只标注一次。

二、工作任务

绘制某住宅建筑标准层平面图,如图 9-5 所示。要求:图面整洁美观,布局有序,图形元素完整准确,尺寸标注、线型等满足相关国家标准。

三、任务实施

(一)绘图思路

在绘制建筑平面图前,首先对图纸进行分析。住宅楼平面图相对其他类型建筑平面图来说,绘制过程较为简单。在一幢住宅建筑中,只有固定的几种户型,只要绘出这几种户型,利用移动、旋转、复制等命令将户型相互组合就可以绘制出更多的图形。另外,住宅建筑的门窗类型也较为单一。图 9-5 所示的住宅楼平面图看起来好像很复杂,但实际上只涉及三种户型,并且图案是左右对称的。那么,可以先画出住宅楼平面的一半,然后执行 MIRROR、MOVE 和 COPY 等组合命令,完成整个图形的绘制。

建筑平面图的绘制步骤如下。

(1)图层设置。

(2)定位轴线绘制。

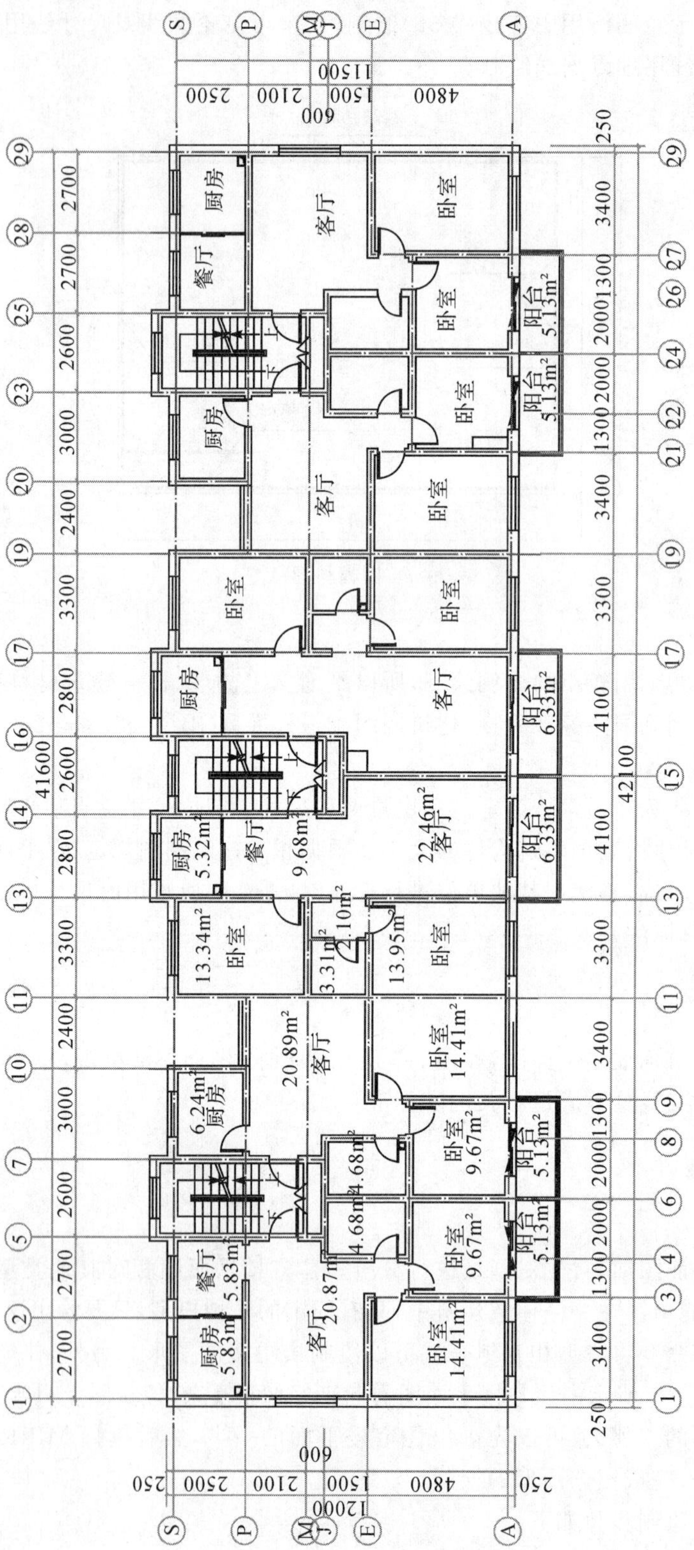

图9-5 某住宅建筑标准层平面图

(3)墙体绘制。

(4)门窗绘制。

(5)柱子绘制。

(6)楼梯、阳台、台阶等绘制。

(7)散水等其他构配件绘制。

(8)尺寸标注、轴号标注。

(9)文字说明。

(10)图形清理。

(二)实施步骤

1.图层设置

执行 LAYER 命令,根据需要设置图层。图层在 AutoCAD 中具有举足轻重的地位,图层就像无厚度、透明的纸,运用它可以很好地组织不同类型的图形信息,使图形处理更加容易。制作较为复杂的图形时,尤其要养成运用图层的习惯。原则上图层的名字、颜色、线型等内容可以自由定义,但建筑图纸中有一些固定通用的图层(表 9-2),应尽量采用,以便其他人员阅读、修改,以及与其他软件兼容。

表 9-2　建筑图纸常用图层

图层名	内容	线型	颜色
DOTE	轴线	DOTE 或 CENTER	1(正红)
WALL	墙线	CONTINUOUS	255(类似白色)
COLUMN	柱	CONTINUOUS	255(类似白色)
WINDOW	门窗	CONTINUOUS	4(青色)
STAIR	楼梯	CONTINUOUS	2(正黄)
PUB_TEXT	文字	CONTINUOUS	7(正白)
PUB_DIM	尺寸	CONTINUOUS	3(正绿)
AXIS	轴线标注	CONTINUOUS	3(正绿)

注意:标准的建筑图纸,在使用 AutoCAD 绘制时,是以 1∶1 进行输入绘制的,在成图并进行输出时,再根据出图比例套用不同大小的图框。这样同一个图形可以用在不同比例的多个图纸中,因此不设置图形界限。

2.定位轴线绘制

定位轴线是施工定位、放线的重要依据,通常承重墙、柱子等主要承重件都应绘制出轴线来确定其位置。在建筑施工图的绘制过程中,定位轴线既属于需要绘制的内容,又可以作为绘图辅助线使用。

将轴线层 DOTE 设为当前层。执行 LINE 或 XLINE 命令绘制一条红色轴线,一般先画水平线,反复使用 OFFSET 命令,绘制出所有同方向的轴线。

同样方法绘制出所有竖直方向的轴线。执行 TRIM 命令,修剪轴线,结果如图 9-6 所示。

3.墙体绘制

将墙层 WALL 设为当前层。依据 DOTE 层的轴网,执行 MLINE 命令,绘制墙线。将用 MLINE 命令绘制的墙线用 EXPLODE 命令分解,并执行 EXTEND、TRIM 等命令修改,结果如图 9-7 所示。

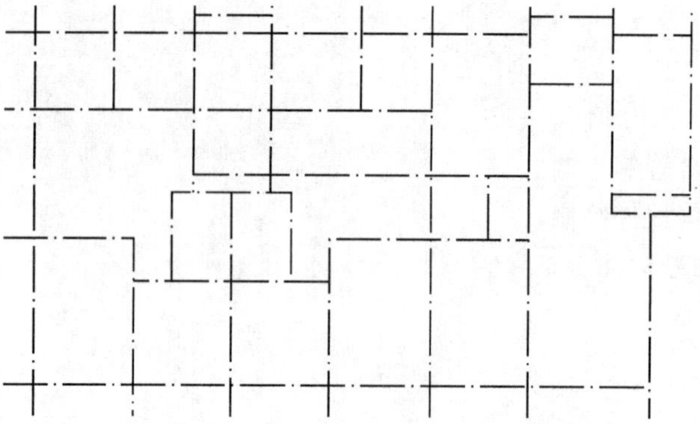

图 9-6 某建筑平面图绘制(轴网)

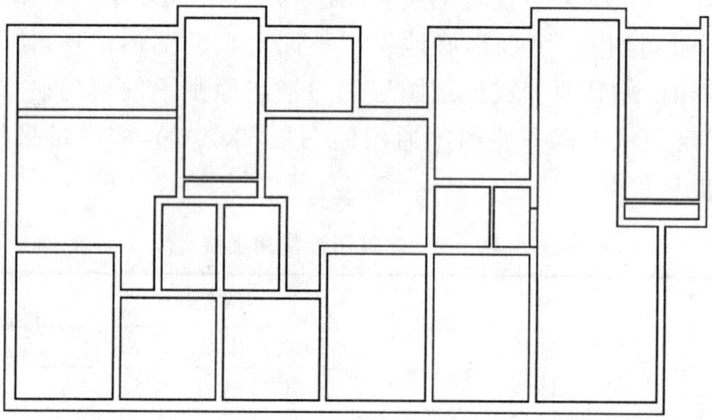

图 9-7 某建筑平面图绘制(墙线)

4.门窗绘制

执行 TRIM、EXTEND 等命令"修剪"出门窗洞口。将门窗层 WINDOW 设为当前层。执行 LINE、OFFSET 等命令绘制好门和窗,并用 COPY 命令将其插入到适当的位置,结果如图 9-8 所示。

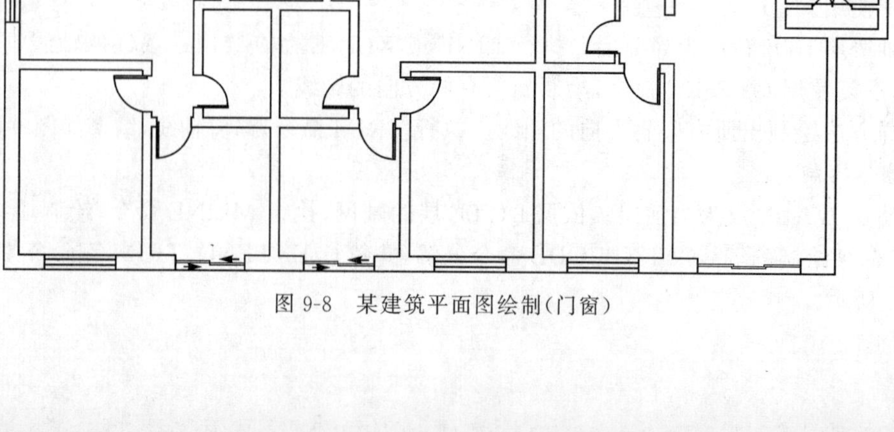

图 9-8 某建筑平面图绘制(门窗)

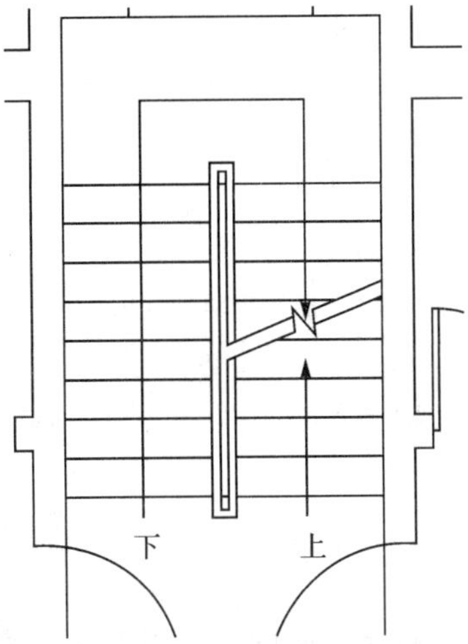

图 9-9 某建筑平面图绘制(楼梯)

5.楼梯绘制

将楼梯层 STAIR 设为当前层。执行 LINE、OFFSET 命令绘制台阶线;执行 TRIM、RECTANGLE 命令绘制台阶扶手;执行 PLINE 命令绘制楼梯折断线。

将尺寸层 PUB_DIM 设为当前层,执行 PLINE 命令绘制楼梯上下行箭头线,并标注,如图 9-9 所示。执行 COPY 命令完成第二个楼梯。

6.阳台、通风道绘制

设置绘制阳台、通风道等附属构件的图层,将其设为当前层。执行 LINE、COPY 等命令绘制阳台与通风道,结果如图 9-10 所示。

7.文字标注,镜像平面图

将文字标注层 PUB_TEXT 设为当前层,执行 TEXT、DTEXT 等命令,标注文字。执行 MIRROR 命令,完成建筑平面图主要内容的绘制,结果如图 9-11 所示。

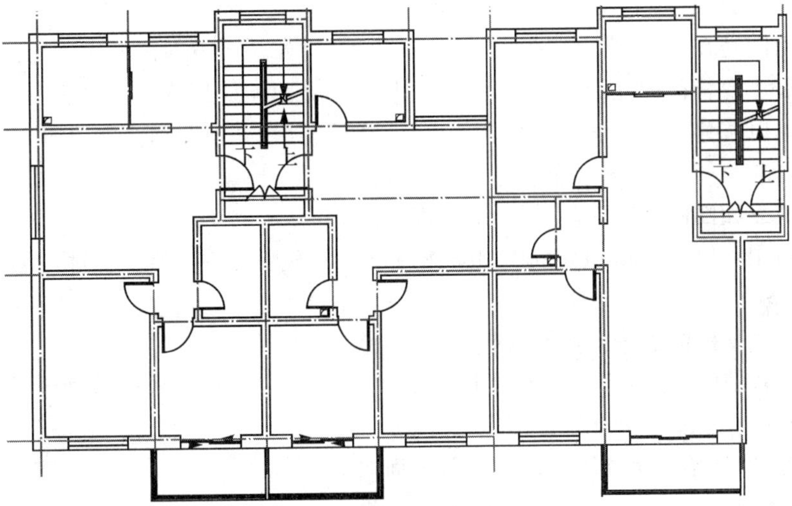
图 9-10 某建筑平面图绘制(细部)

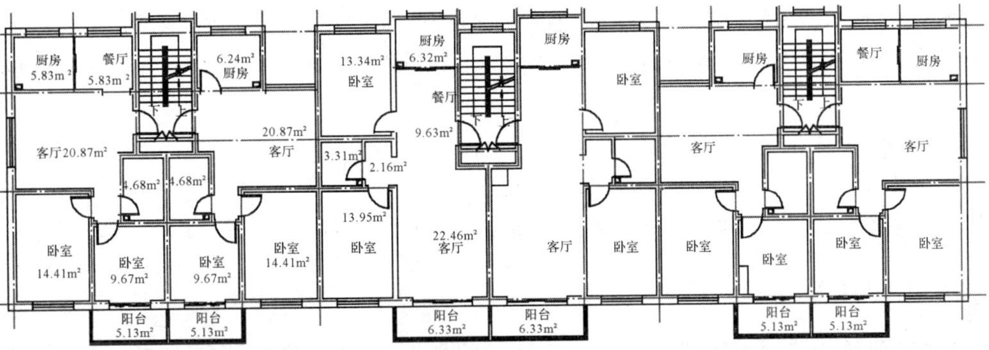

图 9-11 某建筑平面图绘制(标准层平面)

8.尺寸、文字标注

将尺寸层 PUB_DIM 设为当前层。执行线性标注 DIM LINEAR 命令,对建筑平面图进行尺寸标注。

9.轴线号标注

将轴线标注层 AXIS 设为当前层。执行 LINE、TRIM 命令,绘制轴线,并将轴线修剪至合适的长度,在轴线端执行 CIRCLE 命令绘制轴线圈,并在轴线圈内用 DTEXT 命令标注轴线号。

10.图形清理整饰

对图形进行检查、清理和修改细节。最后,执行 REGEN 命令,优化显示。

任务 9-3 建筑立面图绘制

建筑立面图主要用来表示建筑的立面和外貌轮廓,并表明外墙装修要求。建筑立面图主要为室外装修用。

一、基础知识

(一)建筑立面图

建筑立面图是在与房屋立面平行的投影面上,对建筑物各方向外表面所绘制的正投影图。表示建筑外表主要特征的立面图称为正立面图,其他立面相应地称为背立面图、左立面图和右立面图。也可以按建筑的朝向分为南立面图、北立面图、东立面图和西立面图。还可按轴线编号给予命名,如①～⑨立面图或 A～E 立面图等。

(二)建筑立面图的内容

建筑立面图可以看作由很多构件组成的整体,它包括墙体、梁柱、门窗、阳台、屋顶及屋檐等。

(三)建筑立面图的表示方法与绘制要求

立面图可较清晰、完整地表现该建筑物的造型特征,一般只绘出两端轴线及其编号,以便与平面图相对照。

比例选择、图纸幅面选择等方面同建筑平面图。

1.线型与线宽

新建建筑物轮廓线和大的转折处用粗实线;立面上较小的凹凸,如门窗洞、台阶、阳台、雨篷、立柱等轮廓线用中实线绘制;轮廓内的局部形象,如门窗扇、雨水管、勒脚、墙体线及引出线、标高等用细实线绘制;室内外地坪为基准线,用特粗实线(1.4b)绘制,以强调线的节奏变化。

2.尺寸标注

立面图的尺寸应标注主要部位的标高,如出入口地面、室外地坪、檐上与檐下、屋顶、景墙窗孔等处,标注时注意排列整齐,字体规范、清晰,出入口地面标高为±0.000(相对标高)。

二、工作任务

绘制某建筑物北立面图,如图 9-12 所示。要求:图面整洁美观,布局有序,图形元素完整准确,尺寸标注、线型等满足国家标准。

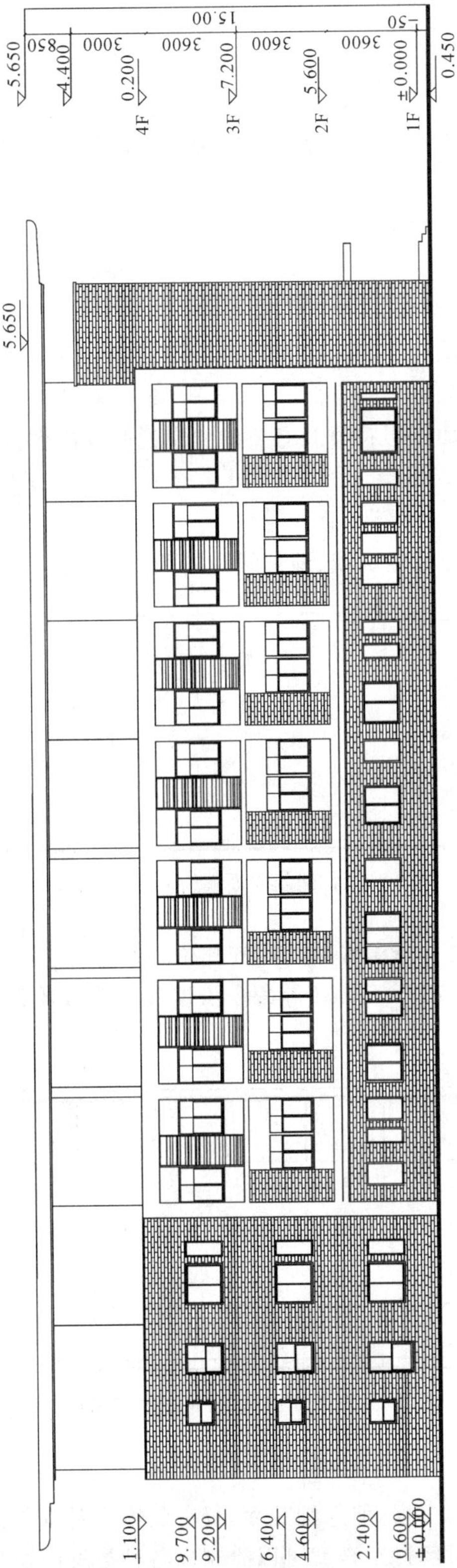
15.00
850
3000
3600
3600
3600
-50
5.650
4.400
0.200
7.200
5.600
±0.000
0.450
4F
3F
2F
1F
5.650
1.100
9.700
9.200
6.400
4.600
2.400
0.600
±0.000

图9-12　某建筑立面图

三、任务实施

(一)绘图思路

先画出外墙轮廓线、地坪线和屋顶线等,这些线条构成主要布局线,然后绘制墙面细节特征。

一般建筑的立面图绘制步骤如下。

(1)绘制地坪线。

(2)绘制建筑物外墙轮廓线等。

(3)绘制立面门窗洞口、阳台、楼梯,以及墙身、暴露在墙外面的柱子等可见的轮廓线。

(4)绘制门窗等立面细部。

(5)标注尺寸及标高,添加索引符号及必要的文字说明等内容。

(二)实施步骤

1.绘制地坪线及建筑物外轮廓线

先执行 LINE 命令画出外墙轮廓线、地坪线和屋顶线等,结果如图 9-13 所示。

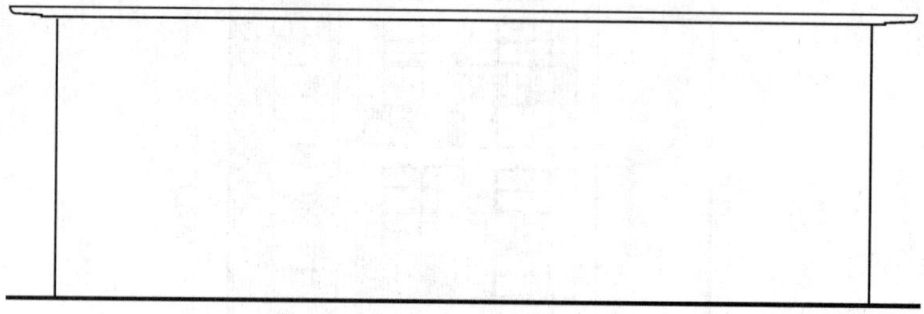

图 9-13 某建筑立面图绘制(外轮廓)

2.绘制窗洞、门、台阶及墙身等暴露在外的可见轮廓线

执行 LINE、COPY、OFFSET、TRIM 等命令依据外轮廓线绘制其他立面可见轮廓线,结果如图 9-14 所示。

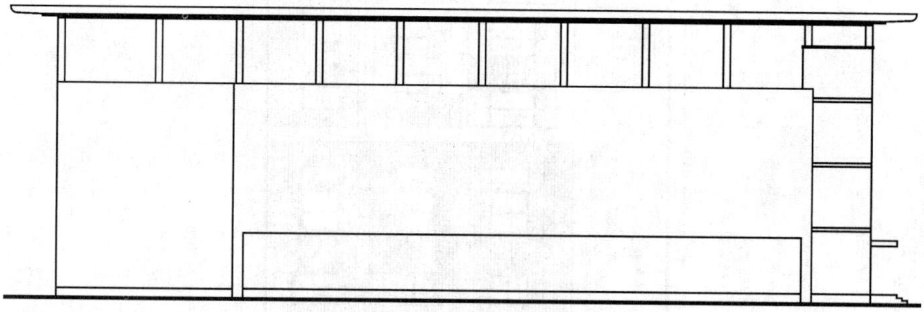

图 9-14 某建筑立面图绘制(主要可见轮廓)

3.绘制窗

本项任务的窗户类型较为丰富,但仔细观察,复杂的窗户基本都是简单窗户的组合。基本窗类型绘制好后,做成图块,再经过组合就可以绘制出各种类型的窗型,如图 9-15 所示。

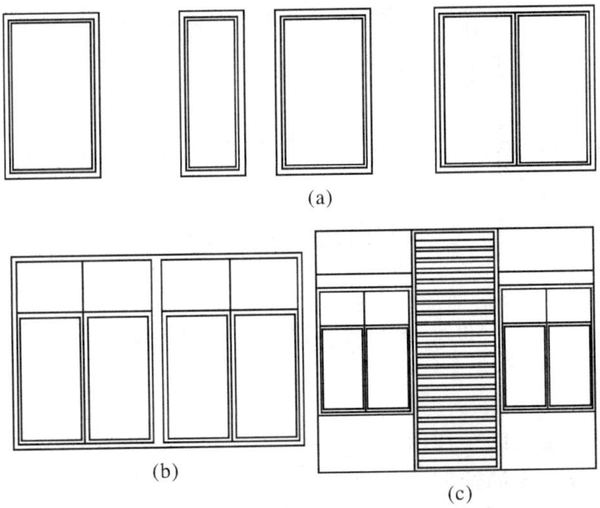

图 9-15　某建筑立面图绘制(窗)

简单的基本窗型可通过 RECTANGLE、OFFSET 命令绘制。执行 COPY、ARRAY 命令将绘制好的窗复制到正确的地方,并进行组合与修改。也可先将窗创建成图块,然后利用插入图块的方法来布置窗户,结果如图 9-16 所示。

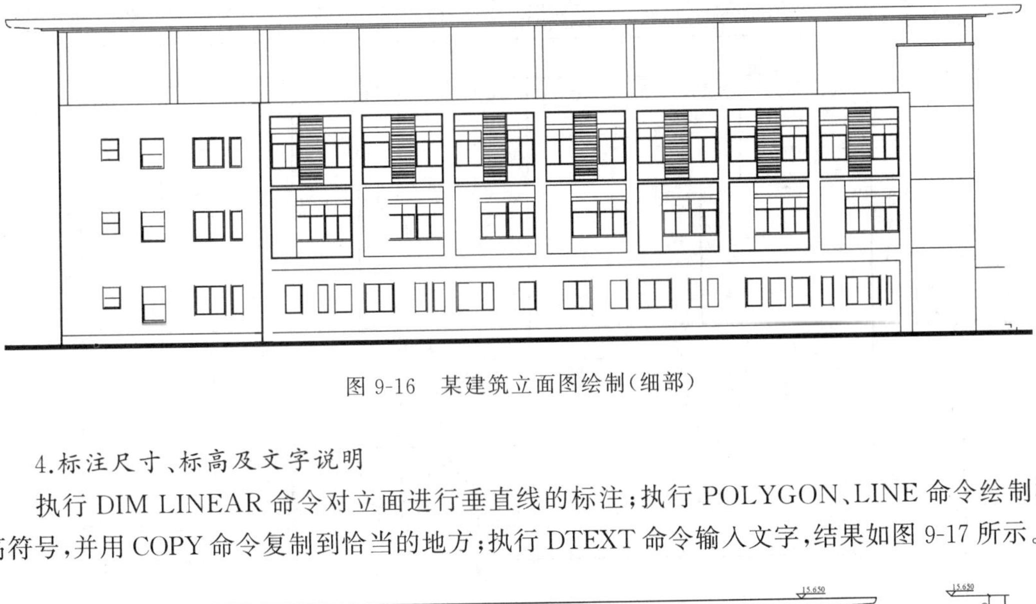

图 9-16　某建筑立面图绘制(细部)

4.标注尺寸、标高及文字说明

执行 DIM LINEAR 命令对立面进行垂直线的标注;执行 POLYGON、LINE 命令绘制标高符号,并用 COPY 命令复制到恰当的地方;执行 DTEXT 命令输入文字,结果如图 9-17 所示。

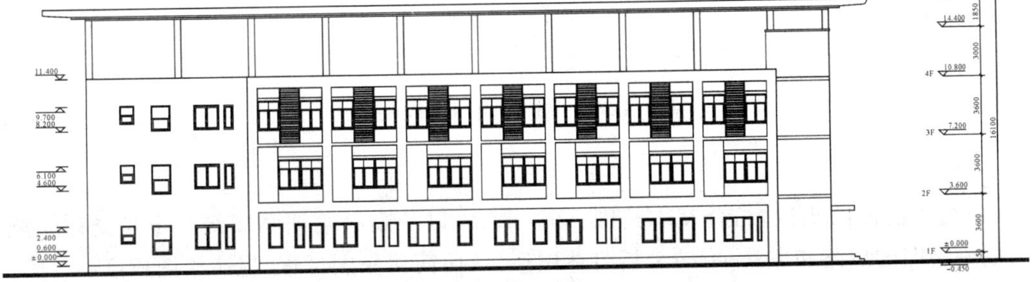

图 9-17　某建筑立面图绘制(尺寸标注)

注意：输入“±0.000”时，要键入“%%P0.000”。特殊的文字符号可通过控制字符方式输入，并以两个百分号“%%”开始，后面紧跟控制符。

5.图案填充

执行 HATCH 命令，对立面图案进行填充，以丰富立面，使图面更加美观。

职业能力训练

训练 9-1　房产分户图绘制

一、实训目的

(1)熟悉房产分户图绘制的一般流程。

(2)熟练掌握房产分户图的绘制。

二、实训任务

绘制如图 9-18 所示的房产分户图。

丘号	0050-1	结构	混合	套内建筑面积/m²	49.20
幢号	2	层数	05	共有分摊面积/m²	4.80
户号	3	层次	4	套建筑（产权）面积/m²	54.00
坐落	××市××路112号2幢2单元403室				

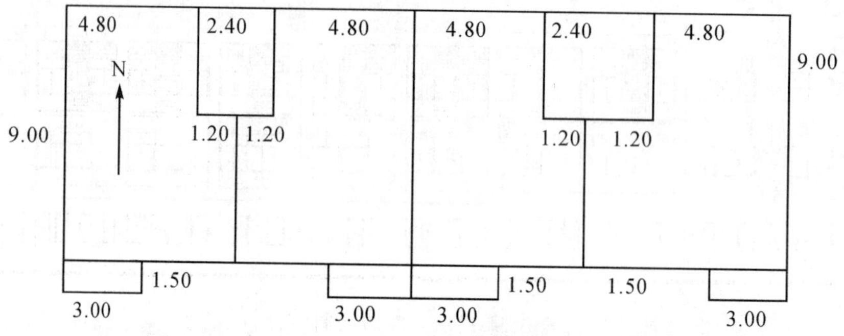

制图单位	××市房产管理局
制图者	×××
制图日期	××××年××月××日

1:200

图 9-18　房产分户图练习

训练 9-2　建筑工程图绘制

一、实训目的

(1)利用前面的知识，结合基本绘图、修改命令，以及高级绘图和高级命令绘制建筑施工图。明确绘图的思路和方法，有效分析具体图形，从而简化作图过程，提高绘图速度。

(2)熟悉建筑施工图绘制的一般步骤。

(3)初步掌握建筑施工图的绘制。

二、实训任务

绘制如图 9-19 所示的建筑平面图,以及如图 9-20 所示的建筑立面图。

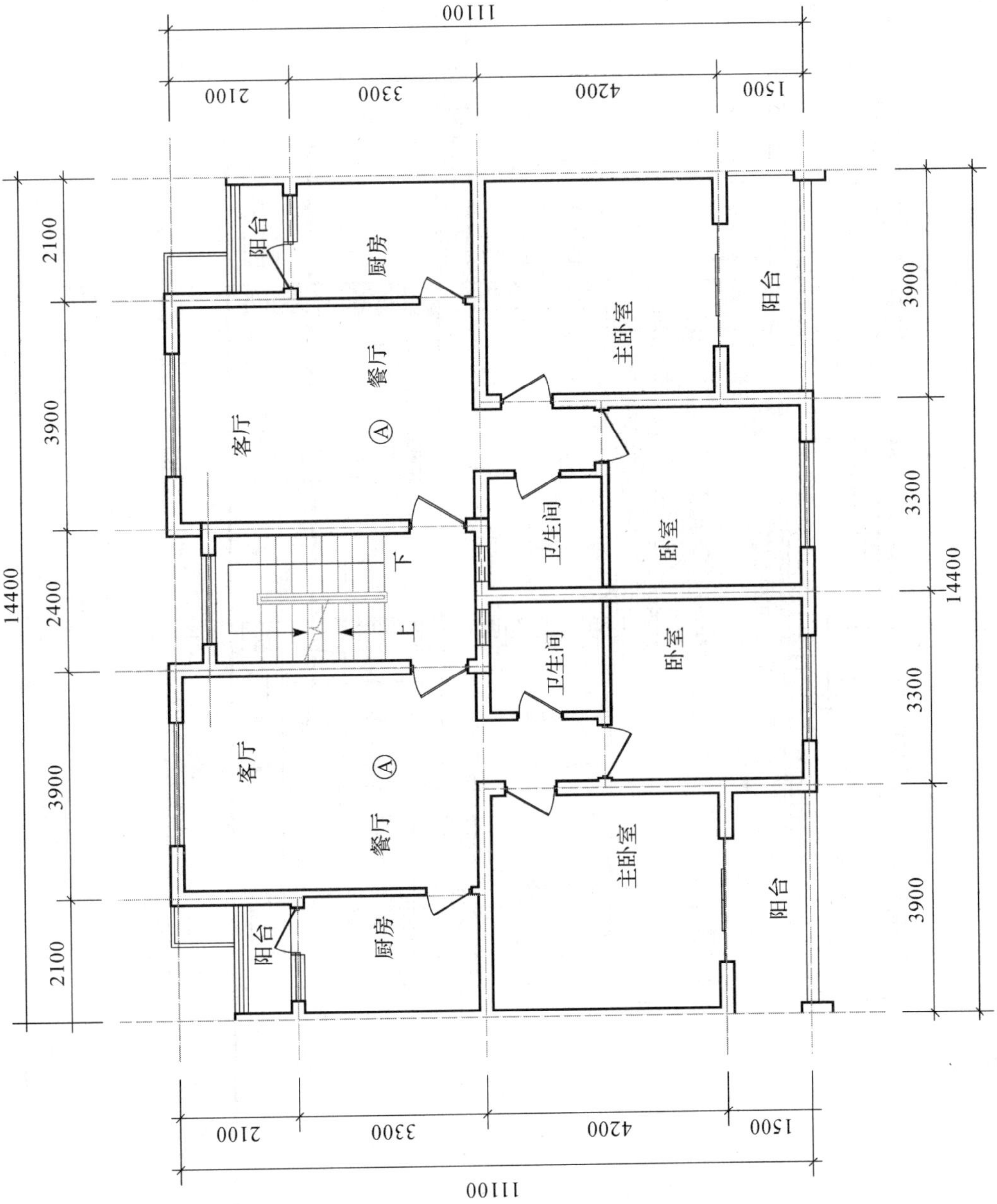

图9-19 建筑平面图练习

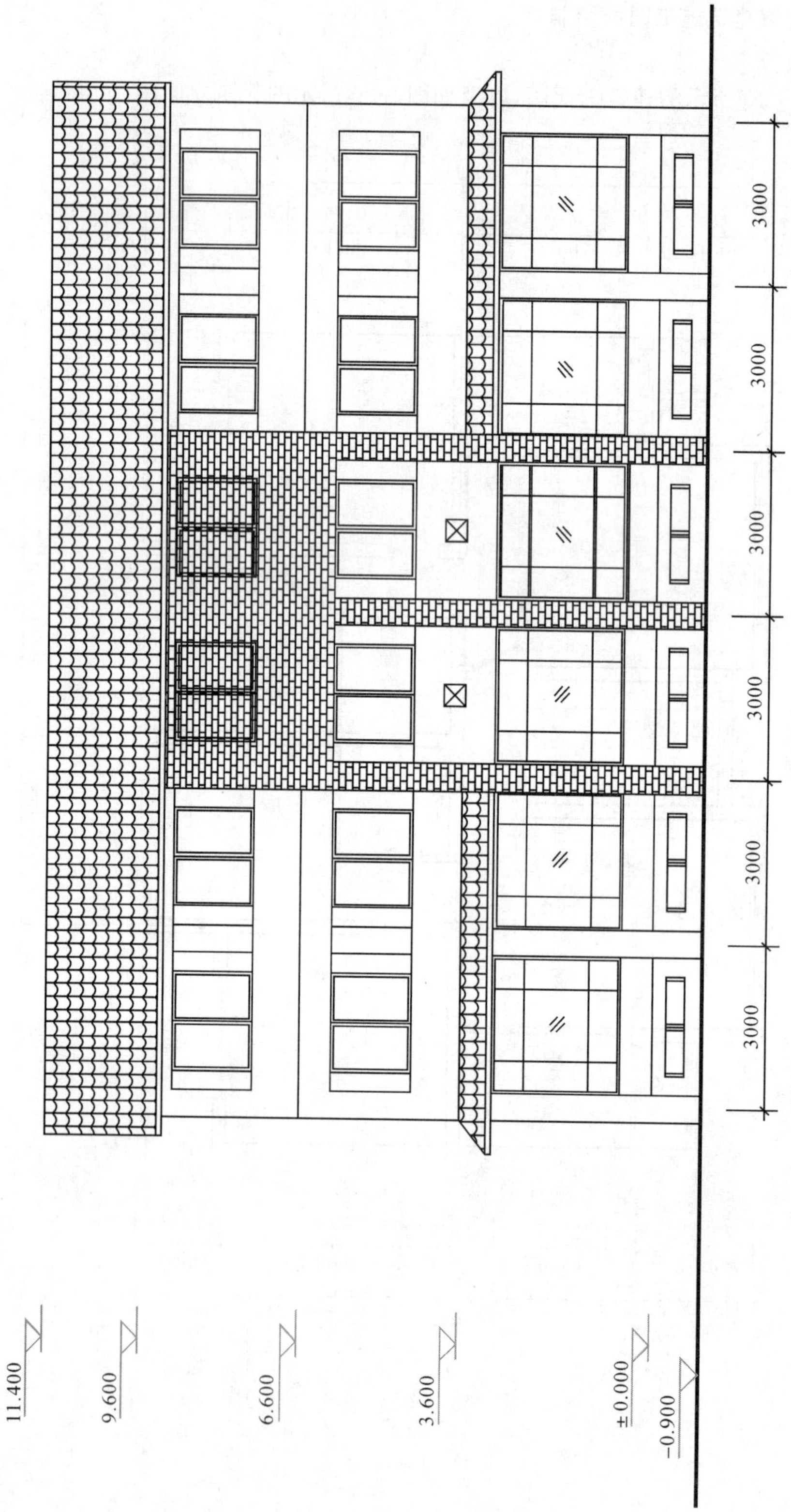

图9-20 建筑立面图练习

项目小结

通过本项目的学习，应该已大概掌握了绘制建筑施工图的基本步骤和方法。通过任务的完成可以看出，在AutoCAD绘制中主要使用的是直线、构造线、弧命令、阵列、复制、剪切、写块等命令，这些命令并不复杂，但大多数要组合起来使用，才能实现最终想要表达的效果。绘图难在命令的综合应用。对简单命令的选择、组合与搭配的能力，决定了制图者使用AutoCAD的能力。

对于复杂的综合图，要养成良好的制图习惯，按照一定的程序绘图，才会做到有条不紊，没有遗漏。

思考与练习题

1.修改用MLINE命令绘制的墙线时，除本书提供的方法外，还有什么方法？比较一下，哪一种更准确、便捷。

2.绘制过建筑施工图后，对图层的作用及使用有了什么新的认识？

3.在绘制辅助线时，使用LINE和XLINE命令各有什么利弊？

项目十　路线工程图的绘制

[项目概述]

在道路工程勘测、设计、施工中，工程测量人员经常需要绘制路线工程图，以指导工程的建设。路线工程图主要包括路线平面图、道路纵断面图和横断面图。本项目主要介绍路线工程图、道路纵断面图和道路横断面图，以及图框的绘制方法。

[学习目标]

(1)了解道路绘图的基本知识。

(2)掌握路线平面图、道路纵断面图、道路横断面图和图框的绘制方法。

任务 10-1　道路绘图基本知识

在道路工程测量中，需要根据测量的数据绘制出路线平面图、道路的纵断面图、横断面图，作为道路设计和施工的依据。用 AutoCAD 绘制道路的纵横断面图时，首先要确定图纸的大小、比例尺、线形、线宽、文字高度、尺寸标注的式样等内容。

一、图幅

有关图幅的知识请参见“任务 9-2 建筑平面图绘制”中的“建筑平面图的表示方法与绘制要求”中的“图纸幅面选择”内容。

二、图线

工程图是线框图，图中的信息都是由线条表示的。为了反映图中不同的内容和分清主次，必须采用不同的线型和线宽来表示。图纸上的实线、虚线、点划线、双点划线、折断线、波浪线等线型适用于不同的场合，同时应符合国家标准的有关规定。图线的宽度应根据图的复杂程度及比例大小，从《道路工程制图标准》规定的线宽系列(0.13 mm、0.18 mm、0.25 mm、0.35 mm、0.5 mm、0.7 mm、1.0 mm、1.4 mm、2.0 mm)中选取。基本线宽(b)应根据图样比例和复杂程度确定。

图线有粗、中、细之分。在同一张图纸内，相同比例的图样应采用相同的线宽。在绘图过程中，每张图上的图线线宽不宜超过三种，通常根据所表达对象的复杂程度、比例的大小来确定基本线宽。线宽组合宜符合表 10-1 的规定。粗线的宽度若为 b，则中线的宽度为 0.5b，细线的宽度为 0.35b。合理的线型比例应当与打印比例保持对应关系，当打印输出比例为 1∶n 时，线型比例应当设置为 n。

表 10-1　线宽组合

单位：mm

线宽类型	线宽系列				
b	1.4	1.0	0.7	0.5	0.35
0.5b	0.7	0.5	0.35	0.25	0.25
0.25b	0.35	0.25	0.18(0.2)	0.13(0.15)	0.13(0.15)

图纸图框和标题栏的线宽根据图纸幅面的大小不同而不同，具体详见表 10-2。

表 10-2　图纸图框和标题栏线宽　　单位：mm

图纸幅面	图框线	标题栏外框线	标题栏分割线
A0，A1	1.4	0.7	0.35
A2，A3，A4	1.0	0.7	0.35

三、文字

文字、数字、字母和符号是工程图的重要组成部分，应采用规定的字体和大小。《道路工程制图标准》规定图中汉字应采用长仿宋体字（又称工程字），并采用国家正式公布的简化字，除特殊要求外，不得采用繁体字。汉字书写要求从左向右、横向书写。

在 AutoCAD 环境中，汉字字体通常采用 Windows 系统所带的 TrueType 字体"仿宋_GB 2312"。在有些图纸中，汉字字体也可采用符合国标的形编译字体。形编译字体类似手写仿宋体，常见的有 hzdx、shx、hztxt、shx、khz、shx 等。

图纸上常见的文字高度一般有六种：3.5 mm、5 mm、7 mm、10 mm、14 mm、20 mm。文字的宽度比例，即宽高比一般设置为 2：3，文字的间距应大于 1.5 倍字高，且汉字高度不宜小于 3.5 mm。

当图样中有需要说明的事项时，需在图样所在图纸的右下角图标上方处加以叙述。该部分文字应采用"注"字表明，"注"写在叙述事项的左上角，每条"注"的结尾应标句号。说明事项需要划分层次时，第一、二、三层次的编号应分别用阿拉伯数字、带括号的阿拉伯数字及带圆圈的阿拉伯数字标注。当表示数量时，应采用阿拉伯数字书写。如"一千零五十米"应写成"1 050 m"，"十二小时"应写成"12 h"。分数不得用数字与汉字混合表示，例如："五分之一"应写成"1/5"，不得写成"5 分之 1"。不够整数位的小数，小数点前应加"0"定位。

四、比例

道路工程具有组成复杂、长宽高三项尺寸相差悬殊、形状受地形影响大等特点，因此它的图示方法与一般工程图不完全相同。它的平面图是一个带状地形图，纵向断面图是沿公路中心线的纵剖面图，横断面是道路中心线法线方向的断面图，根据这三种图所表示内容的差异，通常采用的绘图比例也不同。绘图比例的选择应遵循图面布置合理、均匀、美观的原则，以便绘出的图形有较好的可读性。

任务 10-2　路线平面图的绘制

路线平面图是沿道路走向发展的地形图，其作用是表达路线的方向、平面线型（直线和转弯方向），路线两侧一定范围内的地形、地物情况，以及结构物的平面位置。路线具有狭而长的特点，一般无法把整条路线绘在一张图纸内，通常分段画在多张图纸上，每张图纸上注明序号、张数、指北针和拼接标记。其内容主要包括地形、路线两部分。

一、地形部分

（一）比例

路线平面图应根据地形的起伏情况采用相应的比例。城镇区一般采用 1：500 或

1∶1 000,山岭重丘区一般采用1∶2 000,微丘和平原区一般采用1∶5 000。

(二)方位

为了表示路线所在地区的方位和路线的走向,在路线平面图上应画出指北针或坐标网。指北针箭头所指为正北方向。坐标方位的规定同地形图,即 X 轴向为南北方向,向北为正;Y 轴向为东西方向,向东为正。

(三)地形

路线平面图中,地形起伏情况主要用等高线表示,等高线能反映地面的实际高度、起伏状态,具有一定的立体感,能满足地形分析研究的需要。等高线越密,表示地势越陡;等高线越疏,表示地势越平坦。

(四)地物

地物按比例缩小画在图纸上时,只能用简化的规定符号表示。例如,在路线平面图中,地面上的地物如河流、房屋、道路、桥梁、电力线、植被等,都是按规定图例绘制的。常用的地物图例基本与地形图中的地物图例相同。

二、路线部分

(一)设计路线

《道路工程制图标准》中规定,道路中心线应采用细点划线表示,路基边缘线应该采用粗实线表示。由于公路路线平面图所采用的比例太小,公路的宽度无法按实际尺寸画出,所以在路线平面图中,设计路线是用粗实线沿着道路中心表示的。

(二)里程桩

为了清楚地看出路线的总长和各段之间的长度,一般在道路中心线上,从起点到终点,沿前进方向的左侧注写里程桩(km)。里程桩分公里桩和百米桩两种。在符号上面注写 K1,即表示距路线起点 1 km,右侧注写百米桩,用桩位,用字头朝向前进方向的阿拉伯数字表示百米数,注写在短线的端部。同时也可采用垂直于路线的细短线表示公里桩和百米桩,如若桩号为 K1+200,则表示距路线起点 1.2 km。

(三)平曲线

道路路线在平面上是由直线段和曲线段组成的,在路线的转折处应设平曲线。最常见的较简单的平曲线为圆曲线,其主要基本几何要素有:①交点 JD 是路线的两直线段的理论交点;②转折角 a 是路线前进时向左(a_z)或向右(a_y)偏转的角度;③圆曲线半径 R;④切线长 T 是切点与交角点之间的长度;⑤外矢距 E 是曲线中点到交角点的距离;⑥曲线长 L 是曲线两切点之间的弧长。

在路线平面图中,转折处应注写交点代号并依次编号,如 JD_2 表示第 2 个交点。还要注出曲线段的起点 ZY(直圆点)、中点 QZ(曲中点)、终点 YZ(圆直点)的位置。为了将路线上各段平曲线的几何要素值表示清楚,一般还应在图中的适当位置列出平曲线要素表。如果设置缓和曲线,则将缓和曲线与前、后段直线的切点分别标记为 ZH(直缓点)和 HZ(缓直点);将圆曲线与前、后段缓和曲线的切点分别标记为 HY(缓圆点)和 YH(圆缓点)。

三、用 AutoCAD 绘制路线平面图的步骤

路线平面图的绘制包括两部分内容,一是地形图的绘制,二是在地形图上绘制路线中心线。地形图的绘制在项目八中已经讲过,这里主要介绍路线中心线的绘制方法。

(一)数据准备

在绘制路线中心线前，要根据道路设计人员定出的交点和转角数据，计算出平面曲线的相关要素，即圆曲线的半径 R，切线长 T，曲线长 L，外矢距 E。计算结果如表 10-3 所示。

表 10-3　路面平曲线要素参数

交点	a		R	T	E
	a_z	a_y			
JD_1	39°21′21″		150	53.64	9.30
JD_2		32°48′36″	150	44.16	6.37

有关设计数据如路线导线的起始点、交点的坐标，以及转折角、圆曲线半径、曲线的类型如下。

QD(1105.353,518.977)为路线的起点。

JD_1(1338.254,455.322)，a_z=39°21′21″，R=150，T=53.64，圆曲线。

JD_2(1520.786,530.204)，a_y=32°48′36″，R=150，T=44.16，圆曲线。

ZD(1710.756,460.747)为路线的终点。

在实际工作中，路线导线的坐标数据都是用 Excel 表格存放的，这样可简化绘图时输入坐标的麻烦。在 Excel 表格中编辑导线点坐标对，选中 D2 栏，输入公式“C2&","&B2”，如图 10-1 所示，按回车键，系统就自动生成所需要的坐标对。选中 D2 栏，将光标指向第二栏右下角，出现黑色小十字标记，按住鼠标左键向下拖动十字标记，一直到 ZD，D2 栏就自动生成了对调后的各交点坐标对，并将它们依次复制下来。

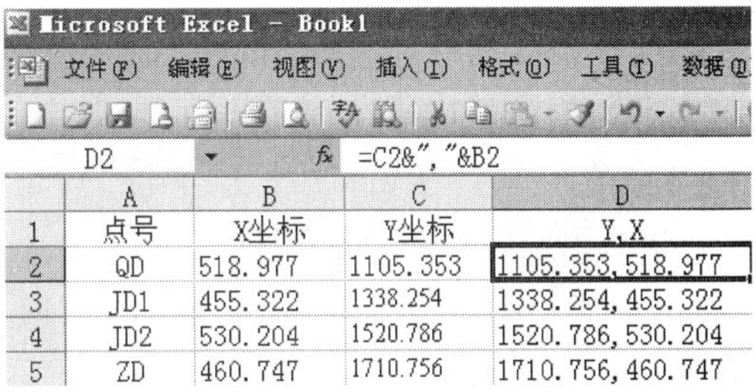

图 10-1　Excel 中编辑的坐标对

(二)设置图形单位

进入绘图工作界面后，可按照提供的相应命令来完成图形单位的设置。具体操作步骤如下。

(1)选择“格式”→“单位”命令或直接在命令行中输入“units”，按回车键，系统弹出“图形单位”对话框。

(2)在“长度”选项卡的“类型”下拉列表框中选择“小数”，在“精度”下拉列表框中选择“0”。

(3)在“角度”选项卡的“类型”下拉列表框中选择“十进制读数”，设“精度”为“0.00”。

(4)对测角的“方向控制”，可按 AutoCAD 2018 的默认设置，图形正右侧(向东的方向)为 0°。

(5)在“插入比例”选项卡中，用于缩放插入内容的单位设为“毫米”。

以上设置在绘制地形图前都已设置完毕。

(三)设置图层和文字式样

在绘制道路中线时，要在地形图图层设置的基础上，增加路线中线层(zhongxian)，颜色为红色，线宽设为 1.0(粗实线)；路线导线层(daoxian)，颜色为白色，线宽默认；标注线层(bzhxian)，线宽设为 0.25(细实线)；文字注释层(wenzi)，文字式样设置字体为 txt.shx，大字体设置为 gbcbig.shx，高度为 10，宽高比为 0.7。

(四)绘制路线中心线

1.绘制路线导线

将“daoxian”图层置为当前层,使用多段线命令 SPLINE 绘制,各导线点的坐标用图 10-1 所示 Excel 表中 D 列的坐标数据,即在 AutoCAD 执行 PLINE 命令,要求输入起点时,将 Excel 表中 D2 列的坐标数据复制后粘贴于此,AutoCAD 自动依次读取各点坐标值,绘制出一个多段线。命令行提示:

命令:_pline
指定起点:1105.353,518.977
当前线宽为 0
指定下一个点或[圆弧(A)/半宽(H)/长度(L)/放弃(U)/宽度(W)]:1338.254,455.322
指定下一点或[圆弧(A)/闭合(C)/半宽(H)/长度(L)/放弃(U)/宽度(W)]:1520.786,530.204
指定下一点或[圆弧(A)/闭合(C)/半宽(H)/长度(L)/放弃(U)/宽度(W)]:1710.756,460.747
指定下一点或[圆弧(A)/闭合(C)/半宽(H)/长度(L)/放弃(U)/宽度(W)]:
(按 Esc 键或回车键退出)

2.确定平曲线上的主点

路线在 JD_1、JD_2 处的转弯都是圆曲线,要绘出这些曲线,首先要定出曲线上的主点位置。以 JD_1 处为例,介绍确定主点位置的方法。新建一个“assist”(辅助)图层,颜色设为蓝色,将其置为当前层。

(1)JD_1 处转折角平分线 JD_1P。

(2)确定 QZ 点:从 JD_1 开始,沿 JD_1P 向 P 方向量取外矢距的长度,此点即为 QZ 点。命令行提示:

命令:_line
指定第一点: (用鼠标捕捉 JD_1 点,并拾取)
指定下一点或[放弃(U)]:9.30 (用鼠标捕捉 P 点,不拾取,输入长度“9.30”,即得到 QZ 点)

(3)确定 YZ 点:将“zhongxian”层置为当前层。用绘制圆弧命令 ARC,选择“起点、圆心、角度”选项,起点为 QZ 点,从 QZ 点向 P 量取圆曲线的半径 300,得到圆心,所对应的圆心角是 $a_z/2=19.677\ 9°$,这样绘出的圆弧的另一个端点就是 YH 点。

执行“绘图”→“圆弧”→“起点、圆心、角度”命令,命令行提示:

命令:_arc
指定圆弧的起点或[圆心(C)]: (用鼠标捕捉 QZ 点,并拾取)
指定圆弧的第二个点或[圆心(C)/端点(E)]: (输入“C”,指定圆弧的圆心)
指定圆弧的圆心:300 (用鼠标捕捉 P 点,但不拾取,输入长度即圆半径)
指定圆弧的端点或[角度(A)/弦长(L)]: (输入“A”,以便输入圆弧夹角)
指定包含角: (输入“19.677 9”,则绘出的圆弧末端即 YZ 点)

(4)确定 ZY 点:ZY 点与 YZ 点相对于角平分线 DJ_1P 对称,所以可用镜像的方法得到 ZY 点。

这样就确定了第一个交角点 JD_1 处的平曲线各主点。用相同的操作方法确定 JD_2 处的平曲线各主点。将点样式设置成“十字”。删除所有的辅助线,即得到如图 10-2 所示的图形。

3.连接路线中线的直接段

曲线绘制完成以后,使用 LINE 命令,连接路线中线的各直线段。

经过以上步骤,路线中线就绘制完成了,绘出的路线是一个个的图形单元。AutoCAD 中提供了对象合并的功能，但只能合并同一类型的图形单元，无法将直线、样条曲线和圆弧合并为一个对象。

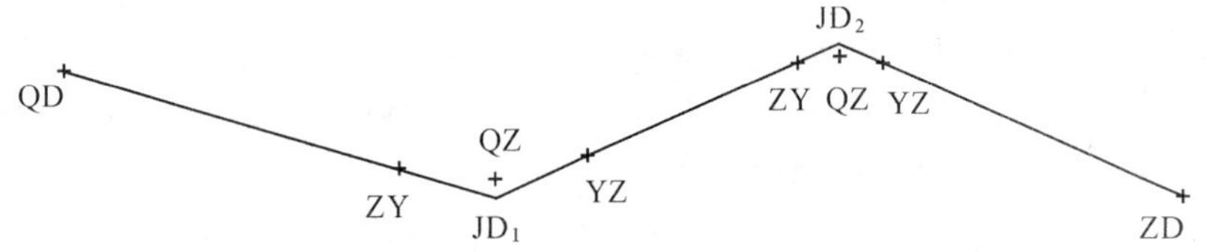

图 10-2　道路中线上的各要素点

(五)绘制特征点位置线、里程桩线、百米桩线并标注文字

1.绘制特征点位置线

设置“bzhuxian”层为当前层。用偏移命令将路线中线向上偏移 5 个图形单位。

使用 LINE 命令，在路线上的每一个主点处绘制短直线，分别与路线导线和上侧的偏移线垂直相交。以 ZY 点上的位置线为例：

命令：_line

指定第一点：　(用鼠标拾取 ZH 点)

指定下一点或[放弃(U)]：　(用鼠标在偏移线上拾取垂足点)

指定下一点或[放弃(U)]：　(按 Esc 键或回车键退出)

用同样的方法在其他各主点绘出位置线。

2.绘制公里桩、百米桩标注线

将路线导线向下方分别偏移 5 个单位和 15 个单位，得到两条偏移线。路线各交点的里程已知，以起始点 QD(QD 的里程是整千米)为例，用绘制多段命令分别绘制公里桩、百米桩标注线。

命令：_pline

指定起点：　(用鼠标拾取路线的起始点 QD)

当前线宽为 0.0000

指定下一个点或[圆弧(A)/半宽(H)/长度(L)/放弃(U)/宽度(W)]：(拾取偏移 15 个单位的线的起始点)

指定下一点或[圆弧(A)/半宽(H)/长度(L)/放弃(U)/宽度(W)]：　(按 Esc 键或回车键退出)

用偏移命令对刚绘制的百米桩标志线进行偏移，偏移距离为 100，在同一条线段上可继续偏移，绘出其他百米桩线。但经过交点后，就需要在交点处绘制与下一线段相垂直的标志线，再计算下一个百米桩距此应偏移的距离，然后进行偏移。依次由左向右绘制出各百米标志线。

3.编辑标志线和位置线

对各标志线和位置线进行剪切、延伸，使公里桩长度为 15 个单位，主点位置线和百米桩长度为 5 个单位。最后删除路线导线的偏移线等辅助线，只留下路线中线、路线导线、主点位置线、公里桩标志线和百米桩标志线。

4.绘制公里桩符号和交角点符号

公里桩符号使用绘制圆环 DONUT 命令，内径是 0，外径是 5。交角点符号使用绘制圆的命令 CIRCLE，直径为 3，圆心在交点上。对小圆圈内的部分进行修剪。

5.标注文字

将图形缩小，比例因子为 0.5，把“wenzi”图层置为当前图层。

命令：_dtext

当前文字样式：LUXIANl　当前文字高度：7.00　注释性：否

指定文字的起点或[对正(J)/样式(S)]:　　(在合适的位置单击左键)

指定文字的旋转角度〈0〉:−90 (此处因为公里桩和百米桩都在中心线的下方,因此文字旋转−90°)

在屏幕上闪动的光标处输入“K1”,用鼠标单击下一个需要标注的文字处,光标会在该处闪动,继续输入文字。将所有的文字标注完毕,按 Esc 键退出文字输入状态。若标注的文字大小方向不同,可选用不同的高度和旋转角度分批标注。这样标注的文字位置和角度可能不太合适,可利用移动和旋转命令进行修改。完成的路线平面图如图 10-3 所示。

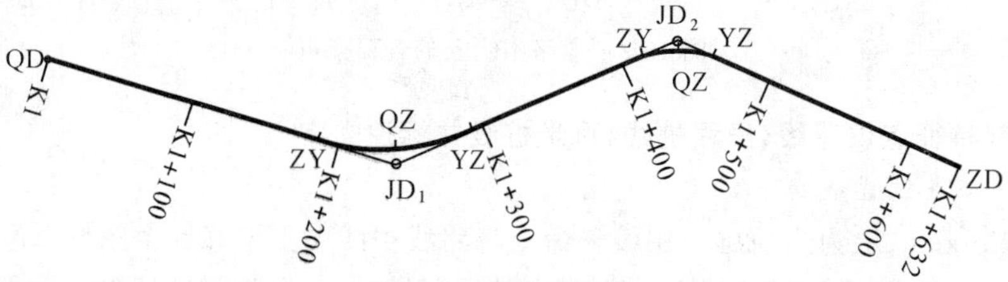

图 10-3　路线平面图

(六)平曲线要素表的绘制

在道路平面图的右上角,需要插入平曲线要素列表,具体操作步骤详见项目四。以表格的右上角为基点,将绘制好的表格移动到路线平面图的右上角。

任务 10-3　道路纵断面图的绘制

道路纵断面图是用假想的铅垂剖切面沿道路中心线进行纵向剖切,其表示的是路线中心地面起伏状况,以及路线纵向设计坡度和竖曲线。道路中心线由直线和曲线组合而成,其纵向剖切面既有平面,又有曲面。为了清晰地表达路线的纵断面情况,将纵断面展平成平面,并绘制在图纸上,成为路线的纵断面图。

一、纵断面的图示内容

路线纵断面图包括图样和资料表两部分,一般图样画在图纸的上部,资料表布置在图纸的下部,如图 10-4 所示。

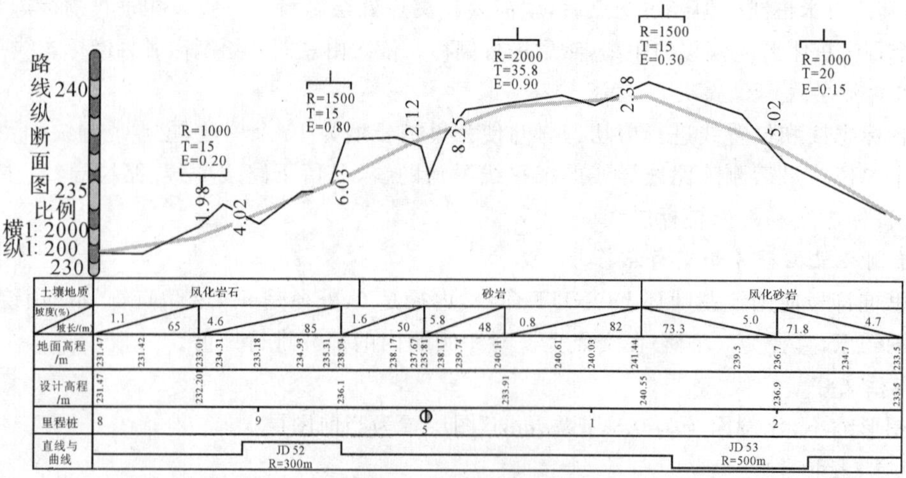

图 10-4　路线纵断面

(一)图样部分

1.比例

路线纵断面图的横向尺寸表示路线的长度(里程),纵向尺寸表示地面及设计线的标高。由于路线和地形的高程变化相对路线的长度要小得多,为了清晰地显示出高程的变化和设计上的处理,绘制时一般采用的纵向比例是横向比例的10倍。横向比例尺和纵向比例尺的确定要根据实际工程要求选取,如在山区,横向比例尺一般选择1∶2 000,则与之对应的纵向比例尺选择1∶200;在丘陵和平原地区,由于地形起伏变化较小,所以横向比例尺一般选择1∶5 000,而纵向比例尺选择1∶500。

由于路线较长,其纵断面图一般有多张,在第一张图的图标内或左侧纵向标尺处应注明纵、横向所采用的比例尺。

2.设计线和地面线

在纵断面图中,粗实线为公路纵向设计线,是由直线段和竖曲线组成的,它是根据地形起伏和公路等级,按相应的公路工程技术标准而确定的,设计线上各点的标高通常指路基边缘的设计高程。不规则的细折线为设计中心线处的地面线,它是根据原地面上沿线各点的实测中心桩高程而绘制的。比较设计线与地面线的相对位置,可确定填挖地段和填挖高度。

3.竖曲线

在设计线的纵向坡度变更处,即变坡点,应按公路工程技术标准的规定设置竖曲线,以利于汽车平稳行驶。竖曲线分为凸形和凹形两种,在图中分别用“┌┴┐”和“└┬┘”符号表示,符号中部的竖线应对准变坡点,竖线两侧标注变坡点的里程桩号和竖曲线中点的高程。符号的水平线两端应对准竖曲线的起点和终点,水平线上方应标注竖曲线要素值(半径R、切线长T、外距E)。

4.沿线构造物

道路沿线如设有桥梁、涵洞、立交和通道等构造物时,应在其设计里程和高程处,按图例绘制并注明构造物名称、种类、大小和中心里程桩号。

5.水准点

沿线设置的水准点都应按所在里程注在设计线的上方或下方,并标出其编号、高程和路线的相对位置。

(二)资料表部分

路线纵断面图的资料表是与图样上下对应布置的,这种表示方法能较好地反映出纵向设计线在各桩号处的高程、填挖方量、地质条件和坡度,以及平曲线与竖曲线的配合关系。资料表主要包括以下栏目和内容。

1.地质概况

根据实测资料,在该栏中注出沿线各段的地质情况,作为修筑道路路基时的地质资料。

2.高程资料

表中有设计高程和地面高程两栏,它们应和图样互相对应,分别表示设计线和地面线上各点(桩号)的高程。

3.填挖高度

设计线在地面线下方时需要挖土,否则需要填土,挖或填的高度值应是各点(桩号)对应的设计高程与地面高程之差的绝对值。

4.坡度及坡长

标注设计线各段的纵向坡度和水平长度距离。该栏中的对角线表示坡度方向,左下至右上表示上坡,左上至右下表示下坡,坡度及坡长分注在对角线的上下两侧。如图 10-4 所示,"坡度(%)/坡长(m)"栏中左起第一格的标注"1.1/65",表示从 K4+865 坡段设计纵坡为 1.1%,设计长度为 65 m,此段路线是上坡。

5.里程桩号

沿线各点的桩号是按测量的里程数值填入的,单位 m,桩号从左向右排列。在平曲线的起点、中点、终点和桥涵中心点等处可设置加桩。

6.直线及平曲线

在路线设计中,竖曲线与平曲线的配合关系,直接影响着汽车行驶的安全性和舒适性,以及道路的排水状况,故《公路路线设计规范》对路线的平纵配合提出了严格的要求。由于道路路线平面图与纵断面图是分别表示的,所以在纵断面图的资料表中,以简约的方式表示出平纵配合关系。在该栏中,以"—"表示直线段;以"⌒""⌣""⊔""⊓"四种图样表示平曲线段,其中前两种表示设置缓和曲线的情况,后两种表示不设置缓和曲线的情况,图样的上凸表示右转曲线,下凹表示左转曲线。

二、绘制路线纵断面图的步骤

绘图前应设计好比例尺,这里以绘制横向比例为 1∶2 000、纵向比例为 1∶200 的纵断面为例。

(一)设置图层

根据道路纵断面图中包括的内容,需要设置"biaoti"(标题栏)层、"dimian"(地面线)层、"sheji"(设计线)层、"biaozhu"(标注)层等,每一层的线型均为 Continuous,线宽各图层不同。如图框和设计线宽度为 1.0,标题栏、坡度线的宽度分别为 0.7、0.35,为使图形容易区分,还可将各图层设置成不同的颜色。

(二)设置图形单位和文字式样

设置方法与本项目任务 10-1 的设置相同。

(三)绘制纵断面的标题栏

将"biaoti"层置为当前层,先按 1∶1 000 比例,从 K4+800 到 K5+275,本幅图包括的里程数为 475 m,再加上标题样左端的文字占的宽度,标题栏底线长绘制 505,将标题栏底线依次向上偏移,得到"直线与曲线""里程""地面高程""设计高程""坡度""土壤地质",每一栏的宽度以填写项所占尺寸为准,如"直线与曲线栏"需偏移 10,在最后标注文字时,若宽度不合适还可调整。绘制一条垂直线,长度从标题栏底线绘制到顶线,位置距最左端 20,作为标题与内容的分界线。

(四)绘制高程标尺

绘一条垂线,起点在标题栏竖线的顶端,向上绘制,长度 20(代表的高度为 2 m),将线宽设置为 2.0,然后将该线再向上复制,使其首尾相接,并且看起来是一条直线,其实是两个图形对象,将这两个对象设置成对比度较大的两种颜色。根据地面高程情况,再将这两个对象同时向上复制数次,这样标尺就绘成了。

（五）设置坐标原点

在绘图前，将外业测绘的数据整理到 Excel 表中，B 列为各地面点的桩号，C 列为各地面点的实测高程，D 列为各地面点的里程数值，E 列为绘图用的各地面点的坐标值（将里程数值作为横坐标 X，高程值扩大 10 倍后作为纵坐标 Y，在 E2 栏编辑公式："＝D2&","&C2 * 10"）。坐标的原点需设置在标尺的底部，原点横坐标值是本幅图最左端的里程数，纵坐标要比实测的所有转点高程最小值还要小一些，本例中原点坐标为（4800,2280）。为了方便用坐标展绘地面线，现将前面绘制的标题栏和标尺等所有图形对象以标尺底部为基点，移动到 AutoCAD 世界坐标系的（4800,2280）处。目的是使图中标尺底部（纵断面图的坐标原点）的坐标与 Excel 表中计算的坐标一致，可直接输入各点坐标来绘制地面点。

具体操作方法如下：

命令：_move

选择对象：　（框选标尺，回车）

指定基点或[位移(D)]〈位移〉：　（用鼠标拾取标尺底端点作为基点）

指定第二个点或〈使用第一个点作为位移〉：4800,2280　（输入坐标，回车即完成坐标原点的设置）

（六）绘制地面线

将"dimian"层置为当前层，使用多段线命令 PLINE 绘制地面线。具体操作方法同本项目第二节中路线的绘制方法。

命令：_pline

指定起点：4800,2314.72

当前线宽为 0.0000

指定下一个点或[圆弧(A)/闭合(C)/半宽(H)/长度(L)/放弃(U)/宽度(W)]：4830,2314.2

……

指定下一点或[圆弧(A)/闭合(C)/半宽(H)/长度(L)/放弃(U)/宽度(W)]：5275.1,2335

指定下一点或[圆弧(A)/闭合(C)/半宽(H)/长度(L)/放弃(U)/宽度(W)]：

（按 Esc 键或回车键退出，即完成地面线的绘制）

（七）绘制设计线

将"sheji"层设置为当前层，使用多段线命令 PLINE 绘制设计线。绘制时将各里程桩的里程作为横坐标，各里程桩处的设计高程作为纵坐标，操作步骤与绘制地面线类似。对竖曲线位置，采用三点绘制圆弧的方法，三点依次是竖曲线起点、变坡点位置设计标高处、竖曲线终点。

（八）绘制竖曲线标志符号

在设计线图层中，用 LINE 命令绘制各竖曲线标志符号。

注意：符号中部竖线的横坐标就是竖曲线转点里程，符号的水平线两端的横坐标应分别是竖曲线的起点和终点里程。为图形美观，各竖线标志符号应大致在同一个高度。

（九）绘制标题栏中的相关线

在"直线与曲线"栏中，依据路线设计中线各主点的里程绘制。在"里程桩号"栏中，百米里程位置和曲线的主点位置绘制竖短线为里程桩标志，先绘出最左边的第一条里程桩标志，然后使用偏移命令，按里程间隔偏移。这样绘出的标志长短相同。按设计数据，用 PLINE 命令绘制坡度和坡长线。

（十）标注文字

本图要求的比例是 1∶2 000，前面绘图比例尺是 1∶1 000。先将图中所有内容全部选中，用 SCALE 命令缩小 2 倍,使绘制的图形成为所需要的 1∶2 000 的图形,在此比例下开始标注文字。执行“单行文字标注”命令,对大小、方向相同的文字标注,可用鼠标单击适当的位置,输入完一处文字,再单击下一处位置接着输入。一次 TEXT 命令,可连续多次输入文字,直到退出命令。不同高度、不同方向的文字需重新输入 TEXT 命令,重新设置文字高度和文字方向,再进行文字输入,直到将图中所有文字标注完毕。

(十一)标注水准点及桥涵构筑物

桥涵构造物等标注的位置与其桩号对应,对标注符号,先定义图块,再利用图块插入命令插入。绘制完成的道路总断面图如图 10-5 所示。

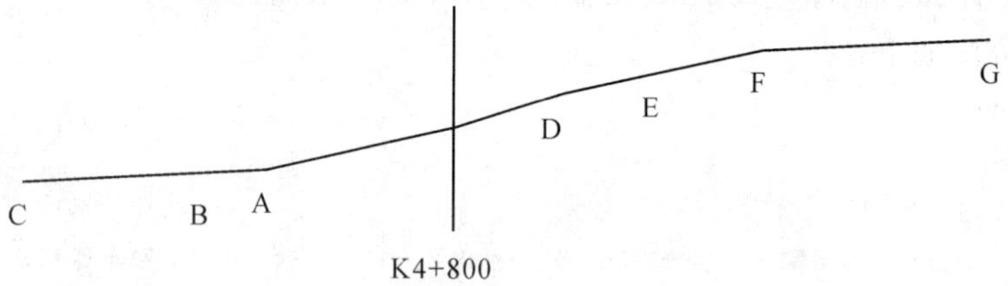

图 10-5　K4+800 处的横断面图

任务 10-4　道路横断面图的绘制

道路横断面图是在垂直于道路中心线的方向上所作的断面图,其作用是表达路线各中心桩处路基横断面的形状和横向地面高低起伏状况。

一、道路横断面图相关知识

在道路横断面外业测量中,对每一个需测横断面的位置,都要进行测量,测得在横断面方向上各变坡点相对于中桩地面的高差,根据外业实测数据,整理得出各里程桩的横断面的资料,如表 10-4 所示,表中按路线前进的方向分左侧、右侧。分数的分子表示测段两端的高差,分母表示测段的水平距离。高差为正表示上坡,为负表示下坡。根据这些数据绘制出各里程横断面图,再根据设计要求,画出路基断面设计线,得到一系列的路基横断面图,以此来计算公路的土石方量和作为路基施工的依据。

表 10-4　路线横断面测量数据

左侧	桩号	右侧
……	……	……
−0.6/11.0　−1.8/8.5　−1.6/6.0	K4+800	+1.5/4.6　+0.9/4.4　+1.1/5.0　+0.5/10.0
−0.5/7.8　−1.2/4.2　−0.8/6.0	K4+820	+0.7/7.2　+1.1/4.8　−0.4/7.0　+0.9/6.5
……	……	……

二、绘制横断面图的步骤

(一)设置绘图比例

在绘制道路横断面图时,一般情况下,纵坐标(高差)和横坐标(路宽)比例是相同的,根据具体情况可选 1∶100 或 1∶200,在设计前应定好绘图比例。

(二)设置绘图环境

图形单位的设置同前。道路工程制图中规定,横断面图的地面线采用细实线。在图层管理器中,设置“dimian”(地面线)层,线宽为 0.25;“tukuang”(图框线)层,线宽为 1.0,线型均为 Continuous,同时各层设置成不同的颜色。

(三)绘图

下面以表 10-4 的测量数据为例,绘制桩号为 K4+800 处的道路横断面的地面线。

1.绘中线桩

用 LINE 命令画一条平行于 Y 轴方向的竖线,作为横断面的中心桩。

2.绘地面桩

由表 10-4 中的测量数据可以看出,用 PLINE 多段线命令,使用相对直角坐标输入,绘制地面线。

绘制左侧地面线部分:

命令:_pline

指定起点:　(用鼠标单击竖线上一点)

当前线宽为 0.0000

指定下一个点或[圆弧(A)/闭合(C)/半宽(H)/长度(L)/放弃(U)/宽度(W)]:@−6.0,−1.6

指定下一点或[圆弧(A)/闭合(C)/半宽(H)/长度(L)/放弃(U)/宽度(W)]:@−8.5,−1.8

指定下一点或[圆弧(A)/闭合(C)/半宽(H)/长度(L)/放弃(U)/宽度(W)]:@−11,−0.6

指定下一点或[圆弧(A)/闭合(C)/半宽(H)/长度(L)/放弃(U)/宽度(W)]:

(按 Esc 键或回车退出)

绘制右侧地面线部分:

命令:_pline

制定起点:　(用鼠标单击右侧地面线与竖线的交点)

当前线宽为 0.0000

指定下一个点或[圆弧(A)/闭合(C)/半宽(H)/长度(L)/放弃(U)/宽度(W)]:@4.6,1.5

指定下一点或[圆弧(A)/闭合(C)/半宽(H)/长度(L)/放弃(U)/宽度(W)]:@4.4,0.9

指定下一点或[圆弧(A)/闭合(C)/半宽(H)/长度(L)/放弃(U)/宽度(W)]:@5.0,1.1

指定下一点或[圆弧(A)/闭合(C)/半宽(H)/长度(L)/放弃(U)/宽度(W)]:@10,0.5

指定下一点或[圆弧(A)/闭合(C)/半宽(H)/长度(L)/放弃(U)/宽度(W)]:

(按 Esc 键或回车退出)

3.缩放图形

前面在图形单位设值时,设置一个图形单位代表 1 mm,上面输入坐标时,4.4 mm 距离就直接输入 4.4,表示 4.4 m,很显然,成图比例是 1∶1 000。而断面图要求的绘图比例是1∶200,所以要对上面绘出的图进行缩放,比例因子为 5,也就是将图放大 5 倍。1∶1 000的图放大 5 倍,正好达到要求的绘图比例 1∶200。

4.标注文字

横断面图中的文字标注内容很少,仅标注中心桩的桩号。在缩放后的图上标注文字,更容易确定适宜的文字高度,可达到更好的标注效果。这里的文字高度选用 10 比较合适,当要求的绘图比例尺发生改变时,最好试一试不同高度的文字的标注效果,最后确定选用的文字高度。最终完成K4+800处的横断面图的绘制,如图10-5所示。

注意:在输入点位时,用的值是当前点相对于前一个点的横、纵坐标的改变量。该改变量正好对应左右两侧的距离和高差的数值。但在输入时,左侧的点横坐标应为负(在距离值前面加“—”),右侧的点横坐标为正(原距离值),高差值与测量数据相同。

采用上述方法,可继续绘出其他桩号的横断面,在同一张图纸内绘制的路基横断面图应按里程桩号顺序排列,从图纸的左下方开始,先由下而上,再自左向右排列。同一幅图中横断面的数量要根据图幅和绘图比例计算后确定。若一幅图中有多个断面,则要按1∶1 000的比例绘出所有的断面后,再按要求的比例缩放图形,最后统一标注。在每张路基横断面图的右上角写明图纸序号及总张数,在最后一张图的右下角绘制图标。

任务10-5 图框的绘制

图框绘制时一般要新建一个图形文件,图框绘制完成后,一般保存为模板(即DWT格式的文件)后使用。现以A3纸(297 mm×420 mm)为例讲述图框的绘制法。

一、图形元素的绘制

(一)设置绘图环境

1.设置图幅

用LIMITS命令设置图形界限左下角坐标为(0,0),右上角坐标为(420,297)。

2.设置单位及精度

设置方法详见任务10-2中的有关设置。

3.建立图层

设置“tukuang”(图框)层,线宽0.7,“fgx”(分割线)层,线宽0.25,线型均为Continuous。“bz”(标注)层,线宽、线型默认。

4.设置文字样式

图框中的文字都是汉字,字体设置为“仿宋_GB2312”,宽度比例为0.7,其他项可以保留默认格式。

(二)绘制图框

将“tukuang”层置为当前层,打开“对象捕捉”,单击绘图工具栏中的“矩形”按钮,命令行提示:

命令:_rectang

指定第一个角点或[倒角(C)/标高(E)/圆角(F)/厚度(T)/宽度(W)]:35,10

指定另一个角点或[面积(A)/尺寸(D)/旋转(R)]:410,287

绘制图标外框线(图标大小35 mm×100 mm):

命令:_rectang

指定第一个角点或[倒角(C)/标高(E)/圆角(F)/厚度(T)/宽度(W)]: (用鼠标拾取图框右下角)

指定另一个角点或[面积(A)/尺寸(D)/旋转(R)]:@−100,35

(三)会签栏的绘制

会签栏在图框的左下角,宽21 mm,高100 mm,会签栏外框线宽0.5 mm,内外格线宽

0.25 mm。将“fgx”层置为当前层，单击绘图工具栏中的“矩形”按钮，命令行提示：

命令：_rectang

指定第一个角点或[倒角(C)/标高(E)/圆角(F)/厚度(T)/宽度(W)]：（用鼠标拾取图框左下角）

指定另一个角点或[面积(A)/尺寸(D)/旋转(R)]：@－21,100

选中刚绘制的会签栏外框，将其线宽设为0.5。打开“正交”，用绘直线命令LINE和偏移命令OFFSET绘制会签栏的内分割线。

命令：_line

指定第一点：7　（用鼠标捕捉会签框的左下角后，向右移动鼠标，用键盘输入长度7）

指定下一点或[放弃(U)]：　（向上移动鼠标，在与上边框相交处，单击鼠标）

指定下一点[放弃(U)]：　（按Esc键或回车键退出）

命令：_offset

当前设置：删除源＝否　图层＝源　OFFSETGAPTYPE＝0

指定偏移距离或[通过(T)/删除(E)/图层(L)]〈通过〉：7

选择要偏移的对象，或[退出(E)/放弃(U)]〈退出〉：　（用鼠标单击刚绘的竖线）

指定要偏移的那一侧上的一点，或[退出(E)/多个(M)/放弃(U)]〈退出〉：（在该线的右侧任取一点）

用同样的操作方式绘制横向分割线，按要求的尺寸并进行偏移，偏移的距离分别是20、15、15、20。这样就完成了会签栏的绘制。

(四)绘制角标和图标中的分割线

当图纸需要绘制角标时，应将角标布置在图框右上角，角标宽50，长12，线宽为0.25。先用绘制矩形的命令绘出角标框，再借助“对象捕捉”功能，用LINE命令绘制内分割线。用类似的方法，按照图标的样式和各分割线之间的尺寸要求，绘制出图标内的分割线。

(五)绘制对中标志

对中标志绘在图框线四个边的中间，线宽为0.35，深入图框内5 mm。用LINE命令绘制，选中所有对中线，将其线宽设为0.35。

二、标注图框中文字

图框中的文字数量不多，字高统一设置成3.5，选择“绘图”→“文字”→“单行文字”菜单项，命令行提示：

命令：_dtext

当前文字样式：Standard　当前文字高度：0.2000

指定文字的起点或[对正(J)/样式(S)]：J

输入选项[对齐(A)/调整(F)/中心(C)/中间(M)/右(R)/左上(TL)/中上(TC)/右上(TR)/左中(ML)/正中(MC)/右中(MR)/左下(BL)/中下(BC)/右下(BR)]：MC

指定文字的中间点：　（用鼠标单击要输入文字的单元格的中心位置）

指定高度〈0.2000〉：3.5

指定文字的旋转角度〈0〉：　（直接回车）

在鼠标单击处有光标闪烁，可以像在Word中一样输入文字，输入完一处，双击鼠标，退出文字标注状态。因为本图框中的文字高度是相同的，所以可以利用多重复制的方法将之前输入的文字复制到其他所有需要输入文字的单元格中。这样所有的文字标注都是相同的，需要加以编辑，使内容符合要求。编辑的方法是：双击要编辑的文字，文字变为蓝底黄字的可编辑状态，重新输入符合要求的文字，修改完后回车确定，接着改下一处，直到全部编辑完毕。会签栏的文字方向与图标中的文字方向不同,在修改完内容后需逆时针旋转 90°才符合要求。绘制好的道路工程图框如图 10-6 所示。

注意:无论是复制还是旋转文字,基点位置都要选择文字的正中,这样文字的位置在单元格中就会始终处于正中间,由此可免去调整文字位置的麻烦。

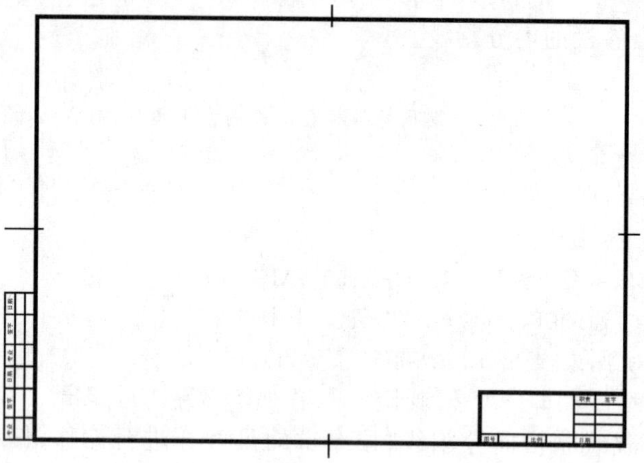

图 10-6 道路工程图框

职业能力训练

训练 10-1 路线平面图的绘制

一、实训目的

在熟悉基本命令的基础上,根据线路设计文件,掌握路线平面图的绘制方法。

二、实训内容

根据计算数据及设计文件给出的交点坐标数据(表 10-5)绘制出路线平面图。

表 10-5 路线交点的坐标数据表

点号	X	Y	设计半径
QD	1 664.871	1 253.425	
JD_1	459.990	2 526.676	1 000
JD_2	1 313.879	2 181.800	

要求计算路面平曲线要素,并填入表 10-6 中。

表 10-6 路面平曲线要素数据

交点	转折角 a	半径 R	切线长 T	曲线长 L	外矢距 E	切曲差 q
JD_1		1 000				

训练 10-2 道路横断面图的绘制

一、实训目的

根据测量数据及道路设计文件,掌握横断面的形式及绘制方法。

二、实训内容

表 10-7 中的数据是某公路 K5＋345 处的横断面测量数据，请根据该数据绘制道路横断面图。

表 10-7　横断面测量数据

左侧	桩号	右侧
0.8/8.0－1.8/8.5－1.0/4.5－1.6/4.0	K5＋345	＋1.8/6.4＋0.9/4.4＋1.5/5＋0.5/9.2

训练 10-3　图框的绘制

一、实训目的

熟悉图框的格式，掌握图框的画法。

二、实训内容

《道路工程制图标准》规定图框中的图标有三种形式，图 10-7 就是其中的一种，外框线宽 0.7，内分割线宽 0.25，外形尺寸图中已标明，内部标注的文字为宋体，宽度比例为 0.7，高3.5。按要求绘制该图表。

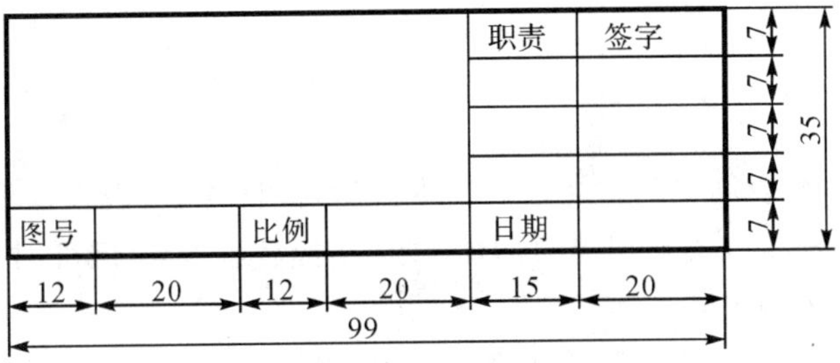

图 10-7　道路工程图表

项目小结

道路路线工程图以地形图为平面图，以纵向展开断面图为立面图，以横断面图为侧面图，来表达道路的空间位置、线型和尺寸。道路平面图的绘制以地形图绘制为基础，在绘制好带状地形图上，根据设计数据绘制平曲线图，有一定的难度，需要一些技巧。本项目对这部分内容作了较详细的介绍。纵断面图内包括的内容较多，在绘制前要进行充分的数据准备，综合利用前面学过的知识进行绘图。该部分内容是本项目的重点也是难点，读者可结合实例数据，按步骤练习绘制。横断面图和图框的绘制，涉及内容较少，相比之下容易得多。道路纵断面图的绘制是道路工程测量中很重要的一部分，也是测绘人员必备的技能。读者通过学习本项目后，应该能利用 AutoCAD 提供的强大绘图功能很好地完成道路纵横断面图的绘制。

思考与练习题

1.试述路线平面图的图示内容。

2.道路纵断面图中应包含哪些内容？里程和高程使用不同的比例尺，在绘图时应如何处理？

项目十一　城市三维立体制图

[项目概述]

制作三维立体图是 AutoCAD 中一个较强的功能，涉及的命令也很多，而且部分二维绘图命令也适用于绘制三维图。本项目结合三维宗地图的制作方法，介绍三维图形的显示、绘制、编辑等基本命令的使用方法。

[学习目标]

(1)学习基本三维显示命令、简单的三维实体绘制命令和基本的三维编辑命令。

(2)制作简单的专业三维图形。

任务 11-1　三维宗地图的绘制

一、基础知识

在 AutoCAD 中，可以创建三种类型的三维模型：线框模型、表面模型及实体模型。这三种模型在计算机上的显示方式是相同的，即以线框结构显示出来，但可用特定命令使表面模型及实体模型的真实性表现出来。

线框模型(wireframe model)是一种轮廓模型，用线(3D 空间的直线及曲线)表达三维立体，不包含面及体的信息。不能使该模型消隐或着色。又由于其不含体的数据，也不能得到对象的质量、重心、体积、惯性矩等物理特性，不能进行布尔运算。图 11-1 显示了立体的线框模型，在消隐模式下也能看到后面的线。线框模型结构简单，易于绘制。

表面模型(surface model)，是用物体的表面表示物体。表面模型具有面及三维立体边界信息。表面不透明，能遮挡光线，因而表面模型可以被渲染及消隐，但不能进行布尔运算。图 11-2是两个表面模型的消隐效果，前面的薄片圆筒遮住了后面长方体的一部分。

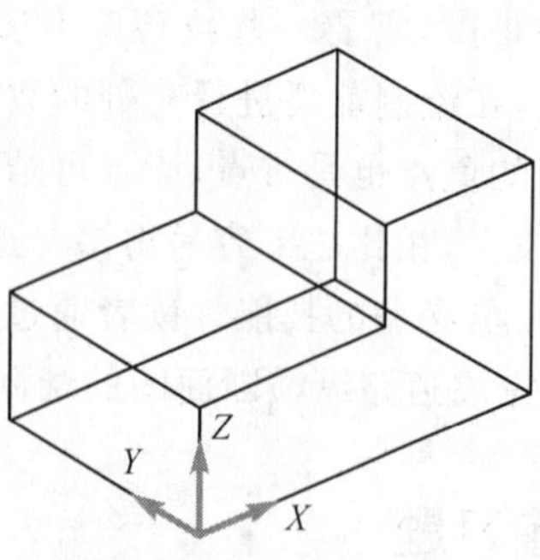

图 11-1　线框模型

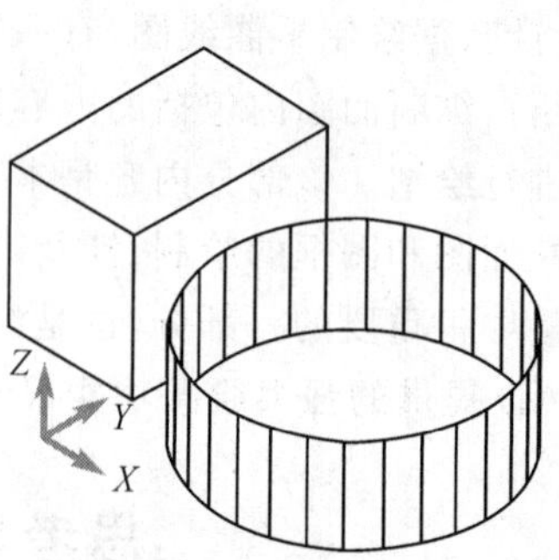

图 11-2　表面模型

实体模型具有线、表面、体的全部信息。对于此类模型，可以区分对象的内部及外部，可以对它进行打孔、切槽和添加材料等布尔运算，还可对实体装配进行干涉检查，分析模型的质量特性(如质心、体积和惯性矩)。实体模型如图 11-3 所示。

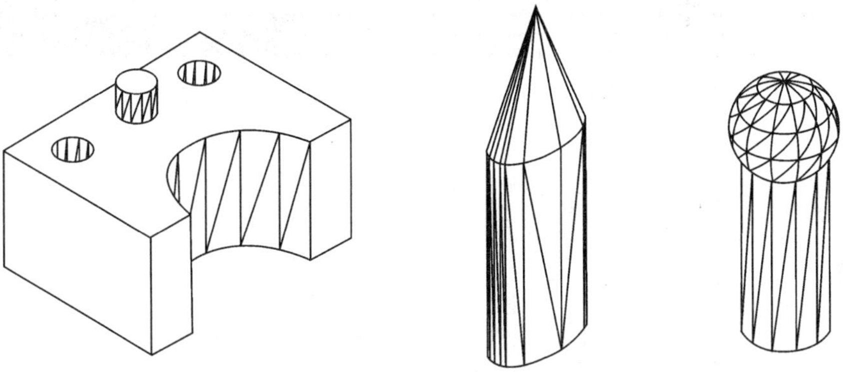

图 11-3　实体模型

二、三维宗地图的绘制

1.设置绘图环境

要绘制的宗地图如图 11-4 所示(为了表述清楚,所用三维图形为消隐后显示的效果),为作图方便,先将常用三维工具条显示在窗口,包括“建模”“三维视图”“实体编辑”“UCS”等工具条。

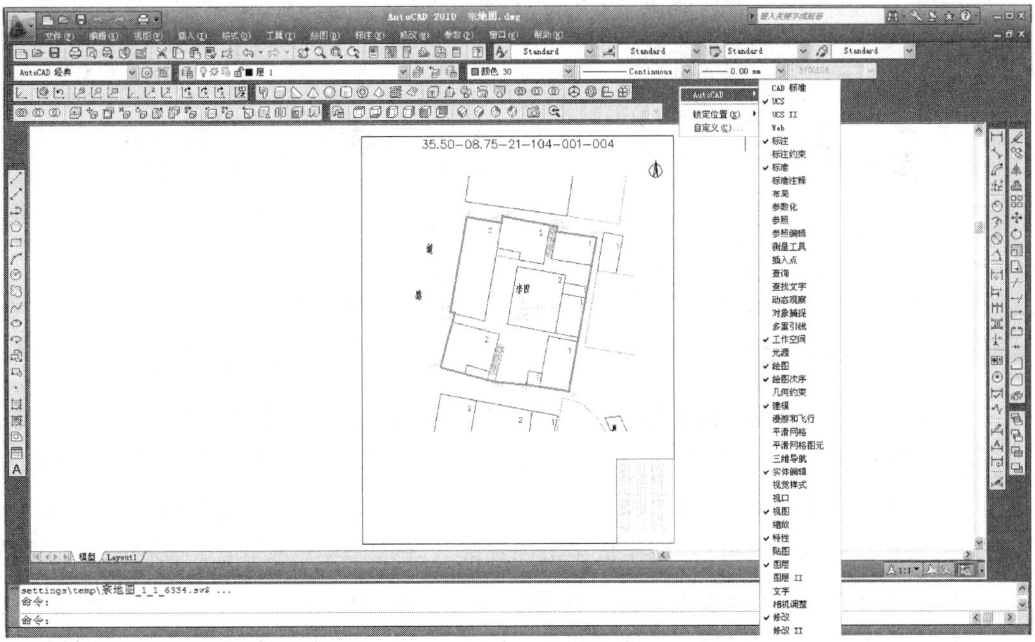

图 11-4　宗地图及常用三维工具条

2.设置三维视点,建立或改变 UCS

单击“三维视图”工具条中的按钮  ,进入“西南等轴测”视图,如图 11-5 所示。

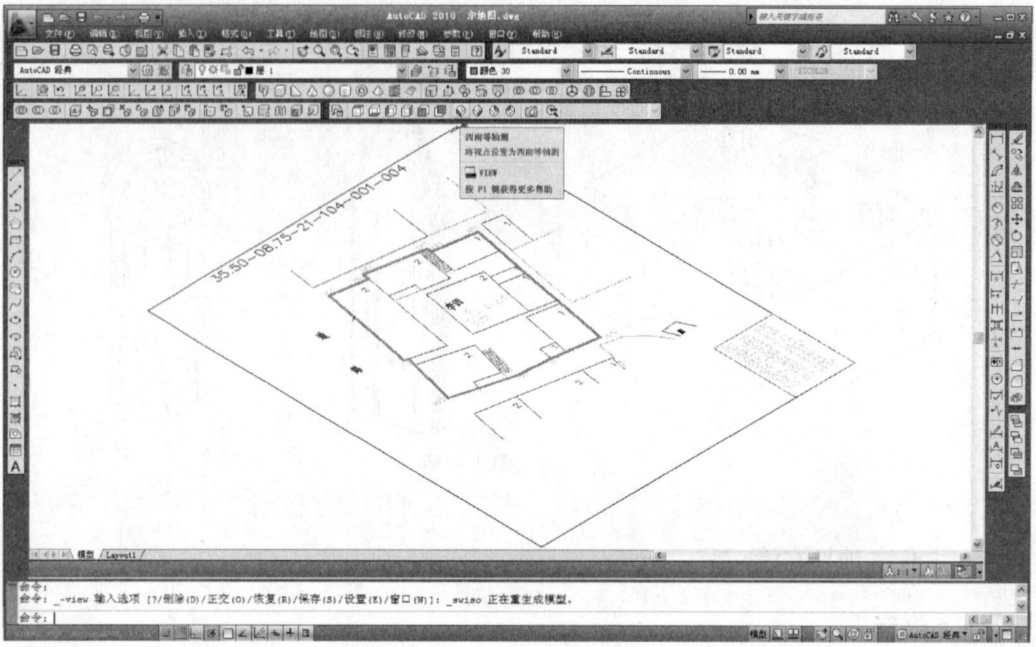

图 11-5 “西南等轴测”视图

3.在相应的平面上绘图

(1)使用“直线”命令绘图。使用“直线”命令绘制图 11-4 所示平面图形中左下角的建筑平面图(图 11-6)。使用“复制”和“偏移”命令,绘制建筑墙体(图 11-7)。

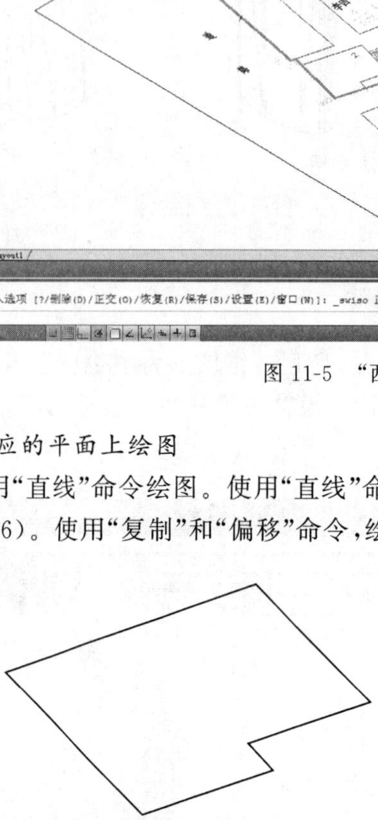

图 11-6 建筑平面外轮廓线

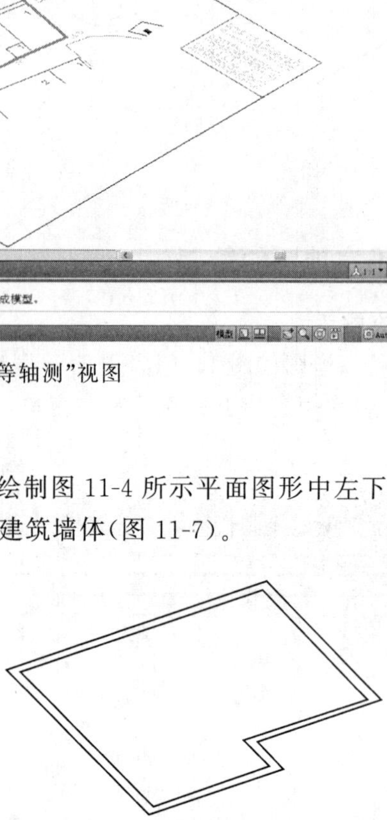

图 11-7 建筑平面内外轮廓线

(2)使用“面域”命令创建面域。使用“面域”命令(也可输入“REGION”并回车),选择图 11-6,回车后创建一个面域,重复使用“面域”命令,选择图 11-7,回车后创建第二个面域。使用“实体编辑”工具栏中的“差集”命令(也可输入“SUBTRACT”并回车),拾取执行“面域”命令后的图 11-7 的外轮廓线,回车后单击内轮廓线,再回车,结束命令。复制一个该面域。

(3)使用“拉伸”命令形成楼板实体和墙壁实体。使用“建模”工具栏中的“拉伸”命令(也可输入“EXTRUDE”并回车),拾取编辑成面域的图 11-6,输入拉伸高度“240”,拉伸形成楼板实体(图 11-8)。重复“拉伸”命令,拾取编辑成面域的图 11-7,输入拉伸高度“7580”,拉伸形成墙壁实体(图 11-9)。

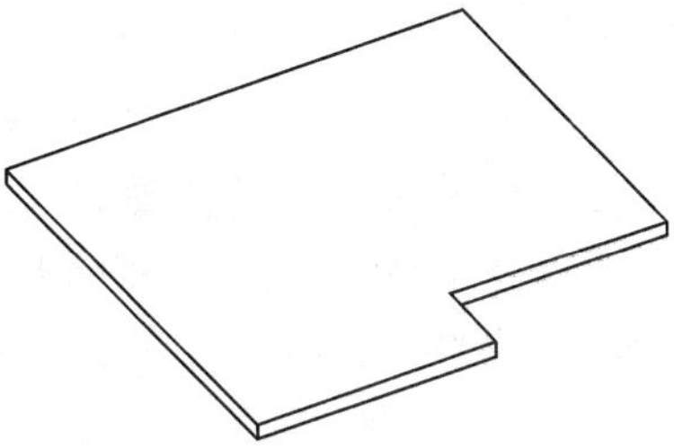

图 11-8　拉伸形成的楼板实体

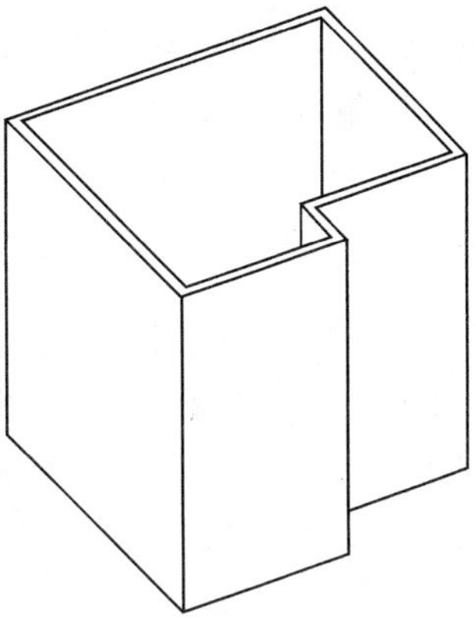

图 11-9　拉伸形成的墙壁实体

(4)移动楼顶至墙壁顶部。使用“移动”命令，选择图 11-10 中的楼板实体，拾取 A 点作为移动基点，移动目标点为 B 点。重复“移动”命令，以点 B 为基点，相对移动坐标为“@0,0,－500”，移动后图形如图 11-11(a)所示。

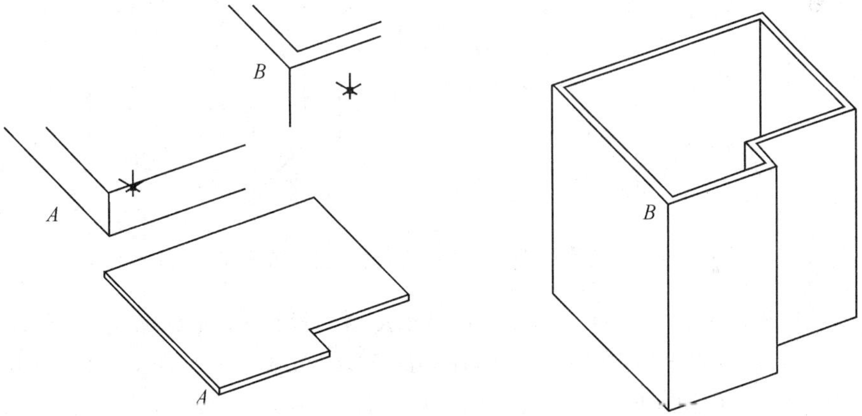

图 11-10　“移动”的基点 A 和目标点 B

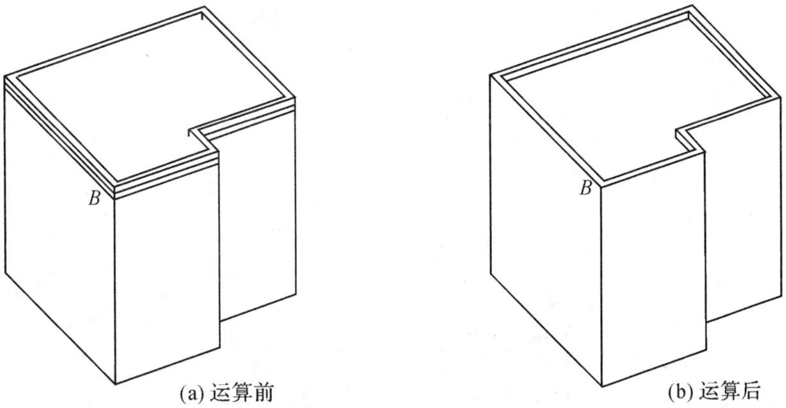

(a) 运算前　　(b) 运算后

图 11-11　布尔运算前后的图形对比

(5)利用布尔运算组合墙壁和楼板。使用“实体编辑”工具栏中的“并集”命令(也可输入“UNION”并回车),拾取图 11-11(a)中的墙壁和楼板实体,回车后得到如图 11-11(b)所示的结果。

(6)绘制楼梯实体。使用“视图”工具栏中的“东南等轴测”命令,改变视图方向。使用“UCS”工具栏中的“3 点”坐标系命令,指定新的坐标系。原点选择 C 点,X 轴方向上的点选择 F 点,Y 轴方向上的点选择 D 点,使平面 $CDEF$ 处于 XY 平面上,如图 11-12 所示。

在平面 $CDEF$ 上用“直线”命令绘制楼梯和扶手的外轮廓,楼梯踏步高 170 mm、宽 250 mm,如图 11-13 所示,使用“面域”“拉伸”“移动”命令,绘制出楼梯三维图形,如图 11-14 所示。

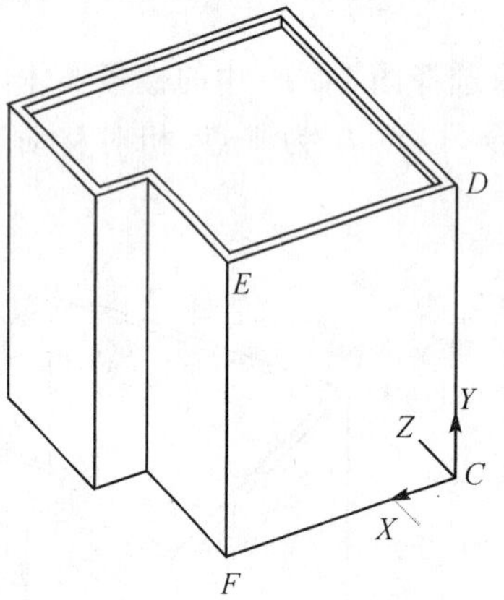

图 11-12 视图、坐标系调整后的效果

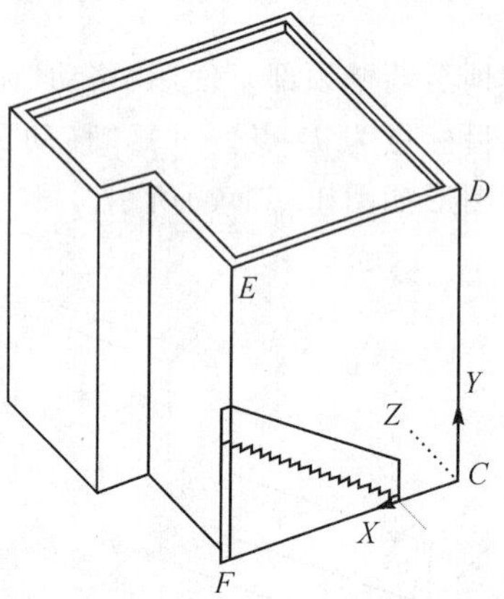

图 11-13 楼梯和扶手的外轮廓

使用“UCS”工具栏中的“3 点”坐标系命令,指定新的坐标系,原点选择 G 点,X 轴方向上的点选择 F 点,Y 轴方向上的点选择 H 点,使平面 FGH 处于 XY 平面上,然后使用“建模”工具栏中的“长方体”命令绘制楼梯平台和平台上的栏杆,再使用“并集”命令对建筑、楼梯、扶手、平台和平台栏杆进行布尔运算,结果如图 11-15 所示。

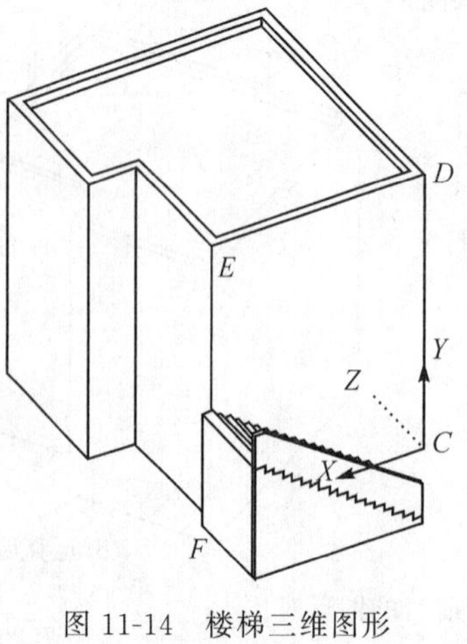

图 11-14 楼梯三维图形

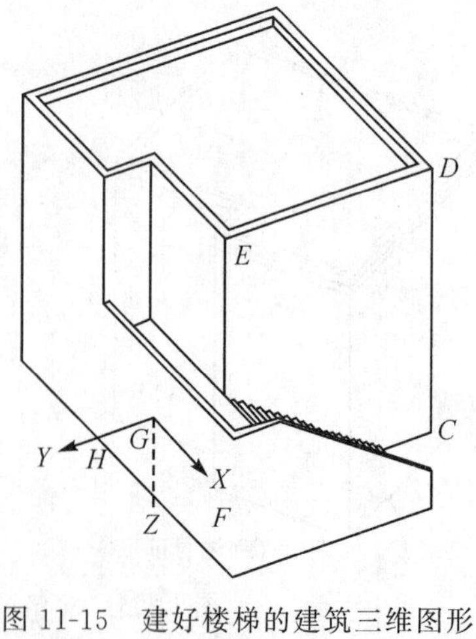

图 11-15 建好楼梯的建筑三维图形

(7)开挖门窗孔洞。使用“西南等轴测”命令，改变视图方向。

使用“长方体”命令或“拉伸”命令绘制长 1 800 mm、宽 1 500 mm 的长方体，厚度应大于或等于墙壁厚度(240 mm)，移至合适的位置，如图 11-16 所示。使用“3 点”坐标系命令改变坐标系，使用“建模”工具栏中的“三维阵列”命令，选择图 11-16 中的长方体后回车，阵列类型选择矩形，行数输入“2”，列数输入“2”，层数直接回车，行间距输入“3000”，列间距输入“4000”，显示效果如图 11-17 所示。

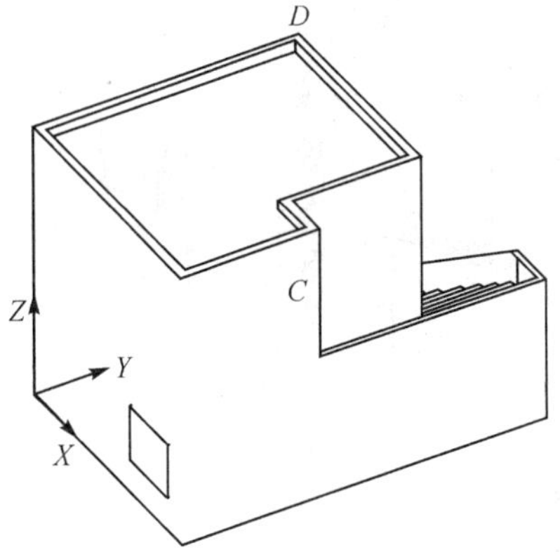

图 11-16　定位好的挖窗洞的长方体

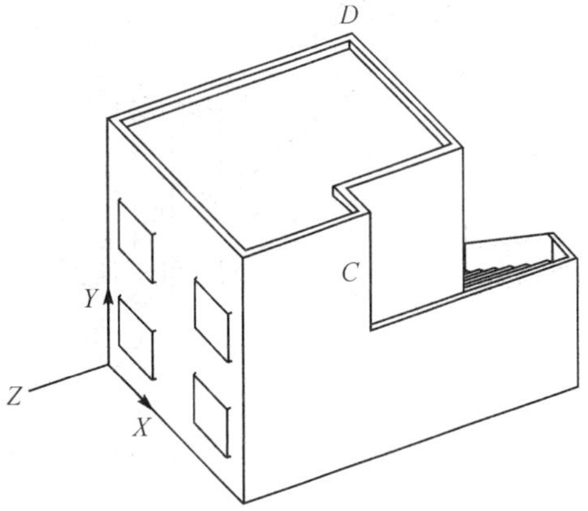

图 11-17　长方体的三维阵列

复制长方体。使用“建模”工具栏中的“三维旋转”命令，选择要复制的长方体，回车，指定基点选择长方体的一个顶点，拾取旋转轴为 Z 轴，旋转角度为 90°，使用“移动”命令将该长方体移到合适位置，再“复制”“移动”长方体到合适位置，如图 11-18 所示。

利用布尔运算的差集运算，以图 11-11(b)为母体，减去上一步就位好的各实体，完成挖洞操作，结果如图 11-19 所示。

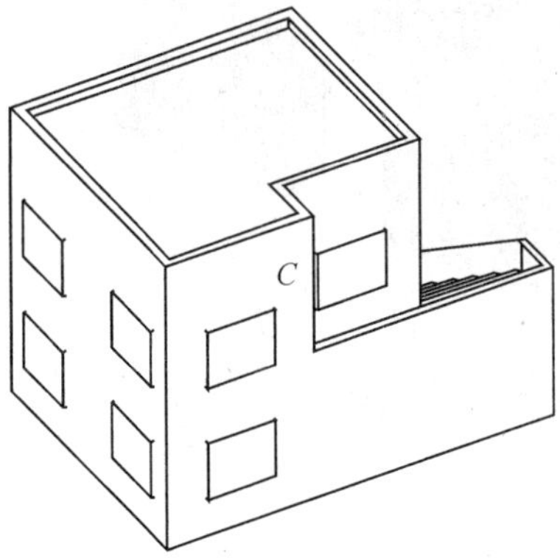

图 11-18　长方体的复制移动

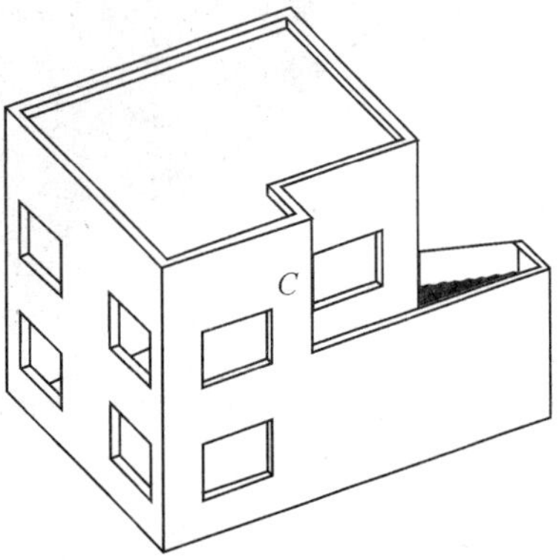

图 11-19　挖好窗洞的建筑

在菜单栏的“视图”下拉菜单中，可找到“消隐”“视觉样式”“渲染”等处理命令。

其他建筑可按同样的方法完成，最后的效果如图 11-20 所示，渲染后的效果如图 11-21 所示。

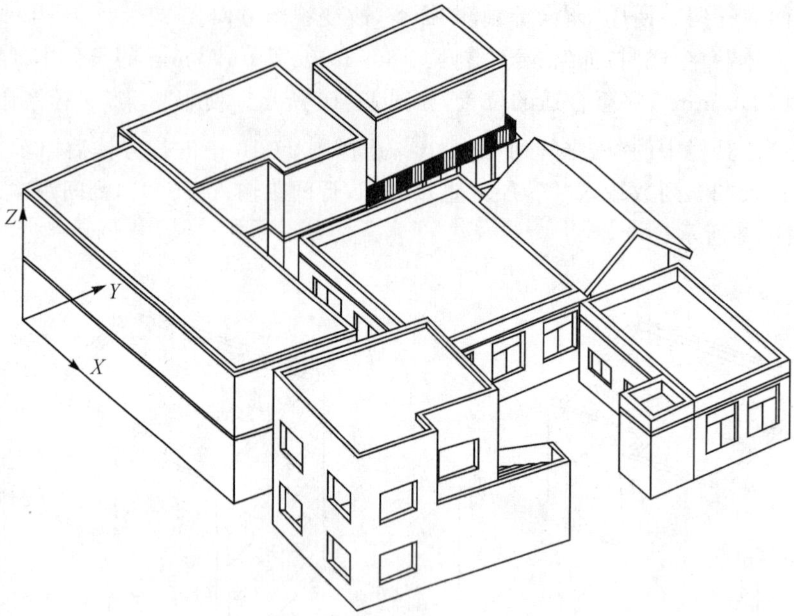

图 11-20 建筑群最终三维效果

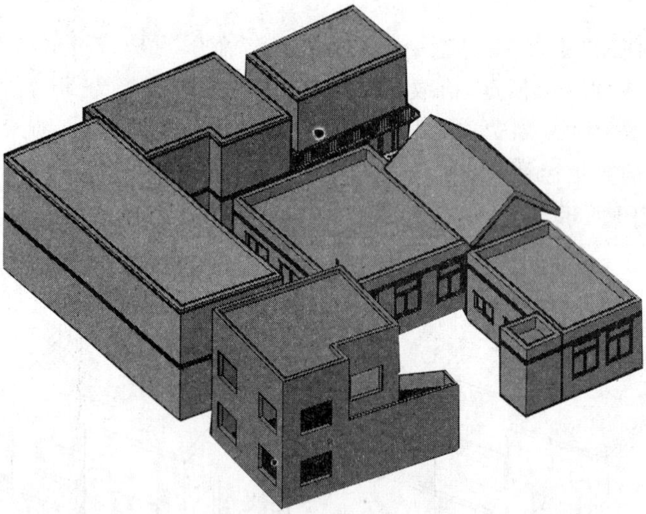

图 11-21 建筑群渲染后的三维效果

职业能力训练

训练 11-1 三维宗地图绘制

一、实训目的

根据所给的宗地图,绘制简单的三维宗地图,掌握消隐方法,了解着色和渲染操作。

二、实训内容

将图 11-4 粗线框内的其他建筑三维图形绘制完成。

项目小结

本项目结合工程实例，介绍了 AutoCAD 三维图形绘制、编辑和显示处理的主要命令，包括坐标轴的变化，基本三维实体的绘制和编辑，三维图形的消隐、着色与渲染等。

思考与练习题

1.三维模型有哪几种类型，各有什么特点？

项目十二　AutoCAD 二次开发

[项目概述]

AutoCAD 具有强大的制图功能，但针对测绘行业的应用性不强，使用起来效率不高，这就需要在其基础上进行二次开发，以满足测绘专业的制图需要。VBA（visual basic for applications）是一个面向对象的编程环境，可提供丰富的开发功能。VBA 和 AutoCAD 在同一进程空间中运行，提供的是具有 AutoCAD 智能的、非常快速的编程环境。学好 VBA 可以成倍甚至成百上万倍地提高工作效率，还可以完成 AutoCAD 命令不可能完成的任务。

本项目由 AutoCAD 二次开发认识和 AutoCAD 二次开发在测量中的应用两个学习型工作任务组成，可为 AutoCAD 二次开发工作打下基础，使学生初步具备利用 VBA 开发测绘程序的能力。

[学习目标]

(1)掌握 VBA 的含义及作用。

(2)掌握创建和运行 VBA 工程的步骤。

(3)掌握利用 VBA 编写测绘程序的基本方法。

(4)能创建和运行 VBA 工程。

(5)能利用 VBA 编写测绘程序。

任务 12-1　AutoCAD 二次开发认识

一、基础知识

(一)VBA 工程

AutoCAD VBA 工程是由许多程序模块、类模块和窗体组成的集合，它们同时运行即可完成指定的功能。VBA 工程可以保存于 AutoCAD 图形文件内部，称为内嵌 VBA 工程；也可保存为独立的工程，称为全局 VBA 工程，以“＊.dvb”文件格式保存。

对于内嵌 VBA 工程，当打开包含该工程的 AutoCAD 图形文件时，它将被自动加载。因此，在运行内嵌 VBA 工程程序之前，用户无须在文件夹中找到工程文件后加载，工程管理更加方便。

全局 VBA 工程的功能较多。全局工程可在任何 AutoCAD 图形中运行，也可在工程中打开或关闭 AutoCAD 图形。全局工程容易与其他用户共享，且可制作成共享的宏资源库，因此应用 VBA 开发通用应用程序时，应将其保存为全局工程。全局工程也有一些缺点，例如它不会随 AutoCAD 图形文件的打开而自动加载。所以，用户在运行全局工程程序之前需要知道哪个工程文件中包含了所需的宏，然后加载该工程文件，最后才能执行相应的宏。

(二)VBA 管理器

在当前 AutoCAD 进程中加载的所有 VBA 工程均可用 VBA 管理器来管理，也可用它来新建、保存、加载、卸载、嵌入或提取工程。“VBA 管理器”对话框如图 12-1 所示。在命令行中输入“VBARUN”或在菜单栏执行“工具”→“宏”→“VBA 管理器”命令，即可打开“VBA 管理器”对话框。

1.创建新 VBA 工程

创建新 VBA 工程的步骤如下。

(1)打开“VBA 管理器”对话框。

(2)选择“新建”。

新工程将以默认的名称“ACADProject”创建。如要更改工程名称，必须进入“Visual Basic 编辑器”中，在“工程属性”窗口中更名。其操作方法步骤如下。

(1)单击“VBA 管理器”中的“Visual Basic 编辑器”按钮，或选择菜单“工具”→“宏”→“Visual Basic 编辑器”，打开“Microsoft Visual Basic”。

(2)在 VB 的“工程资源管理器”选中“ACADProject(Global1)”，单击右键，在弹出菜单中选择“ACADProject 属性…”选项，打开“工程属性”对话框，在“工程名称”中输入新名称，如图 12-2 所示。

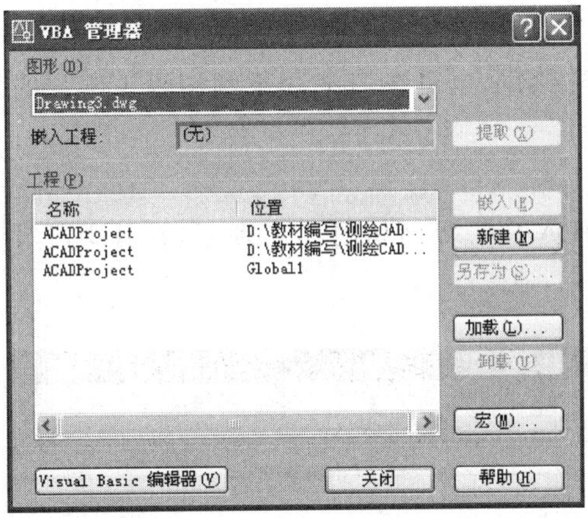

图 12-1　“VBA 管理器”对话框

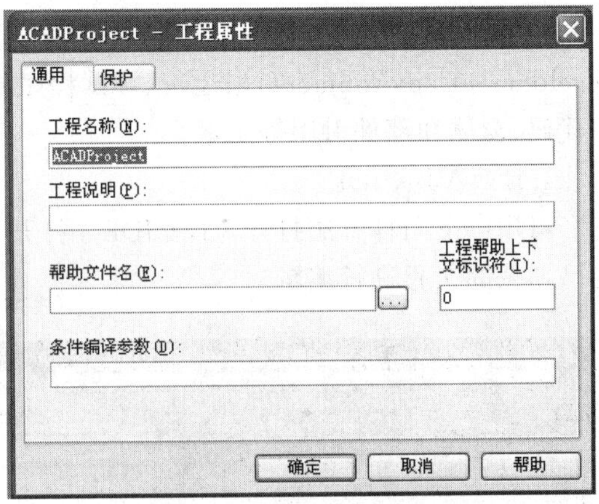

图 12-2　修改 VBA 工程名称

2.保存 VBA 工程

每次保存图形文件时，都将保存其内嵌工程。而全局工程必须使用 VBA 管理器或 VB 编辑器来保存。使用 VBA 管理器保存工程的步骤如下。

(1)打开 VBA 管理器，选择要保存的工程。

(2)选择“另存为”，打开“另存为”对话框。

(3)选择用于保存该工程文件的名称。

(4)单击“保存”按钮。

3.加载 VBA 工程

将 VBA 工程加载到 AutoCAD 图形中时，所有的公用子程序(也称为宏)均为可用程序。每次打开图形时，内嵌在图形中的工程就会被自动加载，而以“*.dvb”文件格式保存的全局工程必须明确加载方能运行。

每次加载工程时，都将自动加载此工程引用的任何其他工程。此外，AutoCAD 在启动时会自动加载任何名为“acad.dvb”的工程文件。

加载已有 VBA 工程文件的步骤如下。

(1)在“VBA 管理器”对话框中单击“加载”按钮,弹出“打开 VBA 工程”对话框。

(2)在“打开 VBA 工程”对话框中选择欲加载的工程文件。

(3)单击“打开”按钮,再单击“启用宏”按钮。打开 VB 编辑器即可查看、编辑或运行该程序。

注意:用户在加载工程时,均会显示“禁用宏”或“启用宏”的选项提示,作为防范病毒的提示。若启用了带病毒的宏,程序中的病毒会一并运行;若禁用该宏,工程仍可被调用,但不能运行该工程中的任何程序。

4.卸载 VBA 工程

卸载工程可释放内存,并使已加载工程的列表保持在易于管理的长度。但不能卸载内嵌工程或被其他已加载工程所引用的工程。

卸载 VBA 的步骤如下。

(1)在“VBA 管理器”对话框中选择欲卸载的工程。

(2)单击“卸载”按钮。

(三)VBA IDE

在 AutoCAD 中加载 VBA 工程后,即可使用 VBA 交互式开发环境 IDE(integrated development environment)来运行、调试程序或删除错误,也可在 IDE 中继续编辑该工程的程序代码、窗体和部件引用等元素。

1.打开 VBA IDE

可用以下两种方法打开 VBA IDE。打开的 VBA IDE 界面如图 12-3 所示,在其中可对所有已加载的工程进行编辑。

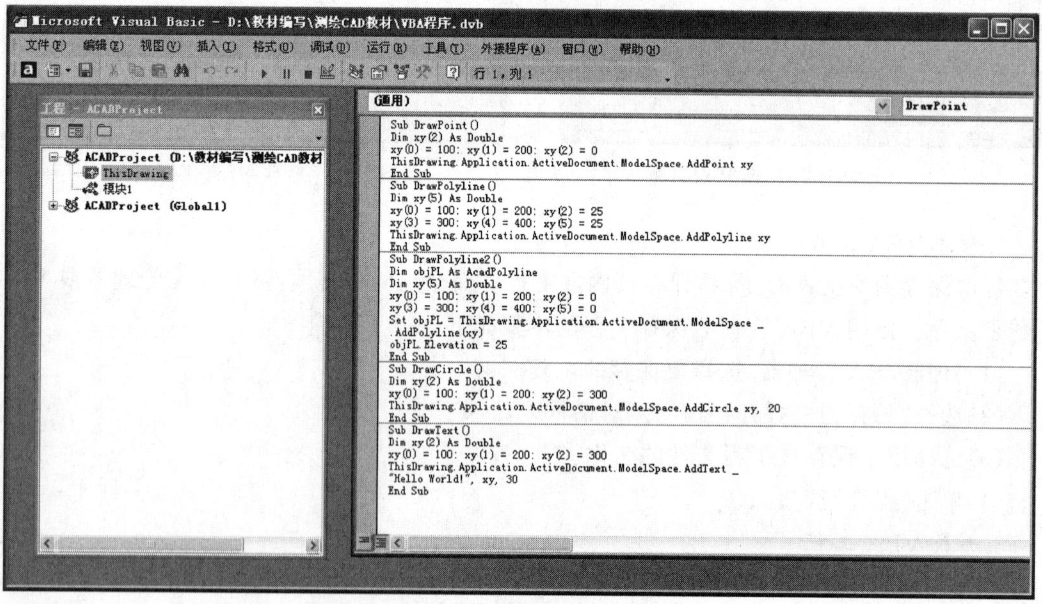

图 12-3 VBA IDE 界面

(1)在命令行执行“VBAIDE”命令。

(2)选择“工具”→“宏”→“Visual Basic 编辑器”菜单项。

2.工程信息

在VBA IDE中,“工程”窗口显示的内容包括:所有已加载的VBA工程,这些工程所包含的程序代码、类别、窗体及与工程相关的文件,本工程所引用的其他VBA工程,这些工程所在的位置(路径)等,如图12-4所示。

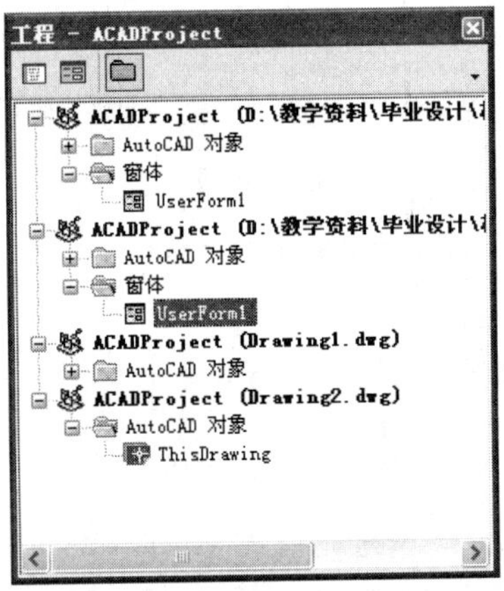

图12-4　“工程”窗口

“工程”窗口的顶部为包含三个按钮的工具条,通过切换按钮可显示不同的工程元素。选中工程模块中的“窗体”后,单击“查看代码”按钮可显示该工程模块的程序代码,单击“查看对象”按钮可显示该工程元素对象的外观,如窗体界面。

“工程”窗口在默认状态下是打开的。若不可见,可在IDE中选择菜单“视图”→“工程资源管理器”打开。

3.工程元素

每个工程均由若干不同的元素构成,包含对象、窗体、标准模块、类模块和引用等。

(1)对象。对象是工程中的基本运行实体。VBA中的对象可分为两类,一类是由系统设计好的,可直接使用或对其进行操作的对象;另一类是用户定义的,可用程序建立用户自己的对象。对象是具有特殊属性(数据)和行为方式(方法)的实体,它由属性、事件和方法这三个重要方面构成。

(2)窗体模块分为两部分,一部分是作为用户界面的窗体,另一部分是执行具体操作的代码。窗体是放置其他对象的容器,常用于创建工程的自定义交互式对话框。

(3)标准模块,又叫程序代码模块,简称“模块”。该模块完全由代码组成,这些代码不与具体的窗体或控件相关联。

(4)类模块既包含代码又包含数据,每个类模块定义一个类。可在窗体模块中定义类的对象,调用类模块中的过程。

4.添加新元素

用户可在工程中添加新元素,如插入新的窗体、模块或类模块等。添加新元素后,用户可修改元素的性质(如元素名称)和编写程序代码。

用户命名新元素时,应遵循规范的命名惯例,即“见名知义”,提高程序的可读性。

在工程中添加新元素的步骤如下。

(1)在VBA IDE的“工程”窗口中选择要添加元素的工程。

(2)从“插入”菜单中选择“添加用户窗体”“添加模块”或“添加类模块”选项,将新元素添加到该工程中。

新的元素加入工程后,会以默认的属性出现在“工程”窗口中。

5.编辑元素

元素的编辑包括对属性、代码和对象的编辑等。

(1)元素属性编辑。在“工程”窗口中选取被编辑的元素,“属性”窗口中将显示其属性,如图12-5所示。将光标定位于“属性”窗口右边的属性值栏,即可修改为需要的属性值。

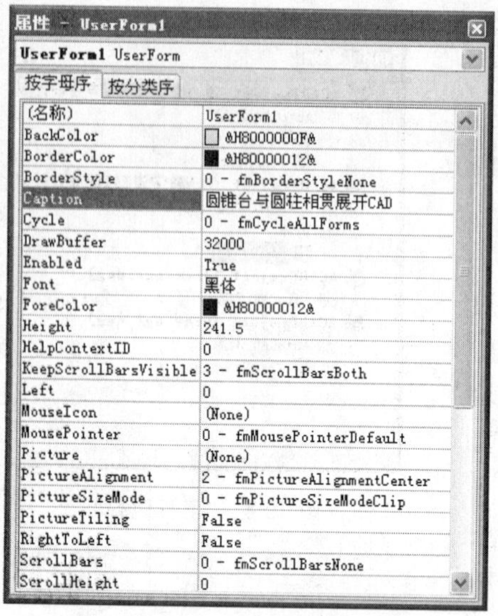

图 12-5 “属性”窗口

(2)代码编辑。在“工程”窗口中选取被编辑的元素(窗体、模块或类模块),再单击窗口顶部的“查看代码”按钮,即可打开程序代码窗口并编辑程序代码。

(3)窗体编辑。在“工程”窗口中选取被编辑的窗体模块,再单击窗口顶部的“查看对象”按钮,即可打开窗体窗口和控件工具箱。用户可在该窗口中增删对象、编辑对象的属性或编辑与窗体关联的程序代码。双击窗体窗口中的控件,可在程序代码窗口中显示与该控件相关的程序代码。

二、简单 VBA 应用程序开发

利用 VBA 和 VBA IDE 进行二次开发的基本知识及应用方法,设计 VBA 应用程序,进行应用程序的创建。

(一)创建窗体,实现简单程序

通过创建窗体的方法,创建一个新的 AutoCAD 图形,在图形中增加一行文本“大家好,欢迎来到 AutoCAD VBA 世界”,然后保存图形。

1.添加用户窗体

添加用户窗体的步骤如下。

(1)在 AutoCAD 打开一个新图形。

(2)选择菜单“工具”→“宏”→“Visual Basic 编辑器”。

(3)在当前工程中添加一个用户窗体。选择菜单“插入”→“用户窗体”后,出现 UserForm1。

(4)在该窗体上添加按钮 Lable1,Caption 属性设为文字输入练习。

(5)在该窗体上添加按钮 CommandButton1 和 CommandButton2,并分别将按钮的 Caption 属性设为“运行”和“退出”。用户窗体如图 12-6 所示。

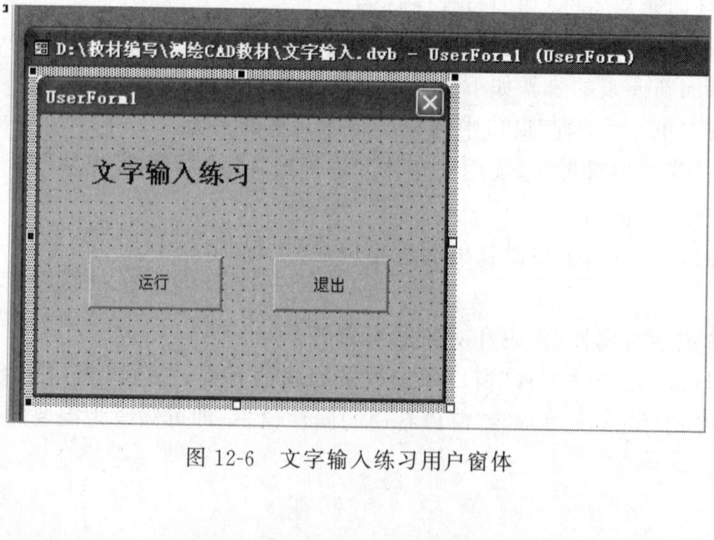

图 12-6 文字输入练习用户窗体

2.输入程序代码

(1)双击“运行”按钮,出现该事件过程的程序代码窗口,输入下列代码(图 12-7)。

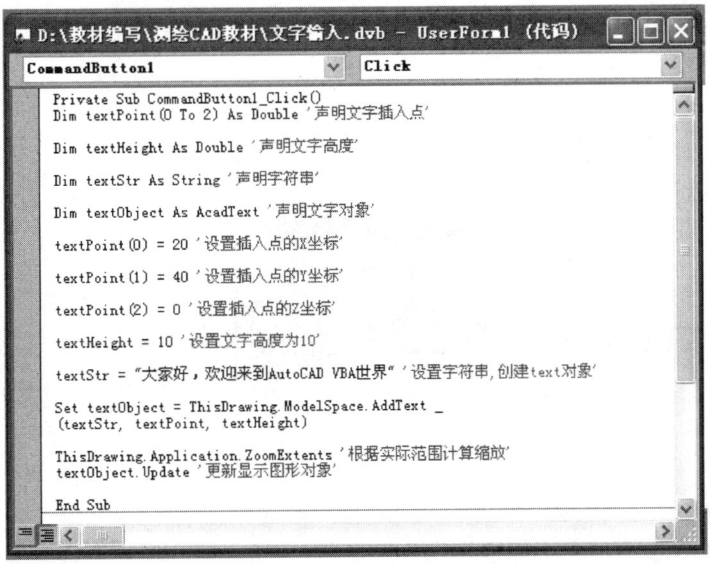

```
D:\教材编写\测绘CAD教材\文字输入.dvb - UserForm1 (代码)
CommandButton1    Click

Private Sub CommandButton1_Click()
Dim textPoint(0 To 2) As Double '声明文字插入点'

Dim textHeight As Double '声明文字高度'

Dim textStr As String '声明字符串'

Dim textObject As AcadText '声明文字对象'

textPoint(0) = 20 '设置插入点的X坐标'

textPoint(1) = 40 '设置插入点的Y坐标'

textPoint(2) = 0 '设置插入点的Z坐标'

textHeight = 10 '设置文字高度为10'

textStr = "大家好，欢迎来到AutoCAD VBA世界" '设置字符串,创建text对象'

Set textObject = ThisDrawing.ModelSpace.AddText _
(textStr, textPoint, textHeight)

ThisDrawing.Application.ZoomExtents '根据实际范围计算缩放'
textObject.Update '更新显示图形对象'

End Sub
```

图 12-7　“运行”按钮输入代码

(2)双击“结束”按钮,输入下列代码(图 12-8)。

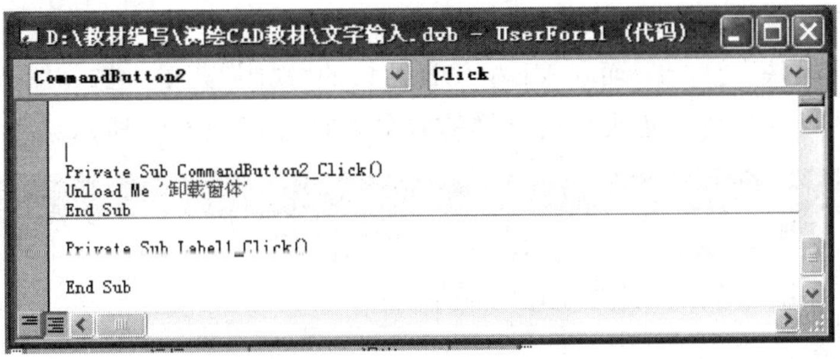

```
D:\教材编写\测绘CAD教材\文字输入.dvb - UserForm1 (代码)
CommandButton2    Click

Private Sub CommandButton2_Click()
Unload Me '卸载窗体'
End Sub

Private Sub Label1_Click()

End Sub
```

图 12-8　“结束”按钮输入代码

3.运行程序

当单击菜单或工具栏上的运行按钮时,如图 12-6 中所示的用户窗体就显示在 AutoCAD 的用户界面中。单击窗体上的“运行”按钮,运行结果如图 12-9 所示。

单击用户界面上的“退出”按钮,可使窗体卸载并结束应用程序。若直接单击 VBA IDE 工具栏上的“重新设置”按钮(■),也可结束应用程序。

4.保存程序

单击 VBA IDE 工具栏上“保存”按钮,将本例以文件名为“文字输入.dvb”的全局工程文件保存。

(二)添加过程,实现简单程序

通过添加过程的方法,创建一个新的 AutoCAD 图形,在图形中增加一行文本,然后保存图形。

(1)在 AutoCAD 打开一个新图形。

图 12-9 文字输入练习运行结果

(2)选择菜单“工具”→“宏”→“Visual Basic 编辑器”。

(3)在当前工程中添加一个标准模块。选择菜单“插入”→“模块”后，系统会将代码窗口切换出来。

(4)添加一个通用子过程。选择菜单“插入”→“过程”后，弹出“添加过程”的对话框。当键入名称“acad_firstVBA”并单击“确定”后，回到 VBA IDE。在程序代码栏出现的“Public Sub acad_firstVBA()”和“End Sub”语句间输入程序代码。

若省略添加“模块”这一步，而在 VBA IDE 窗口的“视图”菜单中选择“代码窗口”项后，直接选择菜单“插入”→“过程”，也可取得同样的效果，结果如图 12-10 所示。

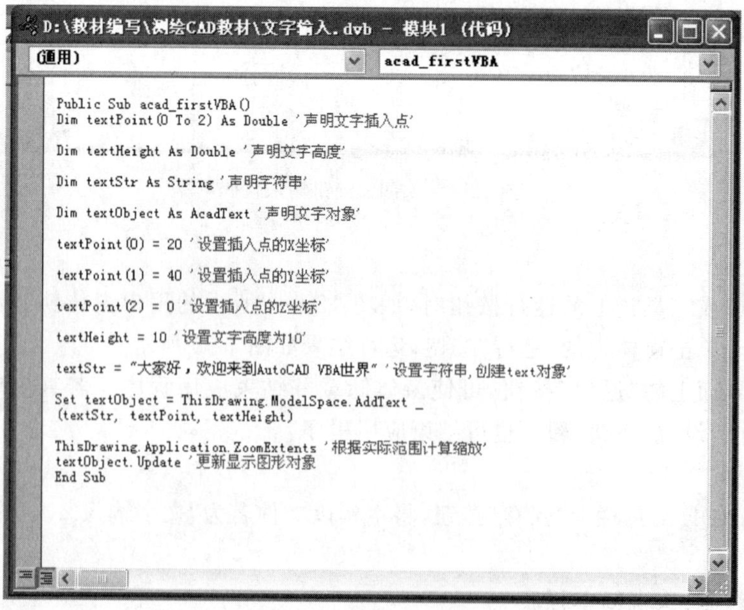


```
Public Sub acad_firstVBA()
Dim textPoint(0 To 2) As Double '声明文字插入点'
Dim textHeight As Double '声明文字高度'
Dim textStr As String '声明字符串'
Dim textObject As AcadText '声明文字对象'
textPoint(0) = 20 '设置插入点的X坐标'
textPoint(1) = 40 '设置插入点的Y坐标'
textPoint(2) = 0 '设置插入点的Z坐标'
textHeight = 10 '设置文字高度为10'
textStr = "大家好，欢迎来到AutoCAD VBA世界" '设置字符串,创建text对象'
Set textObject = ThisDrawing.ModelSpace.AddText _
(textStr, textPoint, textHeight)
ThisDrawing.Application.ZoomExtents '根据实际范围计算缩放'
textObject.Update '更新显示图形对象
End Sub
```

图 12-10 文字输入的 VBA IDE 添加过程

当单击下拉菜单或工具栏上的运行钮时，运行结果也如图 12-9 所示。

(三)多程序实现

在活动图层上创建一个圆，然后创建新图层“圆绘制”，接着将圆移到新图层上。

(1)在 AutoCAD 打开一个新图形。

(2)选择菜单“工具”→“宏”→“Visual Basic 编辑器”。

(3)新建工程，并打开“Visual Basic 编辑器”。

(4)在 VBA IDE 窗口的“视图”菜单中选择“代码窗口”项后，直接输入程序代码(图 12-11)。

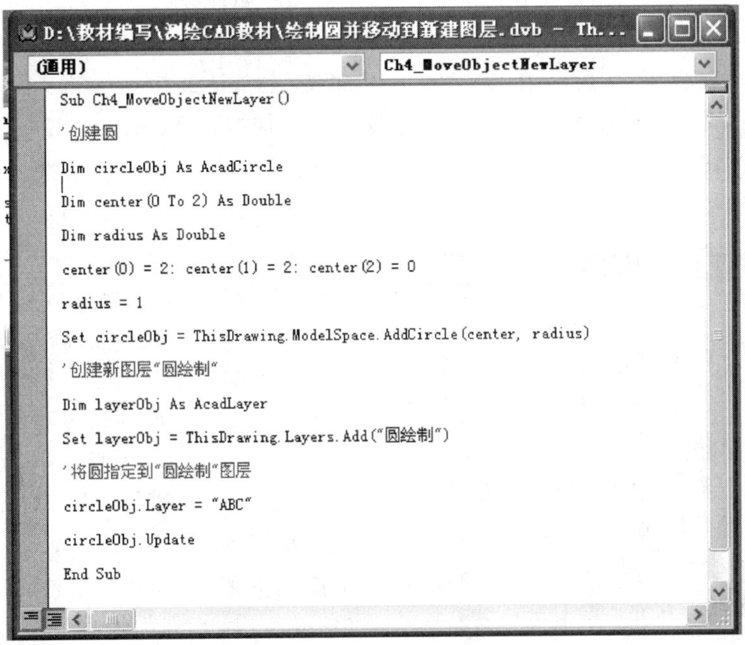


```
Sub Ch4_MoveObjectNewLayer()
'创建圆
Dim circleObj As AcadCircle
Dim center(0 To 2) As Double
Dim radius As Double
center(0) = 2: center(1) = 2: center(2) = 0
radius = 1
Set circleObj = ThisDrawing.ModelSpace.AddCircle(center, radius)
'创建新图层"圆绘制"
Dim layerObj As AcadLayer
Set layerObj = ThisDrawing.Layers.Add("圆绘制")
'将圆指定到"圆绘制"图层
circleObj.Layer = "ABC"
circleObj.Update
End Sub
```

图 12-11　多程序实现 VBA IDE 添加过程

(5)运行程序。当单击菜单或工具栏上的“运行”按钮时，在 AutoCAD 的用户界面中首先在当前层自动绘制圆心为(2,2)、半径为 1 的圆，并新建图层“圆绘制”，最后将圆移动到“绘制圆”图层。

(6)保存程序。单击 VBA IDE 工具栏上“保存”按钮，将本例以文件名为“绘制圆并移动到新建图层.dvb”的全局工程文件保存。

任务 12-2　AutoCAD 二次开发在测量中应用

利用 VBA 和 VBA IDE 的二次开发功能，通过创建窗体的方法，创建展点程序。通过该程序实现在一个 AutoCAD 文件中进行点、点号、点名称、点高程等内容的展绘，实现 AutoCAD 二次开发在测量中的应用。

一、添加用户窗体

(1)在 AutoCAD 打开一个新图形。

(2)选择菜单"工具"→"宏"→"Visual Basic 编辑器"。

(3)在当前工程中添加一个用户窗体。选择菜单"插入"→"用户窗体"后，出现 UserForm1。

(4)在该窗体上添加按钮 CheckBox1，Caption 属性设为点；添加按钮 CheckBox2，Caption 属性设为点高程；添加按钮 CheckBox3，Caption 属性设为点序号；添加按钮 CheckBox4，Caption 属性设为点名称；添加按钮 CheckBox5，Caption 属性设为点坐标。

(5)在该窗体上添加按钮 Label1，Caption 属性设为文字高度，在该窗体上添加按钮 TextBox1，Text 属性设为 0.5，在该窗体上添加按钮 SpinButton1；在该窗体上添加按钮 Label2，Caption 属性设为保留小数位数，在该窗体上添加按钮 TextBox2，Text 属性设为 2，在该窗体上添加按钮 SpinButton2；在该窗体上添加按钮 Label3，Caption 属性设为文字旋转角，在该窗体上添加按钮 TextBox3，Text 属性设为 0，在该窗体上添加按钮 SpinButton3；在该窗体上添加按钮 Label4，Caption 属性设为层名后缀，在该窗体上添加按钮 ComboBox1。

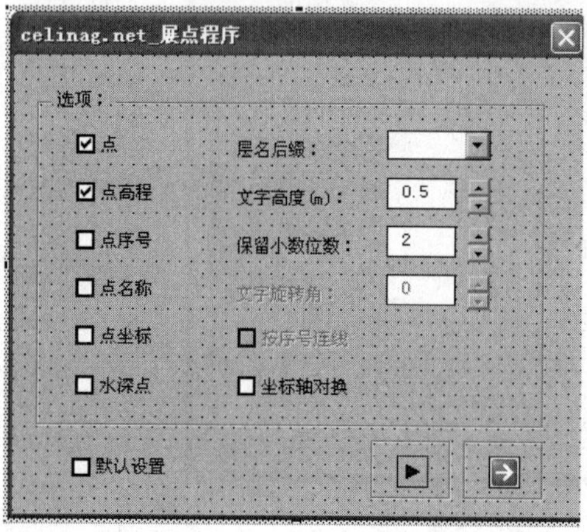

图 12-12　展点程序用户窗体

(6)在该窗体上添加按钮 Frame1，Caption 属性设为选项；该窗体上添加按钮 Label5，Caption 属性设为默认设置；在该窗体上添加按钮 Frame2，Caption 属性不设置；在 Frame2 中增加按钮 CommandButton1，ControlTipText 属性设置为开始；在该窗体上添加按钮 Frame3，Caption 属性不设置；在 Frame3 中增加按钮 CommandButton2，ControlTipText 属性设置为退出。

设置好的用户窗体如图 12-12 所示。

二、输入程序代码

在程序代码窗口输入代码。(以下仅仅列出部分代码，全部代码请到出版社下载中心下载使用。)

```
    Dim Read_Row() As Long
'字段名:0:空;1:序号;2:点名;3:X 坐标;4:Y 坐标;5:H 高程.
     Read_Row_L = AboutFile.ListBox_Read_List.ListCount - 1
     ReDim Read_Row(Read_Row_L)

        Dim CheckBox_Comma_value As Boolean
        Dim CheckBox_Semicolon_value As Boolean
        Dim CheckBox_Space_value As Boolean
        Dim CheckBox_Tab_value As Boolean
```

```
Dim CheckBox_M_1_value As Boolean
Dim TextBox_Other_Text As String
Dim ComboBox_Other_symbol_Text As String

CheckBox_Comma_value = AboutFile.CheckBox_Comma.Value
CheckBox_Semicolon_value = AboutFile.CheckBox_Semicolon.value
CheckBox_Space_value = AboutFile.CheckBox_Space.Value
CheckBox_Tab_value = AboutFile.CheckBox_Tab.Value
CheckBox_M_1_value = AboutFile.CheckBox_M_1.Value
TextBox_Other_Text = AboutFile.TextBox_Other.Text
ComboBox_Other_symbol_Text = AboutFile.ComboBox_Other_symbol.Text

    Dim T1 As Long
    For T1 = 0 To Read_Row_L
        Select Case AboutFile.ListBox_Read_List.list(T1)
        Case "空"
            Read_Row(T1) = 0
        Case "序号"
            Read_Row(T1) = 1
        Case "点名"
            Read_Row(T1) = 2
        Case "X 坐标"
            Read_Row(T1) = 3
            If CheckBox_turn_Value = True Then Read_Row(T1)= 4   'X、Y 轴对换
        Case "Y 坐标"
            Read_Row(T1) = 4
            If CheckBox_turn_Value = True Then Read_Row(T1)= 3   'X、Y 轴对换
        Case "H 高程"
            Read_Row(T1) = 5
        End Select
    Next T1

End If
……
```

三、运行程序

(1)当单击菜单或工具栏上的“运行”按钮时，图 12-13 中所示的用户窗体就显示在 AutoCAD 的用户界面中。

(2)单击窗体上的“运行”按钮，弹出对话框，指定将要打开的 CASS(*.dat)数据或其他格式文件，如图 12-14 所示。该文件中的点全部被展开后，出现运行结果如图 12-15 所示。

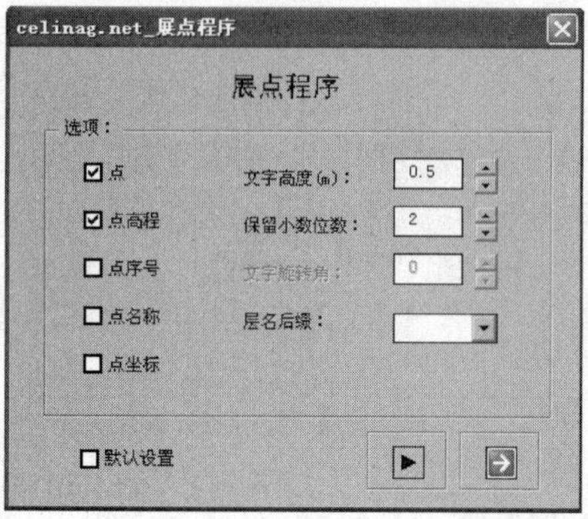

图 12-13 展点程序运行窗体

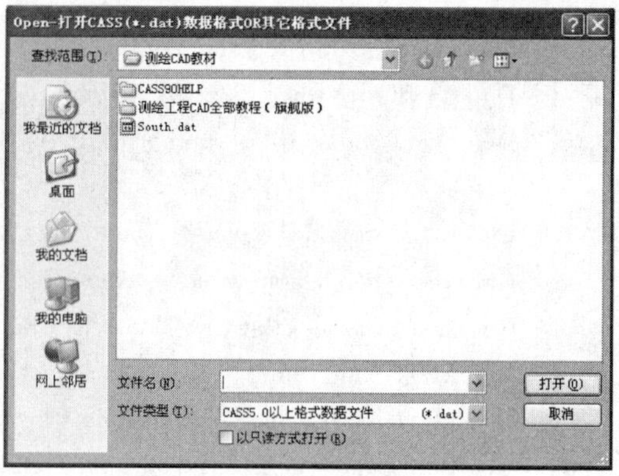

图 12-14 选择展点文件对话框

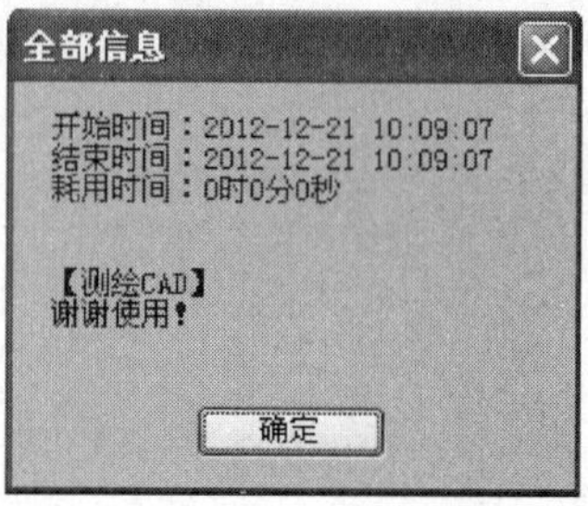

图 12-15 展点程序运行结果

(3)单击用户界面上的“退出”按钮，可使窗体卸载并结束应用程序。若直接单击 VBA IDE 工具栏上的“重新设置”按钮(■)，也可结束应用程序。

(4)保存程序。单击 VBA IDE 工具栏上“保存”按钮，将本例以文件名为“展点程序.dvb”的全局工程文件保存。

职业能力训练

训练 12-1 简单 VBA 程序开发

一、实训目的

(1)掌握创建和运行 VBA 工程的基本内容和方法。

(2)熟练进行 VBA 工程创建和运行。

二、实训内容

创建一个 VBA 程序，绘制直线。

训练 12-2 测量小程序开发

一、实训目的

(1)掌握创建和运行测量 VBA 工程的基本内容和方法。

(2)熟练进行测量小程序的创建和运行。

二、实训内容

创建如图 12-16 所示的窗体，创建等高线程序，通过该程序实现在一个 AutoCAD 文件中根据测量点绘制等高线。

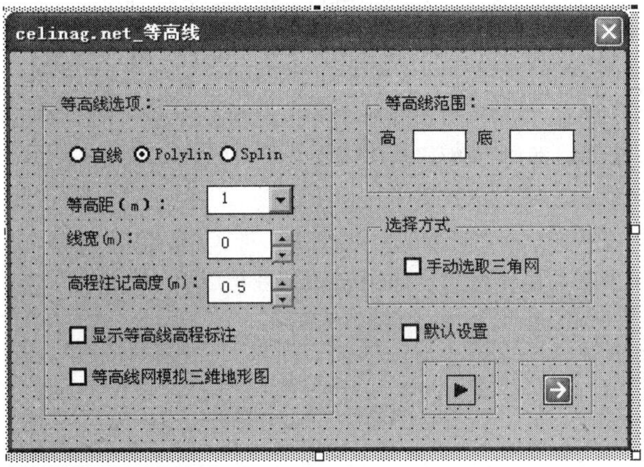

图 12-16　创建等高线程序窗口

项目小结

本项目首先介绍了 VBA 的含义及其作用，以及创建和运行 VBA 工程的具体内容和步骤；其次，结合具体实例，介绍了简单 VBA 程序的创建和实现方法，通过运用 VBA 编程，对 AutoCAD 软件中的基本绘图操作进行控制；最后，结合测量中展点的程序实例，详细介绍了窗体的创建、编程语言的开发，以及程序的运行和实现。

学生通过本项目的学习，对测量工作中经常遇到的大量、重复、有逻辑性的操作，能利用 VBA 开发测量程序，提高工作效率。

思考与练习题

1.简述 VBA 工程创建和实现的步骤。

2.VBA IDE 中工程元素有哪些？

3.举例说明 VBA 工程的开发方法。

参考文献

樊振旺，樊培利，2011.AutoCAD 工程绘图技术[M].山西：科学技术出版社.

洪波，2010.地籍与房产测量[M].北京：测绘出版社.

洪波，2007.地籍测量与房地产测绘[M].北京：中国电力出版社.

高永芹，2007.测绘 CAD[M].北京：中国电力出版社.

李军杰，2008.测绘工程 CAD[M].郑州：黄河水利出版社.

吕翠华，2011.测绘工程 CAD[M].武汉：武汉大学出版社.

刘言松，2009.AutoCAD 2009 中文版二次开发实例教程[M].北京：化学工业出版社.

王磊，2012.AutoCAD 2010 实用教程[M].北京：中国建材工业出版社.

王年红，2010.测绘工程 CAD[M].北京：测绘出版社.

张华，2010.园林 CAD[M].北京：中国农业出版社.

赵武，2011.AutoCAD 2010 建筑绘图精解[M].北京：机械工业出版社.